DER STERNENHIMMEL 2023

Hans Roth

„Das Weltall ist ein Kreis, dessen Mittelpunkt überall und dessen Umfang nirgends ist."

Blaise Pascal (1623–1662)

Pascal war Mathematiker, Physiker, Erfinder, Philosoph, Theologe. Er baute 1642 die erste mechanische Rechenmaschine. Er war ein origineller und unabhängiger Denker, dies zeigt auch unser Zitat. Dass die Erde (und damit der Mensch) nicht im Mittelpunkt der Welt stehen und das Weltall unendlich groß ist, hatte im Jahr 1600 den Theologen Giordano Bruno auf den kirchlichen Scheiterhaufen gebracht.
Die Breite von Pascals Denken zeigt auch sein posthum aus Tausenden von Notizzetteln zusammengestelltes Werk „Pensées".
Als Ehrung benannte Niklaus Wirth seine Programmiersprache *Pascal*.

DER STERNENHIMMEL 2023

83. Jahrgang

Das Jahrbuch für Amateurastronomen
für alle Tage des Jahres zum Beobachten mit bloßem Auge, Feldstecher und Fernrohr,
herausgegeben unter dem Patronat der Schweizerischen Astronomischen Gesellschaft von

Hans Roth

Begründet 1941 von Robert A. Naef

KOSMOS

Inhalt

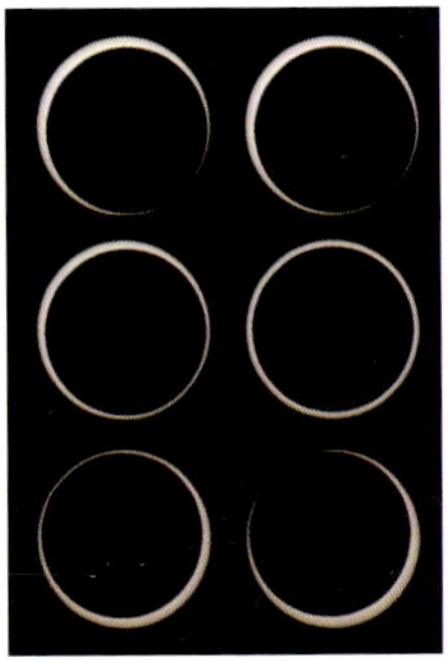

EINLEITUNG

MONATSÜBERSICHTEN & ASTROKALENDER

In jeder Monatsübersicht finden Sie Angaben zu Sonne, Mond, Planeten, Zwergplaneten und Planetoiden, Meteorströmen und dem Fixsternhimmel. Im Astrokalender sind die wichtigsten Ereignisse für jeden Tag in ihrer zeitlichen Reihenfolge aufgelistet.

JAHRESÜBERSICHT

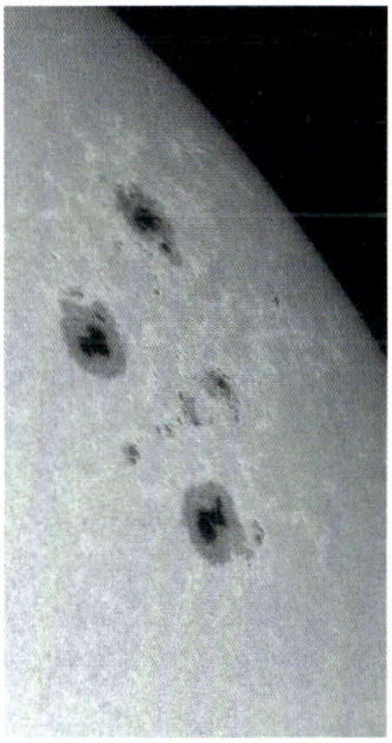

ANHANG

Vorwort

Liebe Leserin,
Lieber Leser,

Das Jahr 2023 ist ein astronomisches „Normaljahr". Wenn nicht noch eine nahe Supernova oder ein besonders heller Komet überraschend auftaucht, können wir unsere Beobachtungen langfristig planen. Von den Finsternissen lohnt sich da für uns nur die Beobachtung der kleinen partiellen Mondfinsternis vom 28. Oktober.
Apropos Mondfinsternisse: Für etwas Verwirrung sorgten die Nummern der lunaren Saroszyklen im Sternenhimmel 2022. Diese Nummern sind nicht astronomisch bedingt, sie wurden einmal festgelegt – wie ja die Nummerierung der Lunationen oder etwa die Julianischen Daten. Ein zahlenbegeisterter Leser hat übrigens zu diesen bemerkt, dass am 24. Februar 2023 mit dem JD 2460000 ein „Zehntausender" überschritten wird.
Die Saroszyklen besprechen wir als Jahresthema, und auch das „Verschwinden" des 21. März als Datum des Frühlingsanfangs diskutieren wir in den Jahresthemen.
Die Monatsübersichten mit Astrokalender und der Tabellenteil sind in der bewährten Art zusammengestellt, man findet die Angaben an den gewohnten Stellen.
Auf unserer Website **sternenhimmel.info** sind zusätzliche Angaben zu finden, etwa weitere streifende Sternbedeckungen oder auch die Koordinaten von Pluto, der ja mit seiner Helligkeit von maximal noch 15.0^{mag} nur für größere Teleskope zugänglich ist. Und dann sind auf der Website unter „Korrigenda" auch Nachträge und Berichtigungen zu finden – es gibt wohl keine Datensammlung, die ganz und gar fehlerfrei erscheint.
Wiederum darf ich für größere oder kleinere Beiträge und Vorarbeiten danken. Besonders beteiligt sind auch dieses Jahr wieder (in alphabetischer Reihenfolge): Thomas Baer, Schwarzenberg; Michael Kohl, Dürnten; Jean Meeus, Erps-Kwerps (Belgien); Robert Nufer, Therwil; Christof Sauter, St. Margarethen TG. Dieses seit Jahren bewährte Team bietet den notwendigen Rückhalt, auf den der Herausgeber für seine Arbeit angewiesen ist. Ein großer Dank gilt auch dem Lektor, Sven Melchert, der den Sternenhimmel seit Jahren betreut.
Der Sternenhimmel erscheint unter dem Patronat der Schweizerischen Astronomischen Gesellschaft (**www.sag-sas.ch**).

Rheinfelden, im April 2022 Hans Roth

Adresse des Herausgebers
Marktgasse 10 a
CH-4310 Rheinfelden
Mailkontakt über sternenhimmel.info

Nur elf Jahre nach der ringförmigen Sonnenfinsternis vom 20. Mai 2012 – hier im Bild – erlebt die Stadt Albuquerque im Bundesstaat New Mexico am 14. Oktober 2023 gleich nochmals einen Sonnenring! Die Bildsequenz entstand westlich der Stadt an der berühmten Route 66. (Foto: Thomas Baer)

Kalendarische Angaben

Julianische Daten

Das Jahr 2023 ist das 6736. Jahr der sogenannten Julianischen Periode von Joseph Scaliger. Die julianische Tageszählung ist praktisch für Datumsrechnungen. Insbesondere erhält man die Anzahl Tage zwischen zwei Daten als Differenz der beiden julianischen Daten. Der 0. Tag eines Monats ist der letzte des vorangehenden. So ist z. B. der 0. Januar 2023 = 31. Dezember 2022 oder der 0. März 2023 = 28. Februar 2023. Die julianischen Tage beginnen am Mittag (während einer Beobachtungsnacht tritt kein Datumswechsel ein!).

2023 lauten die Julianischen Daten für die Monatsanfänge (Weltzeit):

Jan.	0.0 =	2459944.5	Mai	0.0 =	2460064.5	Sept.	0.0 =	2460187.5
Febr.	0.0 =	975.5	Juni	0.0 =	095.5	Okt.	0.0 =	217.5
März	0.0 =	2460003.5	Juli	0.0 =	125.5	Nov.	0.0 =	248.5
April	0.0 =	034.5	Aug.	0.0 =	156.5	Dez.	0.0 =	278.5

Dazu muss die Tageszahl addiert werden und die Zeit (in UT!) als Dezimalbruch eines Tages.

Es ist also beispielsweise:

2023, 24. Februar um 12:00 Uhr UT	=	JD 2 460 000.0000
2023, 21. Juni um 16:58 Uhr MESZ	=	JD 2 460 117.1236
2023, 5. November um 1:45 Uhr MEZ	=	JD 2 460 253.5313

Im Astrokalender wird das Julianische Datum an jedem Montag angegeben.
Für Rechnungen im Zeitraum nach 1860 verwendet man auch das **modifizierte Julianische Datum**: MJD = JD – 2 400 000.5

Während der Gültigkeit der Sommerzeit wird im Sternenhimmel die Sommerzeit benutzt. Die Linie | soll den Leser daran erinnern, dass keine Korrektur mehr erforderlich ist.

Bewegliche kirchliche Feste

Ostern fällt 2023 auf den 9. April. Damit ergeben sich für die vom Osterdatum abhängigen kirchlichen Feste folgende Daten:

Aschermittwoch:	22. Februar	Pfingsten:	28. Mai
Auffahrt:	18. Mai	Fronleichnam:	8. Juni

Für die Berechnung der kirchlichen Feste gelten folgende Angaben:

Sonntagsbuchstabe: A   Goldene Zahl: IX   Epakte: 8

Im jüdischen Kalender beginnt am 15. September bei Sonnenuntergang das 5784. Jahr seit der Erschaffung der Welt.
Im islamischen Kalender beginnt am 18. Juli ebenfalls bei Sonnenuntergang das 1445. Jahr nach der Hedschra MOHAMMEDS von Mekka nach Medina.

Kalenderblatt für das Jahr 2023

Wo	Mo	Di	Mi	Do	Fr	Sa	**So**
				Januar			
52							**1**
1	2	3	4	5	6	7	**8**
2	9	10	11	12	13	14	**15**
3	16	17	18	19	20	21	**22**
4	23	24	25	26	27	28	**29**
5	30	31					

Wo	Mo	Di	Mi	Do	Fr	Sa	**So**
				Februar			
5			1	2	3	4	**5**
6	6	7	8	9	10	11	**12**
7	13	14	15	16	17	18	**19**
8	20	21	22	23	24	25	**26**
9	27	28					

Wo	Mo	Di	Mi	Do	Fr	Sa	**So**
				März			
9			1	2	3	4	**5**
10	6	7	8	9	10	11	**12**
11	13	14	15	16	17	18	**19**
12	20	21	22	23	24	25	**26**
13	27	28	29	30	31		

Wo	Mo	Di	Mi	Do	Fr	Sa	**So**
				April			
13						1	**2**
14	3	4	5	6	**7**	8	**9**
15	**10**	11	12	13	14	15	**16**
16	17	18	19	20	21	22	**23**
17	24	25	26	27	28	29	**30**

Wo	Mo	Di	Mi	Do	Fr	Sa	**So**
				Mai			
18	**1**	2	3	4	5	6	**7**
19	8	9	10	11	12	13	**14**
20	15	16	17	**18**	19	20	**21**
21	22	23	24	25	26	27	**28**
22	**29**	30	31				

Wo	Mo	Di	Mi	Do	Fr	Sa	**So**
				Juni			
22				1	2	3	**4**
23	5	6	7	**8**	9	10	**11**
24	12	13	14	15	16	17	**18**
25	19	20	21	22	23	24	**25**
26	26	27	28	29	30		

Wo	Mo	Di	Mi	Do	Fr	Sa	**So**
				Juli			
26						1	**2**
27	3	4	5	6	7	8	**9**
28	10	11	12	13	14	15	**16**
29	17	18	19	20	21	22	**23**
30	24	25	26	27	28	29	**30**
31	31						

Wo	Mo	Di	Mi	Do	Fr	Sa	**So**
				August			
31		1	2	3	4	5	**6**
32	7	8	9	10	11	12	**13**
33	14	15	16	17	18	19	**20**
34	21	22	23	24	25	26	**27**
35	28	29	30	31			

Wo	Mo	Di	Mi	Do	Fr	Sa	**So**
				September			
35					1	2	**3**
36	4	5	6	7	8	9	**10**
37	11	12	13	14	15	16	**17**
38	18	19	20	21	22	23	**24**
39	25	26	27	28	29	30	

Wo	Mo	Di	Mi	Do	Fr	Sa	**So**
				Oktober			
39							**1**
40	2	**3**	4	5	6	7	**8**
41	9	10	11	12	13	14	**15**
42	16	17	18	19	20	21	**22**
43	23	24	25	26	27	28	**29**
44	30	31					

Wo	Mo	Di	Mi	Do	Fr	Sa	**So**
				November			
44			**1**	2	3	4	**5**
45	6	7	8	9	10	11	**12**
46	13	14	15	16	17	18	**19**
47	20	21	22	23	24	25	**26**
48	27	28	29	30			

Wo	Mo	Di	Mi	Do	Fr	Sa	**So**
				Dezember			
48					1	2	**3**
49	4	5	6	7	8	9	**10**
50	11	12	13	14	15	16	**17**
51	18	19	20	21	22	23	**24**
52	**25**	26	27	28	29	30	**31**

Ostern und die wichtigsten davon abhängigen Feiertage bis 2033

Jahr	Aschermittwoch	Ostern	Auffahrt	Pfingsten
2023	22. Februar	9. April	18. Mai	28. Mai
2024	14. Februar	31. März	9. Mai	19. Mai
2025	5. März	20. April	29. Mai	8. Juni
2026	18. Februar	5. April	14. Mai	24. Mai
2027	10. Februar	28. März	6. Mai	16. Mai
2028	1. März	16. April	25. Mai	4. Juni
2029	14. Februar	1. April	10. Mai	20. Mai
2030	6. März	21. April	30. Mai	9. Juni
2031	26. Februar	13. April	22. Mai	1. Juni
2032	14. Februar	28. März	6. Mai	16. Mai
2033	2. März	17. April	26. Mai	5. Juni

Die wichtigsten Himmelserscheinungen

Ereignisse 2023

Die genauen Zeiten und nähere Angaben sind im Astrokalender zu finden.

Bis Anfang August	Venus ist Abendstern
8. Januar	Planetoid (2) Pallas in Opposition
16. Februar	Saturn in Konjunktion mit der Sonne
16. März	Neptun in Konjunktion mit der Sonne
20. März	Frühlingsanfang
21. März	Zwergplanet (1) Ceres in Opposition
26. März	Beginn der Sommerzeit
30. März–22. April	**Merkur in bester Abendsichtbarkeit**
12. April	Jupiter in Konjunktion mit der Sonne
9. Mai	Uranus in Konjunktion mit der Sonne
21. Juni	Sommeranfang
22. Juli	Zwergplanet (134340) Pluto in Opposition
Ab Mitte August	Venus ist Morgenstern
27. August	**Saturn in Opposition**
14. Sept.–8. Oktober	**Merkur in bester Morgensichtbarkeit**
19. September	**Neptun in Opposition**
23. September	Herbstanfang
28. Oktober	**Partielle Mondfinsternis**
29. Oktober	Ende der Sommerzeit
3. November	**Jupiter in Opposition**
9. November	Venusbedeckung durch den Mond
13. November	**Uranus in Opposition**
18. November	Mars in Konjunktion mit der Sonne
21. Dezember	Planetoid (4) Vesta in Opposition
22. Dezember	Winteranfang

Finsternisse 2023

20. April	Ringförmig-totale Sonnenfinsternis Partielle Phase sichtbar in Australien, Indonesien und dem südlichen Pazifik. Der Totalitätsstreifen durchquert das westliche Neuguinea an der schmalsten Stelle.
5. Mai	Halbschatten-Mondfinsternis ganz sichtbar im Osten Afrikas, in Asien, Polynesien, Australien Größte Phase 0.989 (im Halbschatten)
14. Oktober	Ringförmige Sonnenfinsternis Der Streifen der Ringförmigkeit geht vom nordwestlichen Nordamerika über Mittelamerika und dann quer durch das nördliche Südamerika.
28. Oktober	Partielle Mondfinsternis sichtbar in Afrika, Europa, Grönland, Asien ohne östlichste Gebiete. Größte Phase 0.127

Vorschau auf Finsternisse 2024

25. März	Halbschatten-Mondfinsternis Bei uns nur kurz vor Monduntergang über dem Horizont. Größte Phase 0.981 (im Halbschatten)
8. April	Totale Sonnenfinsternis Sichtbar in Mexiko, USA, im Osten von Kanada, im Pazifik und Atlantik. Maximale Dauer der Totalität: $4^m 28^s$.
18. September	Partielle Mondfinsternis In Europa ist der ganze Verlauf zu sehen Größte Phase 0.091
2. Oktober	Ringförmige Sonnenfinsternis Sichtbar auf Festland nur im südlichsten Südamerika (Osterinsel und Argentinien)

Anleitung zum Gebrauch

Der Sternenhimmel enthält eine große Menge an Informationen, die nur dank der komprimierten Darstellungsform in einem handlichen Buch Platz haben. Um den größten Nutzen daraus ziehen zu können, ist etwas Übung notwendig.

Gliederung des Buches

- Einleitung mit kalendarischen Angaben und Vorschau auf die astronomischen Höhepunkte des Jahres
- Monatsübersichten mit Astrokalender
- Jahresübersicht mit Koordinatentabellen
- Jahresthemen
- Anhang mit Adressen, Daten des Sonnensystems und grafischer Planetentafel

Der Astrokalender

Zentraler Teil und einzigartig in einem Jahrbuch ist der tägliche Astrokalender. Wir empfehlen, sich zunächst mit diesem Teil vertraut zu machen. Erläuterungen der Symbole und Abkürzungen findet man in der Umschlag-Innenseite vorne.

Beispieltag aus dem Astrokalender (15. Mai 2023)

<table>
<tr><th>Zeit Berlin</th><th>Zeit Zürich</th><th>AFT</th><th>Objekt, Erscheinung</th></tr>
<tr><td colspan="3">23. Mo</td><td>◐ ↓ [23:38] / 0:24 ↑ 16:23 / 16:23 ↔ 20:40 / 21:00 H. = 17°8 / 22°9 Berlin / Zürich</td></tr>
<tr><td colspan="2">0:00:00.0</td><td></td><td>Sternzeit Berlin: 0:58:17.5 / Zürich: 0:38:17.5</td></tr>
<tr><td colspan="2">0:00</td><td>u</td><td>◐ Phase: 0.589 / Lichtgrenze bei –13°47</td></tr>
<tr><td>0–</td><td>0¾–</td><td>T</td><td>Deep-sky günstig bis ca. 6¾^{h}</td></tr>
<tr><td colspan="2">0–</td><td>T</td><td>♃ Mondstellung: G ⊖ E K</td></tr>
<tr><td colspan="2">1:54</td><td>T</td><td>♃ Io BE, Pw. = 70°; G (⊖ I) E K</td></tr>
<tr><td colspan="2">19½</td><td>T[1]</td><td>♄ Dione in östlicher Elongation (Max. 17^{h})</td></tr>
<tr><td colspan="2">19¾–</td><td>T</td><td>♃ Mondstellung: G (⊖ I) E K</td></tr>
<tr><td></td><td></td><td>T</td><td>◐ Sternbedeckung SAO 190556 (7.1^{mag})</td></tr>
<tr><td></td><td>20:08.8</td><td></td><td>Pw. = 75° a = 1.6 b = 0.6</td></tr>
<tr><td>20:18.9</td><td></td><td></td><td>Pw. = 75° a = 1.4 b = 0.4</td></tr>
</table>

In den ersten zwei Zeilen – im hell unterlegten Balken – wird der Mondlauf beschrieben, also Aufgang ↑, Meridiandurchgang ↔ und Untergang ↓. Die erste Zeile gilt für die Region Berlin, die zweite für Zürich. Die Angaben zum Mondlauf sind chronologisch: da geht also der Mond in Berlin um 23:38 Uhr (MESZ) unter. Aber die Zeit ist in eckigen Klammern, und das bedeutet, dass der Mond in der Region Berlin am Vortag, also kurz vor Mitternacht untergeht. Erst um 16:23 geht er auf, kulminiert um 20:40 in der Höhe 17°8. In der zweiten Zeile stehen die entsprechenden Zeiten für Zürich: Untergang um 0:24 Uhr, geht auf um 16:23 Uhr und kulminiert um 21:00 Uhr in einer Höhe von 22°9.

Die Genauigkeit der Zeitangaben ergibt sich aus der jeweiligen Schreibweise. Die Zeiten des Mondlaufs sind auf Minuten genau angegeben, die anschließenden Angaben über die Sternzeit auf Zehntelsekunden genau. Die Sternzeit zeigt den Stand des Fixsternhimmels an, mit ihr können z. B. Teleskope exakt eingestellt werden.
Die nächste Angabe bezieht sich wieder auf den Mond, auch auf den Tagesbeginn 0 Uhr. Angegeben werden die genaue Phase und die Lage der Schattengrenze auf dem Mond. Eine positive Phase bedeutet zunehmenden Mond, bei negativer Phase ist er abnehmend. Der Wert 0.000 ist bei Neumond erreicht, 1.000 bei Vollmond. Die Phase 0.589 bedeutet also „kurz nach Erstem Viertel", der beleuchtete Teil misst 58.9% des Durchmessers. Die Lichtgrenze bezieht sich auf die Koordinaten des Mondes, wie sie auf detaillierten Mondkarten angegeben sind. Der Wert –13°.47 bedeutet, dass um Mitternacht der „Terminator" (die Lichtgrenze zwischen beleuchtetem und unbeleuchtetem Teil des Mondes) durch den Krater *Timocharis* verläuft. Dort geht also gerade die Sonne auf.
Ab etwa Mitternacht können lichtschwache Objekte ohne störendes Mondlicht beobachtet werden. Für diese Situation hat sich die Bezeichnung „Deep-sky" eingebürgert.
Die nächste Zeile handelt von den vier großen Jupitermonden Io, Europa, Ganymed und Kallisto. Die Zeile beschreibt den Anblick der Monde in einem umkehrenden Fernrohr. Das Zeichen ♃ steht für Jupiter, ⊖ für das, was man beim Blick durch das Fernrohr sieht: den Jupiter als Kreis mit zwei Wolkenbändern. Man wird also Ganymed allein links der „Jupiterscheibe" sehen, Europa und Kallisto rechts davon. Und wo ist Io? Das erklärt die nächste Zeile, Io war hinter Jupiter versteckt (Fachausdruck: bedeckt) und erscheint um 01:54 wieder. Natürlich ist Io zunächst noch nahe an Jupiter, was durch die Klammer angedeutet wird.

Was man im Sternenhimmel findet

Grundsätzlich sind alle astronomischen Ereignisse aufgeführt, die von Mitteleuropa aus mit bloßem Auge oder mit einem Amateurfernrohr beobachtet werden können. Meistens ist der Zeitpunkt eines Ereignisses überall derselbe, manchmal spielen aber die geografischen Koordinaten des Beobachtungsorts eine Rolle. Im Sternenhimmel wird die Ortsabhängigkeit folgendermaßen berücksichtigt:
Angegeben werden die exakten Ereigniszeiten für zwei Beobachtungsorte, die sich in nördlicher Breite und östlicher Länge um je 5° unterscheiden. Es sind dies 52°30′ Nord / 13°30′ Ost, dieser Ort wird mit „Berlin" bezeichnet, und 47°30′ Nord / 8°30′ Ost mit der Bezeichnung „Zürich".
Wenn nun in der Mitte der Zeitspalte nur eine Zeit angegeben ist, so ist das Ereignis überall zum gleichen Zeitpunkt zu sehen. Bei unterschiedlichen Zeiten kann man für einen weiteren Beobachtungsort die dort geltende Zeit abschätzen oder rechnerisch interpolieren. Wenn sich bei einem Ereignis die Zeiten von Berlin und Zürich um genau 20 Minuten unterscheiden, so ist die Beobachtungszeit nur von der geografischen Länge abhängig und kann durch Addition von 4 Minuten für jeden Längengrad westlich des Fixpunktes (bzw. Subtraktion bei östlicher Verschiebung) korrigiert werden. Ein besonderes Vorgehen ist bei Sternbedeckungen durch den Mond nötig, dieses wird auf S. 251/252 geschildert.

Die Monatsübersichten

Vor jedem Astrokalender ist eine zusammenfassende Darstellung der astronomischen Ereignisse des Monats mit Grafiken und Tabellen enthalten. Die Reihenfolge ist dieselbe wie auch in der Jahresübersicht im hinteren Teil: Sonne, Mond, Planeten, Zwergplaneten und Planetoiden, Meteore, Fixsternhimmel mit Veränderlichen und einer Sternkarte.

Bei der **Sonne** findet man zuerst die Dämmerungswerte als Grafik (Erklärung S. 244) und die Zeiten von Aufgang, Kulmination und Untergang der Sonne. Die Auf- und Untergänge sind mit der üblichen Sonnenhöhe von –50′ gerechnet. Die Kulminationszeiten und -höhen gelten für die wahre Kulmination am entsprechenden Ort, die Zeitgleichung ist jedoch immer für 11^h UT (= 12^h MEZ) gerechnet. Daraus können sich vereinzelt Abweichungen von einer Zehntelminute zwischen den Werten ergeben.

Beim **Mond** ist zunächst für jeden Tag der *tatsächliche horizontbezogene* Anblick dargestellt (s. Bsp. unten). Bei zunehmendem Mond ist der Anblick bei Sonnenuntergang gezeichnet, bei abnehmendem Mond bezieht sich die Grafik auf den Zeitpunkt des Sonnenaufgangs. Die vier Hauptphasen sowie die Extremlagen von Deklination und Erdentfernung sind an den entsprechenden Tagen eingetragen. Wer die genauen Zeiten und weitere Angaben zu einem Ereignis benötigt, findet sie im Astrokalender unter dem entsprechenden Datum.

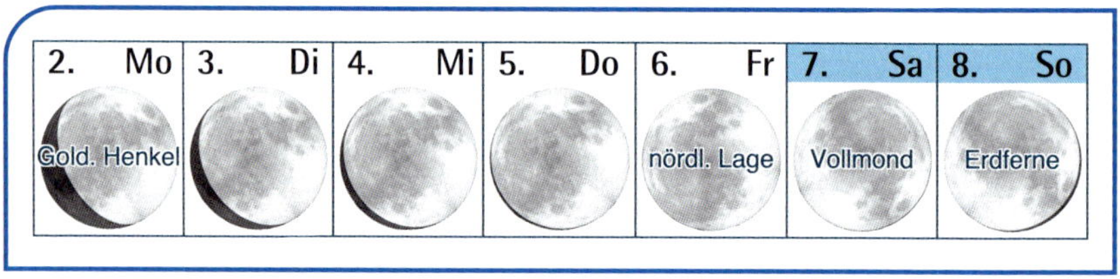

Die Karten **Planeten im Monat** (s. Bsp. S. 15 oben) sollen einen unmittelbaren Überblick über die Sichtbarkeitsbedingungen der Planeten geben. Die Position der Sonne ist rechts und links jeweils für die Mitte und das Ende des aktuellen Monats eingezeichnet. Die Horizontlinie und der Dämmerungsgürtel veranschaulichen, wie gut ein Planet über dem Horizont zu sehen ist. Die Objekte in der rechten Grafikhälfte sind am Abendhimmel zu sehen, diejenigen in der Mitte die ganze Nacht; je weiter links ein Objekt steht, umso knapper geht es vor der Sonne auf. Die Positionen sind für den 1., den 15. und den letzten des Monats gerechnet. Die gelbe Kurve stellt die Ekliptik dar, das ist die scheinbare Bahn der Sonne im Laufe eines Jahres. In ihrer Nähe findet man die Planeten, den Mond und auch die meisten Planetoiden. Der Äquator ist die orange Linie in der Mitte (Deklination = 0°). Je höher ein Objekt gegenüber dem Äquator eingetragen ist, umso länger befindet es sich jeden Tag über dem Horizont.

Die Skala am oberen Rand gibt die Kulminationszeiten für die geografische Länge 11° Ost an (dem Meridian in der Mitte zwischen Zürich und Berlin); am unteren Rand ist die Rektaszension abzulesen.

Die (Winkel-)Größe der Planetenscheibchen ist mit den entsprechenden Bildchen im gleichen Maßstab dargestellt.

Die Planeten im Januar 2023

Planetenpositionen am 1., 15. und 31. Januar 2023 sowie Hauptmondphasen

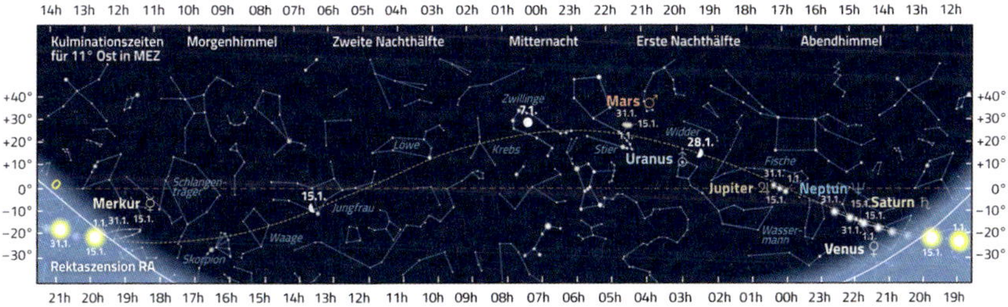

Scheinbare Planetengrössen und Phasen am 1., 15. und 31. Januar 2023

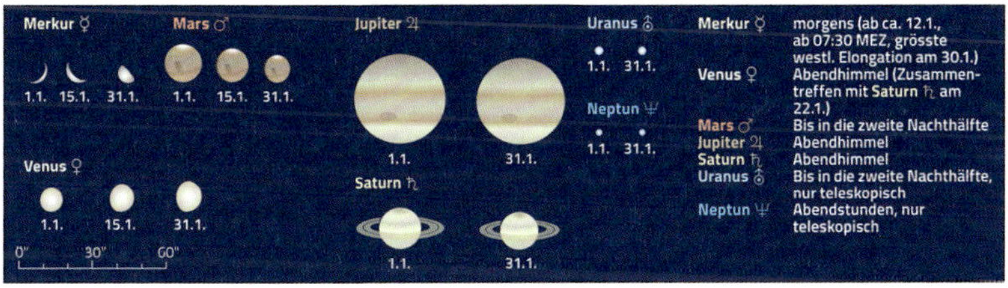

Für die **Planeten** folgen kurze Sichtbarkeitshinweise, Tabellen der Auf- und Untergänge und teilweise Grafiken spezieller Konstellationen. Die im jeweiligen Monat gut zu beobachtenden **Zwergplaneten und Planetoiden** werden angegeben.

Die Hinweise auf **Meteorströme, Zodiakallicht** (nur in den günstigsten Monaten), **Milchstraße** und zwei **veränderliche Sterne** mit längeren Perioden sind so präzise wie möglich gehalten; die Sichtbarkeit dieser Erscheinungen ist aber stark von den lokalen und meteorologischen Gegebenheiten abhängig.

Die **Sternkarten** sind speziell für den *Sternenhimmel* gezeichnet worden. Sie verwenden die stereografische Projektion, so dass die Sternbilder winkeltreu, in der tatsächlich beobachtbaren Form erscheinen und nicht verzerrt sind. Allerdings wird dadurch der Höhenmaßstab ungleichmäßig. Aus den Monatskarten kann man gut die verschiedenen Lagen der Ekliptik zum Horizont im Laufe der Jahreszeiten ersehen, desgleichen die Stellung der Milchstraße.

Weil eine Drehung des Fixsternhimmels (1 Sterntag) nur 23^h56^m Sonnenzeit dauert, geht ein bestimmter Himmelskörper von Tag zu Tag etwa 4 Minuten früher auf, von Monat zu Monat 2 Stunden früher. Daher sind die Sternkarten, obwohl für 23 Uhr MEZ (während der Sommerzeit 24 Uhr MESZ) am Anfang eines Monats gezeichnet, auch an anderen Daten zu entsprechend anderen Zeiten gültig. Man benutze dann die Tabelle auf Seite 334. Die Planetenpositionen sind für den 1., 15. und Monatsletzten eingezeichnet.

Die Jahresübersicht

Ab Seite 238 sind allgemeine Angaben, Koordinaten- und andere Tabellen sowie Aufsuchgrafiken für Sonne, Mond und Planeten enthalten. Hier finden Sie auch detailliertere Erläuterungen zu den Beobachtungsobjekten.

Die Tabellen in der Jahresübersicht sind grundsätzlich auf 0^h Weltzeit (UT) gerechnet. Dadurch können Zwischenwerte einfacher interpoliert werden, man muss sich nicht mit den „Sommerzeitsprüngen“ auseinandersetzen.
Fortgeschrittenere Amateure werden hier vor allem die Angaben über die Planetoiden nachschlagen. Für die helleren dieser Objekte sind detaillierte Karten vorhanden, die das Aufsuchen „von Stern zu Stern“ erlauben. Die schwächeren Objekte können dank der genauen Koordinatenangaben in Sternkarten übertragen werden (die aber die entsprechende Grenzhelligkeit aufweisen müssen!)
Die Angaben zu periodischen Kometen, die 2023 durch ihr Perihel gehen, verlangen eine rechnerische Verarbeitung und richten sich deshalb nur an die besonders Interessierten. Die anschließenden Angaben über die Meteorströme und Veränderlichen sind wieder direkt zugänglich.
Besonders hinweisen möchten wir noch auf die Grafik im hinteren Umschlag. Sie erlaubt eine rasche Orientierung über die Sichtbarkeit der Planeten. Von Merkur und Venus sind die Auf- bzw. Untergänge eingetragen, von den anderen Planeten die Kulminationszeiten. Analog zu den Planetenkarten in den Monatsübersichten ist rechts die Situation am Abend und links diejenige am Morgen abzulesen.

Anhang
Hier weisen wir besonders auf die Verzeichnisse astronomischer Vereine und Amateursternwarten hin. Adresslisten sind aber nur sinnvoll, wenn sie aktuell sind. Deshalb bitten wir auch an dieser Stelle um die Meldung von Ergänzungen und Änderungen durch die Leser, am einfachsten per E-Mail (über sternenhimmel.info, Redaktionsschluss: 28. Februar 2023). Die Adressen sind im Buch sehr komprimiert dargestellt. Ausführliche Adressangaben finden sich auf www.sternenhimmel.info.

MONATSÜBERSICHTEN & ASTROKALENDER

Am 18. Juni 2007 wurde die Venus vom Mond bedeckt. Dieses Jahr findet am 9. November eine Venusbedeckung statt.

Januar 2023

Sonne

Dämmerung, Auf- und Untergang, Kulminationswerte und Zeitgleichung

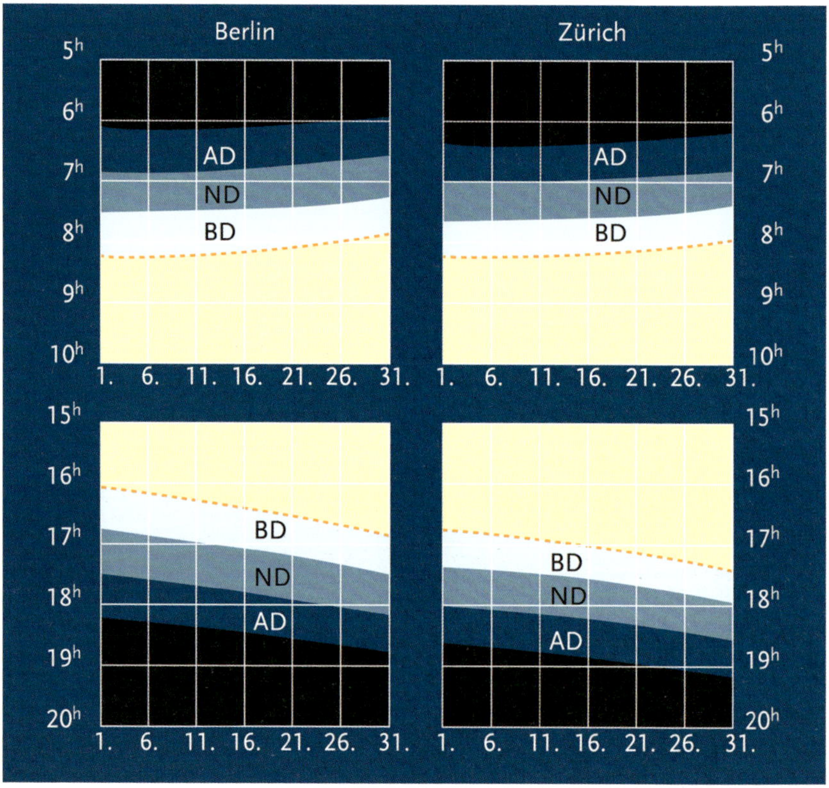

Berlin | Zürich

Jan.	Aufgang	Kulmination Zeit	Höhe	Untergang	**Zeitgleichung**	Aufgang	Kulmination Zeit	Höhe	Untergang	Jan.
1.	8:17	12:09.4	14°5	16:02	**$-3^{\mathrm{m}}4$**	8:14	12:29.4	19°5	16:45	1.
6.	8:16	12:11.7	15°0	16:08	**$-5^{\mathrm{m}}7$**	8:13	12:31.7	20°0	16:50	6.
11.	8:13	12:13.8	15°7	16:15	**$-7^{\mathrm{m}}8$**	8:12	12:33.8	20°7	16:56	11.
16.	8:09	12:15.6	16°6	16:23	**$-9^{\mathrm{m}}6$**	8:09	12:35.6	21°6	17:03	16.
21.	8:04	12:17.2	17°6	16:31	**$-11^{\mathrm{m}}2$**	8:05	12:37.2	22°6	17:10	21.
26.	7:57	12:18.4	18°8	16:40	**$-12^{\mathrm{m}}4$**	8:00	12:38.4	23°8	17:18	26.
31.	7:50	12:19.4	20°1	16:50	**$-13^{\mathrm{m}}4$**	7:54	12:39.4	25°1	17:25	31.

Am 4. Januar durchläuft die Erde den *sonnennächsten Punkt* (das Perihel) ihrer elliptischen Bahn und ist 147.105 Mio. km (= 0.983337 AE) vom Tagesgestirn entfernt, gegenüber 152.098 Mio. km (= 1.016715 AE) Anfang Juli, wenn die Erde in Sonnenferne (im Aphel) steht.
Der Unterschied in Lichtzeit beträgt rund 17 Sekunden. Bei einem scheinbaren Durchmesser von 32′32″ erscheint uns die *Fläche* der Sonnenscheibe jetzt 7 % größer als Anfang Juli (der Durchmesser beträgt dann nur 31′28″).
Im Laufe des Monats verspätet sich die Sonnenkulmination um weitere 10 Minuten. Wegen dieser Verschiebung findet der späteste Sonnenaufgang nicht am kürzesten Tag statt, sondern auf der Breite von Berlin am 30. Dezember, in der Schweiz gar erst am 1. Januar. Die tägliche Änderung ist in dieser Zeit aber so klein, dass sie nicht beobachtbar ist; sie ergibt sich nur durch Berechnung der (theoretischen!) Sonnenaufgangszeiten auf Sekundenbruchteile genau. So findet der späteste Sonnenaufgang in Berlin am 30.12.2022 um $8^h16^m54\overset{s}{.}0$ statt, in Zürich am 1.1.2023 um $8^h13^m52\overset{s}{.}9$.

Die Mondfinsternis vom 16. Mai 2022 war am Morgenhimmel zu sehen. Aufnahmen von Thomas Baer.

Mond

						1. So
2. Mo Gold. Henkel	3. Di	4. Mi	5. Do	6. Fr nördl. Lage	7. Sa Vollmond	8. So Erdferne
9. Mo	10. Di	11. Mi	12. Do	13. Fr	14. Sa	15. So Letztes V.
16. Mo	17. Di	18. Mi	19. Do	20. Fr südl. Lage	21. Sa Erdnähe Neumond	22. So
23. Mo	24. Di	25. Mi	26. Do	27. Fr	28. Sa Erstes V.	29. So
30. Mo	31. Di					

Die Planeten im Januar 2023

Planetenpositionen am 1., 15, und 31. Januar 2023 sowie Hauptmondphasen

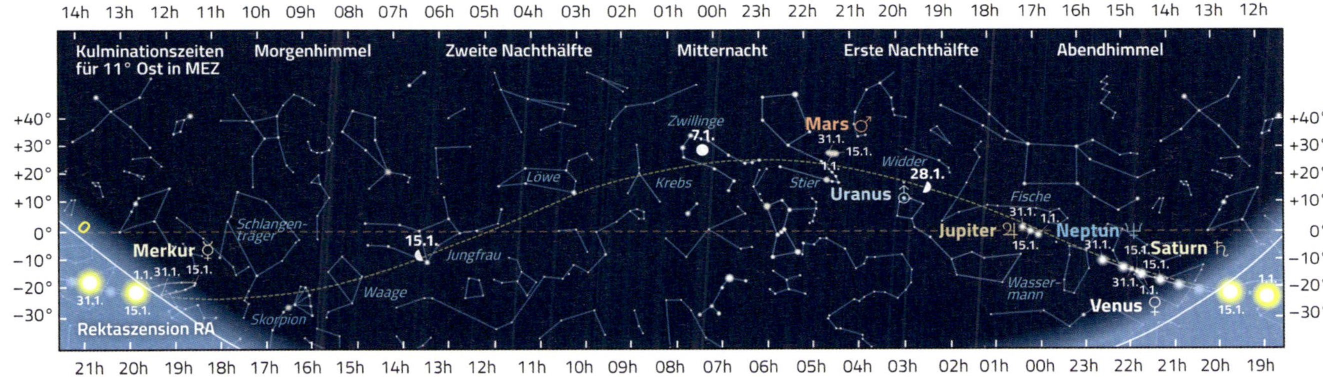

Scheinbare Planetengrössen und Phasen am 1., 15, und 31. Januar 2023

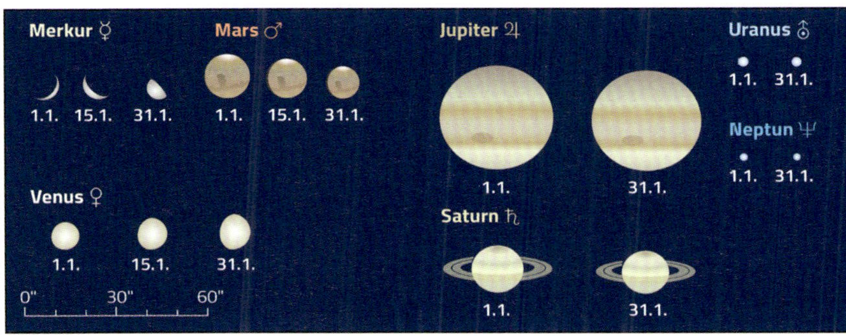

Merkur ☿	morgens (ab ca. 12.1., ab 07:30 MEZ, grösste westl. Elongation am 30.1.)
Venus ♀	Abendhimmel (Zusammentreffen mit Saturn ♄ am 22.1.)
Mars ♂	Bis in die zweite Nachthälfte
Jupiter ♃	Abendhimmel
Saturn ♄	Abendhimmel
Uranus ♅	Bis in die zweite Nachthälfte, nur teleskopisch
Neptun ♆	Abendstunden, nur teleskopisch

Planeten

unsichtbar, dann morgens

Merkur ☿ kann ab etwa 15. Januar am Morgenhimmel aufgesucht werden. Am 30. steht er in größter westlicher Elongation, in der Morgendämmerung aber trotzdem nur etwa 15° höher als die Sonne.

Berlin						Zürich				
Jan.	Aufgang	Kulmination Zeit	Kulmination Höhe	Untergang	**Elongation von der ☉**	Aufgang	Kulmination Zeit	Kulmination Höhe	Untergang	Jan.
1.	8:53	13:02	17°	17:10	**13° O**	8:54	13:22	22°	17:50	1.
6.	8:06	12:20	18°	16:33	**4° O**	8:08	12:40	23°	17:12	6.
11.	7:19	11:33	18°	15:47	**8° W**	7:20	11:53	23°	16:25	11.
16.	6:47	10:58	18°	15:10	**17° W**	6:48	11:18	23°	15:49	16.
21.	6:33	10:40	17°	14:46	**22° W**	6:33	11:00	22°	15:26	21.
26.	6:30	10:33	16°	14:35	**24° W**	6:30	10:53	21°	15:16	26.
31.	6:34	10:34	16°	14:34	**24° W**	6:32	10:54	21°	15:15	31.

abends

Venus ♀ startet ihr Glanzjahr mit einem langsamen Aufstieg am Westhorizont und setzt sich als Abendstern immer besser in Szene.

Berlin						Zürich				
Jan.	Aufgang	Kulmination Zeit	Kulmination Höhe	Untergang	**Elongation von der ☉**	Aufgang	Kulmination Zeit	Kulmination Höhe	Untergang	Jan.
1.	9:25	13:23	16°	17:21	**17° O**	9:23	13:43	21°	18:03	1.
6.	9:23	13:29	17°	17:37	**18° O**	9:23	13:50	22°	18:17	6.
11.	9:19	13:36	18°	17:53	**19° O**	9:21	13:56	23°	18:31	11.
16.	9:13	13:41	20°	18:10	**20° O**	9:17	14:01	25°	18:46	16.
21.	9:06	13:46	22°	18:27	**21° O**	9:12	14:06	27°	19:00	21.
26.	8:58	13:50	24°	18:44	**22° O**	9:07	14:10	29°	19:15	26.
31.	8:49	13:54	27°	19:01	**24° O**	9:00	14:14	32°	19:30	31.

Venus–Saturn-Konjunktion im Januar 2023

Sterne gezeichnet für den 23. Januar 2023 um 17:45 Uhr MEZ

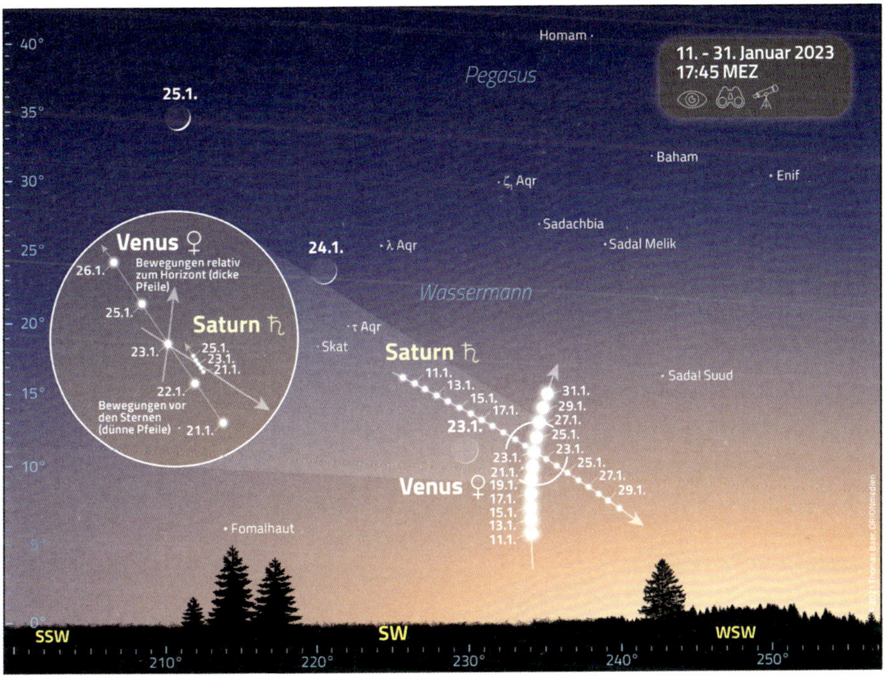

Am 22. steht Venus in Konjunktion mit Saturn.

bis gegen Morgen

Mars ♂ kann die Nacht hindurch bis gegen den frühen Morgen beobachtet werden. Seine Helligkeit fällt von –1.2^{mag} bis Ende Monat auf –0.3^{mag}.

Jan.	Berlin Aufgang	Kulmination Zeit	Kulmination Höhe	Untergang	**Elongation von der ⊙**	Zürich Aufgang	Kulmination Zeit	Kulmination Höhe	Untergang	Jan.
1.	13:15	21:47	62°	6:18	**148° O**	14:03	22:07	67°	6:11	1.
11.	12:33	21:04	62°	5:35	**137° O**	13:21	21:24	67°	5:27	11.
21.	11:56	20:27	62°	4:58	**127° O**	12:43	20:47	67°	4:50	21.
31.	11:22	19:55	62°	4:27	**119° O**	12:10	20:15	67°	4:19	31.

abends

Jupiter ♃ ist zunächst noch bis fast Mitternacht zu sehen, er geht aber immer früher unter.

Berlin						Zürich				
Jan.	Auf-gang	Kulmination Zeit	Höhe	Unter-gang	**Elongation von der ☉**	Auf-gang	Kulmination Zeit	Höhe	Unter-gang	Jan.
1.	11:27	17:27	37°	23:28	**80° O**	11:47	17:47	42°	23:48	1.
11.	10:50	16:53	37°	22:56	**72° O**	11:10	17:13	42°	23:16	11.
21.	10:13	16:19	38°	22:26	**63° O**	10:33	16:39	43°	22:45	21.
31.	9:36	15:46	39°	21:57	**55° O**	9:57	16:06	44°	22:15	31.

abends, dann unsichtbar

Saturn ♄ kann zunächst in den ersten Abendstunden noch aufgesucht werden. Er geht dann aber immer früher unter. Am 16. Februar steht er in Konjunktion mit der Sonne und bleibt unbeobachtbar.

Berlin						Zürich				
Jan.	Auf-gang	Kulmination Zeit	Höhe	Unter-gang	**Elongation von der ☉**	Auf-gang	Kulmination Zeit	Höhe	Unter-gang	Jan.
1.	10:21	15:02	22°	19:43	**42° O**	10:27	15:22	27°	20:17	1.
11.	9:44	14:27	23°	19:10	**33° O**	9:50	14:47	28°	19:43	11.
21.	9:06	13:52	23°	18:37	**23° O**	9:14	14:12	28°	19:10	21.
31.	8:29	13:17	23°	18:05	**14° O**	8:37	13:37	28°	18:37	31.

bis gegen Morgen

Uranus ⛢ zieht sich langsam vom Morgenhimmel zurück, geht aber auch Ende Monat immer noch deutlich nach Mitternacht unter.

Berlin						Zürich				
Jan.	Auf-gang	Kulmination Zeit	Höhe	Unter-gang	**Elongation von der ☉**	Auf-gang	Kulmination Zeit	Höhe	Unter-gang	Jan.
1.	12:39	20:11	54°	3:43	**124° O**	13:14	20:31	59°	3:48	1.
11.	11:59	19:31	53°	3:03	**114° O**	12:35	19:51	58°	3:08	11.
21.	11:20	18:52	53°	2:24	**104° O**	11:55	19:12	58°	2:28	21.
31.	10:41	18:13	53°	1:45	**94° O**	11:16	18:33	58°	1:49	31.

abends

Neptun ♆ kann bei guten Bedingungen noch in den ersten Nachtstunden erkannt werden.

Berlin						Zürich				
Jan.	Auf-gang	Kulmination Zeit	Höhe	Unter-gang	**Elongation von der ☉**	Auf-gang	Kulmination Zeit	Höhe	Unter-gang	Jan.
1.	11:13	16:56	34°	22:40	**72° O**	11:30	17:16	39°	23:03	1.
11.	10:34	16:18	34°	22:01	**62° O**	10:51	16:38	39°	22:24	11.
21.	9:55	15:39	34°	21:24	**52° O**	10:12	15:59	39°	21:46	21.
31.	9:16	15:01	34°	20:46	**42° O**	9:33	15:21	39°	21:08	31.

Planetoiden

(1) Ceres (8.2^{mag}, S. 286) kann in der zweiten Nachthälfte aufgesucht werden.
(2) Pallas (7.7^{mag}, S. 288) steht zwar am 3. in Opposition, kann aber wegen sehr südlicher Deklination nur kurz gegen Mitternacht beobachtet werden.
(3) Juno (9.8^{mag}, S. 288) zeigt sich noch in den ersten Abendstunden
(4) Vesta (8.4^{mag}, S. 292) muss auch gleich nach dem Eindunkeln angegangen werden.
(6) Hebe (8.9^{mag}, S. 296) steht am 25. in Opposition und kann ab den späteren Abendstunden bis zum Morgen beobachtet werden.

Meteorströme

Quadrantiden (nach einem nicht mehr verwendeten Sternbildnamen) vom 1. bis 5. Januar. Maximum 2023: 3. Januar, 21^h, bis 121 Sternschnuppen pro Stunde. Radiant: $\alpha = 15^h21^m$, $\delta = +49°$. Lange Bahnen, bläuliche Farbe, mittlere Geschwindigkeit 41 km/s, erzeugender Komet: 96P/Machholz 1.

Fixsternhimmel

Am Abendhimmel stehen jetzt günstig: Orion-Nebel, Andromeda-Nebel, offene Sternhaufen im Perseus, Fuhrmann, in den Zwillingen, Krippe im Krebs.
Doppelsterne: γ Andromedae, η Cassiopeiae, γ Arietis, Plejaden (Alkyone), σ Orionis (5-fach), γ Leonis.
In den Abendstunden ist die Milchstraße in den Sternbildern Schwan, Kepheus, Kassiopeia, Perseus, Fuhrmann, Zwillinge, Einhorn etwa bis 3. und wieder ab 24. Januar gut zu beobachten (ab etwa $18\frac{1}{2}^h$).

Veränderliche

δ-Cephei-Maxima: 5. 11^h / 10. 20^h / 16. $4\frac{1}{2}^h$ / 21. $13\frac{1}{2}^h$ / 26. 22^h
β-Lyrae-Minima: 6. 14^h / 19. $12\frac{1}{2}^h$

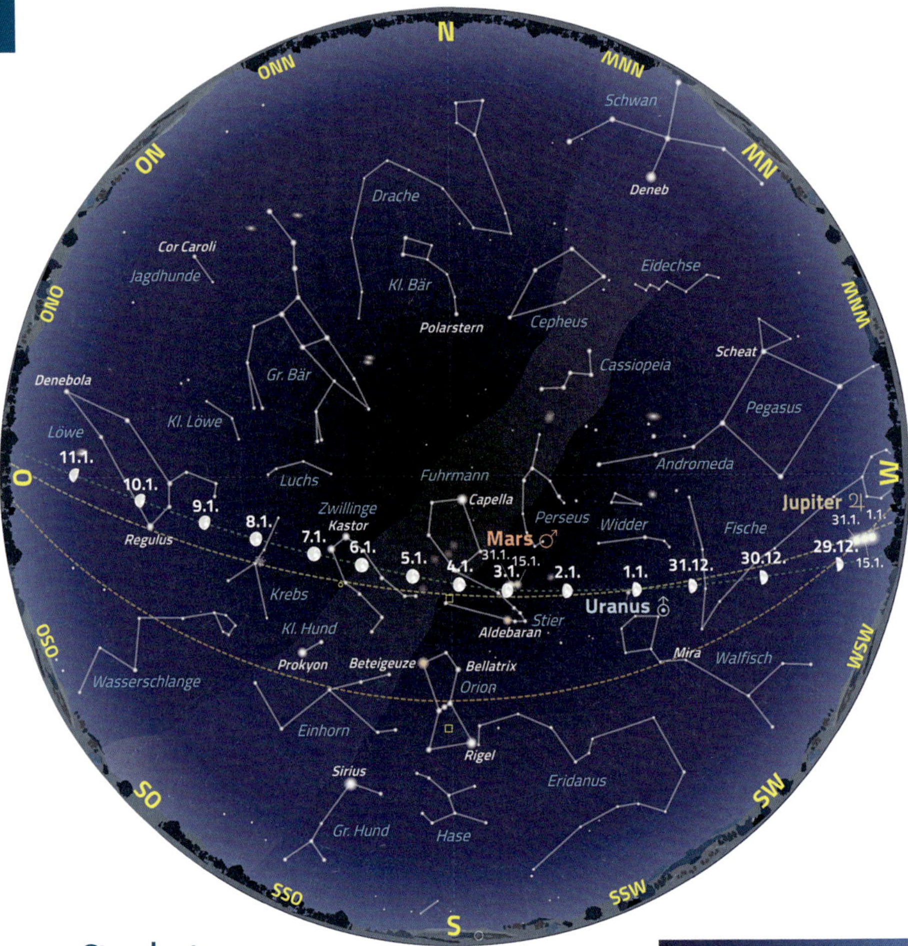

Sternkarte Januar

Die Planetenpositionen sind für den 15. Januar eingezeichnet.

1. Jan. 23^h MEZ	16. Jan. 22^h MEZ	1. Febr. 21^h MEZ

Sternzeit dieser Karte: 05^h25^m

Vorhergehende Sternkarte: Dezember Seite 224
Nachfolgende Sternkarte: Februar Seite 44

Astrokalender Januar 2023

<table>
<tr><th>Zeit Berlin</th><th>Zeit Zürich</th><th>AFT</th><th>Objekt, Erscheinung</th></tr>
<tr><td colspan="3">1. So</td><td>☾ ↓ 2:39 / 2:48 ↑ 12:33 / 13:06 ↔ 20:05 / 20:25 H. = 53°1 / 58°2 Berlin / Zürich</td></tr>
<tr><td colspan="2">0:00:00.0</td><td></td><td>Sternzeit Berlin: 6:35:23.4 / Zürich: 6:15:23.4</td></tr>
<tr><td colspan="2">0:00</td><td>–</td><td>☾ Mond-Alter 8^{d}53 nach ●</td></tr>
<tr><td colspan="2">0:00</td><td>AFT</td><td>☾ Phase: 0.695 / Lichtgrenze bei –15°10</td></tr>
<tr><td colspan="2">0–</td><td>T</td><td>♃ Mondstellung: G E I ⊖ K</td></tr>
<tr><td></td><td></td><td>T</td><td>◐ Sternbedeckung SAO 92768 (6.8^{mag})</td></tr>
<tr><td>0:23.9</td><td></td><td></td><td>Pw. = 111° a = 0.4 b = –2.7</td></tr>
<tr><td>16¼–</td><td>17–</td><td>AFT[3]</td><td>♀ Venus im SW (–3.9^{mag}, 17° ö. ⊙)</td></tr>
<tr><td colspan="2">16:25</td><td>–</td><td>☾ im ☊, Widder</td></tr>
<tr><td>16½–</td><td>17¼–</td><td>AFT</td><td>♃ Jupiter im SSO (–2.4^{mag}, 81° ö. ⊙)</td></tr>
<tr><td>16¾–</td><td>17¼–</td><td>AFT</td><td>♄ Saturn im SSW (+0.8^{mag}, 42° ö. ⊙)</td></tr>
<tr><td>16¾–</td><td>17¼–</td><td>AFT</td><td>♂ Mars im O (–1.2^{mag}, 149° ö. ⊙)</td></tr>
<tr><td>17–</td><td>17¾–</td><td>FT</td><td>⛢ Uranus im OSO (+5.7^{mag}, 125° ö. ⊙)</td></tr>
<tr><td colspan="2">17¼–</td><td>T</td><td>♃ Mondstellung: K G I ⊖ E</td></tr>
<tr><td>17½–</td><td>18–</td><td>T</td><td>♆ Neptun im S (+7.9^{mag}, 73° ö. ⊙)</td></tr>
<tr><td></td><td></td><td></td><td>Mondlicht stört nicht vom 12. bis 23. Januar</td></tr>
<tr><td>17¾–</td><td>18¼–</td><td>T</td><td>Deep-sky günstig bis ca. 21¾^{h} / 22¼^{h}</td></tr>
<tr><td colspan="2">21:11</td><td>T</td><td>♃ Jupiter: GRF günstig (bei 28°)</td></tr>
<tr><td colspan="3">2. Mo</td><td>☾ ↓ 3:57 / 4:00 ↑ 12:49 / 13:28 ↔ 20:51 / 21:12 H. = 57°6 / 62°8 Berlin / Zürich</td></tr>
<tr><td colspan="2">0:00:00.0</td><td></td><td>Sternzeit Berlin: 6:39:20.0 / Zürich: 6:19:20.0</td></tr>
<tr><td colspan="2">0:00</td><td>AFT</td><td>☾ Phase: 0.784 / Lichtgrenze bei –28°14</td></tr>
<tr><td></td><td></td><td>T</td><td>☾ Sternbedeckung SAO 93164 (7.1^{mag})</td></tr>
<tr><td>1:35.0</td><td></td><td></td><td>Pw. = 76° a = 0.3 b = –1.1</td></tr>
<tr><td></td><td>1:40.8</td><td></td><td>Pw. = 94° a = 0.4 b = –1.7</td></tr>
<tr><td colspan="2">4:07</td><td>AFT[1]</td><td>β Persei (Algol) im Minimum: 3.39^{mag} (Max. 2.12^{mag})</td></tr>
<tr><td colspan="2">4¼–</td><td>T</td><td>Deep-sky günstig bis ca. 7^{h}</td></tr>
<tr><td colspan="2">14:14</td><td>AFT[1]</td><td>☾ „Goldener Henkel“ am Mond</td></tr>
<tr><td colspan="2">17¼–</td><td>T</td><td>♃ Mondstellung: K E (G ⊖) I</td></tr>
<tr><td colspan="2">18:04</td><td>T</td><td>♃ Ganymed BA, Pw. = 304°; K E ⊖ I</td></tr>
<tr><td colspan="2">19</td><td>A</td><td>☾ 5½° sw. Plejaden</td></tr>
<tr><td colspan="2">21:01</td><td>T</td><td>♃ Ganymed BE, Pw. = 56°; K E (⊖ G I)</td></tr>
<tr><td></td><td></td><td>T</td><td>☾ Sternbedeckung SAO 93507 (7.5^{mag})</td></tr>
<tr><td>21:50.3</td><td></td><td></td><td>Pw. = 126° a = 2.3 b = –3.2</td></tr>
<tr><td colspan="2">22:23</td><td>T[3]</td><td>♃ (G I) → (I G), G ist 0.773 ⊖-Radien n. I; K E (⊖ I G)</td></tr>
</table>

3. Di	◐ ↓	**5:13**	↑	**13:09**	↮	**21:40**	H. =	**61°2**	Berlin
		5:11		**13:54**		**22:01**		**66°3**	Zürich

0:00:00.0		Sternzeit Berlin: 6:43:16.5 / Zürich: 6:23:16.5
0:00	AFT	◐ Phase: 0.859 / Lichtgrenze bei –40°28
	T	◐ Sternbedeckung SAO 76121 (6.0^{mag})
2:31.5		Pw. = 60° a = 0.4 b = –0.7 Skizze S. 253
2:34.5		Pw. = 78° a = 0.4 b = –1.1 Skizze S. 254
3	A	◐ 3° s. Plejaden
5½–	T	Deep-sky günstig bis ca. 7^h
17¼–	T	♃ Mondstellung: K E I ⊖ G
20:14	T	♃ Io BA, Pw. = 283°; K E ⊖ G
20½	A	◐ 1° s. Mars, 7½° n. Aldebaran, 8½° ö. Plejaden
22:44	T	♃ Jupiter: GRF günstig (bei 28°)

4. Mi	◐ ↓	**6:27**	↑	**13:37**	↮	**22:31**	H. =	**63°5**	Berlin
		6:20		**14:27**		**22:51**		**68°6**	Zürich

0:00:00.0		Sternzeit Berlin: 6:47:13.1 / Zürich: 6:27:13.1
0:00	AFT	◐ Phase: 0.919 / Lichtgrenze bei –52°42
1½	A	◐ 2° ö. Mars, 7½° n. Aldebaran
17	u	♁ Erde in Sonnennähe (0.983296 AE), vgl. 6. Juli
17½–	T	♃ Mondstellung: K (⊖ I) E G
17:33	T	♃ Io DA, Pw. = 103°; K ⊖ E G
18:36	T	♃ Jupiter: GRF günstig (bei 28°)
18:54	T	♃ Io SA, Pw. = 105°; K ⊖ E G
19	A	◐ 3½° sw. Nath (β Tauri)
19:47	T	♃ Io DE, Pw. = 257°; K (I ⊖) E G
21:06	T	♃ Io SE, Pw. = 255°; K I ⊖ E G

5. Do	◐ ↓	**7:34**	↑	**14:16**	↮	**23:22**	H. =	**64°5**	Berlin
		7:23		**15:09**		**23:43**		**69°6**	Zürich

0:00:00.0		Sternzeit Berlin: 6:51:09.7 / Zürich: 6:31:09.7
0:00	AFT	◐ Phase: 0.963 / Lichtgrenze bei –64°55
0:56	AFT[1]	β Persei (Algol) im Minimum: 3.39^{mag} (Max. 2.12^{mag})
5	A	◐ 3° sö. Nath (β Tauri)
17½–	T	♃ Mondstellung: K ⊖ E G
18:13	T	♃ Io VE, 0.2 n., 2.0 ö.; K ⊖ (I E) G
18:24	T	♃ (I E) → (E I), I ist 0.623 ⊖-Radien n. E; K ⊖ (E I) G
20:17	T	♃ Europa DA, Pw. = 116°; K ⊖ I G

6. Fr	○ ↓	**8:30**	↑	**15:07**	↮	**[0:13]**	H. =	**64°1**	Berlin
		8:18		**16:00**		**[0:34]**		**69°1**	Zürich

0:00:00.0		Sternzeit Berlin: 6:55:06.2 / Zürich: 6:35:06.2
0:00	AFT	○ Phase: 0.990 / Lichtgrenze bei –76°68

4:08	–	○ Nördlichste Lage, Dekl. 27°25′, Zwillinge
13:29 13:50	T[7]	♀ kulminiert 16°9 / 21°9 über Horizont (18° ö. ⊙)
17½–	T	♃ Mondstellung: K E (G I) ⊖
20:15	T	♃ Jupiter: GRF günstig (bei 28°)
21	A	○ 8° w. Pollux

7. Sa

	○ ↔	H. =	↓	↑	
	0:13	**64°1**	**9:13**	**16:09**	Berlin
	0:34	**69°1**	**9:02**	**17:00**	Zürich

0:00:00.0		Sternzeit Berlin: 6:59:02.8 / Zürich: 6:39:02.8
0:00	AFT	○ Phase: –0.998 / Lichtgrenze bei 91°19
0:09	–	○ Vollmond, Dm. 29′53″, Zwillinge
7	A	○ 4½° sw. Pollux, 6° s. Castor
13:57	–	☿ in unterer Konjunktion mit der ⊙
17½–	T	♃ Mondstellung: G K ⊖ I
17:55	T	♃ Europa BE, Pw. = 64°; G K (⊖ E) I
18:04	T	♃ Europa VA, 0.4 n., 0.9 ö.; G K ⊖ I
19	A	○ 8½° sö. Castor
20:29	T	♃ Europa VE, 0.4 n., 2.6 ö.; G K ⊖ E I
21–	T[1]	(6) Hebe ($+9.1^{mag}$) geht 29′ nördlich an 49 Cancri ($+5.6^{mag}$) vorbei.
21:45	AFT[1]	β Persei (Algol) im Minimum: 3.39^{mag} (Max. 2.12^{mag})

8. So

	○ ↔	H. =	↓	↑	
	1:03	**62°3**	**9:44**	**17:18**	Berlin
	1:24	**67°3**	**9:38**	**18:05**	Zürich

0:00:00.0		Sternzeit Berlin: 7:02:59.3 / Zürich: 6:42:59.3
0:00	AFT	○ Phase: –0.989 / Lichtgrenze bei 79°06
7	A	☽ 8½° sö. Pollux
10:19	u	☽ in Erdferne: 63.7267 Erdradien, Krebs
17½–	T	♃ Mondstellung: G I ⊖ K E
		Planetoid (2) Pallas in Opposition zur ⊙ (7.6^{mag})
21:55	T	♃ Jupiter: GRF günstig (bei 29°)
23¾	FT	☽ Maximale Libration in Breite: Südpol sichtbar

9. Mo

	☽ ↔	H. =	↓	↑	
	1:51	**59°3**	**10:07**	**18:31**	Berlin
	2:12	**64°4**	**10:06**	**19:12**	Zürich

0:00:00.0		Sternzeit Berlin: 7:06:55.9 / Zürich: 6:46:55.9
0:00	AFT	☽ Phase: –0.963 / Lichtgrenze bei 66°93
1:23	–	☽ Größte ekliptikale Nordbreite, Krebs
17½–	T	♃ Mondstellung: (E G) ⊖ I K
22	A	☽ 9° nw. Regulus
22:15	T[3]	♃ Ganymed BA, Pw. = 304°; E ⊖ I K

10. Di

	☾ ↔	H. =	↓	↑	
	2:37	**55°4**	**10:24**	**19:44**	Berlin
	2:57	**60°4**	**10:28**	**20:20**	Zürich

0:00:00.0			Sternzeit Berlin: 7:10:52.5 / Zürich: 6:50:52.5
0:00		AFT	☾ Phase: –0.920 / Lichtgrenze bei 54°80
6		A	☾ 6½° nw. Regulus
17½–		T	♃ Mondstellung: E I ⊖ G K
18–	18½–	T	Deep-sky günstig bis ca. 19¾^h / 20¼^h
22		A	☾ 5½° nö. Regulus
	22:11	T[3]	♃ Io BA, Pw. = 283°; E ⊖ G K

11. Mi

	☾ ↔	H. =	↓	↑	
	3:20	**50°7**	**10:37**	**20:57**	Berlin
	3:40	**55°6**	**10:46**	**21:27**	Zürich

0:00:00.0			Sternzeit Berlin: 7:14:49.0 / Zürich: 6:54:49.0
0:00		AFT	☾ Phase: –0.863 / Lichtgrenze bei 42°66
6		A	☾ 7½° ö. Regulus
17½–		T	♃ Mondstellung: ⊖ I E G K
18–	18½–	T	Deep-sky günstig bis ca. 20¾^h / 21¼^h
19:26		T	♃ Jupiter: GRF günstig (bei 29°)
19:31		T	♃ Io DA, Pw. = 103°; ⊖ E G K
20:50		T	♃ Io SA, Pw. = 106°; ⊖ E G K
21:46		T[3]	♃ Io DE, Pw. = 257°; (I ⊖) E G K

12. Do

	☾ ↔	H. =	↓	↑	
	4:01	**45°3**	**10:48**	**22:09**	Berlin
	4:22	**50°3**	**11:02**	**22:34**	Zürich

0:00:00.0			Sternzeit Berlin: 7:18:45.6 / Zürich: 6:58:45.6
0:00		AFT	☾ Phase: –0.791 / Lichtgrenze bei 30°52
17½–		T	♃ Mondstellung: ⊖ E G K
18–	18½–	T	Deep-sky günstig bis ca. 22^h / 22½^h
20:09		T	♃ Io VE, 0.2 n., 2.0 ö.; ⊖ (I E) G K
20:42		T	♃ (I E) → (E I), I ist 0.618 ⊖-Radien n. E; ⊖ (E I) G K

13. Fr

	☾ ↔	H. =	↓	↑	
	4:42	**39°6**	**10:59**	**23:22**	Berlin
	5:02	**44°6**	**11:18**	**23:42**	Zürich

0:00:00.0			Sternzeit Berlin: 7:22:42.1 / Zürich: 7:02:42.1
0:00		AFT	☾ Phase: –0.708 / Lichtgrenze bei 18°38
			♃ Jupiter überquert den Äquator nordwärts. Er bleibt bis 5. September 2028 auf der Nordhalbkugel
13:38	13:58	T[7]	♀ kulminiert 19°1 / 24°1 über Horizont (20° ö. ⊙)
16:33		u	☾ Äquatordurchgang südwärts, Jungfrau
17:06		T	♃ (G I) → (I G), G ist 0.343 ⊖-Radien s. I; E (I G ⊖) K
17½–		T	♃ Mondstellung: E (I G ⊖) K
17:31		T	♃ Io SE, Pw. = 254°; E (I G ⊖) K

abends kein Mondlicht

	17:54	T	♃ Ganymed SA, Pw. = 134°; E (I G) ⊖ K
18–	18½–	T	Deep-sky günstig bis ca. 23¼ʰ / 23½ʰ
	20:25	T	♃ Ganymed SE, Pw. = 225°; E (I G) ⊖ K
	21:05	T	♃ Jupiter: GRF günstig (bei 29°)

14. Sa — ☽ ↔ **5:23** / **5:44** H. = **33°7** / **38°6** ↓ **11:09** / **11:33** ↑ [**0:38**] / [**0:52**] Berlin / Zürich

	0:00:00.0		Sternzeit Berlin: 7:26:38.7 / Zürich: 7:06:38.7
	0:00	AFT	☽ Phase: –0.615 / Lichtgrenze bei 6°23
	0¾–	T[1]	(2) Pallas (+7.7ᵐᵃᵍ) geht 36′ nördlich an 10 Canis Maioris (+5.2ᵐᵃᵍ) vorbei.
	0 ¾–	T	☽ Streifende Bedeckung SAO 138942 (6.6ᵐᵃᵍ, ZC 1828) Ungefährer Verlauf der südlichen Grenzlinie: Münster – n. Paderborn – Göttingen – Nordhausen – s. Leipzig. Genauer Grenzverlauf: Tabelle S. 255
	17½–	T	♃ Mondstellung: G (E ⊖) I K
18–	18½–	T	Deep-sky günstig bis ca. 0½ʰ / 0¾ʰ
	18:04	T	♃ Europa BA, Pw. = 296°; G ⊖ I K
	20:39	T	♃ Europa BE, Pw. = 64°; G (⊖ E) I K
	20:43	T	♃ Europa VA, 0.4 n., 0.9 ö.; G ⊖ I K

15. So — ◑ ↑ **0:38** / **0:52** ↔ **6:06** / **6:27** H. = **27°7** / **32°6** ↓ **11:20** / **11:50** Berlin / Zürich

	0:00:00.0		Sternzeit Berlin: 7:30:35.2 / Zürich: 7:10:35.2
	0:00	u	◑ Phase: –0.515 / Lichtgrenze bei –5°93
	1¾–	A[1]	◑ Erdlicht (bis ca. 18. Januar)
	3:10	–	◑ Letztes Viertel, Jungfrau
	6	A	◑ 3½° ö. Spica
	7½–	AFT[3]	☿ Merkur im SO (+1.2ᵐᵃᵍ, 15° w. ☉)
11:05	11:25	T[7]	☿ kulminiert 17°6 / 22°6 über Horizont (16° w. ☉)
	17½–	T	♃ Mondstellung: G I ⊖ (K E)
18–	18½–	T	Deep-sky günstig bis ca. 2ʰ
	22:45	T	♃ Jupiter: GRF günstig (bei 29°)

16. Mo — ◑ ↑ **1:57** / **2:05** ↔ **6:52** / **7:13** H. = **21°9** / **26°9** ↓ **11:35** / **12:10** Berlin / Zürich

	0:00:00.0		Sternzeit Berlin: 7:34:31.8 / Zürich: 7:14:31.8
	0:00	u	◑ Phase: –0.411 / Lichtgrenze bei –18°09
	7½–	AFT[3]	☿ Merkur im SO (+0.9ᵐᵃᵍ, 17° w. ☉)
	7:32	–	◑ im ☋, Waage
	10½	FT	◑ Max. Libration in Länge: Krater Grimaldi randfern
17:20		T	♃ Europa SE, Pw. = 240°; G (E K ⊖) I
	17½–	T	♃ Mondstellung: G (E K ⊖) I

abends kein Mondlicht

Jan.

18¼– 18¾–	T	Deep-sky günstig bis ca. 3¼^h
18:36	T	♃ Jupiter: GRF günstig (bei 29°)
20:01	T	♃ (G E) → (E G), G ist 0.906 ⊖-Radien n. E; (E G) (K ⊖) I

17. Di ◐ ↑ **3:22** / **3:23** ↔ **7:43** / **8:04** H. = **16°7** / **21°7** ↓ **11:53** / **12:35** Berlin / Zürich

0:00:00.0		Sternzeit Berlin: 7:38:28.3 / Zürich: 7:18:28.3
0:00	u	◐ Phase: –0.308 / Lichtgrenze bei –30°26
7½–	AFT[3]	☿ Merkur im SO (+0.7^{mag}, 18° w. ☉)
17¾–	T	♃ Mondstellung: K E I ⊖ G
18¼– 18¾–	T	Deep-sky günstig bis ca. 4¾^h
23¾–	T[1]	(1) Ceres (+8.0^{mag}) geht 17′ südlich an ρ Virginis (+5.0^{mag}) vorbei.

18. Mi ◐ ↑ **4:50** / **4:45** ↔ **8:40** / **9:00** H. = **12°5** / **17°5** ↓ **12:21** / **13:09** Berlin / Zürich

0:00:00.0		Sternzeit Berlin: 7:42:24.9 / Zürich: 7:22:24.9
0:00	u	◐ Phase: –0.210 / Lichtgrenze bei –42°43
7½	A	◐ 2° nw. Antares
7½–	AFT[3]	☿ Merkur im SO (+0.6^{mag}, 19° w. ☉)
10:50 11:10	T[7]	☿ kulminiert 17°2 / 22°2 über Horizont (20° w. ☉)
15:41	–	Zwergplanet (134340) Pluto in Konjunktion mit der ☉
17¾–	T	♃ Mondstellung: K ⊖ (I E) G
18¼– 18¾–	T	Deep-sky günstig bis ca. 6¼^h / 6^h
20:16	T	♃ Jupiter: GRF günstig (bei 29°)
21:31	T[3]	♃ Io DA, Pw. = 103°; K ⊖ E G

19. Do ◐ ↑ **6:16** / **6:05** ↔ **9:42** / **10:03** H. = **9°8** / **14°8** ↓ **13:03** / **13:56** Berlin / Zürich

0:00:00.0		Sternzeit Berlin: 7:46:21.5 / Zürich: 7:26:21.5
0:00	u	◐ Phase: –0.124 / Lichtgrenze bei –54°62
7½–	AFT[3]	☿ Merkur im SO (+0.4^{mag}, 20° w. ☉)
17¾–	T	♃ Mondstellung: K (I ⊖) E G
18¼– 18¾–	T	Deep-sky günstig bis ca. 6¾^h
18:40	T	♃ Io BA, Pw. = 283°; K ⊖ E G

20. Fr ◐ ↑ **7:31** / **7:18** ↔ **10:48** / **11:09** H. = **9°1** / **14°1** ↓ **14:06** / **15:01** Berlin / Zürich

0:00:00.0		Sternzeit Berlin: 7:50:18.0 / Zürich: 7:30:18.0
0:00	u	◐ Phase: –0.057 / Lichtgrenze bei –66°80
6:06	u	◐ Südlichste Lage, Dekl. –27°28′, Schütze
7½–	AFT[3]	☿ Merkur im SO (+0.3^{mag}, 21° w. ☉)

abends kein Mondlicht

13:45	14:05	T^7	♀ kulminiert 21°8 / 26°8 über Horizont (22° ö. ⊙)
17:14		T	♃ Io SA, Pw. = 106°; K E ⊖
17¾–		T	♃ Mondstellung: K E ⊖
18¼–	18¾–	T	Deep-sky günstig bis ca. 6¾^h
18:15		T	♃ Io DE, Pw. = 257°; K E (I ⊖)
19:27		T	♃ Io SE, Pw. = 254°; K E (I ⊖)
19:44		T	♃ Ganymed DE, Pw. = 235°; K E (I G ⊖)
21:55		T	♃ Jupiter: GRF günstig (bei 29°)
	21:58	T^3	♃ Ganymed SA, Pw. = 135°; K E (I G) ⊖

21. Sa ◐ ↑ **8:27** / **8:17** ↔ **11:55** / **12:16** H. = **10°6** / **15°7** ↓ **15:29** / **16:21** Berlin / Zürich

0:00:00.0			Sternzeit Berlin: 7:54:14.6 / Zürich: 7:34:14.6
0:00		u	◐ Phase: –0.015 / Lichtgrenze bei –78°99
7½–		AFT^3	☿ Merkur im SO (+0.2^{mag}, 22° w. ⊙)
17¾–		T	♃ Mondstellung: K G E ⊖ I
18¼–	18¾–	T	Deep-sky günstig bis ca. 6¾^h
20:49		T	♃ Europa BA, Pw. = 296°; K G ⊖ I
21:53		u	● Neumond, Steinbock Beginn Lunation Nr. 1238
21:58		u	● in Erdnähe: 55.9052 Erdradien, Steinbock

22. So ● ↑ **9:04** / **9:00** ↔ **12:59** / **13:20** H. = **14°3** / **19°4** ↓ **17:05** / **17:49** Berlin / Zürich

0:00:00.0			Sternzeit Berlin: 7:58:11.2 / Zürich: 7:38:11.2
0:00		u	● Phase: 0.002 / Lichtgrenze bei 88°82
			♃ Jupiter im Perihel seiner Bahn Seine Entfernung von der Sonne beträgt jetzt 4.95101 AE
7½–		AFT^3	☿ Merkur im SO (+0.2^{mag}, 23° w. ⊙)
10:11		–	● Größte ekliptikale Südbreite, Steinbock
10:39	10:59	T^7	☿ kulminiert 16°7 / 21°7 über Horizont (23° w. ⊙)
17–		AFT^1	♀ Venus (–3.9^{mag}) geht 1° nördlich an δ Cap (+3.0^{mag}) vorbei.
17¾–		T	♃ Mondstellung: K G I ⊖ E
18¼–	18¾–	T	Deep-sky günstig bis ca. 6¾^h

23. Mo ◑ ↑ **9:30** / **9:32** ↔ **13:58** / **14:19** H. = **19°6** / **24°7** ↓ **18:41** / **19:18** Berlin / Zürich

0:00:00.0			Sternzeit Berlin: 8:02:07.7 / Zürich: 7:42:07.7
0:00		u	◑ Phase: 0.020 / Lichtgrenze bei 76°63
7½–		AFT^3	☿ Merkur im SO (+0.1^{mag}, 23° w. ⊙)
17		AFT	◑ Schmale Sichel, 43^h nach ●, 11° ü. H.
	17	FT	◑ Maximale Libration in Breite: Nordpol sichtbar

abends kein Mondlicht

17:30			T	♃ Europa SA, Pw. = 121°; K G ⊖ I
	17½		A	◐ 5° sö. Venus, 5½° sö. Saturn
		17½	AFT	◐ Schmale Sichel, 43½^h nach ●, 14° ü. H.
17:38			T	♃ Europa DE, Pw. = 244°; K G (E ⊖) I
	17¾–		T	♃ Mondstellung: K G (E ⊖) I
19–		19¾–	T	Deep-sky günstig bis ca. 6¾^h
	19:26		T	♃ Jupiter: GRF günstig (bei 29°)
	19:56		T	♃ Europa SE, Pw. = 240°; K G E ⊖ I

24. Di	◐ ↑	↔	H. =	↓	
	9:47	**14:53**	**25°9**	**20:13**	Berlin
	9:57	**15:13**	**31°0**	**20:43**	Zürich

	0:00:00.0			Sternzeit Berlin: 8:06:04.3 / Zürich: 7:46:04.3
	0:00		u	◐ Phase: 0.067 / Lichtgrenze bei 64°44
7¼–		7½–	AFT[3]	☿ Merkur im SO (+0.0^{mag}, 24° w. ⊙)
	17½–		A[1]	◐ Erdlicht (bis ca. 27. Januar)
	17¾–		T	♃ Mondstellung: E I K ⊖ G
20½–		21–	T	Deep-sky günstig bis ca. 6¾^h

25. Mi	◐ ↑	↔	H. =	↓	
	10:02	**15:43**	**32°7**	**21:41**	Berlin
	10:17	**16:03**	**37°8**	**22:04**	Zürich

	0:00:00.0			Sternzeit Berlin: 8:10:00.8 / Zürich: 7:50:00.8
	0:00		u	◐ Phase: 0.139 / Lichtgrenze bei 52°25
	2:41		AFT[1]	β Persei (Algol) im Minimum: 3.39^{mag} (Max. 2.12^{mag})
7¼–		7½–	AFT[3]	☿ Merkur im SO (+0.0^{mag}, 24° w. ⊙)
10:35		10:55	T[7]	☿ kulminiert 16°3 / 21°3 über Horizont (24° w. ⊙)
	17¾–		T	♃ Mondstellung: ⊖ (E I K) G
	18:32		T	♃ (E I) → (I E), E ist 0.520 ⊖-Radien n. I; ⊖ (I E) K G
	19		A	◐ 6½° sw. Jupiter
	21:06		T	♃ Jupiter: GRF günstig (bei 29°)
22–		22½–	T	Deep-sky günstig bis ca. 6¾^h

26. Do	◐ ↑	↔	H. =	↓	
	10:14	**16:30**	**39°4**	**23:04**	Berlin
	10:35	**16:51**	**44°6**	**23:21**	Zürich

	0:00:00.0			Sternzeit Berlin: 8:13:57.4 / Zürich: 7:53:57.4
	0:00		u	◐ Phase: 0.227 / Lichtgrenze bei 40°07
	6:31		u	◐ Äquatordurchgang nordwärts, Walfisch
		7½–	AFT[3]	☿ Merkur im SO (–0.0^{mag}, 24° w. ⊙)
	17¾–		T	♃ Mondstellung: I ⊖ E G K
	19		A	◐ 8° ö. Jupiter
			T	◐ Sternbedeckung SAO 109506 (7.3^{mag})
		19:05.2		Pw. = 36° a = 0.8 b = 0.8
19:12.9				Pw. = 26° a = 0.5 b = 1.0
	20–		T[1]	(6) Hebe (+8.8^{mag}) geht 51′ nördlich an 27 Cancri (+5.7^{mag}) vorbei.

Berlin	Zürich			
20:39		T	♃	Io BA, Pw. = 283°; ⊖ E G K
23½–	23¾–	T		Deep-sky günstig bis ca. 6¾ʰ
27. Fr			◐ ↑	**10:26** ↔ **17:16** H. = **45°8** ↓ **[0:25]** Berlin **10:52** ↔ **17:36** H. = **50°9** ↓ **[0:36]** Zürich
0:00:00.0				Sternzeit Berlin: 8:17:53.9 / Zürich: 7:57:53.9
0:00		u	◐	Phase: 0.327 / Lichtgrenze bei 27°89
7½–		AFT[3]	☿	Merkur im SO (–0.0ᵐᵃᵍ, 25° w. ⊙)
12		FT	◐	Max. Libration in Länge: Mare Crisium randfern
13:51	14:11	T[7]	♀	kulminiert 24°8 / 29°8 über Horizont (23° ö. ⊙)
17¾–		T	♃	Mondstellung: E (⊖ I G) K
18:00		T	♃	Io DA, Pw. = 103°; E ⊖ G K
19:10		T	♃	Io SA, Pw. = 106°; E (⊖ G) K
		T	◐	Sternbedeckung SAO 110046 (6.7ᵐᵃᵍ)
	19:15.4			Pw. = 83° a = 1.7 b = –0.5
19:20.5				Pw. = 72° a = 1.3 b = –0.4
20:14		T	♃	Io DE, Pw. = 257°; E (I ⊖ G) K
21:10		T[3]	♃	Ganymed DA, Pw. = 126°; E (I ⊖) K
	21:22	T[3]	♃	Io SE, Pw. = 254°; E (I ⊖) K
22 ¾–		T	◐	Streifende Bedeckung 110 Piscium (4.5ᵐᵃᵍ, ZC 257) Ungefährer Verlauf der südlichen Grenzlinie: Groningen – n. Bremen – Lüneburg – n. Wittenberge – n. Angermünde. Genauer Grenzverlauf: Tabelle S. 256
23:30		AFT[1]	β	Persei (Algol) im Minimum: 3.39ᵐᵃᵍ (Max. 2.12ᵐᵃᵍ)
28. Sa			◐ ↓	**0:25** ↑ **10:39** ↔ **18:02** H. = **51°6** Berlin **0:36** ↑ **11:11** ↔ **18:22** H. = **56°7** Zürich
0:00:00.0				Sternzeit Berlin: 8:21:50.5 / Zürich: 8:01:50.5
0:00		AFT	◐	Phase: 0.431 / Lichtgrenze bei 15°72
0¾–	1–	T		Deep-sky günstig bis ca. 6¾ʰ
7½–		AFT[3]	☿	Merkur im SO (–0.1ᵐᵃᵍ, 25° w. ⊙)
16:19		–	◐	Erstes Viertel, Widder
17:05		–	◐	im ☊, Widder
18–		T	♃	Mondstellung: G E ⊖ K
18:29		T	♃	Io VE, 0.2 n., 1.9 ö.; G E (⊖ I) K
		T	◐	Sternbedeckung 29 Arietis (6.1ᵐᵃᵍ, SAO 92998)
	21:57.0			Pw. = 30° a = 0.9 b = 1.1
22:09.8				Pw. = 5° a = 0.8 b = 3.1
29. So			◐ ↓	**1:45** ↑ **10:54** ↔ **18:49** H. = **56°5** Berlin **1:50** ↑ **11:31** ↔ **19:09** H. = **61°6** Zürich
0:00:00.0				Sternzeit Berlin: 8:25:47.0 / Zürich: 8:05:47.0
0:00		AFT	◐	Phase: 0.534 / Lichtgrenze bei 3°56

2–	2¼–	T	Deep-sky günstig bis ca. 6¾^h
	7½–	AFT[3]	☿ Merkur im SO (–0.1^{mag}, 25° w. ⊙)
10:34	10:54	T[7]	☿ kulminiert 15°9 / 20°9 über Horizont (25° w. ⊙)
18–		T	♃ Mondstellung: G I ⊜ E K
		T	◐ Sternbedeckung SAO 93386 (7.3^{mag})
	19:39.7		Pw. = 103° a = 2.3 b = –1.0
19:45.7			Pw. = 91° a = 1.7 b = –0.5
22		A	◐ 7° sw. Plejaden
		T	◐ Sternbedeckung SAO 93412 (7.2^{mag})
23:11.1			Pw. = 354° a = 1.9 b = 10.7

30. Mo	◐ ↓	↑	↔	H. =	
	3:03	**11:13**	**19:37**	**60°4**	Berlin
	3:02	**11:56**	**19:58**	**65°5**	Zürich

0:00:00.0		Sternzeit Berlin: 8:29:43.6 / Zürich: 8:09:43.6
0:00	AFT	◐ Phase: 0.633 / Lichtgrenze bei –8°60
3½–	T	Deep-sky günstig bis ca. 6¾^h
7	–	☿ in größter Elongation: 24°58′ w. ⊙
7¼–	AFT[3]	☿ Merkur im SO (–0.1^{mag}, 25° w. ⊙)
17:50	T	♃ Europa DA, Pw. = 116°; G ⊜ I K
18–	T	♃ Mondstellung: G ⊜ I K
20	A	◐ 4½° w. Mars
20:07	T	♃ Europa SA, Pw. = 121°; G ⊜ I K
20:16	T	♃ Jupiter: GRF günstig (bei 30°)
20:20	AFT[1]	β Persei (Algol) im Minimum: 3.39^{mag} (Max. 2.12^{mag})
20:24	T	♃ Europa DE, Pw. = 244°; G (E ⊜) I K
22	A	◐ 6½° ö. Plejaden, 8½° nw. Aldebaran

31. Di	◐ ↓	↑	↔	H. =	
	4:18	**11:38**	**20:27**	**63°1**	Berlin
	4:12	**12:27**	**20:48**	**68°2**	Zürich

0:00:00.0			Sternzeit Berlin: 8:33:40.2 / Zürich: 8:13:40.2
0:00		AFT	◐ Phase: 0.724 / Lichtgrenze bei –20°75
4¾–	4½–	T	Deep-sky günstig bis ca. 6¾^h
	7¼–	AFT[3]	☿ Merkur im SO (–0.1^{mag}, 25° w. ⊙)
18–		T	♃ Mondstellung: E I ⊜ K
18:11		T	♃ Ganymed VE, 0.5 n., 3.0 ö.; E I ⊜ G K
20		A	◐ 7½° ö. Mars

Februar 2023

Sonne

Dämmerung, Auf- und Untergang, Kulminationswerte und Zeitgleichung

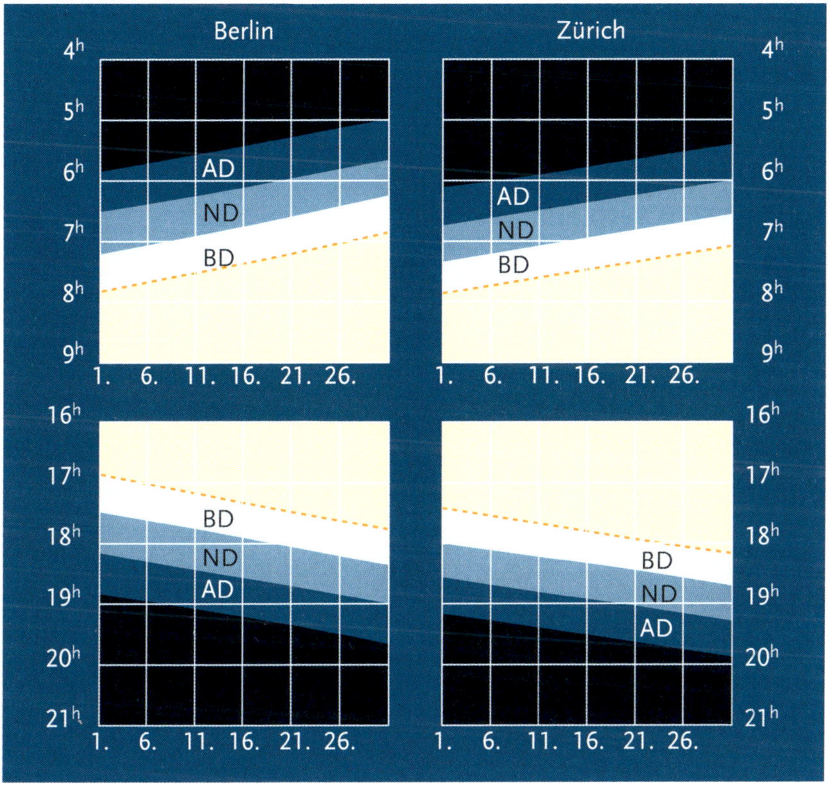

Feb.	Berlin Aufgang	Berlin Kulmination Zeit	Berlin Kulmination Höhe	Berlin Untergang	**Zeitgleichung**	Zürich Aufgang	Zürich Kulmination Zeit	Zürich Kulmination Höhe	Zürich Untergang	Feb.
1.	7:48	12:19.5	20°4	16:51	**–13^{m}5**	7:53	12:39.5	25°4	17:27	1.
6.	7:40	12:20.0	21°9	17:01	**–14^{m}0**	7:46	12:40.0	26°9	17:35	6.
11.	7:31	12:20.2	23°5	17:10	**–14^{m}2**	7:38	12:40.2	28°5	17:42	11.
16.	7:21	12:20.0	25°2	17:20	**–14^{m}0**	7:30	12:40.0	30°2	17:50	16.
21.	7:11	12:19.6	26°9	17:29	**–13^{m}6**	7:22	12:39.6	31°9	17:58	21.
26.	7:00	12:18.9	28°8	17:39	**–12^{m}9**	7:13	12:38.9	33°8	18:06	26.
28.	6:55	12:18.5	29°5	17:43	**–12^{m}5**	7:09	12:38.5	34°5	18:09	28.

Am 11. Februar tritt die *späteste Sonnenkulmination* des Jahres ein, bezogen auf MEZ (also ohne Sommerzeitsprünge). Die Zeitgleichung hat dann ihren kleinsten Wert von $-14^{\mathrm{m}}.2$. Die Zeitgleichung gibt ja an, wieviel sich die „wahre Sonne" gegenüber der „mittleren Sonne" verfrüht oder verspätet. Beträgt die östliche Länge g°, so kulminiert die „mittlere Sonne" immer um $12\mathrm{h} - g \cdot 4^{\mathrm{m}}$ Weltzeit, in Berlin also um 11:06 UT (= 12:06 MEZ = 13:06 MESZ), in Zürich um 11:26 UT. Mit der Zeitgleichung von $-14^{\mathrm{m}}.2$ ergeben sich am 11. Februar die Kulminationszeiten 12:20.2 (MEZ) für Berlin und 12:40.2 für Zürich.

Eine Grafik und weitere Erklärungen zur Zeitgleichung finden sich auf den Seiten 244/245.

Mond

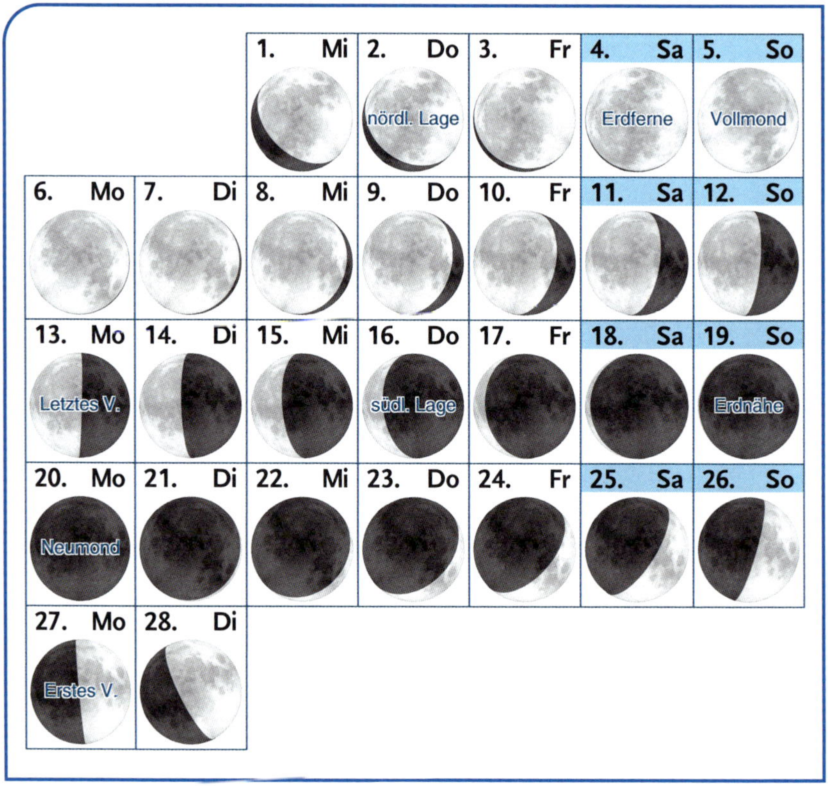

Die Planeten im Februar 2023

Planetenpositionen am 1., 15, und 28. Februar 2023 sowie Hauptmondphasen

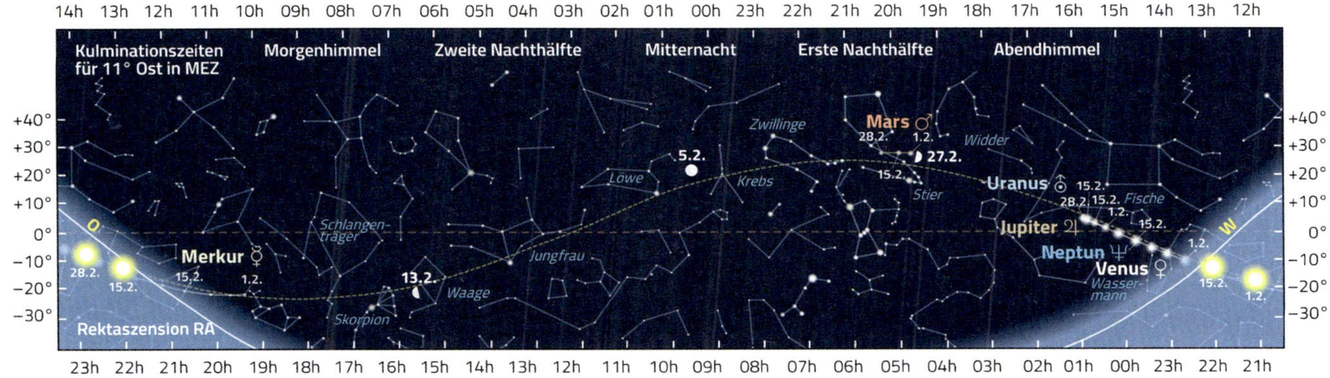

Scheinbare Planetengrössen und Phasen am 1., 15, und 28. Februar 2023

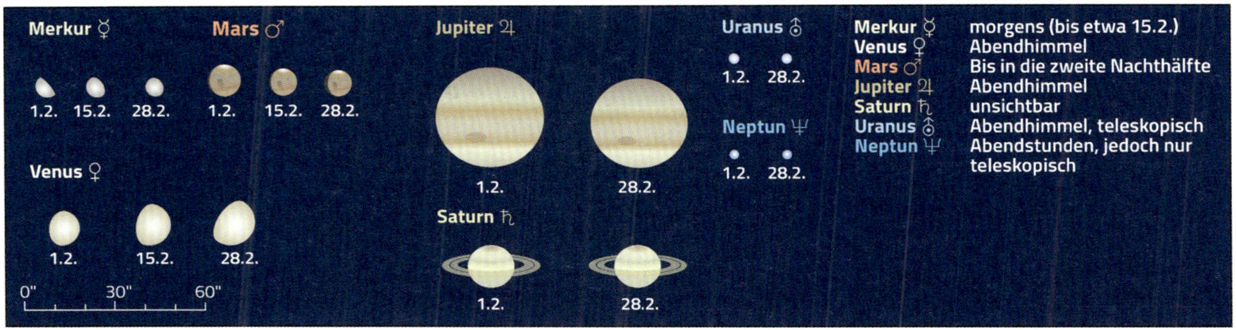

Planeten

morgens, dann unsichtbar

Merkur ☿ ist für eine Beobachtung nur noch in der ersten Februarwoche genügend hoch über dem Morgenhorizont.

Berlin / Zürich

Feb.	Aufgang (Berlin)	Kulmination Zeit (Berlin)	Kulmination Höhe (Berlin)	Untergang (Berlin)	**Elongation von der ☉**	Aufgang (Zürich)	Kulmination Zeit (Zürich)	Kulmination Höhe (Zürich)	Untergang (Zürich)	Feb.
1.	6:35	10:35	16°	14:34	**24° W**	6:33	10:55	21°	15:16	1.
6.	6:40	10:40	16°	14:41	**24° W**	6:39	11:01	21°	15:22	6.
11.	6:44	10:49	17°	14:54	**22° W**	6:44	11:09	22°	15:34	11.
16.	6:47	10:59	18°	15:12	**20° W**	6:48	11:19	23°	15:51	16.
21.	6:48	11:11	19°	15:34	**18° W**	6:51	11:31	24°	16:11	21.
26.	6:47	11:23	22°	16:00	**15° W**	6:52	11:43	27°	16:34	26.
28.	6:46	11:28	23°	16:11	**14° W**	6:52	11:48	28°	16:45	28.

abends

Venus ♀ wird als Abendstern immer brillanter und steht bei Sonnenuntergang noch hoch über dem Südwesthorizont.

Berlin / Zürich

Feb.	Aufgang (Berlin)	Kulmination Zeit (Berlin)	Kulmination Höhe (Berlin)	Untergang (Berlin)	**Elongation von der ☉**	Aufgang (Zürich)	Kulmination Zeit (Zürich)	Kulmination Höhe (Zürich)	Untergang (Zürich)	Feb.
1.	8:47	13:55	27°	19:04	**24° O**	8:58	14:15	32°	19:33	1.
6.	8:38	13:59	30°	19:21	**25° O**	8:51	14:19	35°	19:47	6.
11.	8:27	14:02	32°	19:37	**26° O**	8:43	14:22	37°	20:02	11.
16.	8:17	14:04	35°	19:54	**27° O**	8:34	14:24	40°	20:16	16.
21.	8:06	14:07	37°	20:10	**28° O**	8:26	14:27	42°	20:30	21.
26.	7:54	14:10	40°	20:26	**29° O**	8:17	14:30	45°	20:44	26.
28.	7:50	14:11	41°	20:33	**30° O**	8:13	14:31	46°	20:49	28.

Venus–Jupiter-Konjunktion im Februar / März 2023

Sterne gezeichnet für den 2. März 2023 um 19:00 Uhr MEZ

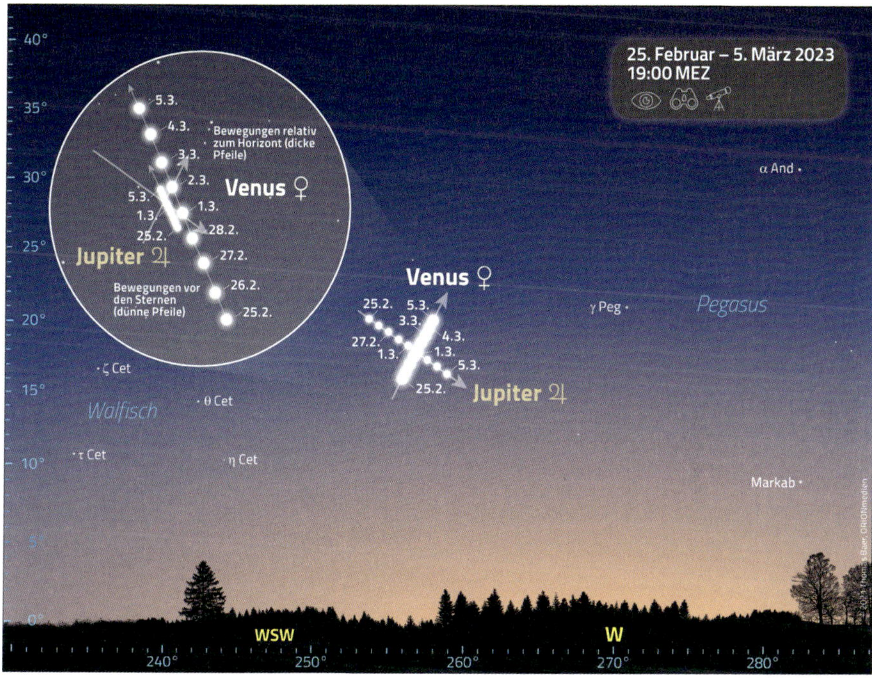

Jetzt kreuzt Venus auch den Weg Jupiters (Konjunktion am 2. März).

bis gegen Morgen

Mars ♂ ist von Abend bis weit über Mitternacht hinaus zu beobachten. Seine Helligkeit nimmt aber im Laufe des Monats von -0.3^{mag} auf $+0.4^{mag}$ ab.

Berlin						Zürich				
Feb.	Aufgang	Kulmination Zeit	Kulmination Höhe	Untergang	**Elongation von der ☉**	Aufgang	Kulmination Zeit	Kulmination Höhe	Untergang	Feb.
1.	11:19	19:52	62°	4:24	**118° O**	12:07	20:12	67°	4:16	1.
11.	10:49	19:24	62°	3:58	**110° O**	11:37	19:44	67°	3:50	11.
21.	10:22	18:59	63°	3:35	**104° O**	11:11	19:19	68°	3:27	21.
28.	10:05	18:43	63°	3:21	**99° O**	10:54	19:03	68°	3:12	28.

abends

Jupiter ♃ ist noch in den ersten Abendstunden zu beobachten.

Berlin						Zürich				
Feb.	Auf-gang	Kulmination Zeit	Höhe	Unter-gang	**Elongation von der ☉**	Auf-gang	Kulmination Zeit	Höhe	Unter-gang	Feb.
1.	9:32	15:43	39°	21:54	**54° O**	9:54	16:03	44°	22:13	1.
11.	8:56	15:11	40°	21:26	**46° O**	9:18	15:31	45°	21:44	11.
21.	8:20	14:39	41°	20:59	**38° O**	8:43	14:59	46°	21:16	21.
28.	7:55	14:17	41°	20:40	**32° O**	8:18	14:37	46°	20:57	28.

unsichtbar

Saturn ♄ steht am 16. in Konjunktion mit der Sonne und bleibt den ganzen Monat unsichtbar.

Berlin						Zürich				
Feb.	Auf-gang	Kulmination Zeit	Höhe	Unter-gang	**Elongation von der ☉**	Auf-gang	Kulmination Zeit	Höhe	Unter-gang	Feb.
1.	8:26	13:13	23°	18:01	**14° O**	8:33	13:33	28°	18:34	1.
11.	7:49	12:39	24°	17:29	**5° O**	7:57	12:59	29°	18:01	11.
21.	7:12	12:04	24°	16:57	**3° W**	7:20	12:24	29°	17:28	21.
28.	6:46	11:40	25°	16:34	**10° W**	6:54	12:00	30°	17:05	28.

erste Nachthälfte

Uranus ⛢ kann dank großer Kulminationshöhe in den Abendstunden gut beobachtet werden.

Berlin						Zürich				
Feb.	Auf-gang	Kulmination Zeit	Höhe	Unter-gang	**Elongation von der ☉**	Auf-gang	Kulmination Zeit	Höhe	Unter-gang	Feb.
1.	10:37	18:09	54°	1:41	**93° O**	11:12	18:29	59°	1:45	1.
11.	9:58	17:30	54°	1:02	**83° O**	10:33	17:50	59°	1:07	11.
21.	9:19	16:51	54°	0:24	**73° O**	9:54	17:11	59°	0:29	21.
28.	8:52	16:25	54°	23:58	**66° O**	9:27	16:45	59°	0:02	28.

abends, dann unsichtbar

Neptun ♆ kann allenfalls noch in den ersten Februartagen in der Abenddämmerung erkannt werden. Nachher steht er zu nahe bei der Sonne.

Berlin / Zürich

Feb.	Auf-gang	Kulmination Zeit	Höhe	Unter-gang	**Elongation von der ☉**	Auf-gang	Kulmination Zeit	Höhe	Unter-gang	Feb.
1.	9:12	14:57	34°	20:42	**41° O**	9:30	15:17	39°	21:05	1.
11.	8:33	14:19	34°	20:05	**32° O**	8:51	14:39	39°	20:27	11.
21.	7:55	13:41	34°	19:27	**22° O**	8:12	14:01	39°	19:50	21.
28.	7:28	13:14	34°	19:01	**15° O**	7:45	13:34	39°	19:24	28.

Planetoiden

(1) Ceres (7.6^{mag}, S. 286) kann ab dem späteren Abend bis zum Morgen aufgesucht werden.
(2) Pallas (7.8^{mag}, S. 288) ist immer noch recht tief im Süden, kann jetzt aber bis gegen Mitternacht beobachtet werden.
(3) Juno (9.8^{mag}, S. 288) muss in den ersten Abendstunden angegangen werden.
(4) Vesta (8.6^{mag}, S. 292) verabschiedet sich mit kurzen Auftritten nach der Abenddämmerung.
(6) Hebe (9.3^{mag}, S. 296) kann vom Abend bis fast zur Morgendämmerung beobachtet werden.
(11) Parthenope (11.6^{mag}, S. 302) zeigt sich gegen Morgen.

Meteorströme

δ-**Leoniden** vom 15. Februar bis 10. März. Maximum 2023: 24. Februar, 22^h, lediglich 2 Sternschnuppen pro Stunde. Radiant: $\alpha = 11^h12^m$, $\delta = +17°$. Langsame Meteore: 23 m/s.

Zodiakallicht

Ab ca. 9. bis 20. Februar kann es etwa ab 1½^h nach Sonnenuntergang im Nordwesten erkannt werden.

Fixsternhimmel

Günstig stehen am Abendhimmel: Andromeda-Nebel, Orion-Nebel, offene Sternhaufen im Perseus, Fuhrmann, in den Zwillingen; Kugelsternhaufen in den Jagdhunden, Galaxien M 81 und M 82 im Großen Bären. Doppelsterne: wie Januar.
In den Abendstunden ist die Milchstraße von NW durch die Zenitgegend nach SO in den Sternbildern Schwan (nördl. Teil), Kepheus, Kassiopeia, Perseus, Fuhrmann, Zwillinge, Einhorn und Großer Hund noch bis 3. und dann wieder ab 22. Februar zu beobachten (ab etwa 19½^h).

Veränderliche

δ-Cephei-Maxima: 1. 7^h / 6. 15½^h / 12. 0½^h / 17. 9½^h / 22. 18^h / 28. 3^h
β-Lyrae-Minima: 1. 11½^h / 14. 10^h / 27. 8½^h

Febr.

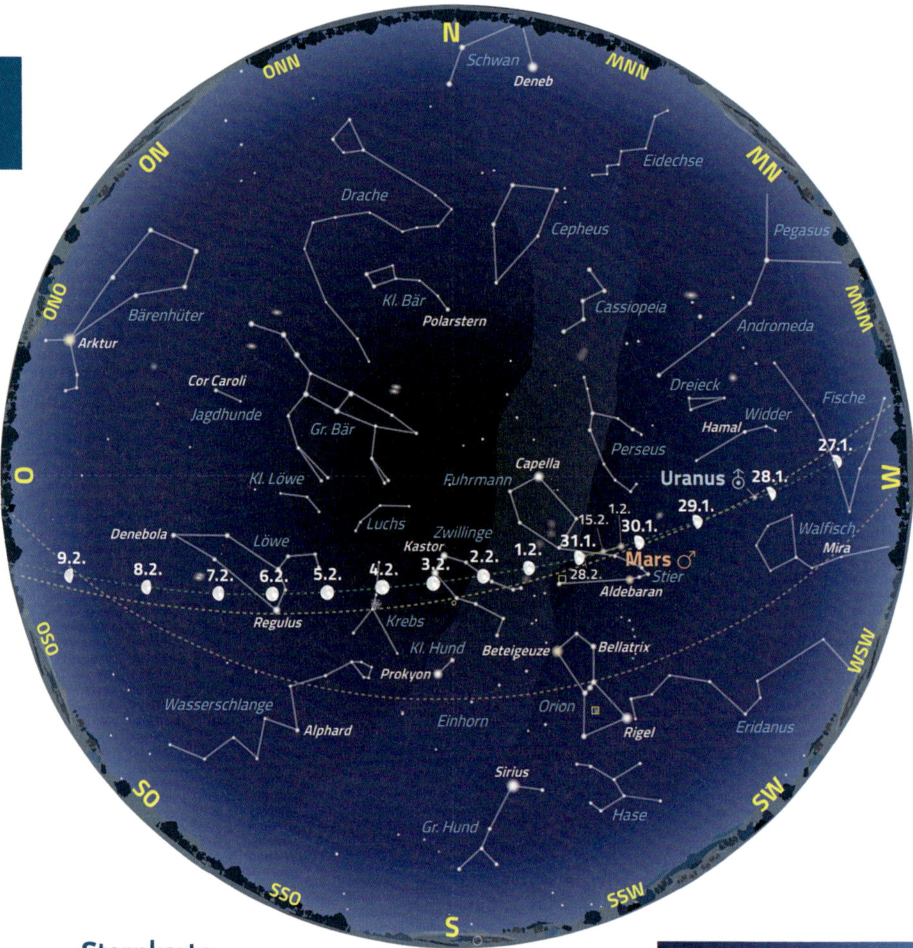

Sternkarte Februar

Sterngrössen
−2 −1 0 1
2 3 4 5

Deep Sky Objekte
Offener Sternhaufen
Kugelsternhaufen
Nebel
Galaxie
Planetarischer Nebel

Die Planetenpositionen sind für den 15. Februar eingezeichnet.

1. Febr. 23^h MEZ 16. Febr. 22^h MEZ 1. März 21^h MEZ

Sternzeit dieser Karte: 07^{h}25^m
Vorhergehende Sternkarte: Januar Seite 26
Nachfolgende Sternkarte: März Seite 60

Astrokalender Februar 2023

Zeit Berlin	Zeit Zürich	AFT	Objekt, Erscheinung
1. Mi			◐ ↓ **5:28** ↑ **12:13** ↔ **21:18** H. = **64°5** Berlin ↓ **5:17** ↑ **13:06** ↔ **21:39** H. = **69°6** Zürich
0:00:00.0			Sternzeit Berlin: 8:37:36.7 / Zürich: 8:17:36.7
0:00		–	◐ Mond-Alter 10ᵈ9 nach ●
0:00		AFT	◐ Phase: 0.806 / Lichtgrenze bei –32°90
1		A	◐ 9° ö. Mars, 3° sw. Nath (β Tauri)
		T	◐ Sternbedeckung SAO 77046 (7.5^{mag})
2:03.4			Pw. = 60° a = 0.5 b = –0.9
	2:06.3		Pw. = 78° a = 0.5 b = –1.2
	7¼–	AFT[3]	☿ Merkur im SO (-0.1^{mag}, 25° w. ☉)
10:36	10:56	T[7]	☿ kulminiert 15°8 / 20°8 über Horizont (25° w. ☉)
17–	17¾–	AFT	♀ **Venus im SW** (-3.9^{mag}, 24° ö. ☉)
17¼–	17¾–	AFT	♃ **Jupiter im SSW** (-2.2^{mag}, 54° ö. ☉)
17½–	18–	AFT	♂ **Mars im OSO** (-0.2^{mag}, 118° ö. ☉)
17:41		T	♃ Europa VE, 0.4 n., 2.3 ö.; ⊖ E (I K) G
17¾–	18¼–	FT	⛢ **Uranus im S** ($+5.7^{mag}$, 93° ö. ☉)
18–		T	♃ Mondstellung: ⊖ E (I K) G
18¼–	18½–	T	♆ **Neptun im SW** ($+7.9^{mag}$, 42° ö. ☉) Mondlicht stört nicht vom 23. Februar an.
19		A	◐ 7° ö. Nath (β Tauri)
20:56		T[3]	♃ (E I) → (I E), E ist 0.540 ⊖-Radien n. I; ⊖ (I E K) G
		T	◐ Sternbedeckung SAO 77819 (6.8^{mag})
	21:38.4		Pw. = 28° a = 1.6 b = 4.4
2. Do			◐ ↓ **6:27** ↑ **13:00** ↔ **22:09** H. = **64°4** Berlin ↓ **6:14** ↑ **13:55** ↔ **22:30** H. = **69°5** Zürich
0:00:00.0			Sternzeit Berlin: 8:41:33.3 / Zürich: 8:21:33.3
0:00		AFT	◐ Phase: 0.875 / Lichtgrenze bei –45°04
		T	◐ Sternbedeckung SAO 77974 (7.5^{mag})
1:58.2			Pw. = 174° a = –2.3 b = –7.7
		T	◐ Sternbedeckung SAO 77980 (7.0^{mag})
1:59.7			Pw. = 161° a = –0.9 b = –4.5
	7¼–	AFT[3]	☿ Merkur im SO (-0.1^{mag}, 25° w. ☉)
9:18		u	◐ Nördlichste Lage, Dekl. 27°31′, Zwillinge
18–		T	♃ Mondstellung: (I K) ⊖ E G
		T	◐ Sternbedeckung SAO 78770 (6.6^{mag})
	18:29.9		Pw. = 41° a = 0.1 b = 3.2
18:48.4			Pw. = 28° a = –0.0 b = 4.3
19:39		T	♃ (I K) → (K I), I ist 1.157 ⊖-Radien n. K; (K I) ⊖ E G

Febr.

3. Fr	◐ ↓	↑	↔	H. =	
	7:13	**13:59**	**23:00**	**63°1**	Berlin
	7:02	**14:52**	**23:20**	**68°1**	Zürich

Zeit		Ereignis
0:00:00.0		Sternzeit Berlin: 8:45:29.8 / Zürich: 8:25:29.8
0:00	AFT	◐ Phase: 0.930 / Lichtgrenze bei –57°18
7¼–	AFT[3]	☿ Merkur im SO (–0.1^{mag}, 25° w. ⊙)
13:57 14:17	FT[7]	♀ kulminiert 28°0 / 33°0 über Horizont (25° ö. ⊙)
18–	T	♃ Mondstellung: K E ⊖ I G
	T	◐ Sternbedeckung 76 Geminorum (5.4^{mag}, SAO 79650)
19:17.8		Pw. = 104° a = 0.9 b = 1.0 Skizze S. 254
19:28.4		Pw. = 93° a = 0.9 b = 1.4 Skizze S. 253
20	A	◐ 2½° s. Pollux, 6½° s. Castor
20:01	T	♃ Io DA, Pw. = 103°; K E ⊖ G
21:06	T[3]	♃ Io SA, Pw. = 106°; K E ⊖ G

4. Sa	◐ ↓	↑	↔	H. =	
	7:47	**15:07**	**23:48**	**60°4**	Berlin
	7:40	**15:56**	**[0:09]**	**65°4**	Zürich

Zeit		Ereignis
0:00:00.0		Sternzeit Berlin: 8:49:26.4 / Zürich: 8:29:26.4
0:00	AFT	◐ Phase: 0.969 / Lichtgrenze bei –69°32
5	A	◐ 4½° sö. Pollux, 9° sö. Castor
9:55	u	◐ in Erdferne: 63.7297 Erdradien, Krebs
18–	T	♃ Mondstellung: K (G E) ⊖
18¾–	T[1]	(4) Vesta (+8.3^{mag}) geht 7′ nördlich an 30 Piscium (+4.7^{mag}) vorbei.
19.27	T	♃ Jupiter: GRF günstig (bei 30°)
20:24	T	♃ Io VE, 0.2 n., 1.8 ö.; K G E (⊖ I)
22	FT	○ Maximale Libration in Breite: Südpol sichtbar

5. So	○ ↔	H. =	↓	↑	
	[23:48]	**60°4**	**8:12**	**16:20**	Berlin
	0:09	**65°4**	**8:09**	**17:03**	Zürich

Zeit		Ereignis
0:00:00.0		Sternzeit Berlin: 8:53:23.0 / Zürich: 8:33:23.0
0:00	AFT	○ Phase: 0.992 / Lichtgrenze bei –81°45
1:51	–	○ Größte ekliptikale Nordbreite, Krebs
10:40 11:00	T[7]	☿ kulminiert 15°9 / 20°9 über Horizont (24° w. ⊙)
17:47	T	♃ Io SE, Pw. = 254°; K G (I ⊖) E
18–	T	♃ Mondstellung: K G I ⊖ E
19:29	–	○ Vollmond, Dm. 29′38″, Löwe

6. Mo	○ ↔	H. =	↓	↑	
	0:34	**56°7**	**8:30**	**17:33**	Berlin
	0:55	**61°7**	**8:33**	**18:11**	Zürich

Zeit		Ereignis
0:00:00.0		Sternzeit Berlin: 8:57:19.5 / Zürich: 8:37:19.5
0:00	AFT	○ Phase: –0.998 / Lichtgrenze bei 86°41
18–	T	♃ Mondstellung: K G ⊖ (E I)
18¾–	T[1]	(4) Vesta (+8.3^{mag}) geht 8′ nördlich an 33 Piscium (+4.7^{mag}) vorbei.

20	A	○ 4° n. Regulus
20:38	T[3]	♃ Europa DA, Pw. = 116°; K G ⊖ I
21:06	T	♃ Jupiter: GRF günstig (bei 30°)

7. Di ☾ ↔ **1:18** / **1:39** H. = **52°1** / **57°1** ↓ **8:44** / **8:52** ↑ **18:47** / **19:18** Berlin / Zürich

0:00:00.0		Sternzeit Berlin: 9:01:16.1 / Zürich: 8:41:16.1
0:00	AFT	☾ Phase: –0.986 / Lichtgrenze bei 74°28
6	A	☾ 5° ö. Regulus
18¼–	T	♃ Mondstellung: K E I ⊖
18:24	T	♃ Ganymed BE, Pw. = 54°; K E I (⊖ G)
19:56	T	♃ Ganymed VA, 0.5 n., 1.5 ö.; K E I ⊖

8. Mi ☾ ↔ **2:00** / **2:21** H. = **46°9** / **51°9** ↓ **8:56** / **9:09** ↑ **19:59** / **20:26** Berlin / Zürich

0:00:00.0		Sternzeit Berlin: 9:05:12.6 / Zürich: 8:45:12.6
0:00	AFT	☾ Phase: –0.956 / Lichtgrenze bei 62°14
10:45 11:05	T[7]	☿ kulminiert 16°1 / 21°1 über Horizont (23° w. ⊙)
18¼–	T	♃ Mondstellung: K ⊖ I G
18¾– 19¼–	T	Deep-sky günstig bis ca. 20^h / $20¼^h$
20:18	T	♃ Europa VE, 0.4 n., 2.2 ö.; K ⊖ E I G

9. Do ☾ ↔ **2:41** / **3:02** H. = **41°3** / **46°2** ↓ **9:06** / **9:24** ↑ **21:12** / **21:33** Berlin / Zürich

0:00:00.0		Sternzeit Berlin: 9:09:09.2 / Zürich: 8:49:09.2
0:00	AFT	☾ Phase: –0.909 / Lichtgrenze bei 50°00
18¼–	T	♃ Mondstellung: K I ⊖ E G
18¾– 19¼–	T	Deep-sky günstig bis ca. 21^h / $21½^h$
18¾–	AF[1]	**West-Zodiakallicht günstig** (bis ca. 20. Februar)
21:31	–	☾ Äquatordurchgang südwärts, Jungfrau

10. Fr ☾ ↔ **3:22** / **3:43** H. = **35°4** / **40°3** ↓ **9:17** / **9:39** ↑ **22:26** / **22:42** Berlin / Zürich

0:00:00.0		Sternzeit Berlin: 9:13:05.7 / Zürich: 8:53:05.7
0:00	AFT	☾ Phase: –0.845 / Lichtgrenze bei 37°86
14:01 14:21	FT[7]	♀ kulminiert 31°5 / 36°5 über Horizont (26° ö. ⊙)
18¼–	T	♃ Mondstellung: E (K ⊖) I G
18¾– 19¼–	T	Deep-sky günstig bis ca. $22¼^h$ / $22½^h$

11. Sa ☾ ↔ **4:04** / **4:24** H. = **29°4** / **34°4** ↓ **9:27** / **9:55** ↑ **23:43** / **23:53** Berlin / Zürich

0:00:00.0		Sternzeit Berlin: 9:17:02.3 / Zürich: 8:57:02.3
0:00	AFT	☾ Phase: –0.768 / Lichtgrenze bei 25°71

abends kein Mondlicht

Febr.

6		A	☽ 2½° n. Spica
18¼–		T	♃ Mondstellung: (E G) (I ⊖) K
18¾–	19¼–	T	Deep-sky günstig bis ca. 23¾h
19:11		T	♃ Io BA, Pw. = 284°; (E G) ⊖ K
19:54		T	♃ (E G) → (G E), E ist 0.870 ⊖-Radien n. G; (G E) ⊖ K
20:17		T	♃ Jupiter: GRF günstig (bei 30°)

12. So ☽ ↔ **4:48** / **5:08** H. = **23°6** / **28°6** ↓ **9:40** / **10:13** ↑ **1:03** / **1:07** Berlin / Zürich

0:00:00.0			Sternzeit Berlin: 9:20:58.8 / Zürich: 9:00:58.8
0:00		AFT	☽ Phase: –0.677 / Lichtgrenze bei 13°56
8:31		–	☽ im ☋, Waage
10:52	11:12	T[7]	☿ kulminiert 16°7 / 21°7 über Horizont (22° w. ☉)
18¼–		T	♃ Mondstellung: G ⊖ E K
18¾–	19¼–	T	Deep-sky günstig bis ca. 1h
18:46		T	♃ Io DE, Pw. = 257°; G (I ⊖) E K
19:42		T	♃ Io SE, Pw. = 254°; G (I ⊖) E K

13. Mo ◑ ↑ **1:03** / **1:07** ↔ **5:35** / **5:56** H. = **18°3** / **23°3** ↓ **9:56** / **10:35** Berlin / Zürich

0:00:00.0			Sternzeit Berlin: 9:24:55.4 / Zürich: 9:04:55.4
0:00		u	◑ Phase: –0.577 / Lichtgrenze bei 1°40
8¾		FT	◑ Max. Libration in Länge: Krater Grimaldi randfern
17:01		u	◑ Letztes Viertel, Waage
18¼–		T	♃ Mondstellung: G ⊖ (I E) K
19–	19¼–	T	Deep-sky günstig bis ca. 2½h / 2¼h
19:18		T	♃ (I E) → (E I), I ist 0.598 ⊖-Radien n. E; G ⊖ (E I) K

14. Di ◑ ↑ **2:28** / **2:25** ↔ **6:28** / **6:48** H. = **13°8** / **18°8** ↓ **10:18** / **11:04** Berlin / Zürich

0:00:00.0			Sternzeit Berlin: 9:28:51.9 / Zürich: 9:08:51.9
0:00		u	◑ Phase: –0.470 / Lichtgrenze bei –10°76
3¾–		A[1]	◑ Erdlicht (bis ca. 16. Februar)
6		A	◑ 7½° w. Antares
18¼–		T	♃ Mondstellung: E I (G ⊖) K
18½–	19–	AF[1]	**West-Zodiakallicht günstig** (noch bis ca. 20. Februar)
19–	19¼–	T	Deep-sky günstig bis ca. 3¾h
19:58		T	♃ Ganymed BA, Pw. = 307°; E I ⊖ K

15. Mi ◐ ↑ **3:53** / **3:43** ↔ **7:25** / **7:46** H. = **10°6** / **15°5** ↓ **10:52** / **11:43** Berlin / Zürich

0:00:00.0			Sternzeit Berlin: 9:32:48.5 / Zürich: 9:12:48.5
0:00		u	◐ Phase: –0.361 / Lichtgrenze bei –22°94

abends kein Mondlicht

6		A	◐ 6½° ö. Antares
10:58	11:18	T[7]	☿ kulminiert 17.°4 / 22.°4 über Horizont (21° w. ⊙)
18¼–		T	♃ Mondstellung: (E ⊖) I G K
18:37		T	♃ Europa BA, Pw. = 297°; ⊖ I G K
19–	19¼–	T	Deep-sky günstig bis ca. 5¼^h / 5^h

16. Do

◐ ↑	5:11	↔ 8:27	H. = 9.°0	↓ 11:42	Berlin
	4:58	8:48	14.°0	12:37	Zürich

0:00:00.0			Sternzeit Berlin: 9:36:45.0 / Zürich: 9:16:45.0
0:00		u	◐ Phase: –0.256 / Lichtgrenze bei –35.°12
7½		FT	◐ Maximale Libration in Breite: Nordpol sichtbar
15:36		u	◐ Südlichste Lage, Dekl. –27°38′, Schütze
17:49		u	♄ in Konjunktion mit der ⊙
18¼–		T	♃ Mondstellung: I ⊖ E G K
19–	19¼–	T	Deep-sky günstig bis ca. 6¼^h / 6^h
19:28		T	♃ Jupiter: GRF günstig (bei 31°)

17. Fr

◐ ↑	6:14	↔ 9:32	H. = 9.°4	↓ 12:54	Berlin
	6:01	9:53	14.°5	13:48	Zürich

0:00:00.0			Sternzeit Berlin: 9:40:41.6 / Zürich: 9:20:41.6
0:00		u	◐ Phase: –0.161 / Lichtgrenze bei –47.°30
1:15		AFT[1]	β Persei (Algol) im Minimum: 3.39^{mag} (Max. 2.12^{mag})
14:05	14:25	FT[7]	♀ kulminiert 35.°1 / 40.°1 über Horizont (28° ö. ⊙)
18½–		T	♃ Mondstellung: E ⊖ I G K
19–	19¼–	T	Deep-sky günstig bis ca. 6¼^h

18. Sa

◐ ↑	6:59	↔ 10:37	H. = 12.°0	↓ 14:24	Berlin
	6:51	10:58	17.°1	15:12	Zürich

0:00:00.0			Sternzeit Berlin: 9:44:38.2 / Zürich: 9:24:38.2
0:00		u	◐ Phase: –0.083 / Lichtgrenze bei –59.°50
16:51		u	◐ Größte ekliptikale Südbreite, Steinbock
18:08		T	♃ (I G) → (G I), I ist 0.784 ⊖-Radien n. G; E (G I) ⊖ K
18½–		T	♃ Mondstellung: E (G I) ⊖ K
19–	19½–	T	Deep-sky günstig bis ca. 6¼^h
21:07		T	♃ Jupiter: GRF günstig (bei 31°)

19. So

◐ ↑	7:29	↔ 11:38	H. = 16.°5	↓ 16:00	Berlin
	7:28	11:59	21.°6	16:41	Zürich

0:00:00.0			Sternzeit Berlin: 9:48:34.7 / Zürich: 9:28:34.7
0:00		u	◐ Phase: –0.029 / Lichtgrenze bei –71.°69
10:06		–	◐ in Erdnähe: 56.1712 Erdradien, Steinbock
11:07	11:27	T[7]	☿ kulminiert 18.°6 / 23.°6 über Horizont (19° w. ⊙)
18½–		T	♃ Mondstellung: G K (⊖ I) E

abends kein Mondlicht

Febr.

abends kein Mondlicht

	18:34	T	♃	Io DA, Pw. = 104°; G K ⊖ E
19–	19½–	T		Deep-sky günstig bis ca. 6^h
	19:26	T	♃	Io SA, Pw. = 106°; G K ⊖ E
	22:05	AFT[1]	β	Persei (Algol) im Minimum: 3.39^{mag} (Max. 2.12^{mag})

20. Mo

	↑	↔	H. =	↓	
●	**7:50**	**12:35**	**22°4**	**17:36**	Berlin
	7:55	**12:56**	**27°6**	**18:10**	Zürich

	0:00:00.0			Sternzeit Berlin: 9:52:31.3 / Zürich: 9:32:31.3
	0:00	u	●	Phase: –0.003 / Lichtgrenze bei –83°89
	8:06	–	●	Neumond (B: 5°56, Z: 5°53 s. ⊙), Wassermann Beginn Lunation Nr. 1239
	18½–	T	♃	Mondstellung: (G K) ⊖ E
	18:44	T	♃	Io VE, 0.2 n., 1.6 ö.; (K G) (⊖ I) E
	18:46	T	♃	(G K) → (K G), G ist 1.036 ⊖-Radien n. K; (K G) (⊖ I) E
19–	19½–	T		Deep-sky günstig bis ca. 6^h

21. Di

	↑	↔	H. =	↓	
●	**8:05**	**13:28**	**29°2**	**19:08**	Berlin
	8:18	**13:49**	**34°3**	**19:35**	Zürich

	0:00:00.0			Sternzeit Berlin: 9:56:27.8 / Zürich: 9:36:27.8
	0:00	u	●	Phase: 0.008 / Lichtgrenze bei 83°91
18		AFT[3]	◐	Schmale Sichel, 34^h nach ●, 9° ü. H.
	18¼–	A[1]	◐	Erdlicht (bis ca. 26. Februar)
	18¼	AFT	◐	Schmale Sichel, $34\frac{1}{4}^h$ nach ●, 12° ü. H.
	18½–	T	♃	Mondstellung: K E (G I) ⊖
	18¾–	FT[1]	♂	Mars ($+0.3^{mag}$) geht 8′ nördlich an 98 Tauri ($+5.6^{mag}$) vorbei.
	18:52	T	♃	(G I) → (I G), G ist 0.751 ⊖-Radien n. I; K E (I G) ⊖
19½–	20–	T		Deep-sky günstig bis ca. 6^h

22. Mi

	↑	↔	H. =	↓	
◐	**8:18**	**14:18**	**36°2**	**20:36**	Berlin
	8:37	**14:39**	**41°4**	**20:56**	Zürich

	0:00:00.0			Sternzeit Berlin: 10:00:24.4 / Zürich: 9:40:24.4
	0:00	u	◐	Phase: 0.041 / Lichtgrenze bei 71°71
11:14	11:34	T[7]	☿	kulminiert 19°7 / 24°7 über Horizont (17° w. ⊙)
	15:59	–	◐	Äquatordurchgang nordwärts, Walfisch
	18½–	T	♃	Mondstellung: K E ⊖ I G
	19	A	◐	4° sw. Jupiter
21–	21¼–	T		Deep-sky günstig bis ca. 6^h

Febr.

23. Do	◐ ↑ 8:31 8:55	↔ 15:06 15:27	H. = 43°1 48°2	↓ 22:01 22:15	Berlin Zürich

0:00:00.0		Sternzeit Berlin: 10:04:20.9 / Zürich: 9:44:20.9
0:00	u	◐ Phase: 0.099 / Lichtgrenze bei 59°51
18½–	T	♃ Mondstellung: K I ⊖ E G
20:18	T	♃ Jupiter: GRF günstig (bei 31°)
22½–	T	Deep-sky günstig bis ca. 6^h

24. Fr	◐ ↑ 8:43 9:13	↔ 15:54 16:14	H. = 49°4 54°6	↓ 23:25 23:32	Berlin Zürich

0:00:00.0		Sternzeit Berlin: 10:08:17.5 / Zürich: 9:48:17.5
0:00	u	◐ Phase: 0.176 / Lichtgrenze bei 47°32
14:09 14:29	FT[7]	♀ kulminiert 38°8 / 43°8 über Horizont (30° ö. ⊙)
18:13	T	♃ Europa DE, Pw. = 243°; K (E ⊖) I G
18½–	T	♃ Mondstellung: K (E ⊖) I G
19:44	T[3]	♃ Europa SE, Pw. = 239°; K (E ⊖) I G
19:56	–	◐ im ☊, Widder
23¾– 0–	T	Deep-sky günstig bis ca. 6^h

25. Sa	◐ ↑ 8:58 9:33	↔ 16:42 17:02	H. = 54°9 60°0	↓ [0:46] [0:47]	Berlin Zürich

0:00:00.0		Sternzeit Berlin: 10:12:14.0 / Zürich: 9:52:14.0
0:00	u	◐ Phase: 0.266 / Lichtgrenze bei 35°13
11	FT	◐ Max. Libration in Länge: Mare Crisium randfern
18:11	T	♃ Ganymed SA, Pw. = 137°; K E I (G ⊖)
18½–	T	♃ Mondstellung: K E I (G ⊖)
	T	◐ Sternbedeckung SAO 93229 (6.9^{mag})
18:53.5		Pw. = 34° a = 1.2 b = 1.5
19:07.9		Pw. = 16° a = 1.0 b = 2.4

26. So	◐ ↓ 0:46 0:47	↑ 9:15 9:57	↔ 17:31 17:51	H. = 59°3 64°5	Berlin Zürich

0:00:00.0		Sternzeit Berlin: 10:16:10.6 / Zürich: 9:56:10.6
0:00	AFT	◐ Phase: 0.364 / Lichtgrenze bei 22°94
1¼–	T	Deep-sky günstig bis ca. 6^h
11:24 11:44	T[7]	☿ kulminiert 21°6 / 26°6 über Horizont (15° w. ⊙)
	T	◐ Sternbedeckung SAO 76275 (6.8^{mag})
18:15.6		Pw. = 51° a = 1.3 b = 1.1
18½–	T	♃ Mondstellung: G K ⊖ (I E)
20	A	◐ 2½° sö. Plejaden
	T	◐ Sternbedeckung 32 Tauri (5.8^{mag}, SAO 76339)
21:26.6		Pw. = 56° a = 1.2 b = –0.1 Skizze S. 254
21:33.2		Pw. = 35° a = 1.0 b = 0.6 Skizze S. 253

27. Mo			◐ ↓ **2:05** / **2:00** ↑ **9:39** / **10:26** ↔ **18:21** / **18:42** H. = **62°5** Berlin / **67°6** Zürich
0:00:00.0			Sternzeit Berlin: 10:20:07.1 / Zürich: 10:00:07.1
0:00		AFT	◐ Phase: 0.464 / Lichtgrenze bei 10°76
2½–	2¼–	T	Deep-sky günstig bis ca. 5¾^h
9:06		u	◐ Erstes Viertel, Stier
18¾–		T	♃ Mondstellung: G (⊖ K) E
20		A	◐ 4½° w. Mars, 9° n. Aldebaran
		T	◐ Sternbedeckung SAO 76811 (7.2^{mag})
23:13.9			Pw. = 76° a = 0.5 b = –1.2
	23:18.2		Pw. = 94° a = 0.5 b = –1.7

28. Di			◐ ↓ **3:19** / **3:09** ↑ **10:10** / **11:02** ↔ **19:13** / **19:33** H. = **64°4** Berlin / **69°5** Zürich
0:00:00.0			Sternzeit Berlin: 10:24:03.7 / Zürich: 10:04:03.7
0:00		AFT	◐ Phase: 0.562 / Lichtgrenze bei –1°41
3¾–	3½–	T	Deep-sky günstig bis ca. 5¾^h
		T	◐ Sternbedeckung SAO 77350 (6.5^{mag})
18:26.9			Pw. = 147° a = 2.4 b = –4.3
18¾–		T	♃ Mondstellung: (E G) I ⊖ K
20		A	◐ 7½° ö. Mars, 4° sö. Nath (β Tauri)

März 2023

Sonne

Dämmerung, Auf- und Untergang, Kulminationswerte und Zeitgleichung

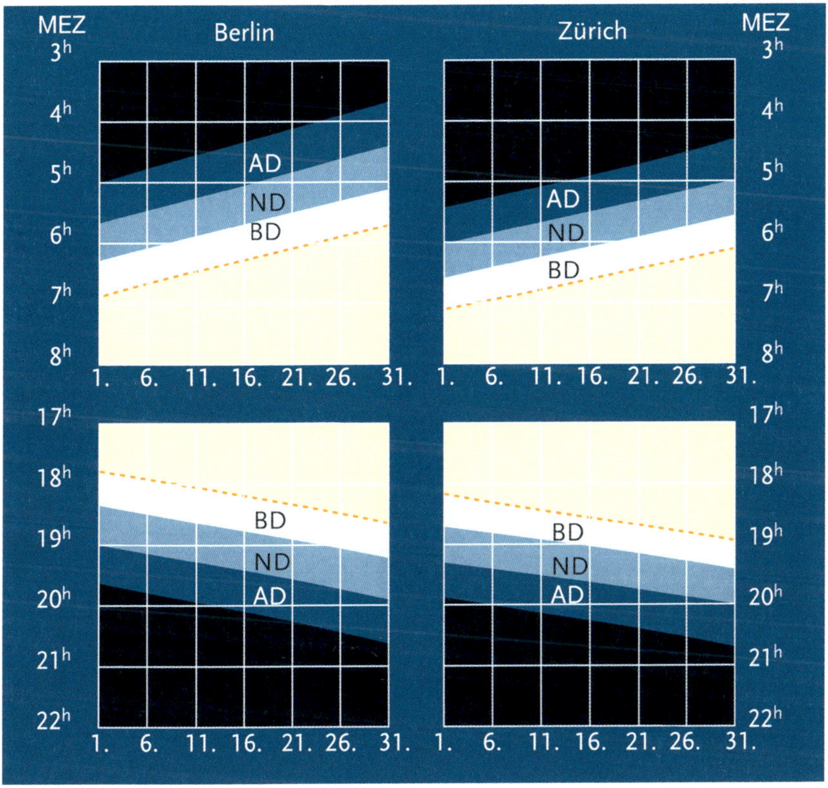

Berlin / Zürich

März	Aufgang (Berlin)	Kulmination Zeit (Berlin)	Kulmination Höhe (Berlin)	Untergang (Berlin)	**Zeitgleichung**	Aufgang (Zürich)	Kulmination Zeit (Zürich)	Kulmination Höhe (Zürich)	Untergang (Zürich)	März
1.	6:53	12:18.4	29°.9	17:44	**$-12^{\mathrm{m}}.4$**	7:07	12:38.4	34°.9	18:10	1.
6.	6:42	12:17.3	31°.8	17:54	**$-11^{\mathrm{m}}.3$**	6:58	12:37.3	36°.8	18:18	6.
11.	6:30	12:16.0	33°.8	18:03	**$-10^{\mathrm{m}}.0$**	6:48	12:36.0	38°.8	18:25	11.
16.	6:19	12:14.7	35°.8	18:12	**$-8^{\mathrm{m}}.7$**	6:38	12:34.7	40°.8	18:32	16.
21.	6:07	12:13.2	37°.7	18:20	**$-7^{\mathrm{m}}.2$**	6:28	12:33.2	42°.7	18:40	21.
26.	6:55	13:11.7	39°.7	19:29	**$-5^{\mathrm{m}}.7$**	7:18	13:31.7	44°.7	19:47	26.
31.	6:44	13:10.2	41°.6	19:38	**$-4^{\mathrm{m}}.2$**	7:08	13:30.2	46°.7	19:54	31.

Am 20. März um 22:24 MEZ erreicht die Sonne den *Frühlingspunkt* (Rektaszension $\alpha = 0^h$, Deklination $\delta = 0°$), der im Sternbild Fische liegt, und überquert den Himmelsäquator nordwärts. Dieser Moment ist die *Frühlings-Tagundnachtgleiche*. Die Sonne kulminiert an diesem Tag im Zenit aller Orte, die am Erdäquator liegen.

Wegen der nicht punktförmigen „Sonnenscheibe" und der *Refraktion*, der Lichtbrechung in der Erdatmosphäre, ist aber die Sonne etwas länger als 12 Stunden über dem (mathematischen) Horizont. In Berlin ist die theoretische Tageslänge des 20. März 9^m12^s länger als 12 Stunden, in Zürich 8^m27^s.

Anfang März erscheint uns der Südpol der Sonne in größter Zuneigung (Grafik S. 241 und Tabelle S. 242 f: die heliographische Breite hat den größten negativen Wert).

Mond

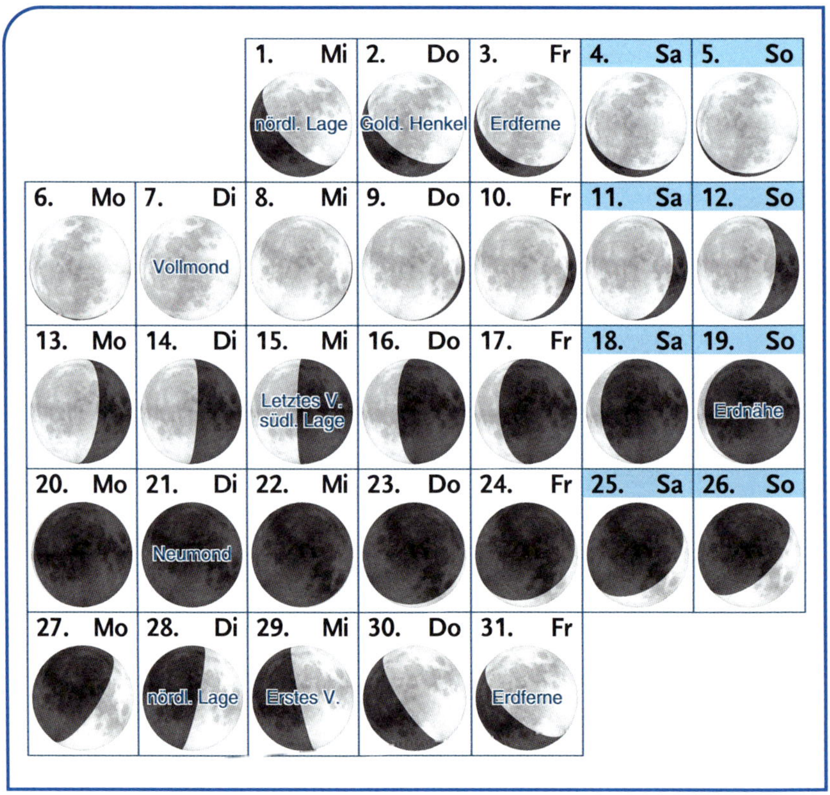

Die Planeten im März 2023

Planetenpositionen am 1., 15, und 31. März 2023

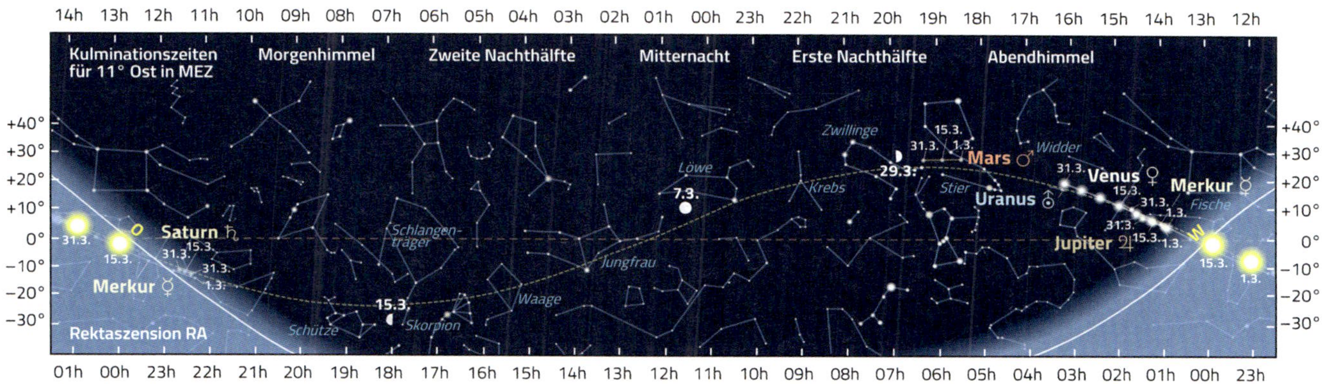

Scheinbare Planetengrössen und Phasen am 1., 15, und 31. März 2023

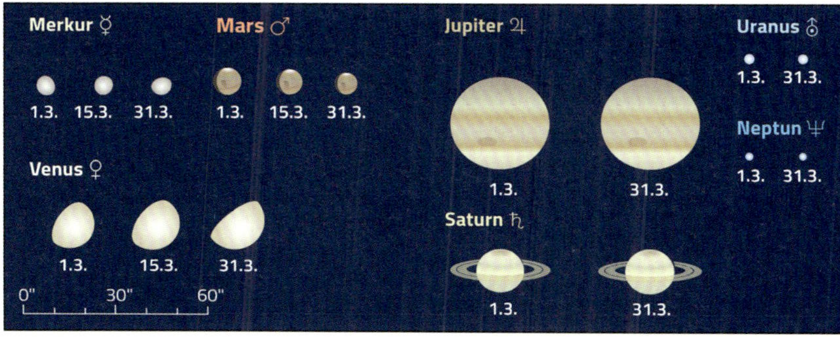

Merkur ☿	unsichtbar, ab 25.3. abends
Venus ♀	Abendhimmel, enges Zusammentreffen mit Jupiter ♃ am 1.3.
Mars ♂	Bis in die zweite Nachthälfte
Jupiter ♃	Abendhimmel
Saturn ♄	unsichtbar
Uranus ⛢	Bis gegen Mitternacht, teleskopisch
Neptun ♆	unsichtbar

Planeten

unsichtbar, dann abends

Merkur ☿ zeigt sich ab etwa 26. März tief am Abendhorizont, steigt dann aber rasch auf und beginnt seine beste Abendsichtbarkeit des Jahres. Am 28. steht er in Konjunktion mit Jupiter.

	Berlin					Zürich				
März	Aufgang	Kulmination Zeit	Höhe	Untergang	**Elongation von der ☉**	Aufgang	Kulmination Zeit	Höhe	Untergang	März
1.	6:45	11:30	23°	16:17	**13° W**	6:52	11:51	28°	16:50	1.
6.	6:41	11:44	26°	16:48	**10° W**	6:51	12:04	31°	17:18	6.
11.	6:35	11:58	30°	17:22	**6° W**	6:49	12:18	35°	17:48	11.
16.	6:29	12:13	34°	17:59	**2° W**	6:46	12:33	39°	18:21	16.
21.	6:21	12:28	38°	18:38	**3° O**	6:42	12:48	43°	18:57	21.
26.	6:12	12:44	43°	19:19	**8° O**	6:37	13:04	48°	19:34	26.
31.	7:02	13:59	48°	20:59	**13° O**	7:32	14:19	53°	21:10	31.

Venus, Jupiter und Merkur Ende März / Anfang April 2023

Sterne gezeichnet für den 25. März 2023 um 20:15 Uhr MESZ

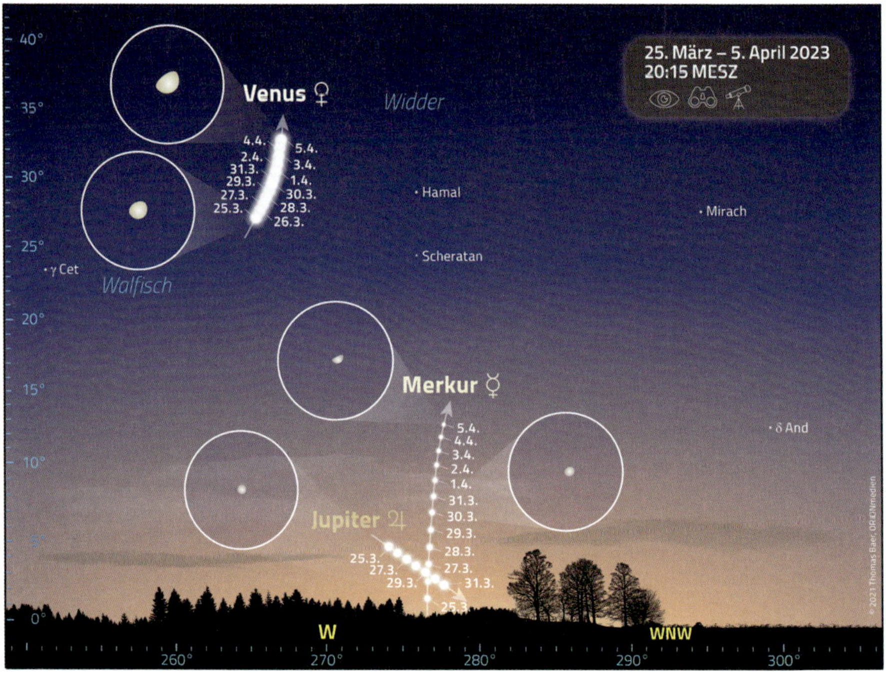

Jetzt gesellt sich auch Merkur zu Venus und Jupiter.

abends

Venus ♀ dominiert den Abendhimmel bis 4 Stunden nach Sonnenuntergang. Am 2. steht sie in Konjunktion mit Jupiter. Dabei ist Jupiter mit -2.1^{mag} deutlich schwächer als Venus mit -3.9^{mag}.

Berlin						Zürich				
März	Aufgang	Kulmination Zeit	Kulmination Höhe	Untergang	**Elongation von der ☉**	Aufgang	Kulmination Zeit	Kulmination Höhe	Untergang	März
1.	7:48	14:11	41°	20:36	**30° O**	8:11	14:31	46°	20:52	1.
6.	7:37	14:14	44°	20:52	**31° O**	8:02	14:34	49°	21:06	6.
11.	7:26	14:16	46°	21:08	**32° O**	7:54	14:36	51°	21:20	11.
16.	7:15	14:19	49°	21:25	**33° O**	7:45	14:39	54°	21:34	16.
21.	7:05	14:22	51°	21:41	**34° O**	7:37	14:42	56°	21:48	21.
26.	6:55	14:25	53°	21:58	**35° O**	7:30	14:45	58°	22:02	26.
31.	7:46	15:29	55°	23:14	**36° O**	8:23	15:49	60°	23:16	31.

bis gegen Morgen

Mars ♂ kann weiterhin vom Eindunkeln bis etwa 3^h nach Mitternacht beobachtet werden. Seine Helligkeit nimmt weiter ab, von 0.4^{mag} auf 1.0^{mag}.

Berlin						Zürich				
März	Aufgang	Kulmination Zeit	Kulmination Höhe	Untergang	**Elongation von der ☉**	Aufgang	Kulmination Zeit	Kulmination Höhe	Untergang	März
1.	10:03	18:41	63°	3:19	**98° O**	10:52	19:01	68°	3:10	1.
11.	9:40	18:20	63°	3:00	**93° O**	10:30	18:40	68°	2:50	11.
21.	9:21	18:01	63°	2:41	**87° O**	10:10	18:21	68°	2:31	21.
31.	10:04	18:43	63°	3:22	**82° O**	10:53	19:03	68°	3:13	31.

abends, dann unsichtbar

Jupiter ♃ muss zunächst gleich nach dem Eindunkeln angegangen werden. Er verschwindet dann zunehmend im Strahlenkranz der Sonne.

Berlin						Zürich				
März	Aufgang	Kulmination Zeit	Kulmination Höhe	Untergang	**Elongation von der ☉**	Aufgang	Kulmination Zeit	Kulmination Höhe	Untergang	März
1.	7:51	14:14	41°	20:38	**31° O**	8:15	14:34	46°	20:54	1.
11.	7:16	13:43	42°	20:11	**24° O**	7:40	14:03	47°	20:27	11.
21.	6:40	13:13	43°	19:46	**16° O**	7:05	13:33	48°	20:00	21.
31.	7:05	13:42	44°	20:20	**8° O**	7:31	14:02	49°	20:34	31.

unsichtbar, dann morgens

Saturn ♄ kann ab Monatsende in der Morgendämmerung erkannt werden.

Berlin						Zürich				
März	Auf-gang	Kulmination Zeit	Höhe	Unter-gang	**Elongation von der ☉**	Auf-gang	Kulmination Zeit	Höhe	Unter-gang	März
1.	6:42	11:36	25°	16:31	**10° W**	6:51	11:56	30°	17:02	1.
11.	6:05	11:02	25°	15:58	**19° W**	6:14	11:21	30°	16:29	11.
21.	5:28	10:27	25°	15:25	**28° W**	5:37	10:47	30°	15:56	21.
31.	5:50	10:51	26°	15:52	**37° W**	6:00	11:11	31°	16:22	31.

abends

Uranus ⛢ kann jetzt in den Abendstunden gut beobachtet werden.

Berlin						Zürich				
März	Auf-gang	Kulmination Zeit	Höhe	Unter-gang	**Elongation von der ☉**	Auf-gang	Kulmination Zeit	Höhe	Unter-gang	März
1.	8:48	16:21	54°	23:54	**65° O**	9:23	16:41	59°	23:58	1.
11.	8:09	15:43	54°	23:17	**55° O**	8:45	16:03	59°	23:21	11.
21.	7:31	15:05	54°	22:40	**46° O**	8:07	15:25	59°	22:44	21.
31.	7:52	15:28	54°	23:03	**36° O**	8:28	15:48	59°	23:07	31.

unsichtbar

Neptun ♆ steht am 16. März in Konjunktion mit der Sonne und bleibt bis Ende März zu nahe an der Sonne für eine Beobachtung.

Berlin						Zürich				
März	Auf-gang	Kulmination Zeit	Höhe	Unter-gang	**Elongation von der ☉**	Auf-gang	Kulmination Zeit	Höhe	Unter-gang	März
1.	7:24	13:11	34°	18:57	**14° O**	7:41	13:31	39°	19:20	1.
11.	6:45	12:33	34°	18:20	**4° O**	7:03	12:53	39°	18:42	11.
21.	6:06	11:55	35°	17:43	**4° W**	6:24	12:15	40°	18:05	21.
31.	6:28	12:17	35°	18:06	**14° W**	6:46	12:37	40°	18:28	31.

Planetoiden

(1) Ceres (7.1^{mag}, S. 286) steht am 27. in Opposition und kann die ganze Nacht hindurch aufgesucht werden.
(2) Pallas (8.1^{mag}, S. 288) verschwindet bereits vor Mitternacht.
(3) Juno (9.8^{mag}, S. 288) muss gleich beim Eindunkeln angegangen werden.
(6) Hebe (10.1^{mag}, S. 296) ist ebenfalls bis weit über Mitternacht hinaus zu sehen.
(11) Parthenope (11.3^{mag}, S. 302) zeigt sich für etwa 2^h vor der Morgendämmerung.

Meteorströme

δ-**Leoniden** noch bis 10. März, vgl. Monatsübersicht Februar.

Zodiakallicht

Die kegelförmige Aufhellung über dem Sonnenuntergangspunkt kann vom 10. bis ca. 22. März ab etwa $1\frac{1}{2}^h$ nach Sonnenuntergang beobachtet werden.

Fixsternhimmel

Am Abendhimmel stehen günstig: Orion-Nebel, offene Sternhaufen im Fuhrmann und in den Zwillingen, die „Krippe“ im Krebs. Am späteren Abend kann man sich an den Spiralnebel M 51 in den Jagdhunden wagen.
In den Abendstunden ist die **Milchstraße** durch die Sternbilder Kepheus, Kassiopeia, Perseus, Fuhrmann, Zwillinge, Einhorn bis zum Achterdeck (Puppis) noch bis 3. und wieder ab 22. März gut zu beobachten (ab etwa 20^h).

Veränderliche

δ-Cephei-Maxima: 5. $11\frac{1}{2}^h$ / 10. $20\frac{1}{2}^h$ / 16. $5\frac{1}{2}^h$ / 21. 14^h / 27. 0^h
β-Lyrae-Minima: 12. 7^h / 25. $5\frac{1}{2}^h$

Planetenparade mit Mond am 28. März 2022. Links oben steht Venus, darunter Saturn; rechts der beiden Mars. Aufnahme: Thomas Baer.

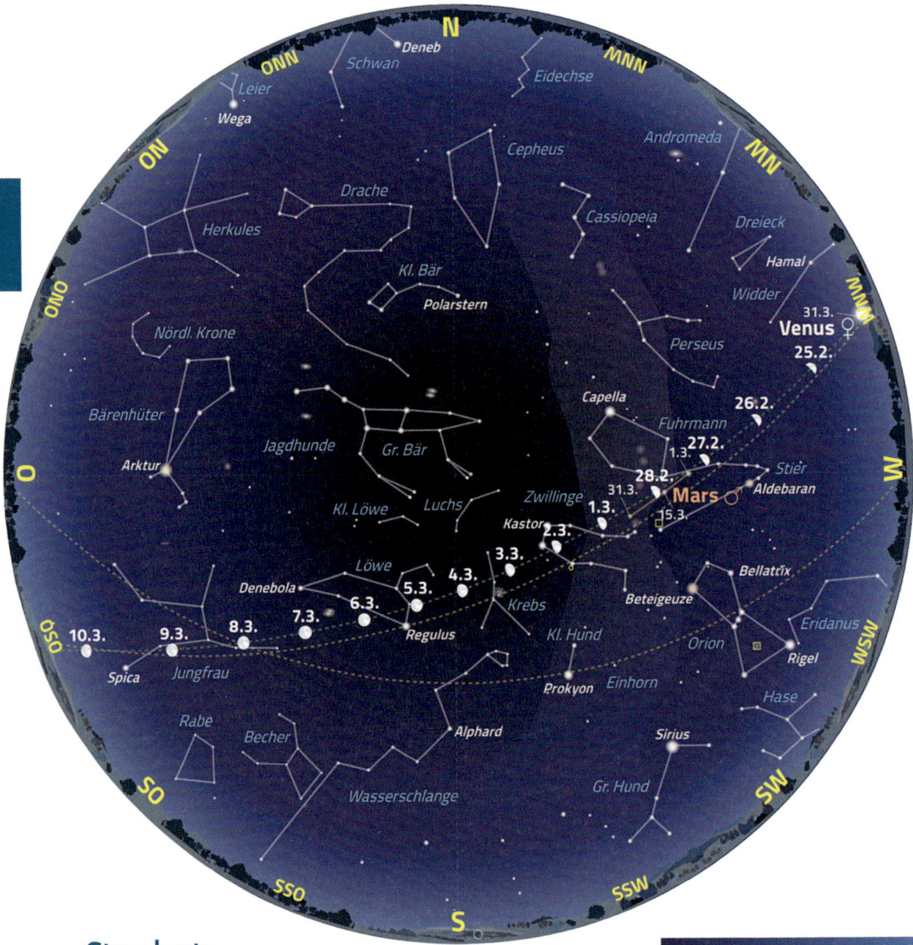

Sternkarte
März

Die Planetenpositionen sind für den 15. März eingezeichnet.

1. März 23^h MEZ	16. März 22^h MEZ	1. April 22^h MESZ

Sternzeit dieser Karte:	09^h25^m
Vorhergehende Sternkarte: Februar	Seite 44
Nachfolgende Sternkarte: April	Seite 78

Astrokalender März 2023

Zeit Berlin	Zeit Zürich	AFT	Objekt, Erscheinung
1. Mi			◐ ↓ **4:22** / **4:10** ↑ **10:53** / **11:48** ↔ **20:04** / **20:25** H. = **64°8** Berlin / **69°9** Zürich
0:00:00.0			Sternzeit Berlin: 10:28:00.3 / Zürich: 10:08:00.3
0:00		–	◐ Mond-Alter 8^{d}66 nach ●
0:00		AFT	◐ Phase: 0.656 / Lichtgrenze bei –13°58
1		A	◐ 9° ö. Mars
4¾–	4½–	T	Deep-sky günstig bis ca. 5¾^{h}
15:09		–	◐ Nördlichste Lage, Dekl. 27°43′, Zwillinge
18–	18½–	AFT	♀ **Venus im WSW** (–4.0^{mag}, 31° ö. ☉)
18¼–	18½–	AFT	♃ **Jupiter im WSW** (–2.1^{mag}, 32° ö. ☉)
18¼–	18¾–	AFT	♂ **Mars im SSO** (+0.4^{mag}, 99° ö. ☉)
18¾–	19–	FT	⛢ **Uranus im SW** (+5.8^{mag}, 65° ö. ☉)
18¾–		T	♃ Mondstellung: E ⊖ I G K
		T	◐ Sternbedeckung SAO 78540 (6.9^{mag})
	19:59.5		Pw. = 120° a = 1.9 b = –1.2
20:04.1			Pw. = 102° a = 1.6 b = –0.4
2. Do			◐ ↓ **5:13** / **5:01** ↑ **11:49** / **12:43** ↔ **20:55** / **21:16** H. = **63°8** Berlin / **68°9** Zürich
0:00:00.0			Sternzeit Berlin: 10:31:56.8 / Zürich: 10:11:56.8
0:00		AFT	◐ Phase: 0.743 / Lichtgrenze bei –25°74
18¾–		T	♃ Mondstellung: I ⊖ E G K
18:48		AFT[1]	◐ „Goldener Henkel“ am Mond
		T	◐ Sternbedeckung SAO 79405 (7.3^{mag})
19:18.5			Pw. = 170° a = 1.9 b = –7.3
19¼–			Diese Bedeckung verläuft streifend längs der ungefähren südlichen Grenzlinie: Essen – n. Göttingen – s. Quedlinburg – s. Wittenberg – n. Cottbus. Genauer Grenzverlauf: Tabelle S. 256
20		A	◐ 3½° sw. Pollux, 5½° s. Castor
3. Fr			◐ ↓ **5:51** / **5:41** ↑ **12:55** / **13:45** ↔ **21:44** / **22:05** H. = **61°6** Berlin / **66°6** Zürich
0:00:00.0			Sternzeit Berlin: 10:35:53.4 / Zürich: 10:15:53.4
0:00		AFT	◐ Phase: 0.820 / Lichtgrenze bei –37°90
		T	◐ Sternbedeckung 76 Geminorum (5.4^{mag})
4:04.9			Pw. = 31° a = 0.8 b = –0.0 Skizze S. 253
	4:05.0		Pw. = 53° a = 0.3 b = –0.7 Skizze S. 254
14:12	14:32	FT[7]	♀ kulminiert 42°4 / 47°4 über Horizont (31° ö. ☉)

März

18:32	T	♃ Europa DA, Pw. = 118°; ⊖ I G K
	T	◐ Sternbedeckung SAO 80089 (7.0^{mag})
18:44.1		Pw. = 172° a = 1.8 b = –5.4
18¾–	T	♃ Mondstellung: ⊖ I G K
19	A	◐ 12½° sö. Castor, 9° sö. Pollux
19:01	–	◐ in Erdferne: 63.6379 Erdradien, Krebs
19:56	T^3	♃ Europa SA, Pw. = 122°; ⊖ I G K
20¼	FT	◐ Maximale Libration in Breite: Südpol sichtbar
	T	◐ Sternbedeckung SAO 80165 (7.3^{mag})
22:02.3		Pw. = 132° a = 1.2 b = –1.9
22:08.5		Pw. = 156° a = 1.1 b = –3.3

4. Sa

	↓	↑	↔	H. =	
◐	**6:18**	**14:06**	**22:31**	**58°2**	Berlin
	6:13	**14:51**	**22:52**	**63°2**	Zürich

0:00:00.0		Sternzeit Berlin: 10:39:49.9 / Zürich: 10:19:49.9
0:00	AFT	◐ Phase: 0.886 / Lichtgrenze bei –50°05
3:24	–	◐ Größte ekliptikale Nordbreite, Krebs
18¾–	T	♃ Mondstellung: E I (⊖ G) K
19:23	T^3	♃ Ganymed DA, Pw. = 129°; E I ⊖ K

5. So

	↓	↑	↔	H. =	
◐	**6:38**	**15:20**	**23:16**	**53°8**	Berlin
	6:38	**16:00**	**23:37**	**58°8**	Zürich

0:00:00.0		Sternzeit Berlin: 10:43:46.5 / Zürich: 10:23:46.5
0:00	AFT	◐ Phase: 0.938 / Lichtgrenze bei –62°20
18¾–	T	♃ Mondstellung: G ⊖ (E I) K
19:47	T^3	♃ (E I) → (I E), E ist 0.631 ⊖-Radien n. I; G ⊖ (I E) K
20	A	◐ 5½° n. Regulus

6. Mo

	↓	↑	↔	H. =	
◐	**6:53**	**16:35**	**23:59**	**48°7**	Berlin
	6:59	**17:08**	**[0:19]**	**53°7**	Zürich

0:00:00.0		Sternzeit Berlin: 10:47:43.0 / Zürich: 10:27:43.0
0:00	AFT	◐ Phase: 0.976 / Lichtgrenze bei –74°35
18¾–	T	♃ Mondstellung: G (I ⊖) E K
19:46	T^3	♃ Io BA, Pw. = 284°; G ⊖ E K
20	A	○ 9½° ö. Regulus

7. Di

	↔	H. =	↓	↑	
○	**[23:59]**	**48°7**	**7:05**	**17:48**	Berlin
	0:19	**53°7**	**7:16**	**18:16**	Zürich

0:00:00.0		Sternzeit Berlin: 10:51:39.6 / Zürich: 10:31:39.6
0:00	AFT	○ Phase: 0.996 / Lichtgrenze bei –86°50
13:40	u	○ Vollmond, Löwe
18¾–	T	♃ Mondstellung: G E ⊖ K
19:21	T^3	♃ Io DE, Pw. = 256°; (G E) (I ⊖) K
20:19	T	♃ Jupiter: GRF günstig (bei 32°)

März

8. Mi

○ ↔ **0:40**	H. = **43°1**	↓ **7:15**	↑ **19:02**	Berlin
○ ↔ **1:01**	H. = **48°1**	↓ **7:31**	↑ **19:24**	Zürich

0:00:00.0			Sternzeit Berlin: 10:55:36.1 / Zürich: 10:35:36.1
0:00		AFT	○ Phase: –0.997 / Lichtgrenze bei 81°36
18¾–		T	♃ Mondstellung: (E K) ⊖ (I G)
19:11		T[3]	♃ (E K) → (K E), E ist 1.374 ⊖-Radien n. K; (K E) ⊖ (I G)

9. Do

◑ ↔ **1:21**	H. = **37°1**	↓ **7:25**	↑ **20:16**	Berlin
◑ ↔ **1:42**	H. = **42°1**	↓ **7:46**	↑ **20:33**	Zürich

0:00:00.0			Sternzeit Berlin: 10:59:32.7 / Zürich: 10:39:32.7
0:00		AFT	◑ Phase: –0.980 / Lichtgrenze bei 69°21
2:54		–	◑ Äquatordurchgang südwärts, Jungfrau
18¾–		T	♃ Mondstellung: K I ⊖ E G

10. Fr

◑ ↔ **2:03**	H. = **31°1**	↓ **7:35**	↑ **21:32**	Berlin
◑ ↔ **2:24**	H. = **36°1**	↓ **8:02**	↑ **21:44**	Zürich

0:00:00.0			Sternzeit Berlin: 11:03:29.2 / Zürich: 10:43:29.2
0:00		AFT	◑ Phase: –0.943 / Lichtgrenze bei 57°06
5		A	◑ 5° nw. Spica
14:16	14:36	FT[7]	♀ kulminiert 46°0 / 51°0 über Horizont (33° ö. ☉)
19–		T	♃ Mondstellung: K ⊖ E I G
19¼–	19½–	AF[1]	**West-Zodiakallicht günstig** (bis ca. 22. März)
19½–		T[1]	(3) Juno ($+9.7^{mag}$) geht 17′ nördlich an 112 Piscium ($+5.8^{mag}$) vorbei.
19½–	19¾–	T	Deep-sky günstig bis ca. 21½^{h} / 21¾^{h}

11. Sa

◑ ↔ **2:46**	H. = **25°2**	↓ **7:47**	↑ **22:52**	Berlin
◑ ↔ **3:07**	H. = **30°1**	↓ **8:19**	↑ **22:57**	Zürich

0:00:00.0			Sternzeit Berlin: 11:07:25.8 / Zürich: 10:47:25.8
0:00		AFT	◑ Phase: –0.887 / Lichtgrenze bei 44°91
5		A	◑ 8½° ö. Spica
9:53		u	◑ im ☋, Jungfrau
19–		T	♃ Mondstellung: K E I ⊖ G
19¾–	20–	T	Deep-sky günstig bis ca. 22¾^{h} / 23^{h}
23:50		AFT[1]	β Persei (Algol) im Minimum: 3.39^{mag} (Max. 2.12^{mag})

12. So

◑ ↔ **3:33**	H. = **19°7**	↓ **8:01**	↑ **[0:15]**	Berlin
◑ ↔ **3:53**	H. = **24°7**	↓ **8:39**	↑ **[0:14]**	Zürich

0:00:00.0			Sternzeit Berlin: 11:11:22.3 / Zürich: 10:51:22.3
0:00		AFT	◑ Phase: –0.814 / Lichtgrenze bei 32°75
19–		T	♃ Mondstellung: K G ⊖ I
19¾–	20–	T	Deep-sky günstig bis ca. 0¼^{h}

abends kein Mondlicht

März

13. Mo	↑	↔	H. =	↓	
◑	**0:15**	**4:23**	**14.°9**	**8:21**	Berlin
	0:14	**4:44**	**19.°9**	**9:05**	Zürich

0:00:00.0			Sternzeit Berlin: 11:15:18.9 / Zürich: 10:55:18.9
0:00		u	◑ Phase: –0.726 / Lichtgrenze bei 20.°58
7		FT	◑ Max. Libration in Länge: Krater Grimaldi randfern
19–		T	♃ Mondstellung: K G I ⊖ E
19¾–	20–	T	Deep-sky günstig bis ca. 1½^h

14. Di	↑	↔	H. =	↓	
◑	**1:39**	**5:18**	**11.°3**	**8:49**	Berlin
	1:31	**5:38**	**16.°3**	**9:39**	Zürich

0:00:00.0			Sternzeit Berlin: 11:19:15.4 / Zürich: 10:59:15.4
0:00		u	◑ Phase: –0.625 / Lichtgrenze bei 8.°42
5		A	◐ 2° ö. Antares
19–		T	♃ Mondstellung: K G E (⊖ I)
	19:10	T[3]	♃ Io DA, Pw. = 104°; K G E ⊖
19¾–	20–	T	Deep-sky günstig bis ca. 3^h / 2¾^h
20:39		AFT[1]	β Persei (Algol) im Minimum: 3.39^{mag} (Max. 2.12^{mag})

15. Mi	↑	↔	H. =	↓	
◐	**2:59**	**6:17**	**9.°1**	**9:32**	Berlin
	2:46	**6:38**	**14.°1**	**10:27**	Zürich

0:00:00.0			Sternzeit Berlin: 11:23:12.0 / Zürich: 11:03:12.0
0:00		u	◐ Phase: –0.516 / Lichtgrenze bei –3.°76
3:08		–	◐ Letztes Viertel, Schütze
4½–		A[1]	◐ Erdlicht (bis ca. 16. März)
18:59		T[3]	♃ Io VE, 0.2 n., 1.3 ö.; (K E) (⊖ I G)
19–		T	♃ Mondstellung: (K E) ⊖ G
19¾–	20–	T	Deep-sky günstig bis ca. 4^h / 3¾^h
22:43		u	◐ Südlichste Lage, Dekl. –27°50′, Schütze

16. Do	↑	↔	H. =	↓	
◐	**4:06**	**7:19**	**8.°8**	**10:33**	Berlin
	3:52	**7:40**	**13.°8**	**11:29**	Zürich

0:00:00.0			Sternzeit Berlin: 11:27:08.6 / Zürich: 11:07:08.6
0:00		u	◐ Phase: –0.404 / Lichtgrenze bei –15.°94
0:40		u	♆ in Konjunktion mit der ⊙
19–		FT[1]	♂ Mars (+0.7^{mag}) geht 20′ südlich an 125 Tauri (+5.0^{mag}) vorbei.
19–		T	♃ Mondstellung: I (⊖ K) E G
19¾–		AF[1]	**West-Zodiakallicht günstig** (noch bis ca. 22. März)
19¾–	20–	T	Deep-sky günstig bis ca. 4¾^h

abends kein Mondlicht

17. Fr	◐ ↑	↔	H. =	↓	
	4:55	**8:21**	**10°5**	**11:54**	Berlin
	4:45	**8:42**	**15°6**	**12:45**	Zürich

0:00:00.0		Sternzeit Berlin: 11:31:05.1 / Zürich: 11:11:05.1
0:00	u	◐ Phase: –0.294 / Lichtgrenze bei –28°13
7¾	FT	◐ Maximale Libration in Breite: Nordpol sichtbar
12:45	u	☿ in oberer Konjunktion mit der ☉
14:20 14:40	FT[7]	♀ kulminiert 49°4 / 54°4 über Horizont (34° ö. ☉)
19–	T	♃ Mondstellung: ⊖ (E I) K G
19¾– 20–	T	Deep-sky günstig bis ca. $5\frac{1}{4}^{h}$
23:03	u	◐ Größte ekliptikale Südbreite, Steinbock

18. Sa	◐ ↑	↔	H. =	↓	
	5:29	**9:22**	**14°1**	**13:26**	Berlin
	5:25	**9:43**	**19°2**	**14:10**	Zürich

0:00:00.0		Sternzeit Berlin: 11:35:01.7 / Zürich: 11:15:01.7
0:00	u	◐ Phase: –0.193 / Lichtgrenze bei –40°33
19–	T	♃ Mondstellung: E I ⊖ G K
19¾– 20–	T	Deep-sky günstig bis ca. 5^{h}

19. So	◐ ↑	↔	H. =	↓	
	5:53	**10:19**	**19°3**	**15:00**	Berlin
	5:55	**10:40**	**24°4**	**15:37**	Zürich

0:00:00.0		Sternzeit Berlin: 11:38:58.2 / Zürich: 11:18:58.2
0:00	u	◐ Phase: –0.108 / Lichtgrenze bei –52°54
16:16	u	◐ in Erdnähe: 56.8657 Erdradien, Wassermann
19–	T	♃ Mondstellung: G (E ⊖) I K
20–	T	Deep-sky günstig bis ca. 5^{h}
0–	T[1]	(2) Pallas ($+8.2^{mag}$) geht 8′ südlich an SAO 133761 ($+6.2^{mag}$) vorbei.

20. Mo	◐ ↑	↔	H. =	↓	
	6:10	**11:13**	**25°6**	**16:33**	Berlin
	6:19	**11:34**	**30°8**	**17:03**	Zürich

0:00:00.0		Sternzeit Berlin: 11:42:54.8 / Zürich: 11:22:54.8
0:00	u	◐ Phase: –0.046 / Lichtgrenze bei –64°75
19¼–	T	♃ Mondstellung: G I ⊖ E K
20–	T	Deep-sky günstig bis ca. 5^{h}
22:24	–	☉ **Frühlingsanfang**, Tagundnachtgleiche. Die Sonne überquert jetzt den Äquator nordwärts.

21. Di	● ↑	↔	H. =	↓	
	6:23	**12:04**	**32°6**	**18:02**	Berlin
	6:39	**12:25**	**37°7**	**18:26**	Zürich

0:00:00.0		Sternzeit Berlin: 11:46:51.3 / Zürich: 11:26:51.3
0:00	u	● Phase: –0.009 / Lichtgrenze bei –76°96
9–		Zwergplanet (1) Ceres in Opposition zur ☉ (7.1^{mag})

abends kein Mondlicht

18:23		u	● Neumond, Fische Beginn Lunation Nr. 1240
20–	20¼–	T	Deep-sky günstig bis ca. 5^h

22. Mi

● ↑	**6:36**	↔ **12:53**	H. = **39°6**	↓ **19:30**	Berlin
	6:57	↔ **13:14**	H. = **44°8**	↓ **19:47**	Zürich

0:00:00.0			Sternzeit Berlin: 11:50:47.9 / Zürich: 11:30:47.9
0:00		u	● Phase: 0.001 / Lichtgrenze bei 90°83
2:32		u	● Äquatordurchgang nordwärts, Walfisch
20–	20¼–	T	Deep-sky günstig bis ca. 5^h

23. Do

◐ ↑	**6:48**	↔ **13:41**	H. = **46°4**	↓ **20:55**	Berlin
	7:15	↔ **14:02**	H. = **51°6**	↓ **21:06**	Zürich

0:00:00.0			Sternzeit Berlin: 11:54:44.4 / Zürich: 11:34:44.4
0:00		u	◐ Phase: 0.021 / Lichtgrenze bei 78°61
18¾		AFT	◐ Schmale Sichel, 48¼^h nach ●, 18° ü. H.
19–		A[1]	◐ Erdlicht (bis ca. 28. März)
19		A	◐ 8½° sw. Venus
	19	AFT	◐ Schmale Sichel, 48½^h nach ●, 20° ü. H.
21¼–	21½–	T	Deep-sky günstig bis ca. 5^h

24. Fr

◐ ↑	**7:01**	↔ **14:30**	H. = **52°5**	↓ **22:20**	Berlin
	7:34	↔ **14:51**	H. = **57°6**	↓ **22:24**	Zürich

0:00:00.0			Sternzeit Berlin: 11:58:41.0 / Zürich: 11:38:41.0
0:00		u	◐ Phase: 0.065 / Lichtgrenze bei 66°40
3:08		u	◐ im ☊, Widder
14:24	14:44	FTA[7]	♀ kulminiert 52°6 / 57°6 über Horizont (36° ö. ⊙)
19		A	◐ 4° ö. Venus
22¾–		T	Deep-sky günstig bis ca. 4¾^h

25. Sa

◐ ↑	**7:17**	↔ **15:20**	H. = **57°6**	↓ **23:44**	Berlin
	7:56	↔ **15:41**	H. = **62°7**	↓ **23:41**	Zürich

0:00:00.0			Sternzeit Berlin: 12:02:37.5 / Zürich: 11:42:37.5
0:00		u	◐ Phase: 0.129 / Lichtgrenze bei 54°19
20		A	◐ 4½° sw. Plejaden
22:19.8		T	◐ Sternbedeckung SAO 76045 (6.4^{mag}) Pw. = 112° a = –0.5 b = –2.0

26. So

◐ ↑	**8:38**	↔ **17:11**	H. = **61°5**	↓ **[2:02]**	Berlin
	9:23	↔ **17:32**	H. = **66°6**	↓ **[1:54]**	Zürich

0:00:00.0			Sternzeit Berlin: 12:06:34.1 / Zürich: 11:46:34.1
0:00		u	◐ Phase: 0.208 / Lichtgrenze bei 41°98

0–	T	Deep-sky günstig bis ca. 5¾h
2:00		**Beginn der Sommerzeit.** Die Uhren werden auf 3:00 Uhr vorgestellt. Die MESZ = MEZ +1 Stunde gilt bis am 29. Oktober.
3:00		**Alle Zeitangaben im Sternenhimmel sind bereits in Sommerzeit umgerechnet.** Im Astrokalender weist die dünne Randlinie darauf hin.
12¼	FT	◐ Max. Libration in Länge: Mare Crisium randfern
21	A	◐ 8° n. Aldebaran, 9½° ö. Plejaden

März

27. Mo ◐ ↓ **2:02** / **1:54** ↑ **9:06** / **9:57** ↔ **18:04** / **18:24** H. = **64°0** Berlin / **69°1** Zürich

0:00:00.0		Sternzeit Berlin: 11:10:20.8 / Zürich: 10:50:20.8
0:00	AFT	◐ Phase: 0.293 / Lichtgrenze bei 30°28
2½– 2¼–	T	Deep-sky günstig bis ca. 5¾h
21	A	◐ 2° s. Nath (β Tauri), 8½° w. Mars

28. Di ◐ ↓ **3:12** / **3:00** ↑ **9:45** / **10:40** ↔ **18:56** / **19:17** H. = **65°0** Berlin / **70°1** Zürich

0:00:00.0		Sternzeit Berlin: 11:14:17.4 / Zürich: 10:54:17.4
0:00	AFT	◐ Phase: 0.387 / Lichtgrenze bei 18°09
3½– 3¼–	T	Deep-sky günstig bis ca. 5¾h
	T	◐ Sternbedeckung SAO 78196 (6.7mag)
21:49.4		Pw. = 184° a = –10.7 b = –29.5
22	A	◐ 4° nö. Mars
23:29	–	◐ Nördlichste Lage, Dekl. 27°54′, Zwillinge

29. Mi ◐ ↓ **4:09** / **3:56** ↑ **10:37** / **11:32** ↔ **19:48** / **20:09** H. = **64°5** Berlin / **69°6** Zürich

0:00:00.0		Sternzeit Berlin: 11:18:13.9 / Zürich: 10:58:13.9
0:00	AFT	◐ Phase: 0.483 / Lichtgrenze bei 5°89
	T	◐ Sternbedeckung SAO 78417 (6.5mag)
2:30.7		Pw. = 149° a = –1.0 b = –2.1
4½– 4¼–	T	Deep-sky günstig bis ca. 5¾h
4:32	u	◐ Erstes Viertel, Zwillinge
20¼–	AFT[3]	☿ Merkur im W (–1.3mag, 12° ö. ☉)
	T	◐ Sternbedeckung 47 Geminorum (5.6mag, SAO 79141)
20:27.4		Pw. = 139° a = 1.3 b = –2.7 Skizze S. 253
20:45.2		Pw. = 176° a = 0.1 b = –10.4 Skizze S. 254
	T	◐ Sternbedeckung SAO 79170 (6.4mag)
21:08.3		Pw. = 56° a = 2.3 b = 1.5
	T	◐ Sternbedeckung SAO 79241 (6.5mag)
23:36.9		Pw. = 112° a = 0.6 b = –2.0
23:45.5		Pw. = 129° a = 0.3 b = –2.5

MESZ

März

30. Do			◐ ↓	**4:52** / **4:41**	↑ **11:40** / **12:32**	↔ **20:39** / **20:59**	H. = **62°7** / **67°8**	Berlin / Zürich

Berlin	Zürich			
0:00:00.0				Sternzeit Berlin: 11:22:10.5 / Zürich: 11:02:10.5
0:00		AFT	◐	Phase: 0.578 / Lichtgrenze bei –6°29
		T	◐	Sternbedeckung SAO 79286 (6.9^{mag})
	1:00.5			Pw. = 61° a = 1.0 b = –0.7
1:05.1				Pw. = 34° a = 1.9 b = 0.6
20¼–	20½–	AFT[3]	☿	Merkur im W (–1.2^{mag}, 13° ö. ☉)
21–		T[1]	(2)	Pallas (+8.3^{mag}) geht 13′ südlich an 19 Monocerotis (+4.9^{mag}) vorbei.
21		A	◑	5½° sö. Pollux, 9½° sö. Castor

31. Fr			◑ ↓	**5:22** / **5:15**	↑ **12:50** / **13:38**	↔ **21:26** / **21:47**	H. = **59°7** / **64°7**	Berlin / Zürich

Berlin	Zürich			
0:00:00.0				Sternzeit Berlin: 11:26:07.0 / Zürich: 11:06:07.0
0:00		AFT	◑	Phase: 0.670 / Lichtgrenze bei –18°48
9:12		u	◑	Größte ekliptikale Nordbreite, Krebs
13:18		u	◑	in Erdferne: 63.4856 Erdradien, Krebs
15:29	15:49	FTA[7]	♀	kulminiert 55°5 / 60°5 über Horizont (37° ö. ☉)
19		FT	◑	Maximale Libration in Breite: Südpol sichtbar
20¼–	20½–	AFT[3]	☿	Merkur im W (–1.1^{mag}, 13° ö. ☉)

MESZ

April 2023

Sonne

Dämmerung, Auf- und Untergang, Kulminationswerte und Zeitgleichung

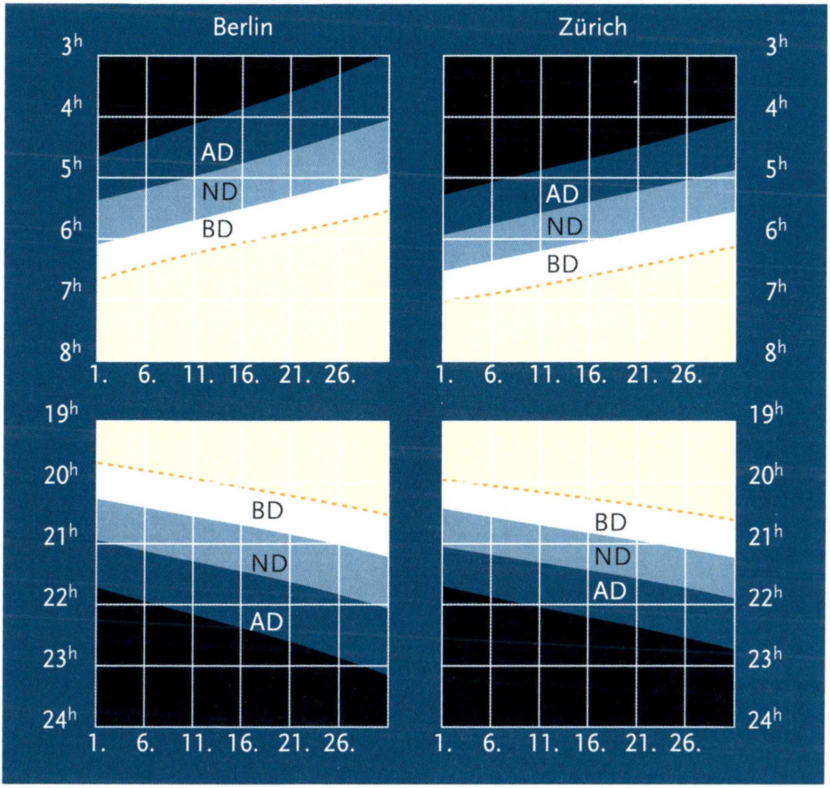

Berlin | Zürich

April	Aufgang	Kulmination Zeit	Kulmination Höhe	Untergang	**Zeitgleichung**	Aufgang	Kulmination Zeit	Kulmination Höhe	Untergang	April
1.	6:41	13:09.9	42.°0	19:40	**− 3.m9**	7:06	13:29.9	47.°0	19:55	1.
6.	6:30	13:08.5	43.°9	19:48	**− 2.m5**	6:56	13:28.5	49.°0	20:02	6.
11.	6:18	13:07.1	45.°8	19:57	**− 1.m1**	6:46	13:27.1	50.°8	20:09	11.
16.	6:07	13:05.9	47.°6	20:06	**+ 0.m1**	6:36	13:25.9	52.°6	20:16	16.
21.	5:56	13:04.8	49.°4	20:15	**+ 1.m2**	6:27	13:24.8	54.°4	20:23	21.
26.	5:45	13:03.9	51.°0	20:23	**+ 2.m1**	6:18	13:23.9	56.°0	20:30	26.
30.	5:37	13:03.3	52.°3	20:30	**+ 2.m7**	6:11	13:23.3	57.°3	20:36	30.

Um den 15. April geht die Zeitgleichung durch den Nullpunkt, die „wahre Sonne“ stimmt für einmal mit der „mittleren Sonne“ überein, die Sonne kulminiert um 12 Uhr mittlere Ortszeit. Wegen der Einteilung der Erde in Zeitzonen und der Sommerzeit ergibt das für Berlin 13:06 Uhr und für Zürich 13:26 Uhr Kulminationszeit in MESZ. Die Sonne hat also ihren Rückstand von 14.2 Minuten (vgl. Februar) aufgeholt und wird bis 14. Mai einen (kleineren) Vorsprung aufbauen.

Ringförmig-totale Sonnenfinsternis am 20. April

7^h20^m nach dem Neumondzeitpunkt durchstößt der Mond die Ekliptikebene im aufsteigenden Knoten. Die Totalitätszone beginnt im Indischen Ozean zwischen Madagaskar und der Antarktis, berührt knapp den westlichsten Punkt Australiens und durchquert Neuguinea an der schmalsten Stelle, um im südlichen Pazifik zu enden.

Die Finsternis ist die 52. im Saros-Zyklus Nr. 129, der am 3. Oktober 1103 begann und mit seiner 80. Finsternis am 21. Februar 2528 enden wird.

Ringförmig-totale Sonnenfinsternis am 20. April 2023

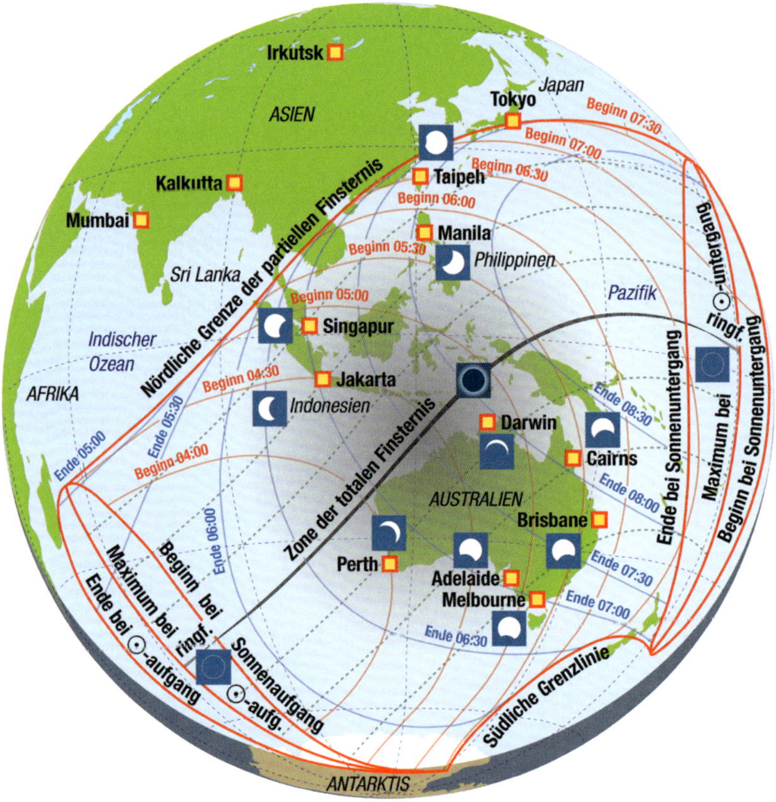

Verlauf der Totalitätszone über Indonesien und Papua-Neuguinea

Elemente

Geozentrische Konjunktion in α:	2023 April 20. $03^h55^m34^s\!.715$ UT	
	Sonne	Mond
Rektaszension (α)	$1^h50^m58^s\!.4$	$1^h50^m58^s\!.4$
Deklination (δ)	+11°24′36″	+10°58′56″
Änderung Rektaszension $\Delta\alpha$/h	$0^m9^s\!.330$	$2^m6^s\!.701$
Änderung Deklination $\Delta\delta$/h	+0′51.″60	+15′04.″94
Parallaxe	0′8.″75	58′20.″37
Radius	15′55.″3	15′53.″7

Hauptpunkte	**UT April 20.**	**Länge**	**Breite**
	d h m	° ′	° ′
Finsternis beginnt	20. 01 34.4	+ 75 59.3	−40 17.3
Zentrallinie beginnt	20. 02 37.1	+ 63 37.2	−48 27.1
Größte Finsternis	20. 03 55.6	+120 51.8	−14 50.0
Ende der Zentrallinie	20. 05 56.6	−178 48.7	+ 2 55.8
Ende der Finsternis	20. 06 59.4	+167 13.3	+11 16.8

Ringförmig-totale Sonnenfinsternis am 20. April 2023

Verlauf der Totalitätszone über dem Indischen Ozean und Westaustralien

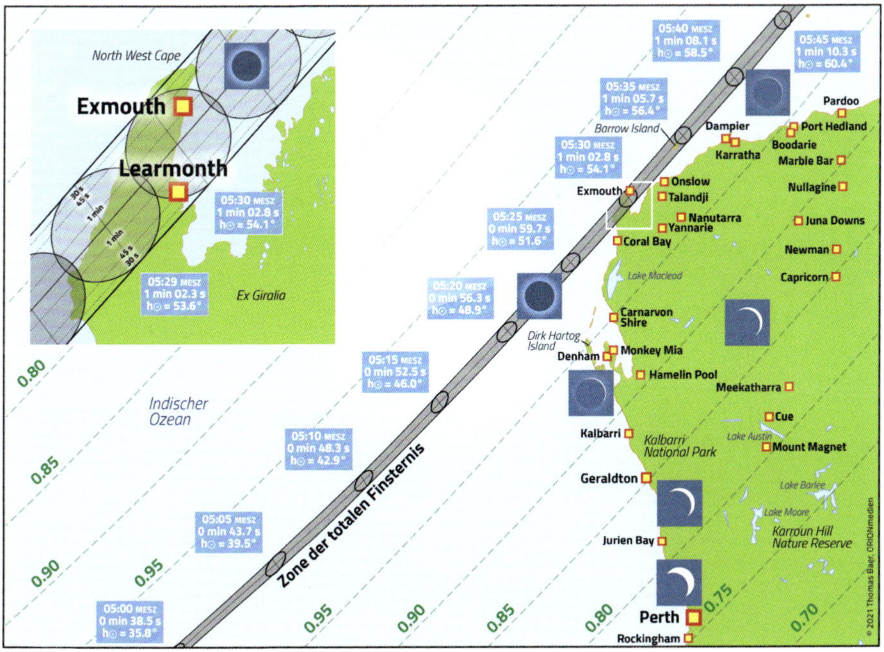

Mond

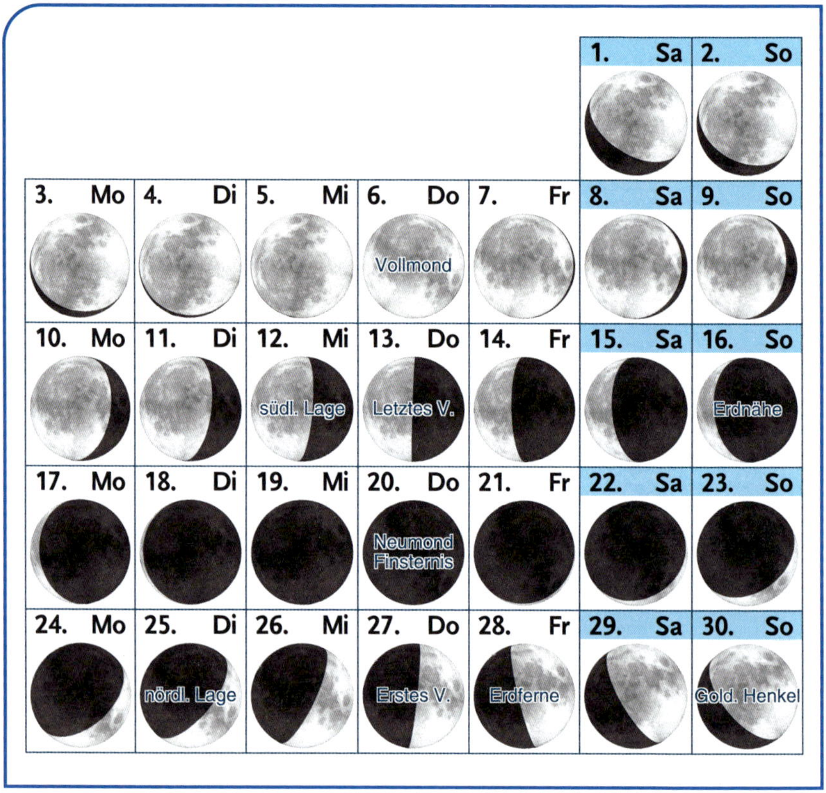
1. Sa
2. So
3. Mo
4. Di
5. Mi
6. Do
Vollmond
7. Fr
8. Sa
9. So
10. Mo
11. Di
12. Mi
südl. Lage
13. Do
Letztes V.
14. Fr
15. Sa
16. So
Erdnähe
17. Mo
18. Di
19. Mi
20. Do
Neumond
Finsternis
21. Fr
22. Sa
23. So
24. Mo
25. Di
nördl. Lage
26. Mi
27. Do
Erstes V.
28. Fr
Erdferne
29. Sa
30. So
Gold. Henkel

Die Planeten im April 2023

Planetenpositionen am 1., 15, und 30. April 2023 sowie Hauptmondphasen

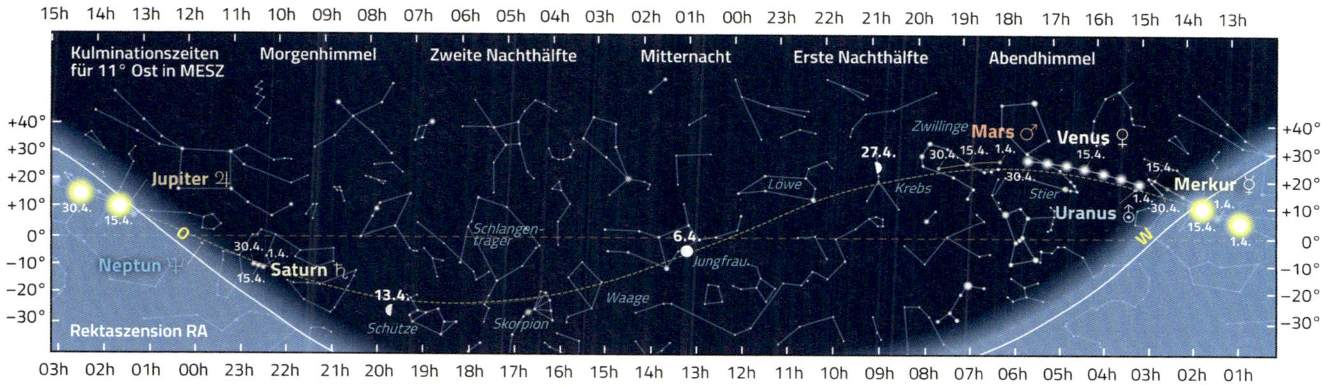

Scheinbare Planetengrössen und Phasen am 1., 15, und 30. April 2023

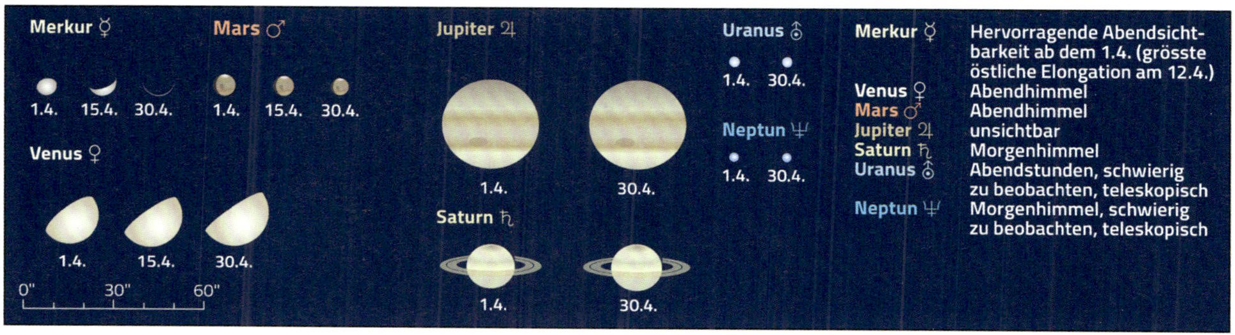

Planeten

Beste Abendsichtbarkeit, dann unsichtbar
Merkur ☿ *steigt bis zum 11. April weiter auf und erreicht dann knapp 19° Höhe über der untergehenden Sonne. Dann beginnt der Abstieg, und um den 23. April wird die Abendsichtbarkeit beendet sein.*

Berlin						Zürich				
April	Aufgang	Kulmination Zeit	Höhe	Untergang	**Elongation von der ☉**	Aufgang	Kulmination Zeit	Höhe	Untergang	April
1.	7:00	14:02	49°	21:07	**14° O**	7:30	14:22	54°	21:16	1.
6.	6:49	14:13	52°	21:39	**17° O**	7:23	14:33	57°	21:45	6.
11.	6:36	14:16	55°	21:59	**19° O**	7:12	14:36	60°	22:02	11.
16.	6:21	14:11	57°	22:03	**18° O**	6:59	14:31	62°	22:04	16.
21.	6:04	13:57	57°	21:49	**15° O**	6:43	14:17	62°	21:50	21.
26.	5:47	13:33	56°	21:18	**9° O**	6:25	13:53	61°	21:20	26.
30.	5:34	13:10	54°	20:45	**3° O**	6:10	13:30	59°	20:49	30.

Venus und Merkur im April 2023

Sterne gezeichnet für den 9. April 2023 um 20:45 Uhr MESZ

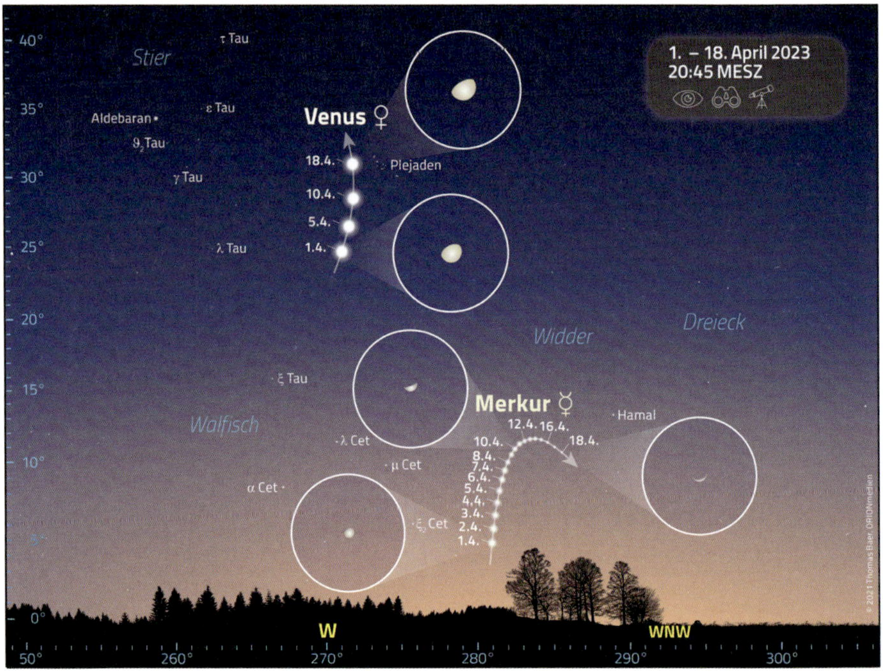

Merkur steigt Anfang April abends rasch höher. Weiter oben nähert sich Venus den Plejaden.

abends, aber auch tagsüber

Venus ♀ zeigt sich noch markanter am Abendhimmel. Aber auch tagsüber ist sie bei trockener Luft von bloßem Auge zu erkennen. Zum erstmaligen Aufsuchen helfen die Angaben im Astrokalender: jeweils am Freitag sind Kulminationszeit und -höhe vermerkt.

Berlin						Zürich				
April	Aufgang	Kulmination Zeit	Höhe	Untergang	**Elongation von der ⊙**	Aufgang	Kulmination Zeit	Höhe	Untergang	April
1.	7:44	15:30	56°	23:17	**36° O**	8:22	15:50	61°	23:19	1.
6.	7:36	15:34	58°	23:34	**37° O**	8:16	15:54	63°	23:33	6.
11.	7:29	15:38	59°	23:49	**38° O**	8:12	15:58	64°	23:46	11.
16.	7:24	15:43	61°	0:02	**39° O**	8:08	16:03	66°	23:59	16.
21.	7:20	15:48	62°	0:16	**40° O**	8:07	16:08	67°	0:09	21.
26.	7:18	15:53	63°	0:28	**41° O**	8:06	16:13	68°	0:20	26.
30.	7:18	15:57	63°	0:37	**42° O**	8:07	16:17	68°	0:27	30.

bis gegen Morgen

Mars ♂ ist weiterhin vom Eindunkeln bis deutlich über Mitternacht hinaus zu sehen. Seine Helligkeit nimmt langsam ab, von 1.0 ^{mag} auf 1.3 ^{mag}.

Berlin						Zürich				
April	Aufgang	Kulmination Zeit	Höhe	Untergang	**Elongation von der ⊙**	Aufgang	Kulmination Zeit	Höhe	Untergang	April
1.	10:03	18:41	63°	3:20	**82° O**	10:52	19:01	68°	3:11	1.
11.	9:49	18:25	63°	3:01	**77° O**	10:37	18:45	68°	2:52	11.
21.	9:37	18:08	62°	2:40	**72° O**	10:24	18:28	67°	2:32	21.
30.	9:28	17:54	61°	2:20	**69° O**	10:14	18:14	66°	2:14	30.

unsichtbar

Jupiter ♃ geht hinter der Sonne durch (Konjunktion am 11. April) und bleibt bis Ende Monat verborgen.

Berlin						Zürich				
April	Aufgang	Kulmination Zeit	Höhe	Untergang	**Elongation von der ⊙**	Aufgang	Kulmination Zeit	Höhe	Untergang	April
1.	7:01	13:39	44°	20:17	**8° O**	7:27	13:59	49°	20:31	1.
11.	6:26	13:09	45°	19:52	**1° O**	6:53	13:29	50°	20:05	11.
21.	5:51	12:38	46°	19:27	**6° W**	6:18	12:58	51°	19:39	21.
30.	5:19	12:11	47°	19:03	**13° W**	5:47	12:31	52°	19:15	30.

morgens

Saturn ♄ erscheint jetzt immer etwas früher.

Berlin April	Auf-gang	Kulmination Zeit	Höhe	Unter-gang	Elongation von der ☉	Zürich Auf-gang	Kulmination Zeit	Höhe	Unter-gang	April
1.	5:47	10:48	26°	15:49	**38° W**	5:57	11:08	31°	16:19	1.
11.	5:09	10:12	26°	15:15	**47° W**	5:20	10:32	31°	15:45	11.
21.	4:32	9:36	26°	14:41	**55° W**	4:42	9:56	31°	15:10	21.
30.	3:58	9:04	27°	14:10	**64° W**	4:09	9:24	32°	14:39	30.

abends

Uranus ⛢ kann dank großer Kulminationshöhe fast bis Ende Monat noch in den Abendstunden beobachtet werden.

Berlin April	Auf-gang	Kulmination Zeit	Höhe	Unter-gang	Elongation von der ☉	Zürich Auf-gang	Kulmination Zeit	Höhe	Unter-gang	April
1.	7:49	15:24	54°	22:59	**35° O**	8:25	15:44	59°	23:03	1.
11.	7:10	14:47	54°	22:23	**26° O**	7:47	15:07	59°	22:27	11.
21.	6:32	14:10	54°	21:47	**17° O**	7:09	14:30	59°	21:51	21.
30.	5:58	13:36	55°	21:15	**9° O**	6:35	13:56	60°	21:18	30.

unsichtbar, dann morgens

Neptun ♆ erscheint ab Monatsmitte zögernd in der Morgendämmerung.

Berlin April	Auf-gang	Kulmination Zeit	Höhe	Unter-gang	Elongation von der ☉	Zürich Auf-gang	Kulmination Zeit	Höhe	Unter-gang	April
1.	6:24	12:13	35°	18:02	**15° W**	6:42	12:33	40°	18:24	1.
11.	5:45	11:35	35°	17:25	**24° W**	6:03	11:55	40°	17:47	11.
21.	5:06	10:57	35°	16:48	**34° W**	5:24	11:17	40°	17:09	21.
30.	4:31	10:23	35°	16:14	**42° W**	4:50	10:42	40°	16:35	30.

Planetoiden

(1) Ceres (7.5^{mag}, S. 286) kann weiterhin die ganze Nacht hindurch aufgesucht werden.
(2) Pallas (8.5^{mag}, S. 288) ist nur bis gegen Mitternacht zu beobachten.
(6) Hebe (10.7^{mag}, S. 296) ist noch über Mitternacht hinaus zu sehen.
(11) Parthenope (10.6^{mag}, S. 302) erscheint etwa 2^h nach Mitternacht und bleibt bis zum Morgen sichtbar.

Meteorströme

Lyriden vom 17. bis 25. April. Maximum 2023: 23. April, 1^h, bis 19 Sternschnuppen pro Stunde (gelegentlich aber auch über 100). Radiant: $\alpha = 19^h05^m$, $\delta = +34°$. Mittlere Geschwindigkeit 49 km/s, Erzeugender Komet: Thatcher (C/1861 G1).
η-**Aquariiden** ab 19. April, vgl. Monatsübersicht Mai.

Fixsternhimmel

Am Abendhimmel sind jetzt günstig zu beobachten: die Doppelsterne η Cassiopeiae, δ Geminorum, γ Leonis, γ Virginis, ε Bootis, ξ Coronae Borealis, α Herculis, $\varepsilon_1/\varepsilon_2$ Lyrae. Kugelsternhaufen im Herkules und in den Jagdhunden, Spiralnebel M 81 und M 82 im Großen Bären, M 51 in den Jagdhunden.
Am Abendhimmel ist die **Milchstraße** etwa ab 20. April günstig zu beobachten (ab etwa 22^h).

Veränderliche

δ-Cephei-Maxima: 1. $8\frac{1}{2}^h$ / 6. $17\frac{1}{2}^h$ / 12. 2^h / 17. 11^h / 22. 20^h / 28. $4\frac{1}{2}^h$
β-Lyrae-Minima: 7. 5^h / 20. $3\frac{1}{2}^h$

Zodiakallicht

Die kegelförmige Aufhellung über dem Sonnenuntergangspunkt kann vom 9. bis ca. 16. April ab etwa $1\frac{1}{2}^h$ nach Sonnenuntergang beobachtet werden.

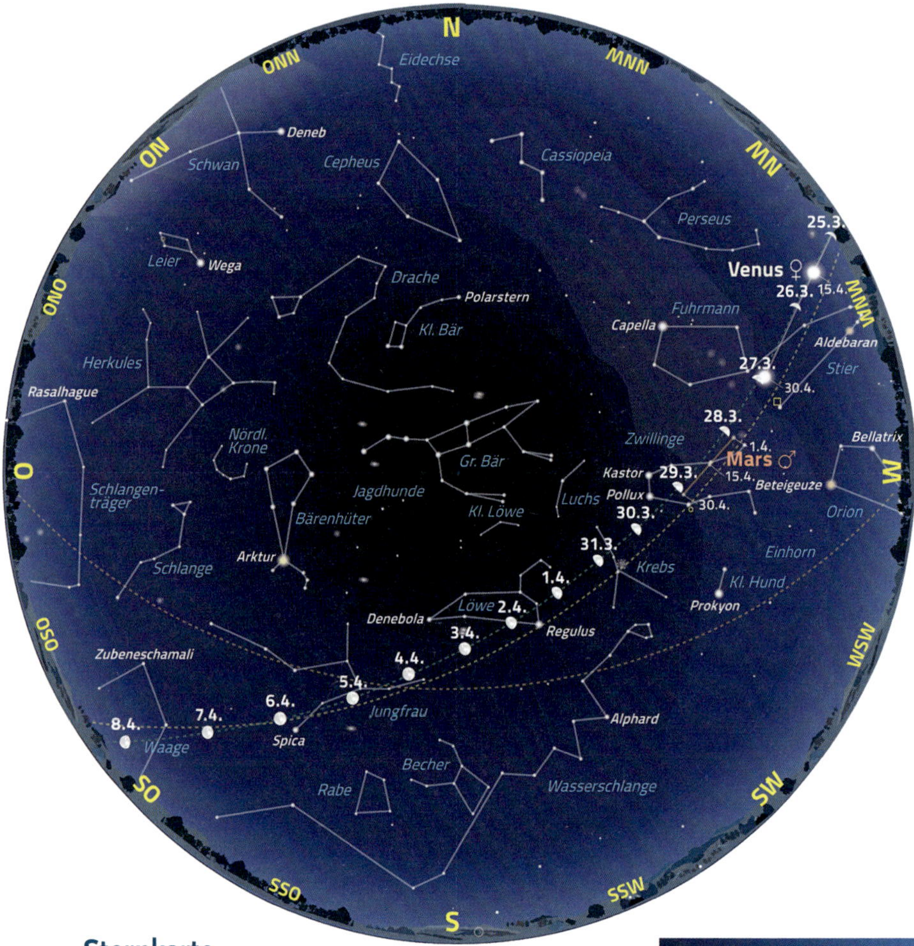

Sternkarte April

Die Planetenpositionen sind für den 15. April eingezeichnet.

1. April 24^{h} MESZ 16. April 23^{h} MESZ 1. Mai 22^{h} MESZ

Sternzeit dieser Karte: 11^{h}25^{m}

Vorhergehende Sternkarte: März Seite 60
Nachfolgende Sternkarte: Mai Seite 93

Astrokalender April 2023

Zeit Berlin	Zeit Zürich	AFT	Objekt, Erscheinung
1. Sa			◐ ↓ **5:44** ↑ **14:04** ↔ **22:12** H. = **55°6** Berlin ↓ **5:43** ↑ **14:46** ↔ **22:32** H. = **60°7** Zürich
0:00:00.0			Sternzeit Berlin: 11:30:03.6 / Zürich: 11:10:03.6
0:00		–	◐ Mond-Alter 10^{d}19 nach ●
0:00		AFT	◐ Phase: 0.755 / Lichtgrenze bei –30°65
20–	20¼–	AFT	♀ **Venus im W** (–4.0^{mag}, 37° ö. ☉)
20¼–	20½–	AFT[3]	☿ Merkur im W (–1.1^{mag}, 14° ö. ☉)
20¼–	20½–	AFT	♂ **Mars im SW** (+1.0^{mag}, 82° ö. ☉)
20½–	20¾–	FT	⛢ **Uranus im W** (+5.8^{mag}, 36° ö. ☉)
22		A	◐ 8° nw. Regulus
2. So			◐ ↓ **6:00** ↑ **15:18** ↔ **22:55** H. = **50°8** Berlin ↓ **6:04** ↑ **15:54** ↔ **23:16** H. = **55°8** Zürich
0:00:00.0			Sternzeit Berlin: 11:34:00.1 / Zürich: 11:14:00.1
0:00		AFT	◐ Phase: 0.832 / Lichtgrenze bei –42°83
14:06	14:26	T[7]	☿ kulminiert 49°4 / 54°4 über Horizont (16° ö. ☉)
20¼–	20½–	AFT	☿ Merkur im W (–1.0^{mag}, 15° ö. ☉)
22		A	◐ 6½° ö. Regulus
3. Mo			◐ ↓ **6:13** ↑ **16:32** ↔ **23:37** H. = **45°3** Berlin ↓ **6:22** ↑ **17:03** ↔ **23:58** H. = **50°3** Zürich
0:00:00.0			Sternzeit Berlin: 11:37:56.7 / Zürich: 11:17:56.7
0:00		AFT	◐ Phase: 0.897 / Lichtgrenze bei –54°100
20¼–	20½–	AFT	☿ **Merkur im W** (–0.9^{mag}, 16° ö. ☉)
23:24		AFT[1]	β Persei (Algol) im Minimum: 3.39^{mag} (Max. 2.12^{mag})
4. Di			◐ ↓ **6:24** ↑ **17:46** ↔ **[0:18]** H. = **39°4** Berlin ↓ **6:38** ↑ **18:11** ↔ **[0:39]** H. = **44°3** Zürich
0:00:00.0			Sternzeit Berlin: 11:41:53.2 / Zürich: 11:21:53.2
0:00		AFT	◐ Phase: 0.948 / Lichtgrenze bei –67°16
20¼–	20½–	AFT	☿ **Merkur im W** (–0.8^{mag}, 17° ö. ☉)
5. Mi			◐ ↔ **0:18** H. = **39°4** ↓ **6:34** ↑ **19:01** Berlin ↔ **0:39** H. = **44°3** ↓ **6:53** ↑ **19:20** Zürich
0:00:00.0			Sternzeit Berlin: 11:45:49.8 / Zürich: 11:25:49.8
0:00		AFT	◐ Phase: 0.983 / Lichtgrenze bei –79°33
10:54		u	○ Äquatordurchgang südwärts, Jungfrau
14:12	14:32	T[7]	☿ kulminiert 51°7 / 56°7 über Horizont (17° ö. ☉)
20¼–	20½–	AFT	☿ **Merkur im W** (–0.7^{mag}, 17° ö. ☉)

MESZ

April

6. Do			○ ↔	**1:00** / **1:21**	H. =	**33°2** / **38°2**	↓	**6:44** / **7:08**	↑	**20:18** / **20:31**	Berlin / Zürich

0:00:00.0		Sternzeit Berlin: 11:49:46.3 / Zürich: 11:29:46.3
0:00	AFT	○ Phase: 0.999 / Lichtgrenze bei –91°49
6:34	–	○ Vollmond, Dm. 30′35″, Jungfrau
20½–	AFT	☿ **Merkur im W** (–0.6^{mag}, 18° ö. ⊙)
22	A	○ 3° nö. Spica

7. Fr	**Karfreitag**		○ ↔	**1:44** / **2:04**	H. =	**27°1** / **32°1**	↓	**6:55** / **7:25**	↑	**21:38** / **21:45**	Berlin / Zürich

	0:00:00.0		Sternzeit Berlin: 11:53:42.9 / Zürich: 11:33:42.9
	0:00	AFT	○ Phase: –0.994 / Lichtgrenze bei 76°35
15:35	15:55	FTA[7]	♀ kulminiert 58°0 / 63°0 über Horizont (38° ö. ⊙)
	15:51	u	◑ im ♉, Jungfrau
	20½–	AFT	☿ **Merkur im W** (–0.5^{mag}, 18° ö. ⊙)

8. Sa			◑ ↔	**2:30** / **2:50**	H. =	**21°4** / **26°3**	↓	**7:08** / **7:44**	↑	**23:02** / **23:02**	Berlin / Zürich

0:00:00.0		Sternzeit Berlin: 11:57:39.4 / Zürich: 11:37:39.4
0:00	AFT	◑ Phase: –0.968 / Lichtgrenze bei 64°19
6	FT	◑ Max. Libration in Länge: Krater Grimaldi randfern
20½–	AFT	☿ **Merkur im WNW** (–0.3^{mag}, 19° ö. ⊙)
21½–	T	Deep-sky günstig bis ca. 23^h

9. So	**Ostern**		◑ ↔	**3:19** / **3:40**	H. =	**16°2** / **21°2**	↓	**7:26** / **8:08**	↑	**[0:27]** / **[0:21]**	Berlin / Zürich

	0:00:00.0		Sternzeit Berlin: 12:01:36.0 / Zürich: 11:41:36.0
	0:00	AFT	◑ Phase: –0.920 / Lichtgrenze bei 52°02
14:17	14:37	T[7]	☿ kulminiert 54°1 / 59°1 über Horizont (19° ö. ⊙)
	20¼–	AFT[1]	☿ Merkur (–0.2^{mag}) geht 14′ südlich an 0 (+0.0^{mag}) vorbei.
20½–	20¾–	AFT	☿ **Merkur im WNW** (–0.2^{mag}, 19° ö. ⊙)
	21¼–	AF[1]	**West-Zodiakallicht günstig** (bis ca. 16. April)
21½–	21¾–	T	Deep-sky günstig bis ca. $0½^h$ / $0¼^h$

10. Mo			◑ ↑	**0:27** / **0:21**	↔	**4:13** / **4:34**	H. =	**12°1** / **17°1**	↓	**7:51** / **8:40**	Berlin / Zürich

	0:00:00.0		Sternzeit Berlin: 12:05:32.5 / Zürich: 11:45:32.5
	0:00	u	◑ Phase: –0.852 / Lichtgrenze bei 39°85
		T	◑ **Sternbedeckung σ Scorpii** (3.1^{mag}, SAO 184336)
	4:50.0		Pw. = 145° a = 1.2 b = –0.8 Skizze S. 254
4:52.7			Pw. = 137° a = 1.1 b = –0.7 Skizze S. 253

abends kein Mondlicht

MESZ

5		A	☽ 2° nw. Antares
		T	☽ **Bedeckungsende σ Scorpii** (3.1^{mag}, SAO 184336)
	5:52.4		Pw. = 249° a = 1.7 b = –0.4 Skizze S. 254
20½–	20¾–	AFT	☿ **Merkur im WNW** (–0.1^{mag}, 19° ö. ☉)
21¾–		T	Deep-sky günstig bis ca. 1¾^h / 1½^h

11. Di ☽ ↑ **1:49** / **1:38** ↔ **5:11** / **5:32** H. = **9°5** / **14°5** ↓ **8:29** / **9:23** Berlin / Zürich

0:00:00.0			Sternzeit Berlin: 12:09:29.1 / Zürich: 11:49:29.1
0:00		u	☽ Phase: –0.766 / Lichtgrenze bei 27°67
	6¾	T[1]	♄ Rhea in östlicher Elongation (Max. 3^h)
20½–	20¾–	AFT	☿ **Merkur im WNW** (+0.1^{mag}, 19° ö. ☉)
21¾–		T	Deep-sky günstig bis ca. 3^h / 2¾^h

12. Mi ☽ ↑ **3:01** / **2:47** ↔ **6:12** / **6:33** H. = **8°6** / **13°6** ↓ **9:24** / **10:20** Berlin / Zürich

0:00:00.0			Sternzeit Berlin: 12:13:25.7 / Zürich: 11:53:25.7
0:00		u	☽ Phase: –0.665 / Lichtgrenze bei 15°49
0		–	☿ in größter Elongation: 19°29′ ö. ☉
0:07		u	♃ in Konjunktion mit der ☉
5:15		–	☽ Südlichste Lage, Dekl. –27°57′, Schütze
	6¾	T	♄ Rhea südlicher Vorbeigang (☌ um 6¼^h)
14:17	14:37	T[7]	☿ kulminiert 55°5 / 60°5 über Horizont (19° ö. ☉)
20½–	20¾–	AFT	☿ **Merkur im WNW** (+0.2^{mag}, 19° ö. ☉)
21¾–		T	Deep-sky günstig bis ca. 3¾^h

13. Do ◐ ↑ **3:55** / **3:43** ↔ **7:14** / **7:35** H. = **9°6** / **14°7** ↓ **10:38** / **11:31** Berlin / Zürich

0:00:00.0			Sternzeit Berlin: 12:17:22.2 / Zürich: 11:57:22.2
0:00		u	◐ Phase: –0.554 / Lichtgrenze bei 3°30
	5¾	T[1,3]	♄ Rhea in westlicher Elongation (Max. 9½^h)
11:11		u	◐ Letztes Viertel, Schütze
20½–	20¾–	AFT	☿ **Merkur im WNW** (+0.4^{mag}, 19° ö. ☉)
	21½–	AF[1]	**West-Zodiakallicht günstig** (noch bis ca. 16. April)
21¾–		T	Deep-sky günstig bis ca. 4½^h / 4¼^h

14. Fr ◐ ↑ **4:32** / **4:25** ↔ **8:14** / **8:35** H. = **12°6** / **17°7** ↓ **12:05** / **12:52** Berlin / Zürich

0:00:00.0			Sternzeit Berlin: 12:21:18.8 / Zürich: 12:01:18.8
0:00		u	◐ Phase: –0.440 / Lichtgrenze bei –8°89
	5½	T[1,3]	♄ Titan in westlicher Elongation (Max. 11^h)
5:34		–	◐ Größte ekliptikale Südbreite, Steinbock
5¾–		A[1]	◐ Erdlicht (bis ca. 14. April)

abends kein Mondlicht – MESZ

April

6½	FT	◑ Maximale Libration in Breite: Nordpol sichtbar
15:41 16:01	FTA[7]	♀ kulminiert 60°1 / 65°1 über Horizont (40° ö. ⊙)
19¾–	AFT[1]	♂ Mars (+1.2^{mag}) geht 9′ südlich an ε Geminorum (+3.2^{mag}) vorbei.
20¾–	AFT	☿ **Merkur im WNW** (+0.6^{mag}, 19° ö. ⊙)
21¾–	T	Deep-sky günstig bis ca. 5^h

15. Sa

	◑ ↑	↔	H. =	↓	
	4:58	**9:11**	**17°1**	**13:36**	Berlin
	4:58	**9:31**	**22°2**	**14:16**	Zürich

0:00:00.0		Sternzeit Berlin: 12:25:15.3 / Zürich: 12:05:15.3
0:00	u	◑ Phase: –0.328 / Lichtgrenze bei –21°10
6½	T[1]	♄ Dione in östlicher Elongation (Max. 3½^h)
20¾–	AFT	☿ **Merkur im WNW** (+0.8^{mag}, 19° ö. ⊙)
21¾–	T	Deep-sky günstig bis ca. 5^h / 5¼^h

16. So

	◑ ↑	↔	H. =	↓	
	5:16	**10:04**	**22°9**	**15:06**	Berlin
	5:22	**10:25**	**28°0**	**15:39**	Zürich

0:00:00.0		Sternzeit Berlin: 12:29:11.9 / Zürich: 12:09:11.9
0:00	u	◑ Phase: –0.224 / Lichtgrenze bei –33°31
4:22	u	◑ in Erdnähe: 57.6922 Erdradien, Wassermann
14:13 14:33	T[7]	☿ kulminiert 56°5 / 61°5 über Horizont (18° ö. ⊙)
20¾–	AFT	☿ **Merkur im WNW** (+1.0^{mag}, 18° ö. ⊙)
21¾–	T	Deep-sky günstig bis ca. 4¾^h

17. Mo

	◑ ↑	↔	H. =	↓	
	5:30	**10:54**	**29°5**	**16:35**	Berlin
	5:43	**11:15**	**34°6**	**17:01**	Zürich

0:00:00.0		Sternzeit Berlin: 12:33:08.4 / Zürich: 12:13:08.4
0:00	u	◑ Phase: –0.135 / Lichtgrenze bei –45°53
20¾–	AFT	☿ **Merkur im WNW** (+1.2^{mag}, 18° ö. ⊙)
22–	T	Deep-sky günstig bis ca. 4¾^h

18. Di

	◑ ↑	↔	H. =	↓	
	5:42	**11:42**	**36°4**	**18:01**	Berlin
	6:01	**12:03**	**41°5**	**18:21**	Zürich

0:00:00.0		Sternzeit Berlin: 12:37:05.0 / Zürich: 12:17:05.0
0:00	u	◑ Phase: –0.066 / Lichtgrenze bei –57°75
12:55	–	◑ Äquatordurchgang nordwärts, Walfisch
20¾–	AFT	☿ **Merkur im WNW** (+1.4^{mag}, 17° ö. ⊙)
22	T	Deep-sky günstig bis ca. 4¾^h

19. Mi

	◑ ↑	↔	H. =	↓	
	5:54	**12:30**	**43°2**	**19:26**	Berlin
	6:18	**12:51**	**48°4**	**19:40**	Zürich

0:00:00.0		Sternzeit Berlin: 12:41:01.5 / Zürich: 12:21:01.5
0:00	u	◑ Phase: –0.020 / Lichtgrenze bei –69°98

abends kein Mondlicht

MESZ

Zeit		Ereignis
6¼	T[1]	♄ Dione in westlicher Elongation (Max. 6¼^{h})
14:05 14:25	T[7]	☿ kulminiert 56°8 / 61°8 über Horizont (16° ö. ⊙)
20¾– 21–	AFT	☿ **Merkur im WNW** (+1.7^{mag}, 17° ö. ⊙)
22–	T	Deep-sky günstig bis ca. 4¾^{h}

20. Do		● ↑	↔	H. =	↓	
		6:06	**13:18**	**49°7**	**20:52**	Berlin
		6:36	**13:39**	**54°8**	**20:59**	Zürich

Zeit		Ereignis
0:00:00.0		Sternzeit Berlin: 12:44:58.1 / Zürich: 12:24:58.1
0:00	u	● Phase: –0.001 / Lichtgrenze bei –82°21
5¼–	T[1]	(1) Ceres (+7.4^{mag}) geht 49″ südlich an SAO 99928 (+7.5^{mag}) vorbei.
	u	● **Ringförmig-totale Sonnenfinsternis im Indischen Ozean, in Neuguinea und im Südpazifik** Text und Grafik Seite 70/71
3:34.4	u	Beginn der Finsternis
4:37.1	u	Beginn der zentralen Finsternis
5:55.6	u	Mitte der Finsternis
6:13	u	● Neumond, Widder Beginn Lunation Nr. 1241
7:56.6	u	Ende der zentralen Finsternis
8:59.4	u	Ende der Finsternis
6¼	T[1]	♄ Rhea in östlicher Elongation (Max. 4^{h})
13:32	–	● im ☊, Widder
20¾– 21–	AFT	☿ Merkur im WNW (+1.9^{mag}, 16° ö. ⊙)
22–	T	Deep-sky günstig bis ca. 4¾^{h}

21. Fr		● ↑	↔	H. =	↓	
		6:21	**14:08**	**55°3**	**22:16**	Berlin
		6:57	**14:28**	**60°5**	**22:17**	Zürich

Zeit		Ereignis
0:00:00.0		Sternzeit Berlin: 12:48:54.6 / Zürich: 12:28:54.6
0:00	u	● Phase: 0.007 / Lichtgrenze bei 85°56
5½	T[3]	♄ Rhea südlicher Vorbeigang (☌ um 7¼^{h})
15:48 16:08	FTA[7]	♀ kulminiert 61°7 / 66°7 über Horizont (41° ö. ⊙)
20½	FT	◐ Max. Libration in Länge: Mare Crisium randfern
20¾– 21–	AFT[3]	☿ Merkur im WNW (+2.2^{mag}, 15° ö. ⊙)
20¾	AFT	◐ Schmale Sichel, 38½^{h} nach ●, 11° bzw. 13° ü. H.
21–	A[1]	◐ Erdlicht (bis ca. 27. April)
22¾–	T	Deep-sky günstig bis ca. 4½^{h}

22. Sa		◐ ↑	↔	H. =	↓	
		6:39	**14:59**	**59°9**	**23:39**	Berlin
		7:21	**15:20**	**65°0**	**23:33**	Zürich

Zeit		Ereignis
0:00:00.0		Sternzeit Berlin: 12:52:51.2 / Zürich: 12:32:51.2
0:00	u	◐ Phase: 0.036 / Lichtgrenze bei 73°33

abends kein Mondlicht

MESZ

	5¼	T[1,3]	♄ Titan in östlicher Elongation (Max. 7¾^h)
21–		AFT[3]	☿ Merkur im WNW (+2.5^{mag}, 14° ö. ⊙)
22		A	◐ 8° w. Venus, 5° ö. Plejaden, 9° nw. Aldebaran

23. So

◐ ↑	**7:04**	↔	**15:52**	H. =	**63°1**	↓	[**0:55**]	Berlin
	7:52		**16:13**		**68°2**		[**0:44**]	Zürich

0:00:00.0			Sternzeit Berlin: 12:56:47.8 / Zürich: 12:36:47.8
0:00		u	◐ Phase: 0.086 / Lichtgrenze bei 61°10
0–		T	Deep-sky günstig bis ca. 4½^h
	5¼	T[1,3]	♄ Dione in östlicher Elongation (Max. 8¾^h)
	5¼	T[1,3]	♄ Tethys in östlicher Elongation (Max. 7¼^h)
21–		AFT[3]	☿ Merkur im WNW (+2.8^{mag}, 13° ö. ⊙)
22		A	◐ 4° ö. Venus

24. Mo

◐ ↓	**0:55**	↑	**7:38**	↔	**16:46**	H. =	**64°8**	Berlin
	0:44		**8:31**		**17:06**		**69°9**	Zürich

0:00:00.0			Sternzeit Berlin: 13:00:44.3 / Zürich: 12:40:44.3
0:00		AFT	◐ Phase: 0.152 / Lichtgrenze bei 48°88
1¼–	1–	T	Deep-sky günstig bis ca. 4½^h
	5¼	T[1,3]	♄ Tethys in westlicher Elongation (Max. 6^h)
11		–	Planetoid (4) Vesta in Konjunktion mit der ⊙
22		A	◐ 7½° ö. Nath (β Tauri)
		T	◐ Sternbedeckung SAO 77819 (6.8^{mag})
22:13.5			Pw. = 85° a = 0.2 b = –1.5
	22:20.1		Pw. = 101° a = 0.1 b = –1.7

25. Di

◐ ↓	**1:59**	↑	**8:25**	↔	**17:39**	H. =	**65°0**	Berlin
	1:45		**9:20**		**18:00**		**70°0**	Zürich

0:00:00.0			Sternzeit Berlin: 13:04:40.9 / Zürich: 12:44:40.9
0:00		AFT	◐ Phase: 0.230 / Lichtgrenze bei 36°65
2¼–	2–	T	Deep-sky günstig bis ca. 4½^h
	5¾	T[1]	♄ Tethys in östlicher Elongation (Max. 4¾^h)
7:53		u	◐ Nördlichste Lage, Dekl. 27°58′, Zwillinge
22		A	◐ 4½° nw. Mars
		T	◐ Sternbedeckung SAO 78876 (7.0^{mag})
22:32.3			Pw. = 65° a = 0.8 b = –1.0
	22:34.5		Pw. = 83° a = 0.7 b = –1.3

MESZ

26. Mi

◐ ↓	**2:48**	↑	**9:25**	↔	**18:30**	H. =	**63°7**	Berlin
	2:36		**10:18**		**18:51**		**68°7**	Zürich

0:00:00.0			Sternzeit Berlin: 13:08:37.4 / Zürich: 12:48:37.4
0:00		AFT	◐ Phase: 0.317 / Lichtgrenze bei 24°44

		T	◐ Sternbedeckung SAO 78968 (7.2^{mag})
	0:59.0		Pw. = 50° a = 0.2 b = –0.5
0:59.7			Pw. = 27° a = 0.9 b = 0.2
3¼–	3–	T	Deep-sky günstig bis ca. 4½^{h}
	5¾	T[1]	♄ Dione in östlicher Elongation (Max. 2½^{h})
22		A	◐ 8½° ö. Mars, 2½° s. Pollux, 7° sö. Castor

27. Do

◐ ↓ **3:24**	↑ **10:33**	↔ **19:20**	H. = **61°1**	Berlin
3:15	**11:23**	**19:40**	**66°1**	Zürich

0:00:00.0			Sternzeit Berlin: 13:12:34.0 / Zürich: 12:52:34.0
0:00		AFT	◐ Phase: 0.409 / Lichtgrenze bei 12°22
0½–		FT[1]	♂ Mars (+1.3^{mag}) geht 5′ nördlich an 48 Geminorum (+5.8^{mag}) vorbei.
3¾–	3½–	T	Deep-sky günstig bis ca. 4½^{h}
16:34		–	◐ Größte ekliptikale Nordbreite, Krebs
17½		FT	◐ Maximale Libration in Breite: Südpol sichtbar
		T	◐ Sternbedeckung SAO 80310 (6.8^{mag})
	21:07.2		Pw. = 46° a = 3.9 b = 3.2
23:20		–	◐ Erstes Viertel, Krebs

28. Fr

◐ ↓ **3:49**	↑ **11:46**	↔ **20:06**	H. = **57°4**	Berlin
3:45	**12:30**	**20:27**	**62°5**	Zürich

0:00:00.0			Sternzeit Berlin: 13:16:30.6 / Zürich: 12:56:30.6
0:00		AFT	◐ Phase: 0.504 / Lichtgrenze bei 0°02
8:43		u	◐ in Erdferne: 63.3882 Erdradien, Krebs
15:55	16:15	FTA[7]	♀ kulminiert 62°9 / 67°9 über Horizont (42° ö. ☉)

29. Sa

◐ ↓ **4:07**	↑ **13:00**	↔ **20:50**	H. = **52°9**	Berlin
4:09	**13:38**	**21:11**	**57°9**	Zürich

0:00:00.0			Sternzeit Berlin: 13:20:27.1 / Zürich: 13:00:27.1
0:00		AFT	◐ Phase: 0.598 / Lichtgrenze bei –12°18
	5½	T[1]	♄ Rhea in östlicher Elongation (Max. 5^{h})
22		A	◐ 4° nö. Regulus

30. So

◐ ↓ **4:21**	↑ **14:14**	↔ **21:32**	H. = **47°7**	Berlin
4:28	**14:46**	**21:53**	**52°6**	Zürich

0:00:00.0			Sternzeit Berlin: 13:24:23.7 / Zürich: 13:04:23.7
0:00		AFT	◐ Phase: 0.689 / Lichtgrenze bei –24°38
4½		T[1,3]	♄ Titan in westlicher Elongation (Max. 11^{h})
5½		T[1]	♄ Dione in westlicher Elongation (Max. 5^{h})
18:42		AFT[1]	◐ „Goldener Henkel“ am Mond

MESZ

Mai

Mai 2023

Sonne

Dämmerung, Auf- und Untergang, Kulminationswerte und Zeitgleichung

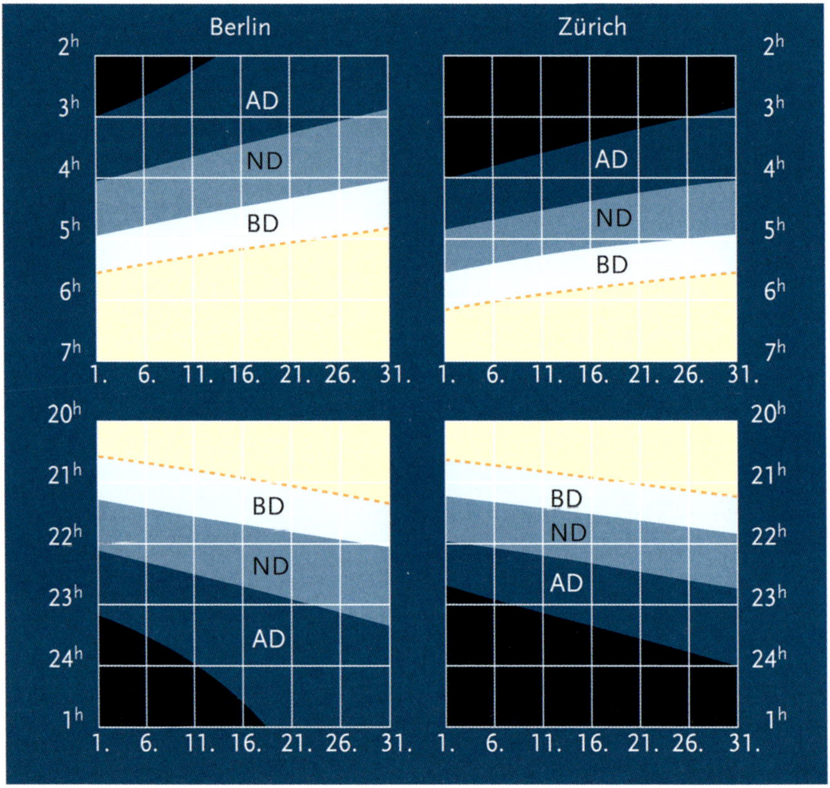

Berlin						Zürich				
Mai	Aufgang	Kulmination Zeit	Kulmination Höhe	Untergang	**Zeitgleichung**	Aufgang	Kulmination Zeit	Kulmination Höhe	Untergang	Mai
1.	5:35	13:03.1	52.°6	20:32	$+\,\mathbf{2\overset{m}{.}9}$	6:10	13:23.1	57.°6	20:37	1.
6.	5:26	13:02.6	54.°0	20:40	$+\,\mathbf{3\overset{m}{.}4}$	6:02	13:22.6	59.°0	20:44	6.
11.	5:17	13:02.4	55.°4	20:49	$+\,\mathbf{3\overset{m}{.}6}$	5:55	13:22.4	60.°4	20:51	11.
16.	5:09	13:02.4	56.°6	20:57	$+\,\mathbf{3\overset{m}{.}6}$	5:48	13:22.4	61.°6	20:57	16.
21.	5:02	13:02.6	57.°7	21:04	$+\,\mathbf{3\overset{m}{.}4}$	5:43	13:22.6	62.°7	21:03	21.
26.	4:56	13:03.0	58.°6	21:11	$+\,\mathbf{3\overset{m}{.}0}$	5:38	13:23.0	63.°6	21:09	26.
31.	4:51	13:03.7	59.°4	21:17	$+\,\mathbf{2\overset{m}{.}3}$	5:34	13:23.7	64.°4	21:14	31.

Am 14. Mai hat die Zeitgleichung ein Zwischenmaximum, die Sonne kulminiert 3.7 Minuten *vor* dem mittleren Mittag. Für Berlin ergibt das 13:02.3 Uhr MESZ als Kulminationszeit, für Zürich 13:22.3 Uhr. Anschließend verspätet sich die Sonnenkulmination wieder bis zu einem Zwischenminimum der Zeitgleichung am 26. Juli. Zur Zeitgleichung finden sich auf den Seiten 244/245 weitere Erklärungen und eine grafische Darstellung.

Mond

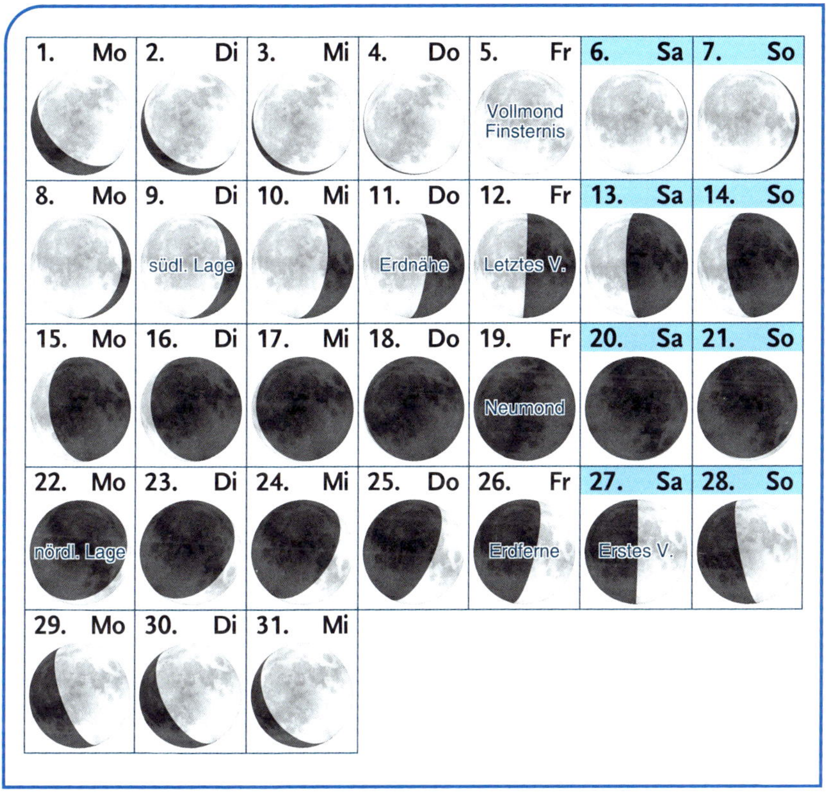

Halbschatten-Mondfinsternis am 5. Mai

Bereits 19^h36^m vor dem Vollmondzeitpunkt geht der Mond durch den absteigenden Knoten. Der Mond taucht fast ganz in den Halbschatten der Erde ein, die Größe der Finsternis im Halbschatten beträgt 0.989. Bei uns geht der Mond mehr als eine Stunde nach dem Maximum auf, es wird also kaum etwas festzustellen sein.
Die Finsternis ist die 24. im Saros-Zyklus Nr. 126, der am 25. August 1608 begann und mit seiner 73. Finsternis am 23. Oktober 2906 enden wird.

Halbschatten-Mondfinsternis am 5. Mai 2023

Verlauf des Mondes durch den Halbschatten der Erde (Zeiten in MESZ), Situation lagerichtig zum Maximum

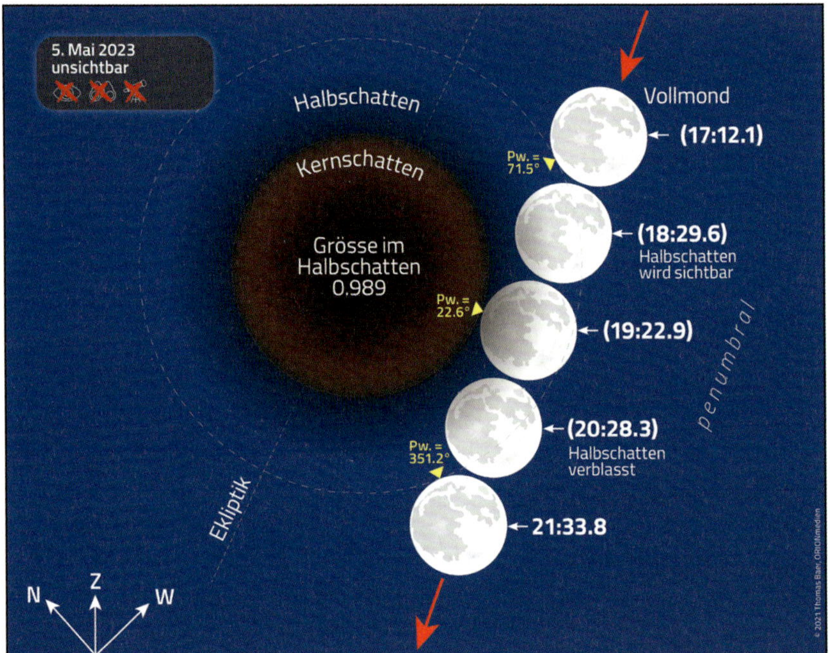

Durchgang des Mondes durch den Halbschatten der Erde

Elemente

Geozentrische Opposition in α: 2023 Mai 5. $18^h10^m26^s.595$ UT

	Sonne	Mond
Rektaszension (α)	$2^h50^m07^s.3$	$14^h50^m07^s.3$
Deklination (α)	+16°20′02″	−17°24′38″
Änderung Rektaszension Δα/h	$0^m09^s.649$	$2^m11^s.179$
Änderung Deklination Δδ/h	+ 0′42.″57	−12′46.″70
Parallaxe	+ 0′8.″72	+57′41.″28
Radius	15′51.″5	15′43.″1

Die Planeten im Mai 2023

Planetenpositionen am 1., 15, und 31. Mai 2023 sowie Hauptmondphasen

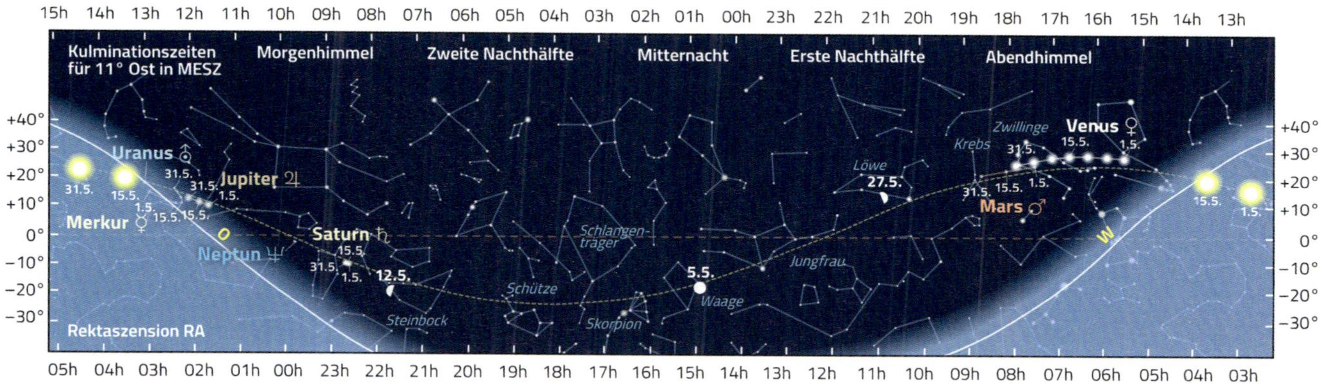

Scheinbare Planetengrössen und Phasen am 1., 15, und 31. Mai 2023

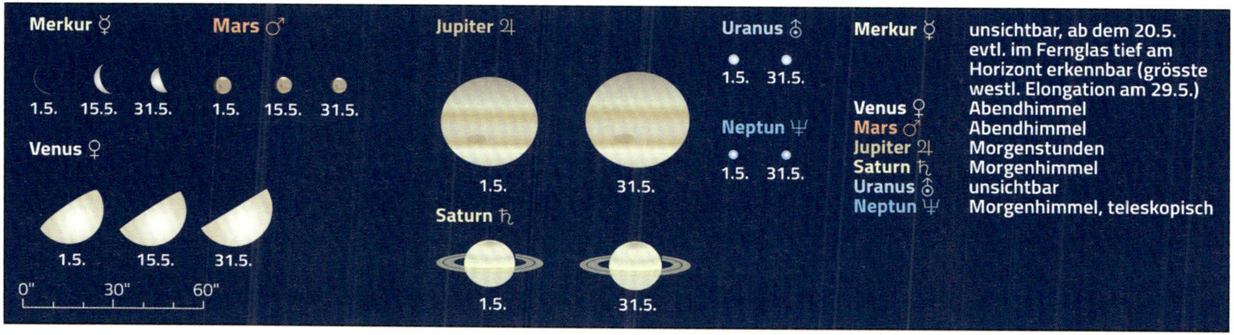

Mai

Planeten

unsichtbar, allenfalls tagsüber

Merkur ☿ erreicht zwar am 29. Mai die größte westliche Elongation von mehr als 25°. Weil aber die Ekliptik ganz flach zum Horizont steht, erreicht Merkur vor Sonnenaufgang nur geringe Höhen über dem Horizont. Die große Elongation erlaubt aber eine Beobachtung tagsüber. Man stellt dazu das Teleskop in den Schatten eines Gebäudes, damit sicher kein Sonnenlicht in das Fernrohr gelangen kann. Merkur steht jetzt westlich, also rechts von der Sonne.

	Berlin					Zürich				
Mai	Aufgang	Kulmination Zeit	Höhe	Untergang	**Elongation von der ☉**	Aufgang	Kulmination Zeit	Höhe	Untergang	Mai
1.	5:30	13:04	54°	20:36	**1° O**	6:06	13:24	59°	20:41	1.
6.	5:15	12:34	51°	19:52	**6° W**	5:48	12:54	56°	19:59	6.
11.	5:00	12:08	49°	19:15	**13° W**	5:31	12:28	54°	19:24	11.
16.	4:46	11:48	48°	18:49	**19° W**	5:16	12:08	53°	18:59	16.
21.	4:33	11:34	48°	18:35	**22° W**	5:03	11:54	53°	18:46	21.
26.	4:22	11:27	49°	18:33	**24° W**	4:52	11:47	54°	18:42	26.
31.	4:11	11:25	51°	18:41	**24° W**	4:43	11:45	56°	18:48	31.

abends, auch tagsüber

Venus ♀ ist immer noch dominanter Abendstern. Der Winkelabstand zur Sonne (die Elongation) vergrößert sich noch etwas. Zur Beobachtung am Tag s. Monatsübersicht April.

	Berlin					Zürich				
Mai	Aufgang	Kulmination Zeit	Höhe	Untergang	**Elongation von der ☉**	Aufgang	Kulmination Zeit	Höhe	Untergang	Mai
1.	7:18	15:58	63°	0:39	**42° O**	8:07	16:18	68°	0:29	1.
6.	7:20	16:03	64°	0:46	**43° O**	8:10	16:23	69°	0:36	6.
11.	7:24	16:08	64°	0:52	**43° O**	8:14	16:28	69°	0:41	11.
16.	7:30	16:12	63°	0:54	**44° O**	8:20	16:32	68°	0:44	16.
21.	7:37	16:16	63°	0:54	**44° O**	8:26	16:36	68°	0:45	21.
26.	7:46	16:18	62°	0:51	**45° O**	8:33	16:38	67°	0:44	26.
31.	7:55	16:20	61°	0:46	**45° O**	8:41	16:40	66°	0:40	31.

bis nach Mitternacht

Mars ♂ ist immer noch vom Eindunkeln bis über Mitternacht hinaus zu sehen. Aber seine Helligkeit nimmt weiterhin ab, von $+1.3^{mag}$ auf $+1.6^{mag}$.

Berlin						Zürich				
Mai	Auf-gang	Kulmination Zeit	Höhe	Unter-gang	**Elongation von der ☉**	Auf-gang	Kulmination Zeit	Höhe	Unter-gang	Mai
1.	9:27	17:52	61°	2:18	**68° O**	10:13	18:12	66°	2:12	1.
11.	9:19	17:37	60°	1:55	**64° O**	10:03	17:57	65°	1:50	11.
21.	9:12	17:21	59°	1:31	**60° O**	9:55	17:41	64°	1:28	21.
31.	9:07	17:06	58°	1:05	**56° O**	9:47	17:26	63°	1:04	31.

morgens

Jupiter ♃ erscheint zögernd in der Morgendämmerung.

Berlin						Zürich				
Mai	Auf-gang	Kulmination Zeit	Höhe	Unter-gang	**Elongation von der ☉**	Auf-gang	Kulmination Zeit	Höhe	Unter-gang	Mai
1.	5:16	12:08	47°	19:01	**14° W**	5:44	12:28	52°	19:12	1.
11.	4:41	11:38	48°	18:35	**21° W**	5:10	11:58	53°	18:46	11.
21.	4:05	11:07	48°	18:09	**28° W**	4:35	11:27	53°	18:19	21.
31.	3:30	10:36	49°	17:42	**36° W**	4:01	10:56	54°	17:51	31.

morgens

Saturn ♄ hat sich jetzt am Morgenhimmel etabliert und erscheint etwa 2^h vor der Sonne.

Berlin						Zürich				
Mai	Auf-gang	Kulmination Zeit	Höhe	Unter-gang	**Elongation von der ☉**	Auf-gang	Kulmination Zeit	Höhe	Unter-gang	Mai
1.	3:54	9:00	27°	14:06	**64° W**	4:05	9:20	32°	14:35	1.
11.	3:16	8:23	27°	13:31	**73° W**	3:27	8:43	32°	13:59	11.
21.	2:38	7:46	27°	12:54	**83° W**	2:49	8:06	32°	13:23	21.
31.	1:59	7:08	27°	12:17	**92° W**	2:11	7:28	32°	12:45	31.

unsichtbar, dann morgens

Uranus ⛢ kann bei günstigen Bedingungen gegen Ende des Monats in der Morgendämmerung erkannt werden.

Berlin						Zürich				
Mai	Auf-gang	Kulmination Zeit	Höhe	Unter-gang	**Elongation von der ☉**	Auf-gang	Kulmination Zeit	Höhe	Unter-gang	Mai
1.	5:54	13:33	55°	21:11	**8° O**	6:31	13:53	60°	21:14	1.
11.	5:16	12:56	55°	20:35	**1° W**	5:53	13:16	60°	20:38	11.
21.	4:38	12:19	55°	19:59	**10° W**	5:15	12:39	60°	20:02	21.
31.	4:00	11:42	55°	19:23	**19° W**	4:37	12:01	60°	19:26	31.

morgens

Neptun ♆ erscheint jetzt immer etwas früher. Weil auch die Sonne früher aufgeht, verlängert sich die Sichtbarkeitsdauer nur wenig.

Berlin						Zürich				
Mai	Aufgang	Kulmination Zeit	Höhe	Untergang	**Elongation von der ☉**	Aufgang	Kulmination Zeit	Höhe	Untergang	Mai
1.	4:27	10:19	35°	16:10	**43° W**	4:46	10:39	40°	16:32	1.
11.	3:49	9:40	35°	15:32	**52° W**	4:07	10:00	40°	15:54	11.
21.	3:10	9:02	35°	14:54	**62° W**	3:28	9:22	40°	15:16	21.
31.	2:31	8:23	35°	14:16	**71° W**	2:49	8:43	40°	14:37	31.

Planetoiden

Mai

(1) Ceres (8.1^{mag}, S. 286) hält nicht mehr ganz bis zum Morgen durch.
(2) Pallas (8.9^{mag}, S. 288) ist nur noch am frühen Abend zu sehen.
(6) Hebe (11.1^{mag}, S. 296) kann noch bis etwas über Mitternacht hinaus beobachtet werden.
(11) Parthenope (9.9^{mag}, S. 302) ist noch bis weit über Mitternacht hinaus zu sehen.

Meteorströme

η-Aquariiden vom 19. April bis 28. Mai. Maximum 2023: 6. Mai, 10^h, bis 60 Sternschnuppen pro Stunde. Radiant: $\alpha = 22^h30^m$, $\delta = -1°$. Lange Bahnen, schnell: 66 km/s, erzeugender Komet: 1P/Halley.
η-Lyriden vom 3. bis 12. Mai. Maximum 2023: 9. Mai, 9^h, nur etwa 3 Sternschnuppen pro Stunde. Radiant: $\alpha = 19^h10^m$, $\delta = +44°$. Mittlere Geschwindigkeit: 44 km/s.

Fixsternhimmel

Am Abendhimmel können günstig beobachtet werden: Kugelsternhaufen in den Jagdhunden, in Herkules, Schlange, Schlangenträger; Ringnebel in der Leier; Spiralnebel M 81 und M 82 im Großen Bären; Doppelsterne wie im April.
Die **Milchstraße** ist gegen Morgen eindrücklicher, etwa bis 6. und wieder ab 23. Mai kann sie bis $3½^h$ beobachtet werden.

Veränderliche

δ-Cephei-Maxima: 3. $13½^h$ / 8. 22^h / 14. 7^h / 19. $15½^h$ / 25. $0½^h$ / 30. 9^h
β-Lyrae-Minima: 3. 2^h / 16. $0½^h$ / 28. 23^h

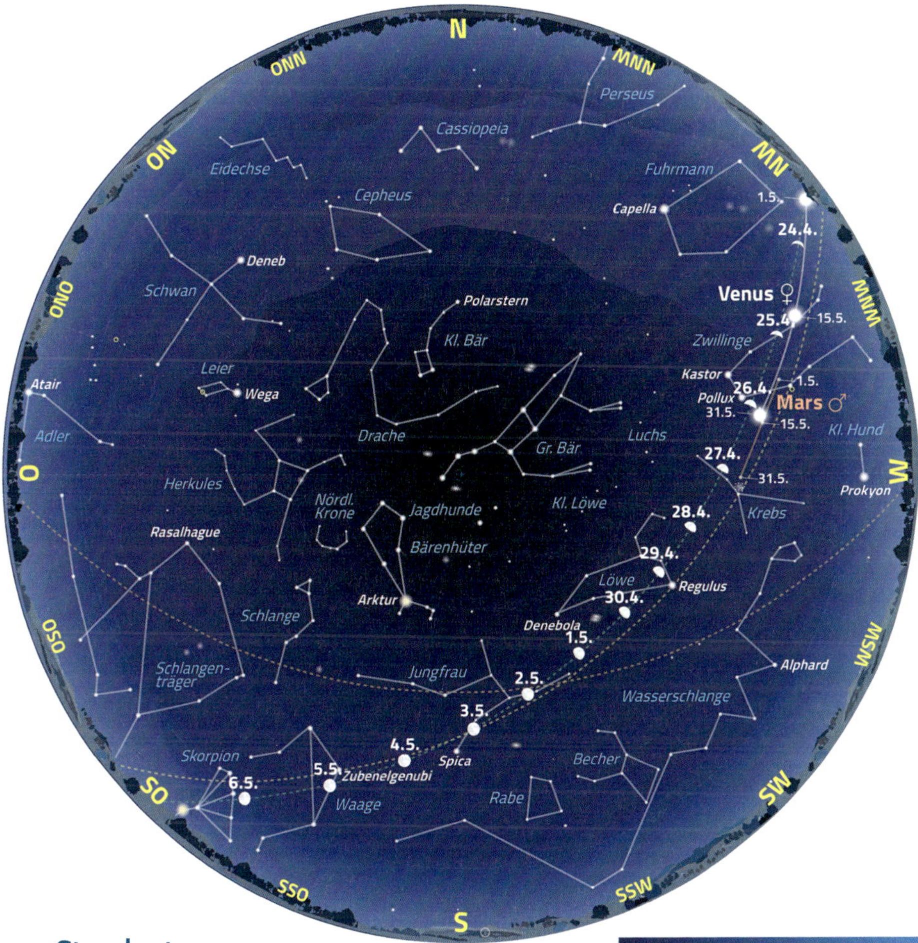

Sternkarte Mai

Die Planetenpositionen sind für den 15. Mai eingezeichnet.

1. Mai 24ʰ MESZ | 16. Mai 23ʰ MESZ | 1. Juni 22ʰ MESZ

Sternzeit dieser Karte: 13^h20^m

Vorhergehende Sternkarte: April Seite 78
Nachfolgende Sternkarte: Juni Seite 108

Astrokalender Mai 2023

Zeit Berlin	Zeit Zürich	AFT	Objekt, Erscheinung
1. Mo			◐ ↓ **4:32** **4:44** ↑ **15:28** **15:54** ↔ **22:13** **22:34** H. = **41°9** **46°9** Berlin Zürich
0:00:00.0			Sternzeit Berlin: 13:28:20.2 / Zürich: 13:08:20.2
0:00		–	◐ Mond-Alter 10^{d}74 nach ●
0:00		AFT	◐ Phase: 0.774 / Lichtgrenze bei –36°57
5–	5½–	AFT	♄ Saturn im OSO ($+1.0^{mag}$, 65° w. ☉)
20¾–		AFT	♀ **Venus im W** (-4.1^{mag}, 42° ö. ☉)
21¼–		AFT	♂ **Mars im WSW** ($+1.3^{mag}$, 69° ö. ☉)
2. Di			◐ ↓ **4:42** **4:59** ↑ **16:42** **17:03** ↔ **22:55** **23:15** H. = **35°9** **40°8** Berlin Zürich
0:00:00.0			Sternzeit Berlin: 13:32:16.8 / Zürich: 13:12:16.8
0:00		AFT	◐ Phase: 0.851 / Lichtgrenze bei –48°76
1:28		–	☿ in unterer Konjunktion mit der ☉
19:16		–	◐ Äquatordurchgang südwärts, Jungfrau
3. Mi			◐ ↓ **4:52** **5:14** ↑ **17:58** **18:14** ↔ **23:37** **23:58** H. = **29°7** **34°6** Berlin Zürich
0:00:00.0			Sternzeit Berlin: 13:36:13.3 / Zürich: 13:16:13.3
0:00		AFT	◐ Phase: 0.915 / Lichtgrenze bei –60°94
		T	◐ Sternbedeckung SAO 138876 (7.0^{mag})
	2:57.0		Pw. = 56° a = 1.9 b = –0.7
22		A	◐ 4½° nw. Spica
4. Do			◐ ↓ **5:02** **5:30** ↑ **19:17** **19:27** ↔ **[0:23]** **[0:43]** H. = **23°7** **28°6** Berlin Zürich
0:00:00.0			Sternzeit Berlin: 13:40:09.9 / Zürich: 13:20:09.9
0:00		AFT	◐ Phase: 0.963 / Lichtgrenze bei –73°12
4½–		FT[1]	♄ Saturn ($+1.0^{mag}$) geht 5′ südlich an σ Aquarii ($+4.9^{mag}$) vorbei.
4		A	◐ 2½° n. Spica
4¼		T[1,3]	♄ Dione in östlicher Elongation (Max. 7½^{h})
23:57		–	○ im ☋, Jungfrau
5. Fr			○ ↔ **0:23** **0:43** H. = **23°7** **28°6** ↓ **5:15** **5:48** ↑ **20:41** **20:44** Berlin Zürich
0:00:00.0			Sternzeit Berlin: 13:44:06.4 / Zürich: 13:24:06.4
0:00		AFT	○ Phase: 0.992 / Lichtgrenze bei –85°30

MESZ

4		FT	○ Max. Libration in Länge: Mare Crisium randnah
16:02	16:22	FTA[7]	♀ kulminiert 63°5 / 68°5 über Horizont (43° ö. ☉)
		u	○ **Halbschatten-Mondfinsternis**
			Text und Grafik S. 88
17:12.1		u	Eintritt in den Halbschatten, bei Pw. 71°5
19:22.9		–	Mitte der Finsternis, Größe 0.989 im Halbschatten
19:33		u	○ Vollmond, Waage
20:41	20:44		Mondaufgang
21:33.8		u	Austritt aus dem Halbschatten, bei Pw. 333°7

6. Sa

○ ↔ 1:12	H. = 18°1	↓ 5:31	↑ 22:08	Berlin
○ ↔ 1:32	H. = 23°1	↓ 6:10	↑ 22:04	Zürich

0:00:00.0		Sternzeit Berlin: 13:48:03.0 / Zürich: 13:28:03.0
0:00	AFT	○ Phase: –0.999 / Lichtgrenze bei 82°52

7. So

☾ ↔ 2:05	H. = 13°5	↓ 5:53	↑ 23:34	Berlin
☾ ↔ 2:26	H. = 18°5	↓ 6:40	↑ 23:24	Zürich

0:00:00.0		Sternzeit Berlin: 13:51:59.5 / Zürich: 13:31:59.5
0:00	AFT	☾ Phase: –0.983 / Lichtgrenze bei 70°35
4	A	☾ 6½° w. Antares
5	T	♄ Rhea nördlicher Vorbeigang (☌ um 3ʰ)

8. Mo

☾ ↔ 3:03	H. = 10°2	↓ 6:27	↑ [0:52]	Berlin
☾ ↔ 3:24	H. = 15°2	↓ 7:19	↑ [0:38]	Zürich

0:00:00.0			Sternzeit Berlin: 13:55:56.1 / Zürich: 13:35:56.1
0:00		AFT	☾ Phase: –0.941 / Lichtgrenze bei 58°17
4½–		FT[1]	♄ Saturn (+1.0^{mag}) geht 6′ nördlich an 58 Aquarii (+6.4^{mag}) vorbei.
4		A	☾ 7½° ö. Antares
4¼		T[1,3]	♄ Rhea in östlicher Elongation (Max. 6ʰ)
4¼		T[1,3]	♄ Titan in östlicher Elongation (Max. 7½ʰ)
22¾–	22½–	T	Deep-sky günstig bis ca. 0¾ʰ / 0½ʰ

9. Di

☾ ↑ 0:52	↔ 4:05	H. = 8°7	↓ 7:17	Berlin
☾ ↑ 0:38	↔ 4:26	H. = 13°7	↓ 8:13	Zürich

0:00:00.0			Sternzeit Berlin: 13:59:52.6 / Zürich: 13:39:52.6
0:00		u	☾ Phase: –0.877 / Lichtgrenze bei 45°99
11:01		u	☾ Südlichste Lage, Dekl. –27°57′, Schütze
21:56		u	⛢ in Konjunktion mit der ☉
22¾–	22½–	T	Deep-sky günstig bis ca. 1¾ʰ / 1½ʰ

abends kein Mondlicht

MESZ

Mai

Mai

10. Mi ◑ ↑ **1:53** / **1:39** ↔ **5:08** / **5:29** H. = **9°1** / **14°2** ↓ **8:26** / **9:21** Berlin / Zürich

0:00:00.0				Sternzeit Berlin: 14:03:49.2 / Zürich: 13:43:49.2
0:00		u	◑	Phase: –0.792 / Lichtgrenze bei 33°80
22¾–	22½–	T		Deep-sky günstig bis ca. 2½ʰ / 2¼ʰ

11. Do ◑ ↑ **2:35** / **2:27** ↔ **6:09** / **6:30** H. = **11°5** / **16°6** ↓ **9:51** / **10:40** Berlin / Zürich

0:00:00.0				Sternzeit Berlin: 14:07:45.8 / Zürich: 13:47:45.8
0:00		u	◑	Phase: –0.691 / Lichtgrenze bei 21°60
4		T[1,3]	♄	Tethys in westlicher Elongation (Max. 5¾ʰ)
4¾		FT	◑	Maximale Libration in Breite: Nordpol sichtbar
4¾		T[1]	♄	Dione in westlicher Elongation (Max. 4ʰ)
6:57		–	◑	in Erdnähe: 57.9077 Erdradien, Steinbock
10:42		u	◑	Größte ekliptikale Südbreite, Steinbock
22¾–	22½–	T		Deep-sky günstig bis ca. 3ʰ

12. Fr ◑ ↑ **3:04** / **3:01** ↔ **7:07** / **7:27** H. = **15°6** / **20°7** ↓ **11:21** / **12:03** Berlin / Zürich

0:00:00.0				Sternzeit Berlin: 14:11:42.3 / Zürich: 13:51:42.3
0:00		u	◑	Phase: –0.580 / Lichtgrenze bei 9°40
4¾		T[1]	♄	Tethys in östlicher Elongation (Max. 4½ʰ)
16:09	16:29	FTA[7]	♀	kulminiert 63°5 / 68°5 über Horizont (44° ö. ☉)
16:28		u	◑	Letztes Viertel, Steinbock
23–	22½–	T		Deep-sky günstig bis ca. 3¼ʰ / 3½ʰ

13. Sa ◑ ↑ **3:23** / **3:28** ↔ **8:00** / **8:21** H. = **21°0** / **26°1** ↓ **12:51** / **13:26** Berlin / Zürich

0:00:00.0				Sternzeit Berlin: 14:15:38.9 / Zürich: 13:55:38.9
0:00		u	◑	Phase: –0.465 / Lichtgrenze bei –2°80
4½–		A[1]	◑	Erdlicht (bis ca. 14. Mai)
4¾		T[1]	♄	Tethys in westlicher Elongation (Max. 3¼ʰ)
5		A	◑	8° sw. Saturn
23–	22¾–	T		Deep-sky günstig bis ca. 3½ʰ / 3¾ʰ

14. So ◑ ↑ **3:38** / **3:49** ↔ **8:50** / **9:11** H. = **27°2** / **32°4** ↓ **14:18** / **14:46** Berlin / Zürich

0:00:00.0				Sternzeit Berlin: 14:19:35.4 / Zürich: 13:59:35.4
0:00		u	◑	Phase: –0.353 / Lichtgrenze bei –15°02
5		A	◑	8° ö. Saturn
11:56	12:16	T[7]	☿	kulminiert 48°6 / 53°6 über Horizont (18° w. ☉)
23–	22¾–	T		Deep-sky günstig bis ca. 3½ʰ / 4ʰ

abends kein Mondlicht
MESZ

15. Mo			◐ ↑	**3:50**	↔ **9:38**	H. = **33°9**	↓ **15:42**	Berlin
				4:07	**9:58**	**39°1**	**16:05**	Zürich

	0:00:00.0		Sternzeit Berlin: 14:23:32.0 / Zürich: 14:03:32.0
	0:00	u	◐ Phase: –0.248 / Lichtgrenze bei –27°24
	4	T[1,3]	♄ Dione in östlicher Elongation (Max. 6½^h)
	4½	T[1]	♄ Rhea in westlicher Elongation (Max. 1^h)
	19:53	u	◐ Äquatordurchgang nordwärts, Walfisch
23–	22¾–	T	Deep-sky günstig bis ca. 3½^h / 4¼^h

16. Di			◐ ↑	**4:02**	↔ **10:24**	H. = **40°7**	↓ **17:06**	Berlin
				4:24	**10:45**	**45°8**	**17:22**	Zürich

	0:00:00.0		Sternzeit Berlin: 14:27:28.5 / Zürich: 14:07:28.5
	0:00	u	◐ Phase: –0.158 / Lichtgrenze bei –39°47
	4	T[1,3]	♄ Titan in westlicher Elongation (Max. 10¾^h)
	4½	T	♄ Rhea nördlicher Vorbeigang (☌ um 4^h)
	5½	FT	◐ Max. Libration in Länge: Krater Grimaldi randnah
23–	22¾–	T	Deep-sky günstig bis ca. 3½^h

17. Mi			◐ ↑	**4:13**	↔ **11:11**	H. = **47°2**	↓ **18:29**	Berlin
				4:41	**11:32**	**52°3**	**18:39**	Zürich

	0:00:00.0		Sternzeit Berlin: 14:31:25.1 / Zürich: 14:11:25.1
	0:00	u	◐ Phase: –0.086 / Lichtgrenze bei –51°71
	4	T[1,3]	♄ Rhea in östlicher Elongation (Max. 7^h)
11:46	12:06	T[7]	☿ kulminiert 48°2 / 53°2 über Horizont (20° w. ⊙)
	21:36	u	◐ im ☊, Widder
23–	22¾–	T	Deep-sky günstig bis ca. 3½^h

18. Do	**Auffahrt**		◐ ↑	**4:27**	↔ **11:59**	H. = **53°1**	↓ **19:53**	Berlin
				5:00	**12:20**	**58°2**	**19:56**	Zürich

	0:00:00.0		Sternzeit Berlin: 14:35:21.7 / Zürich: 14:15:21.7
	0:00	u	◐ Phase: –0.035 / Lichtgrenze bei –63°94
23¼–	22¾–	T	Deep-sky günstig bis ca. 3½^h

19. Fr			● ↑	**4:43**	↔ **12:49**	H. = **58°1**	↓ **21:16**	Berlin
				5:22	**13:09**	**63°2**	**21:13**	Zürich

	0:00:00.0		Sternzeit Berlin: 14:39:18.2 / Zürich: 14:19:18.2
	0:00	u	● Phase: –0.006 / Lichtgrenze bei –76°19
16:14	16:34	FTA[7]	♀ kulminiert 63°1 / 68°1 über Horizont (45° ö. ⊙)
	17:53	–	● Neumond (B: 1°67, Z: 1°76 n. ⊙), Stier Beginn Lunation Nr. 1242
23¼–	22¾–	T	Deep-sky günstig bis ca. 3½^h

abends kein Mondlicht

MESZ

20. Sa		● ↑	**5:04**	↔	**13:41**	H. =	**61°8**	↓	**22:35**	Berlin
			5:50		**14:02**		**67°0**		**22:26**	Zürich

0:00:00.0			Sternzeit Berlin: 14:43:14.8 / Zürich: 14:23:14.8
0:00		u	● Phase: 0.001 / Lichtgrenze bei 91°57
23¼–	22¾–	T	Deep-sky günstig bis ca. 3¼^h

21. So		◐ ↑	**5:34**	↔	**14:34**	H. =	**64°2**	↓	**23:45**	Berlin
			6:26		**14:55**		**69°3**		**23:32**	Zürich

0:00:00.0			Sternzeit Berlin: 14:47:11.3 / Zürich: 14:27:11.3
0:00		u	◐ Phase: 0.018 / Lichtgrenze bei 79°33
11:35	11:55	T[7]	☿ kulminiert 48°2 / 53°2 über Horizont (23° w. ⊙)
21¾–		A[1]	◐ Erdlicht (bis ca. 26. Mai)
		T	◐ Sternbedeckung SAO 77350 (6.5^{mag})
	21:58.9		Pw. = 146° a = –1.0 b = –2.4
22		A	◐ 3½° sö. Nath (β Tauri)

22. Mo		◐ ↑	**6:16**	↔	**15:28**	H. =	**65°0**	↓	**[0:41]**	Berlin
			7:11		**15:49**		**70°1**		**[0:28]**	Zürich

0:00:00.0			Sternzeit Berlin: 14:51:07.9 / Zürich: 14:31:07.9
0:00		u	◐ Phase: 0.054 / Lichtgrenze bei 67°08
0–		T	Deep-sky günstig bis ca. 3¼^h
4		T[1]	♄ Dione in westlicher Elongation (Max. 2¾^h)
16:08		–	◐ Nördlichste Lage, Dekl. 27°55′, Zwillinge
22		A	◐ 7½° w. Venus
		T	◐ Sternbedeckung SAO 78540 (6.9^{mag})
22:23.8			Pw. = 70° a = 0.0 b = –1.1
	22:29.9		Pw. = 83° a = –0.1 b = –1.2

23. Di		◐ ↓	**0:41**	↑	**7:11**	↔	**16:21**	H. =	**64°3**	Berlin
			0:28		**8:06**		**16:42**		**69°4**	Zürich

0:00:00.0			Sternzeit Berlin: 14:55:04.5 / Zürich: 14:35:04.5
0:00		AFT	◐ Phase: 0.108 / Lichtgrenze bei 54°84
1–	0¾–	T	Deep-sky günstig bis ca. 3¼^h
22		A	◐ 4° ö. Venus, 3½° sw. Pollux, 5½° s. Castor

24. Mi		◐ ↓	**1:22**	↑	**8:17**	↔	**17:12**	H. =	**62°2**	Berlin
			1:12		**9:08**		**17:33**		**67°3**	Zürich

MESZ

0:00:00.0			Sternzeit Berlin: 14:59:01.0 / Zürich: 14:39:01.0
0:00		AFT	◐ Phase: 0.175 / Lichtgrenze bei 42°61
1¾–	1½–	T	Deep-sky günstig bis ca. 3¼^h
3¾		T[1,3]	♄ Titan in östlicher Elongation (Max. 7^h)
4		T[1]	♄ Rhea in westlicher Elongation (Max. 2^h)

11:30	11:50	T[7]	☿	kulminiert 48°6 / 53°6 über Horizont (24° w. ☉)
22		A	◐	3° n. Mars, 9½° sö. Pollux, 13° sö. Castor
		T	◐	Sternbedeckung SAO 80165 (7.3^{mag})
23:10.0				Pw. = 82° a = 0.1 b = –1.6
	23:16.9			Pw. = 94° a = 0.2 b = –1.4
23:50		–	◐	Größte ekliptikale Nordbreite, Krebs
25. Do			◐	↓ **1:51** ↑ **9:29** ↔ **18:00** H. = **59°0** Berlin ↓ **1:45** ↑ **10:15** ↔ **18:20** H. = **64°0** Zürich
0:00:00.0				Sternzeit Berlin: 15:02:57.6 / Zürich: 14:42:57.6
0:00		AFT	◐	Phase: 0.254 / Lichtgrenze bei 30°37
2¼–	2–	T		Deep-sky günstig bis ca. 3¼^h
3¾		T	♄	Rhea nördlicher Vorbeigang (☌ um 5^h)
15¼		FT	◐	Maximale Libration in Breite: Südpol sichtbar
26. Fr			◐	↓ **2:12** ↑ **10:43** ↔ **18:44** H. = **54°8** Berlin ↓ **2:11** ↑ **11:23** ↔ **19:05** H. = **59°8** Zürich
0:00:00.0				Sternzeit Berlin: 15:06:54.1 / Zürich: 14:46:54.1
0:00		AFT	◐	Phase: 0.340 / Lichtgrenze bei 18°14
3:39		u	◐	in Erdferne: 63.4214 Erdradien, Löwe
3¾		T[1]	♄	Dione in östlicher Elongation (Max. 5¼^h)
3¾		T[1]	♄	Rhea in östlicher Elongation (Max. 7¾^h)
16:18	16:38	FTA[7]	♀	kulminiert 62°2 / 67°2 über Horizont (45° ö. ☉)
22		A	◐	5° nw. Regulus
27. Sa			◐	↓ **2:27** ↑ **11:56** ↔ **19:27** H. = **49°8** Berlin ↓ **2:32** ↑ **12:31** ↔ **19:47** H. = **54°8** Zürich
0:00:00.0				Sternzeit Berlin: 15:10:50.7 / Zürich: 14:50:50.7
0:00		AFT	◐	Phase: 0.433 / Lichtgrenze bei 5°92
17:22		–	◐	Erstes Viertel, Löwe
22		A	◐	9° ö. Regulus
28. So	**Pfingsten**		◐	↓ **2:39** ↑ **13:09** ↔ **20:08** H. = **44°3** Berlin ↓ **2:49** ↑ **13:38** ↔ **20:28** H. = **49°3** Zürich
0:00:00.0				Sternzeit Berlin: 15:14:47.2 / Zürich: 14:54:47.2
0:00		AFT	◐	Phase: 0.528 / Lichtgrenze bei –6°30
11:27	11:47	T[7]	☿	kulminiert 49°6 / 54°6 über Horizont (25° w. ☉)
29. Mo			◐	↓ **2:49** ↑ **14:22** ↔ **20:48** H. = **38°5** Berlin ↓ **3:05** ↑ **14:45** ↔ **21:09** H. = **43°4** Zürich
0:00:00.0				Sternzeit Berlin: 15:18:43.8 / Zürich: 14:58:43.8
0:00		AFT	◐	Phase: 0.623 / Lichtgrenze bei –18°51
3½		T[1]	♄	Tethys in östlicher Elongation (Max. 4¼^h)
8		–	☿	in größter Elongation: 24°53′ w. ☉

30. Di	☾ ↓	2:59 / 3:19	↑ 15:36 / 15:54	↔ 21:30 / 21:51	H. = 32°4 / 37°4	Berlin / Zürich

0:00:00.0		Sternzeit Berlin: 15:22:40.3 / Zürich: 15:02:40.3
0:00	AFT	☾ Phase: 0.715 / Lichtgrenze bei –30°71
3½	T[1]	♄ Tethys in westlicher Elongation (Max. 3ʰ)
3:49	u	☾ Äquatordurchgang südwärts, Jungfrau
5–	T	♃ Mondstellung: I (G ⊖) E K
20¾–	FT[1]	♂ Mars (+1.6^{mag}) geht 10′ südlich an η Cancri (+5.5^{mag}) vorbei.
23		♂ Mars im Aphel seiner Bahn Seine Entfernung von der Sonne beträgt jetzt 1.66594 AE
23	A	☾ 8½° nw. Spica

31. Mi	☾ ↓	3:09 / 3:34	↑ 16:53 / 17:05	↔ 22:14 / 22:34	H. = 26°3 / 31°3	Berlin / Zürich

MESZ

0:00:00.0		Sternzeit Berlin: 15:26:36.9 / Zürich: 15:06:36.9
0:00	AFT	☾ Phase: 0.801 / Lichtgrenze bei –42°92
3½	T[1]	♄ Tethys in östlicher Elongation (Max. 1¾ʰ)
4¾–	T	♃ Mondstellung: G ⊖ (K I) E
11:26 11:46	T[7]	☿ kulminiert 50°6 / 55°6 über Horizont (25° w. ☉)
23	A	☾ 5° ö. Spica

Juni 2023

Sonne

Dämmerung, Auf- und Untergang, Kulminationswerte und Zeitgleichung

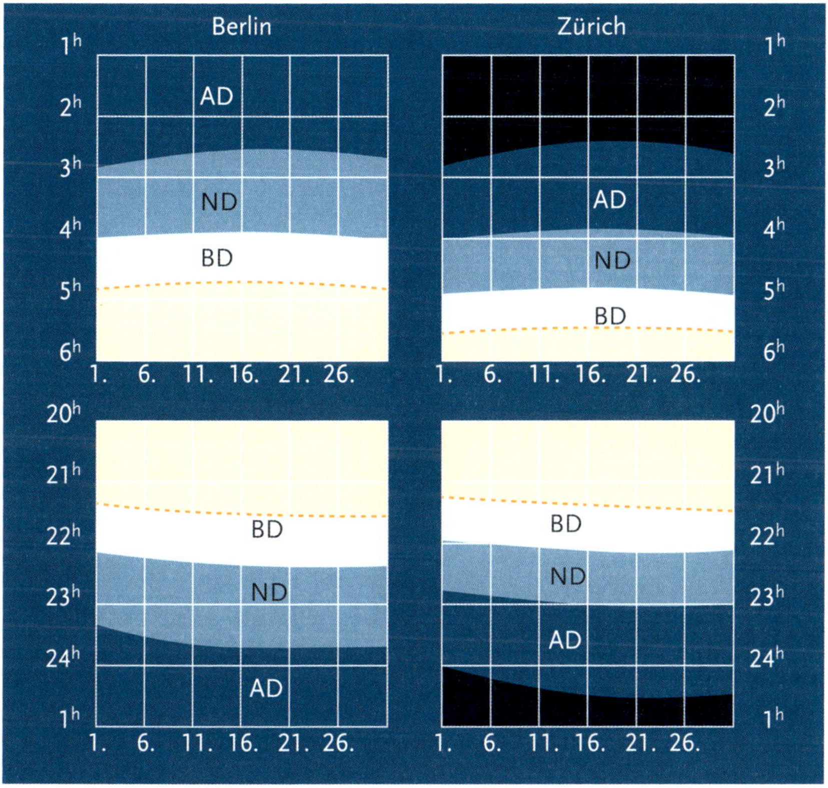

Berlin | Zürich

Juni	Aufgang	Kulmination Zeit	Höhe	Untergang	**Zeitgleichung**	Aufgang	Kulmination Zeit	Höhe	Untergang	Juni
1.	4:50	13:03.8	59°.6	21:19	+ **2ᵐ.2**	5:33	13:23.8	64°.6	21:15	1.
6.	4:46	13:04.7	60°.2	21:24	+ **1ᵐ.4**	5:30	13:24.7	65°.2	21:19	6.
11.	4:44	13:05.6	60°.6	21:28	+ **0ᵐ.4**	5:29	13:25.6	65°.6	21:23	11.
16.	4:43	13:06.7	60°.8	21:31	− **0ᵐ.7**	5:28	13:26.7	65°.8	21:25	16.
21.	4:43	13:07.8	60°.9	21:33	− **1ᵐ.8**	5:29	13:27.8	65°.9	21:27	21.
26.	4:44	13:08.8	60°.9	21:33	− **2ᵐ.8**	5:30	13:28.8	65°.9	21:27	26.
30.	4:47	13:09.7	60°.7	21:32	− **3ᵐ.7**	5:32	13:29.7	65°.7	21:27	30.

Am 21. Juni um 16:58 MESZ erreicht die Sonne den nördlichsten Punkt ihrer scheinbaren Bahn, den Punkt der *Sommer-Sonnenwende* ($\alpha = 6^h$, $\delta = 23°26'18''$). Sie steht im Sternbild Stier. An diesem längsten Tag des Jahres (er dauert in Berlin 16^h50^m, in Zürich 15^h58^m) kulminiert die Sonne im Zenit aller Orte, die auf dem nördlichen Wendekreis liegen, also auf der geografischen Breite 23°26′. Solche Orte sind z. B. Havanna (Kuba) oder Kanton (China).
Weil die Auf- und Untergangszeiten durch die sich ändernde Zeitgleichung beeinflusst werden, finden der späteste Sonnenuntergang und der früheste Sonnenaufgang um einige Tage verschoben statt. In Berlin ist der früheste Sonnenaufgang am 17. Juni, der späteste Untergang am 25. Juni; für Zürich sind es die Daten 16. und 26. Juni.

Mond

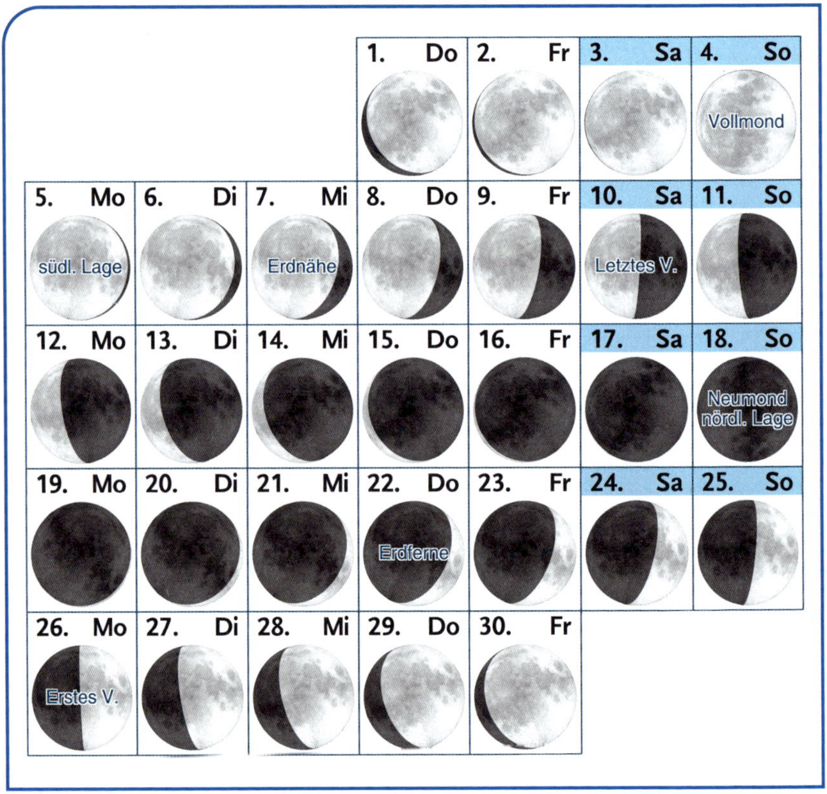

Die Planeten im Juni 2023

Planetenpositionen am 1., 15, und 30. Juni 2023 sowie Hauptmondphasen

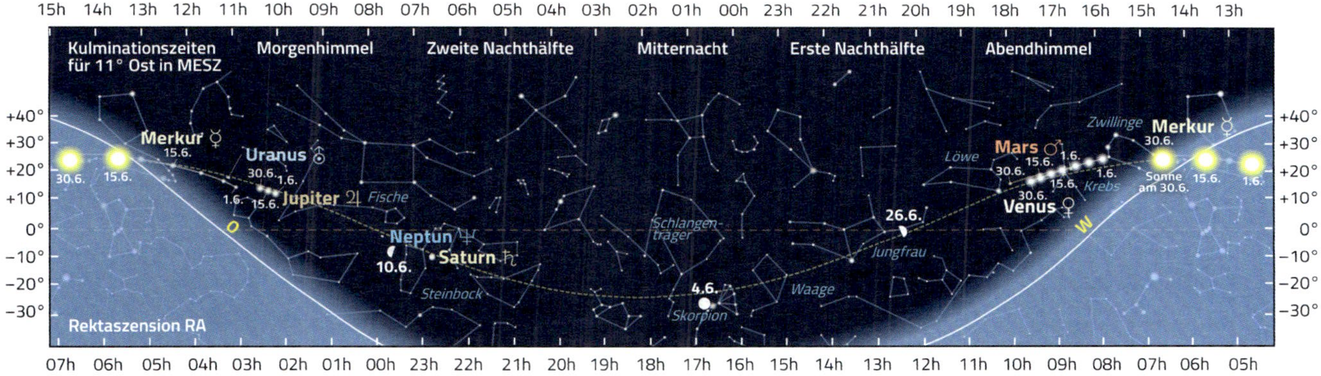

Scheinbare Planetengrössen und Phasen am 1., 15, und 30. Juni 2023

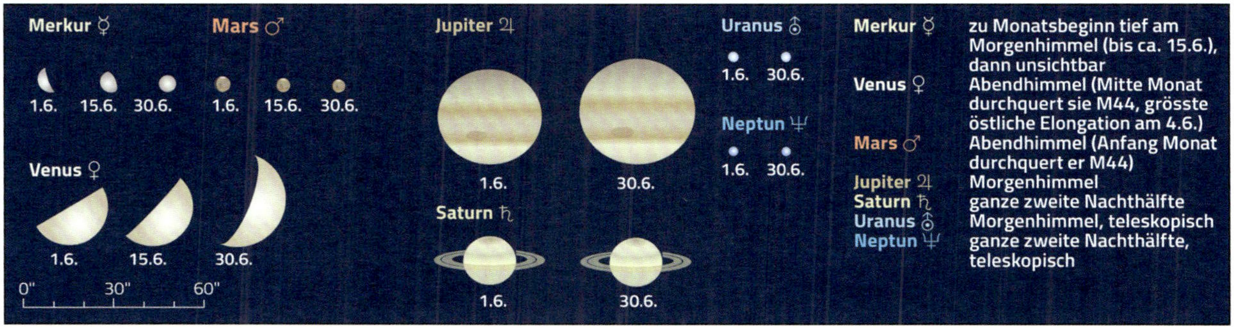

Juni

Planeten

(morgens), allenfalls tagsüber, dann unsichtbar

Merkur ☿ erreicht jetzt etwas größere Höhen über dem Horizont, wird aber nur bei günstigen Bedingungen vor Sonnenaufgang beobachtet werden können. Zur teleskopischen Beobachtung s. Monatsübersicht Mai.

Berlin / Zürich

Juni	Auf-gang (Berlin)	Kulmination Zeit (Berlin)	Kulmination Höhe (Berlin)	Unter-gang (Berlin)	Elongation von der ☉	Auf-gang (Zürich)	Kulmination Zeit (Zürich)	Kulmination Höhe (Zürich)	Unter-gang (Zürich)	Juni
1.	4:09	11:26	51°	18:43	**24° W**	4:42	11:46	56°	18:50	1.
6.	4:01	11:30	53°	19:01	**23° W**	4:36	11:50	58°	19:06	6.
11.	3:56	11:40	56°	19:26	**20° W**	4:34	12:00	61°	19:28	11.
16.	3:55	11:55	58°	19:57	**16° W**	4:36	12:15	63°	19:56	16.
21.	4:01	12:16	60°	20:34	**12° W**	4:45	12:36	65°	20:29	21.
26.	4:16	12:42	62°	21:10	**6° W**	5:02	13:02	67°	21:03	26.
30.	4:35	13:05	62°	21:35	**1° W**	5:22	13:25	67°	21:28	30.

Juni

abends, auch tagsüber

Venus ♀ zieht sich langsam zurück, bleibt aber immer noch für die ersten zwei Stunden nach Sonnenuntergang markant über dem Westhorizont.

Berlin / Zürich

Juni	Auf-gang (Berlin)	Kulmination Zeit (Berlin)	Kulmination Höhe (Berlin)	Unter-gang (Berlin)	Elongation von der ☉	Auf-gang (Zürich)	Kulmination Zeit (Zürich)	Kulmination Höhe (Zürich)	Unter-gang (Zürich)	Juni
1.	7:57	16:20	61°	0:45	**45° O**	8:42	16:40	66°	0:39	1.
6.	8:06	16:21	60°	0:37	**45° O**	8:50	16:41	65°	0:33	6.
11.	8:15	16:20	59°	0:26	**45° O**	8:57	16:40	64°	0:24	11.
16.	8:23	16:18	57°	0:14	**44° O**	9:02	16:38	62°	0:15	16.
21.	8:29	16:15	56°	23:59	**44° O**	9:07	16:35	61°	0:03	21.
26.	8:34	16:09	54°	23:43	**43° O**	9:10	16:29	59°	23:48	26.
30.	8:36	16:04	53°	23:30	**42° O**	9:11	16:24	58°	23:35	30.

erste Nachthälfte

Mars ♂ kann noch bis Mitternacht beobachtet werden. Seite Helligkeit nimmt nur noch wenig ab: von $+1.6^{mag}$ auf $+1.7^{mag}$.

Berlin / Zürich

Juni	Auf-gang (Berlin)	Kulmination Zeit (Berlin)	Kulmination Höhe (Berlin)	Unter-gang (Berlin)	Elongation von der ☉	Auf-gang (Zürich)	Kulmination Zeit (Zürich)	Kulmination Höhe (Zürich)	Unter-gang (Zürich)	Juni
1.	9:06	17:04	57°	1:02	**56° O**	9:47	17:24	62°	1:02	1.
11.	9:02	16:48	56°	0:36	**52° O**	9:40	17:08	61°	0:38	11.
21.	8:57	16:33	54°	0:08	**48° O**	9:33	16:53	59°	0:12	21.
30.	8:54	16:18	52°	23:42	**45° O**	9:28	16:38	57°	23:48	30.

Mars, Venus und Mond Juni 2023

Sterne gezeichnet für den 21. Juni 2023 um 22:30 Uhr MESZ

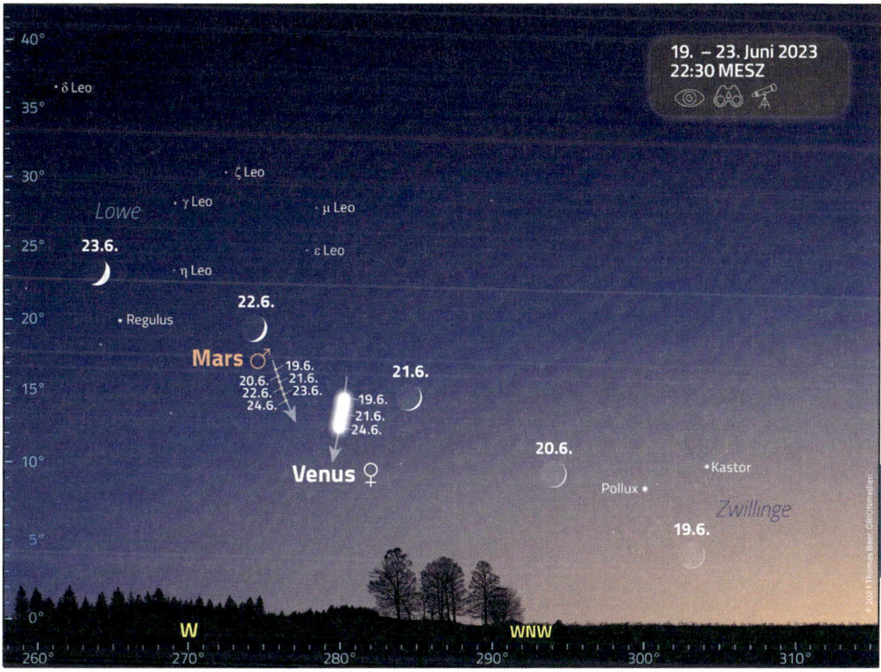

Venus, Mars und Mond im Juni am Abendhimmel

morgens

Jupiter ♃ geht jetzt immer früher auf, gegen Ende Monat schon etwa 3^h vor der Sonne.

Berlin						Zürich				
Juni	Auf-gang	Kulmination Zeit	Höhe	Unter-gang	**Elongation von der ⊙**	Auf-gang	Kulmination Zeit	Höhe	Unter-gang	Juni
1.	3:27	10:33	49°	17:39	**36° W**	3:58	10:53	54°	17:49	1.
11.	2:52	10:02	50°	17:12	**44° W**	3:23	10:22	55°	17:21	11.
21.	2:16	9:30	50°	16:44	**51° W**	2:48	9:50	55°	16:52	21.
30.	1:44	9:01	51°	16:18	**58° W**	2:17	9:21	56°	16:25	30.

Jupiter Mitte Juni 2023

Sterne gezeichnet für den 14. Juni 2023 um 04:15 Uhr MESZ

Am 14. Juni steht morgens die abnehmende Mondsichel nahe bei Jupiter.

morgens

Saturn ♄ geht weiterhin früher auf, aber auch Ende Monat erst nach Mitternacht.

Berlin | Zürich

Juni	Auf-gang	Kulmination Zeit	Kulmination Höhe	Unter-gang	**Elongation von der ☉**	Auf-gang	Kulmination Zeit	Kulmination Höhe	Unter-gang	Juni
1.	1:55	7:04	27°	12:13	**93**° W	2:07	7:24	32°	12:42	1.
11.	1:17	6:26	27°	11:35	**102**° W	1:28	6:46	32°	12:03	11.
21.	0:38	5:47	27°	10:55	**112**° W	0:49	6:06	32°	11:24	21.
30.	0:02	5:11	27°	10:19	**120**° W	0:13	5:31	32°	10:48	30.

morgens

Uranus ⛢ erscheint immer früher, wegen des auch früheren Sonnenaufgangs bleibt er allerdings nicht viel länger beobachtbar.

Berlin / Zürich

Juni	Auf-gang	Kulmination Zeit	Höhe	Unter-gang	**Elongation von der ☉**	Auf-gang	Kulmination Zeit	Höhe	Unter-gang	Juni
1.	3:56	11:38	55°	19:19	**20° W**	4:34	11:58	60°	19:22	1.
11.	3:18	11:01	55°	18:43	**29° W**	3:56	11:21	60°	18:46	11.
21.	2:40	10:23	55°	18:06	**38° W**	3:18	10:43	60°	18:09	21.
30.	2:06	9:50	55°	17:33	**46° W**	2:43	10:10	60°	17:36	30.

nach Mitternacht

Neptun ♆ erscheint wiederum früher, aber auch Ende Monat erst nach Mitternacht.

Berlin / Zürich

Juni	Auf-gang	Kulmination Zeit	Höhe	Unter-gang	**Elongation von der ☉**	Auf-gang	Kulmination Zeit	Höhe	Unter-gang	Juni
1.	2:27	8:19	35°	14:12	**72° W**	2:45	8:39	40°	14:33	1.
11.	1:48	7:41	35°	13:34	**82° W**	2:06	8:01	40°	13:55	11.
21.	1:09	7:02	35°	12:55	**91° W**	1:27	7:22	40°	13:16	21.
30.	0:33	6:26	35°	12:19	**100° W**	0:52	6:46	40°	12:41	30.

Juni

Planetoiden

(1) Ceres (8.5^{mag}, S. 286) ist nur noch kurz vor bis nach Mitternacht zu sehen.
(11) Parthenope (9.5^{mag}, S. 302) ist während der ganzen (kurzen!) Nacht präsent
(15) Eunomia (9.5^{mag}, S. 304) zeigt sich nur kurz in der zweiten Nachthälfte.

Meteorströme

Juni-Bootiden vom 22. Juni bis 2. Juli. Maximum 2023: 27. Juni, 16^h, Tätigkeit unterschiedlich. Radiant: $\alpha = 15^h00^m$, $\delta = +48°$. Langsame Meteore: 19 km/s.

Fixsternhimmel

Am Abendhimmel sind dieselben Objekte wie im Mai gut zu beobachten: Kugelsternhaufen in Herkules, Jagdhunde, Schlange, Schlangenträger; für den Ringnebel in der Leier und die Galaxien M 81/82 im Großen Bären wird man die kurze Zeit der vollständigen Dunkelheit abpassen müssen.
Von etwa 23^h an ist die **Milchstraße** bis etwa 13. Juni gut zu beobachten (bis etwa $2½^h$). Allerdings gilt dies nur für südlichere Beobachtungsorte, im Raum Berlin wird es kaum genügend dunkel.

Veränderliche

δ-Cephei-Maxima: 4. 18^h / 10. 3^h / 15. $11½^h$ / 20. $20½^h$ / 26. 5^h
β-Lyrae-Minima: 10. 22^h / 23. $20½^h$

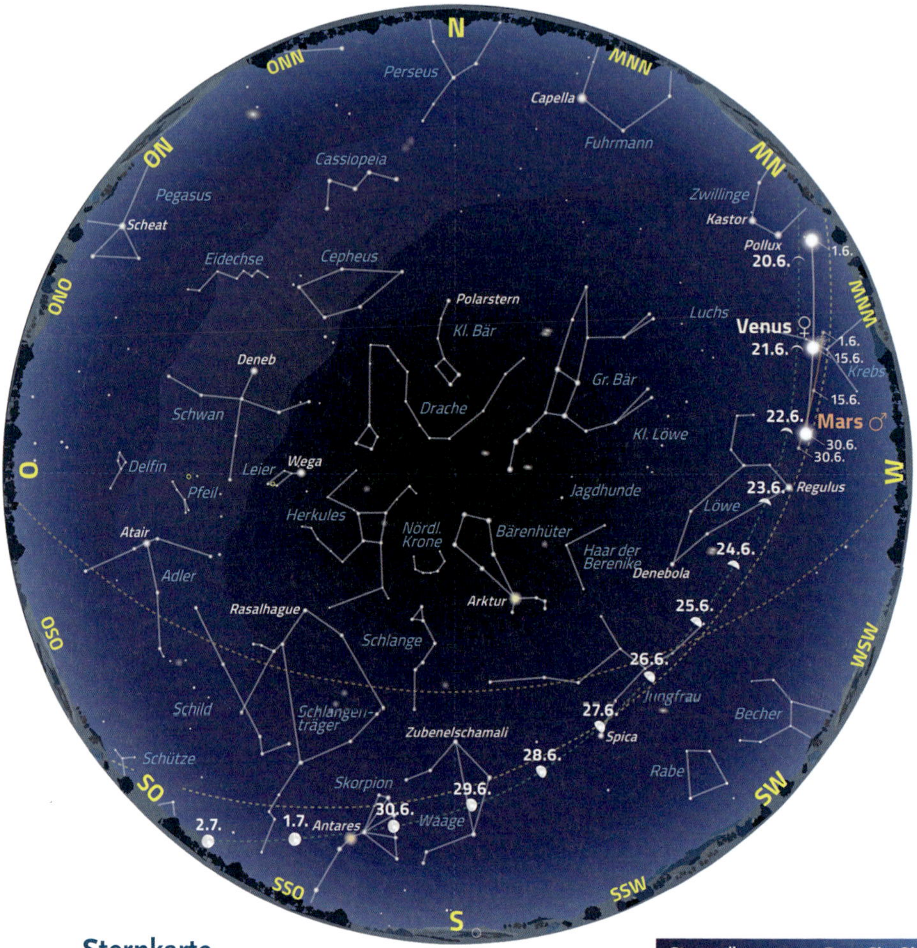

Sternkarte Juni

Die Planetenpositionen sind für den 15. Juni eingezeichnet.

1. Juni 24^h MESZ	16. Juni 23^h MESZ	1. Juli 22^h MESZ

Sternzeit dieser Karte:	15^h20^m
Vorhergehende Sternkarte: Mai	Seite 93
Nachfolgende Sternkarte: Juli	Seite 124

Astrokalender Juni 2023

Zeit Berlin	Zeit Zürich	AFT	Objekt, Erscheinung
1. Do			◐ ↓ **3:20** / **3:51** ↑ **18:14** / **18:20** ↔ **23:01** / **23:21** H. = **20°6** / **25°5** Berlin / Zürich
0:00:00.0			Sternzeit Berlin: 15:30:33.5 / Zürich: 15:10:33.5
0:00		–	◐ Mond-Alter $12^{d}25$ nach ●
0:00		AFT	◐ Phase: 0.877 / Lichtgrenze bei –55°11
2¼		FT	◐ Max. Libration in Länge: Mare Crisium randnah
3–	4–	AFT	♄ **Saturn im OSO** ($+0.9^{mag}$, 93° w. ☉)
3½		T[1]	♄ Titan in westlicher Elongation (Max. 10^{h})
4¼–	5–	AFT	♃ Jupiter im O (-2.1^{mag}, 37° w. ☉)
4¾–		T	♃ Mondstellung: G (I K E) ⊖
8:23		u	◐ im ☋, Jungfrau
21¾–	21½–	AFT	♀ **Venus im W** (-4.3^{mag}, 45° ö. ☉)
22–		AFT	♂ **Mars im W** ($+1.6^{mag}$, 56° ö. ☉)
2. Fr			◐ ↓ **3:35** / **4:11** ↑ **19:40** / **19:40** ↔ **23:52** / **[0:13]** H. = **15°4** / **20°4** Berlin / Zürich
0:00:00.0			Sternzeit Berlin: 15:34:30.0 / Zürich: 15:14:30.0
0:00		AFT	◐ Phase: 0.938 / Lichtgrenze bei –67°30
3½		T[1]	♄ Dione in westlicher Elongation (Max. $1½^{h}$)
3½		T[1]	♄ Rhea in westlicher Elongation (Max. $2¾^{h}$)
4¾–		T	♃ Mondstellung: K (G E) ⊖ I
16:21	16:41	FTA[7]	♀ kulminiert 60°8 / 65°8 über Horizont (45° ö. ☉)
3. Sa			◐ ↔ **[0:50]** / **0:13** H. = **11°5** / **20°4** ↓ **3:54** / **4:37** ↑ **21:09** / **21:01** Berlin / Zürich
0:00:00.0			Sternzeit Berlin: 15:38:26.6 / Zürich: 15:18:26.6
0:00		AFT	◐ Phase: 0.980 / Lichtgrenze bei –79°49
4¾–		T	♃ Mondstellung: K I ⊖ G E
23		A	○ ½° n. Antares
4. So			○ ↔ **0:50** / **1:10** H. = **11°5** / **16°4** ↓ **4:23** / **5:13** ↑ **22:33** / **22:20** Berlin / Zürich
0:00:00.0			Sternzeit Berlin: 15:42:23.1 / Zürich: 15:22:23.1
0:00		AFT	○ Phase: 0.999 / Lichtgrenze bei –91°68
3		A	○ 2° ö. Antares
4½–		T	♃ Mondstellung: K ⊖ (I E) G
5:41		u	○ Vollmond, Schlangenträger
11:29	11:49	T[7]	☿ kulminiert 52°2 / 57°2 über Horizont (24° w. ☉)
13		u	♀ in größter Elongation: 45°24′ ö. ☉

MESZ

Juni

5. Mo			○ ↔	**1:51** **2:12**	H. = **9°1** **14°1**	↓ **5:06** **6:01**	↑ **23:43** **23:29**	Berlin Zürich
	0:00:00.0		Sternzeit Berlin: 15:46:19.7 / Zürich: 15:26:19.7					
	0:00	AFT	○ Phase: –0.991 / Lichtgrenze bei 76°14					
	4½–	T	♃ Mondstellung: K E ⊖ G					
	18:21	u	☽ Südlichste Lage, Dekl. –27°52′, Schütze					

6. Di			☽ ↔	**2:56** **3:17**	H. = **8°8** **13°8**	↓ **6:10** **7:06**	↑ **[0:33]** **[0:23]**	Berlin Zürich
	0:00:00.0		Sternzeit Berlin: 15:50:16.3 / Zürich: 15:30:16.3					
	0:00	AFT	☽ Phase: –0.956 / Lichtgrenze bei 63°95					
	3½	T[1]	♄ Dione in östlicher Elongation (Max. 4ʰ)					
	4½–	T	♃ Mondstellung: K (I ⊖) G					
23¾–	23¼–	T	Deep-sky günstig bis ca. 0½ʰ / 0¼ʰ					

7. Mi			☽ ↑	**0:33** **0:23**	↔ **4:00** **4:21**	H. = **10°5** **15°6**	↓ **7:33** **8:24**	Berlin Zürich
	0:00:00.0		Sternzeit Berlin: 15:54:12.8 / Zürich: 15:34:12.8					
	0:00	u	☽ Phase: –0.896 / Lichtgrenze bei 51°76					
	1:07	–	☽ in Erdnähe: 57.2052 Erdradien, Schütze					
	4½–	T	♃ Mondstellung: K G ⊖ I E					
11:33	11:53	T[7]	☿ kulminiert 53°6 / 58°6 über Horizont (23° w. ☉)					
	15:54	u	☽ Größte ekliptikale Südbreite, Steinbock					

8. Do			☽ ↑	**1:07** **1:03**	↔ **5:00** **5:21**	H. = **14°2** **19°3**	↓ **9:04** **9:49**	Berlin Zürich
	0:00:00.0		Sternzeit Berlin: 15:58:09.4 / Zürich: 15:38:09.4					
	0:00	u	☽ Phase: –0.813 / Lichtgrenze bei 39°57					
0–	23¼–	T	Deep-sky günstig bis ca. 1ʰ					
	3	FT	☽ Maximale Libration in Breite: Nordpol sichtbar					
	4½–	T	♃ Mondstellung: G K (I E) ⊖					

9. Fr			☽ ↑	**1:29** **1:32**	↔ **5:56** **6:17**	H. = **19°3** **24°5**	↓ **10:37** **11:14**	Berlin Zürich
	0:00:00.0		Sternzeit Berlin: 16:02:06.0 / Zürich: 15:42:06.0					
	0:00	u	☽ Phase: –0.713 / Lichtgrenze bei 27°37					
0–	23¼–	T	Deep-sky günstig bis ca. 1½ʰ					
	3½	T[1]	♄ Titan in östlicher Elongation (Max. 6ʰ)					
	4–	T	♃ Mondstellung: (G E) (⊖ K) I					
16:21	16:41	FTA[7]	♀ kulminiert 59°1 / 64°1 über Horizont (45° ö. ☉)					

Juni

abends kein Mondlicht

MESZ

10. Sa	◑ ↑	↔	H. =	↓	
	1:46	**6:48**	**25°4**	**12:05**	Berlin
	1:55	**7:09**	**30°6**	**12:36**	Zürich

	0:00:00.0		Sternzeit Berlin: 16:06:02.5 / Zürich: 15:46:02.5
	0:00	u	◑ Phase: –0.603 / Lichtgrenze bei 15°16
0–	23¼–	T	Deep-sky günstig bis ca. 1¾^h
	3½	T^1	♄ Dione in westlicher Elongation (Max. 6½^h)
	3¾–	T	♃ Mondstellung: I ⊖ G E K
	4	A	◑ 4° sö. Saturn
	21:31	u	◑ Letztes Viertel, Wassermann

11. So	◑ ↑	↔	H. =	↓	
	1:59	**7:36**	**32°0**	**13:30**	Berlin
	2:14	**7:57**	**37°2**	**13:54**	Zürich

	0:00:00.0		Sternzeit Berlin: 16:09:59.1 / Zürich: 15:49:59.1
	0:00	u	◑ Phase: –0.490 / Lichtgrenze bei 2°94
0–	23¼–	T	Deep-sky günstig bis ca. 2^h / 2¼^h
	3–	A^1	◑ Erdlicht (bis ca. 15. Juni)
	3½	T^1	♄ Rhea in westlicher Elongation (Max. 3¾^h)
	3¾–	T	♃ Mondstellung: ⊖ (I E) G K
11:41	12:01	T^7	☿ kulminiert 55°6 / 60°6 über Horizont (20° w. ⊙)

12. Mo	◑ ↑	↔	H. =	↓	
	2:10	**8:23**	**38°7**	**14:53**	Berlin
	2:31	**8:43**	**43°9**	**15:11**	Zürich

	0:00:00.0		Sternzeit Berlin: 16:13:55.6 / Zürich: 15:53:55.6
	0:00	u	◑ Phase: –0.378 / Lichtgrenze bei –9°28
0–	23¼–	T	Deep-sky günstig bis ca. 2^h / 2½^h
	0:57	u	◑ Äquatordurchgang nordwärts, Walfisch
	3¾–	T	♃ Mondstellung: E I ⊖ G K

13. Di	◑ ↑	↔	H. =	↓	
	2:22	**9:08**	**45°2**	**16:15**	Berlin
	2:47	**9:29**	**50°4**	**16:27**	Zürich

	0:00:00.0		Sternzeit Berlin: 16:17:52.2 / Zürich: 15:57:52.2
	0:00	u	◑ Phase: –0.275 / Lichtgrenze bei –21°51
0–	23¼–	T	Deep-sky günstig bis ca. 2¼^h / 2¾^h
	2¾	T^1	♄ Dione in westlicher Elongation (Max. 0¼^h)
	3¾–	T	♃ Mondstellung: E (⊖ I) G K
3:59		T^3	♃ Io DA, Pw. = 108°; E ⊖ G K
	4:22	T^3	♃ Europa VA, 0.5 n., 2.1 w.; ⊖ G K

14. Mi	◑ ↑	↔	H. =	↓	
	2:34	**9:55**	**51°2**	**17:37**	Berlin
	3:05	**10:16**	**56°4**	**17:42**	Zürich

	0:00:00.0		Sternzeit Berlin: 16:21:48.7 / Zürich: 16:01:48.7
	0:00	u	◑ Phase: –0.184 / Lichtgrenze bei –33°74
0–	23¼–	T	Deep-sky günstig bis ca. 2½^h / 3^h

abends kein Mondlicht

MESZ

Juni

2:05		u	◐ im ☊, Widder
3½–		T	♃ Mondstellung: G (⊖ I) E K
4½		A	◐ 1½° w. Jupiter
4½		FT	◐ Max. Libration in Länge: Krater Grimaldi randnah
11:50	12:10	T[7]	☿ kulminiert 57°0 / 62°0 über Horizont (18° w. ⊙)

15. Do	◐ ↑	**2:49** / **3:26**	↔	**10:43** / **11:04**	H. = **56°5** / **61°6**	↓	**18:59** / **18:58**	Berlin / Zürich

0:00:00.0			Sternzeit Berlin: 16:25:45.3 / Zürich: 16:05:45.3
0:00		u	◐ Phase: –0.109 / Lichtgrenze bei –45°98
0–	23½–	T	Deep-sky günstig bis ca. $2\frac{3}{4}^h$ / $3\frac{1}{4}^h$
3¼		T[1]	♄ Tethys in östlicher Elongation (Max. 4^h)
3½–		T	♃ Mondstellung: G I ⊖ K
3:34		T[3]	♃ Europa DE, Pw. = 236°; G I (E ⊖) K

16. Fr	◐ ↑	**3:08** / **3:52**	↔	**11:34** / **11:54**	H. = **60°6** / **65°7**	↓	**20:18** / **20:11**	Berlin / Zürich

0:00:00.0			Sternzeit Berlin: 16:29:41.8 / Zürich: 16:09:41.8
0:00		u	◐ Phase: –0.053 / Lichtgrenze bei –58°23
0–	23½–	T	Deep-sky günstig bis ca. $2\frac{3}{4}^h$ / $3\frac{3}{4}^h$
2¾		T[1]	♄ Tethys in westlicher Elongation (Max. $2\frac{3}{4}^h$)
3½–		T	♃ Mondstellung: G E ⊖ I K
5		AFT[3]	◐ Schmale Sichel, $49\frac{3}{4}^h$ vor ●, 9° ü. H.
16:18	16:38	FTA[7]	♀ kulminiert 57°1 / 62°1 über Horizont (45° ö. ⊙)

17. Sa	◐ ↑	**3:34** / **4:24**	↔	**12:26** / **12:47**	H. = **63°5** / **68°6**	↓	**21:32** / **21:20**	Berlin / Zürich

0:00:00.0			Sternzeit Berlin: 16:33:38.4 / Zürich: 16:13:38.4
0:00		u	◐ Phase: –0.017 / Lichtgrenze bei –70°48
0–	23½–	T	Deep-sky günstig bis ca. $2\frac{1}{2}^h$
2½		T[1]	♄ Tethys in östlicher Elongation (Max. $1\frac{1}{2}^h$)
2¾		T[1]	♄ Dione in östlicher Elongation (Max. $2\frac{3}{4}^h$)
3¼		T[1]	♄ Titan in westlicher Elongation (Max. $8\frac{3}{4}^h$)
3½–		T	♃ Mondstellung: I ⊖ (K E)
3:43		T[3]	♃ Ganymed BE, Pw. = 33°; I (⊖ G) (K E)

18. So	● ↑	**4:11** / **5:05**	↔	**13:20** / **13:41**	H. = **64°8** / **69°9**	↓	**22:33** / **22:19**	Berlin / Zürich

0:00:00.0			Sternzeit Berlin: 16:37:35.0 / Zürich: 16:17:35.0
0:00		u	● Phase: –0.002 / Lichtgrenze bei –82°73
0–	23½–	T	Deep-sky günstig bis ca. $2\frac{1}{2}^h$
2¼		T[1]	♄ Rhea in östlicher Elongation (Max. 22^h)
3½–		T	♃ Mondstellung: K ⊖ (I E) G

abends kein Mondlicht

MESZ

abends kein Mondlicht

Berlin	Zürich		
6:37		–	● Neumond (B: 3°42, Z: 3°44 n. ☉), Stier Beginn Lunation Nr. 1243
12:04	12:24	T[7]	☿ kulminiert 58°9 / 63°9 über Horizont (15° w. ☉)
23:07		u	● Nördlichste Lage, Dekl. 27°51′, Zwillinge

19. Mo

	↑	↔	H. =	↓	
●	**5:01**	**14:13**	**64°7**	**23:19**	Berlin
	5:56	**14:34**	**69°7**	**23:07**	Zürich

Berlin	Zürich		
0:00:00.0			Sternzeit Berlin: 16:41:31.5 / Zürich: 16:21:31.5
0:00		u	● Phase: 0.007 / Lichtgrenze bei 85°02
0¼–	23½–	T	Deep-sky günstig bis ca. 2½^h
2¼		T	♄ Rhea südlicher Vorbeigang (☌ um 1¼^h)
3¼–		T	♃ Mondstellung: K E I ⊖ G
22		AFT[3]	◐ Schmale Sichel, 39¼^h nach ●, 8° ü. H.
	22	AFT[3]	◐ Schmale Sichel, 39¼^h nach ●, 9° ü. H.

20. Di

	↑	↔	H. =	↓	
◐	**6:03**	**15:05**	**63°1**	**23:52**	Berlin
	6:56	**15:26**	**68°1**	**23:45**	Zürich

Berlin	Zürich		
0:00:00.0			Sternzeit Berlin: 16:45:28.1 / Zürich: 16:25:28.1
0:00		u	◐ Phase: 0.031 / Lichtgrenze bei 72°77
0¼–	23½–	T	Deep-sky günstig bis ca. 2½^h
3¼–		T	♃ Mondstellung: K E ⊖ I G
3¼		T[1]	♄ Rhea in westlicher Elongation (Max. 4½^h)
	3¼–	T[1]	(18) Melpomene (+10.4^{mag}) geht 9′ nördlich an SAO 109507 (+6.5^{mag}) vorbei.
10		u	Planetoid (3) Juno in Konjunktion mit der ☉
21½		FT	◐ Maximale Libration in Breite: Südpol sichtbar
22¼–		A[1]	◐ Erdlicht (bis ca. 25. Juni)

21. Mi

	↑	↔	H. =	↓	
◐	**7:14**	**15:54**	**60°2**	**[0:16]**	Berlin
	8:02	**16:14**	**65°2**	**[0:13]**	Zürich

Berlin	Zürich		
0:00:00.0			Sternzeit Berlin: 16:49:24.7 / Zürich: 16:29:24.7
0:00		u	◐ Phase: 0.072 / Lichtgrenze bei 60°52
0¼–	0–	T	Deep-sky günstig bis ca. 2½^h
3¼–		T	♃ Mondstellung: K G ⊖ E
3¼		T[1]	♄ Dione in westlicher Elongation (Max. 5¼^h)
4:37		u	◐ Größte ekliptikale Nordbreite, Krebs
16:58		–	☉ **Sommeranfang**, Sommersonnenwende Die Sonne erreicht ihre nördlichste Deklination von 23°26′18″.
		T	◐ Sternbedeckung SAO 80529 (7.0^{mag})
	22:20.9		Pw. = 59° a = 0.4 b = –1.0
22½		A	◐ 4° nw. Venus

MESZ

Juni

22. Do	◐ ↓	**0:16** **0:13**	↑	**8:27** **9:10**	↔	**16:39** **17:00**	H. =	**56°3** **61°3**	Berlin Zürich

0:00:00.0		Sternzeit Berlin: 16:53:21.2 / Zürich: 16:33:21.2
0:00	AFT	◐ Phase: 0.128 / Lichtgrenze bei 48°27
0½–	T	Deep-sky günstig bis ca. 2½^h
3¼–	T	♃ Mondstellung: K G (I ⊖ E)
4:00	T	♃ Europa DA, Pw. = 125°; K G I ⊖
4:05	T	♃ Europa SE, Pw. = 236°; K G I ⊖
20:31	–	◐ in Erdferne: 63.5587 Erdradien, Löwe
22	A	◐ 4½° ö. Mars, 8½° ö. Venus, 7½° nw. Regulus

23. Fr	◐ ↓	**0:33** **0:36**	↑	**9:41** **10:17**	↔	**17:23** **17:43**	H. =	**51°7** **56°7**	Berlin Zürich

0:00:00.0		Sternzeit Berlin: 16:57:17.8 / Zürich: 16:37:17.8
0:00	AFT	◐ Phase: 0.198 / Lichtgrenze bei 36°03
1–	T	Deep-sky günstig bis ca. 2½^h
3–	T	♃ Mondstellung: K G E ⊖ I
16:13 16:33	FTA[7]	♀ kulminiert 54°9 / 59°9 über Horizont (44° ö. ☉)
23	A	◐ 6° ö. Regulus

24. Sa	◐ ↓	**0:46** **0:54**	↑	**10:53** **11:24**	↔	**18:04** **18:24**	H. =	**46°4** **51°4**	Berlin Zürich

0:00:00.0		Sternzeit Berlin: 17:01:14.3 / Zürich: 16:41:14.3
0:00	AFT	◐ Phase: 0.278 / Lichtgrenze bei 23°79
1¼–	T	Deep-sky günstig bis ca. 2¾^h
2	T[1]	♄ Dione in westlicher Elongation (Max. 23^h)
2	T[1]	♄ Iapetus in westlicher Elongation (Max. 1½^h)
3–	T	♃ Mondstellung: K I ⊖ E
3:27	T[3]	♃ Ganymed VE, 0.7 n., 1.9 w.; K I (G ⊖) E

25. So	◐ ↓	**0:56** **1:10**	↑	**12:05** **12:31**	↔	**18:44** **19:04**	H. =	**40°7** **45°7**	Berlin Zürich

0:00:00.0		Sternzeit Berlin: 17:05:10.9 / Zürich: 16:45:10.9
0:00	AFT	◐ Phase: 0.367 / Lichtgrenze bei 11°56
1¼– 1½–	T	Deep-sky günstig bis ca. 2¾^h
3–	T	♃ Mondstellung: K ⊖ I (E G)
3½	T[1]	♄ Titan in östlicher Elongation (Max. 4¾^h)

26. Mo	◐ ↓	**1:06** **1:24**	↑	**13:17** **13:37**	↔	**19:24** **19:45**	H. =	**34°8** **39°8**	Berlin Zürich

0:00:00.0		Sternzeit Berlin: 17:09:07.4 / Zürich: 16:49:07.4
0:00	AFT	◐ Phase: 0.461 / Lichtgrenze bei 0°67

		T	◐ Sternbedeckung SAO 119150 (7.0^{mag})
	0:21.2		Pw. = 191° a = –0.3 b = –3.3
1½–	1¾–	T	Deep-sky günstig bis ca. 2¾^h
3–		T	♃ Mondstellung: (I E) ⊖ K G
3:20		T^3	♃ (I E) → (E I), I ist 0.521 ⊖-Radien n. E; (E I) ⊖ K G
9:50		u	◐ Erstes Viertel, Jungfrau
11:22		u	◐ Äquatordurchgang südwärts, Jungfrau

27. Di ◐ ↓ **1:16** / **1:39** ↑ **14:31** / **14:46** ↔ **20:06** / **20:26** H. = **28°9** / **33°8** Berlin / Zürich

0:00:00.0		Sternzeit Berlin: 17:13:04.0 / Zürich: 16:53:04.0
0:00	AFT	◐ Phase: 0.559 / Lichtgrenze bei –12°89
1¾	T^1	♄ Rhea in östlicher Elongation (Max. 22¾^h)
2¾–	T	♃ Mondstellung: E ⊖ I G K
23	A	◐ 2° n. Spica

28. Mi ◐ ↓ **1:26** / **1:54** ↑ **15:48** / **15:58** ↔ **20:50** / **21:11** H. = **23°0** / **28°0** Berlin / Zürich

0:00:00.0			Sternzeit Berlin: 17:17:00.5 / Zürich: 16:57:00.5
0:00		AFT	◐ Phase: 0.657 / Lichtgrenze bei –25°10
1¾		T^1	♄ Dione in östlicher Elongation (Max. 1½^h)
2		T	♄ Rhea südlicher Vorbeigang (☌ um 2^h)
2¾–		T	♃ Mondstellung: (I G) ⊖ E K
2:49		T^3	♃ (I G) → (G I), I ist 1.084 ⊖-Radien n. G; (G I) ⊖ E K
	4:05	T	♃ Io VA, 0.3 n., 1.9 w.; G ⊖ E K
14:22		u	◐ im ☋, Jungfrau

29. Do ◐ ↓ **1:39** / **2:12** ↑ **17:11** / **17:14** ↔ **21:39** / **21:59** H. = **17°7** / **22°6** Berlin / Zürich

0:00:00.0			Sternzeit Berlin: 17:20:57.1 / Zürich: 17:00:57.1
0:00		AFT	◐ Phase: 0.752 / Lichtgrenze bei –37°31
0½		FT	◐ Max. Libration in Länge: Mare Crisium randnah
2¾–		T	♃ Mondstellung: G ⊖ E K
3:25		T^3	♃ Io SE, Pw. = 252°; G ⊖ E K
3½		T^1	♄ Rhea in westlicher Elongation (Max. 5¼^h)
3½		T	♄ Titan südlicher Vorbeigang (☌ um 5¾^h)
	4:21	T	♃ Europa SA, Pw. = 125°; G ⊖ E K
	4:36	T	♃ Io DE, Pw. = 252°; G (I ⊖) E K

30. Fr ◐ ↓ **1:55** / **2:35** ↑ **18:38** / **18:34** ↔ **22:33** / **22:54** H. = **13°2** / **18°1** Berlin / Zürich

0:00:00.0		Sternzeit Berlin: 17:24:53.6 / Zürich: 17:04:53.6
0:00	AFT	◐ Phase: 0.838 / Lichtgrenze bei –49°51
2¾–	T	♃ Mondstellung: G E (⊖ I) K

MESZ

Juni

16:04	16:24	FTA[7]	♀	kulminiert 52°6 / 57°6 über Horizont (42° ö. ☉)
23		A	☾	6° w. Antares
		T	☾	Sternbedeckung SAO 184075 (6.4^{mag})
23:53.9				Pw. = 161° a = 1.1 b = –1.2
	23:56.3			Pw. = 172° a = 0.9 b = –1.8

Juli 2023

Sonne

Dämmerung, Auf- und Untergang, Kulminationswerte und Zeitgleichung

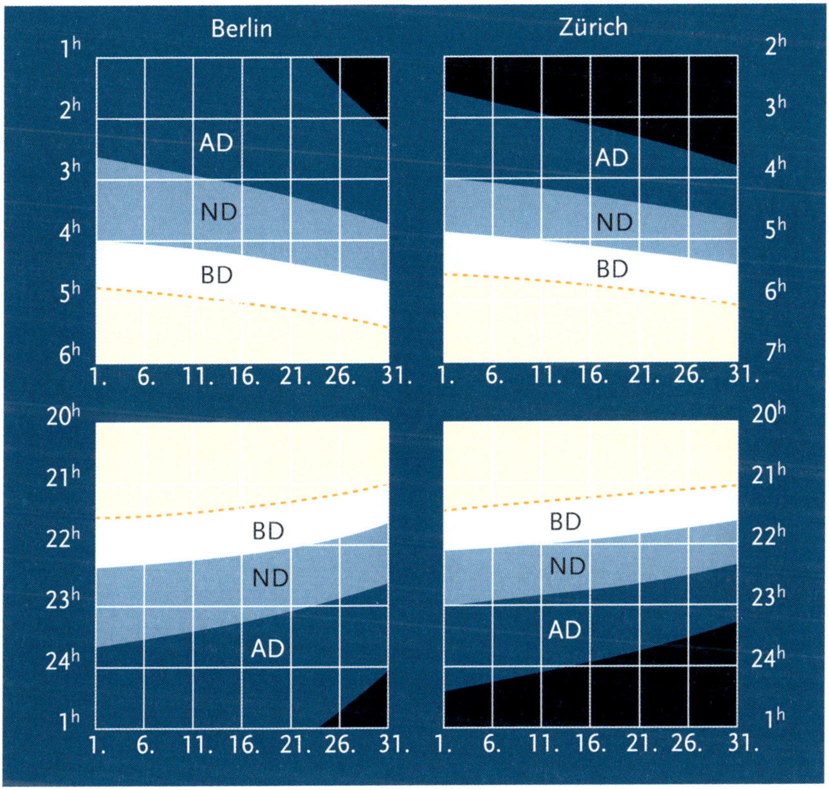

Berlin / Zürich

Juli	Berlin Aufgang	Kulmination Zeit	Kulmination Höhe	Untergang	**Zeitgleichung**	Zürich Aufgang	Kulmination Zeit	Kulmination Höhe	Untergang	Juli
1.	4:47	13:09.9	60°6	21:32	**$-3^{m}.9$**	5:33	13:29.9	65°6	21:27	1.
6.	4:51	13:10.8	60°2	21:30	**$-4^{m}.8$**	5:36	13:30.8	65°2	21:25	6.
11.	4:56	13:11.5	59°6	21:26	**$-5^{m}.5$**	5:40	13:31.5	64°6	21:22	11.
16.	5:02	13:12.1	58°9	21:21	**$-6^{m}.1$**	5:45	13:32.1	63°9	21:19	16.
21.	5:09	13:12.5	58°0	21:15	**$-6^{m}.4$**	5:50	13:32.5	63°0	21:14	21.
26.	5:16	13:12.6	56°9	21:08	**$-6^{m}.6$**	5:56	13:32.6	61°9	21:08	26.
31.	5:24	13:12.4	55°8	21:00	**$-6^{m}.4$**	6:02	13:32.4	60°8	21:02	31.

Am 6. Juli steht die Erde in *Sonnenferne* (im Aphel), in einer Entfernung von 152.1 Mio. km (vgl. Januar). Die Zeitgleichung erreicht am 26. Juli ein Zwischenminimum von $-6^{\mathrm{m}}.4$, anschließend kulminiert die Sonne bis zum 3. November täglich etwas früher.

Mond

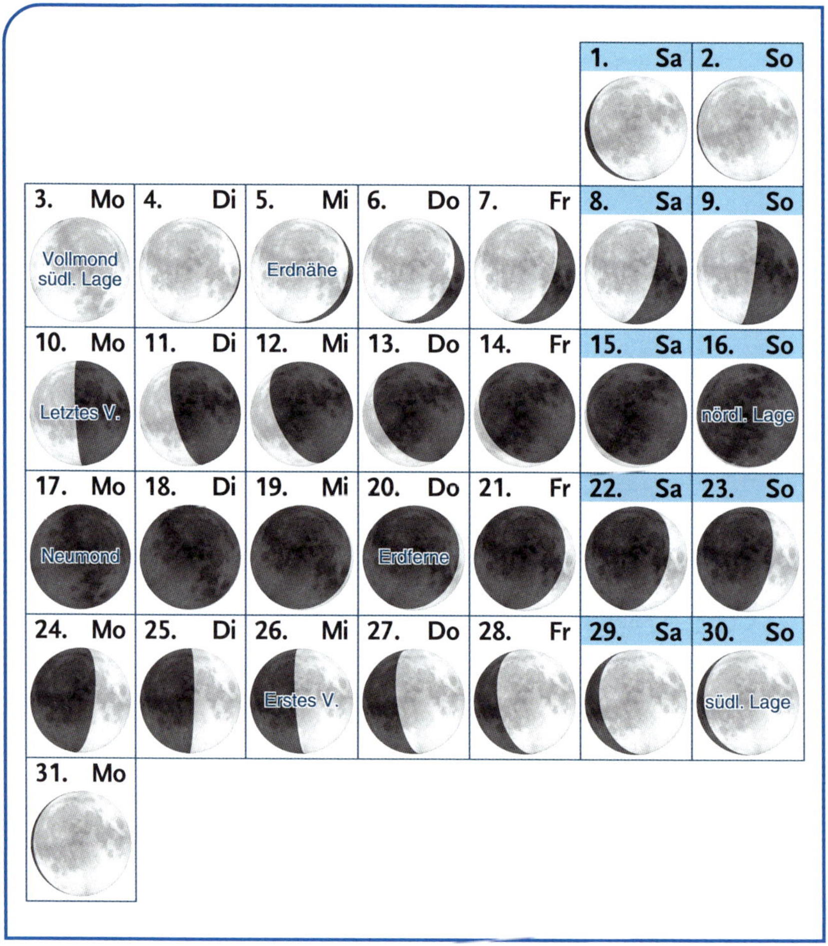

Die Planeten im Juli 2023

Planetenpositionen am 1., 15. und 31. Juli 2023 sowie Hauptmondphasen

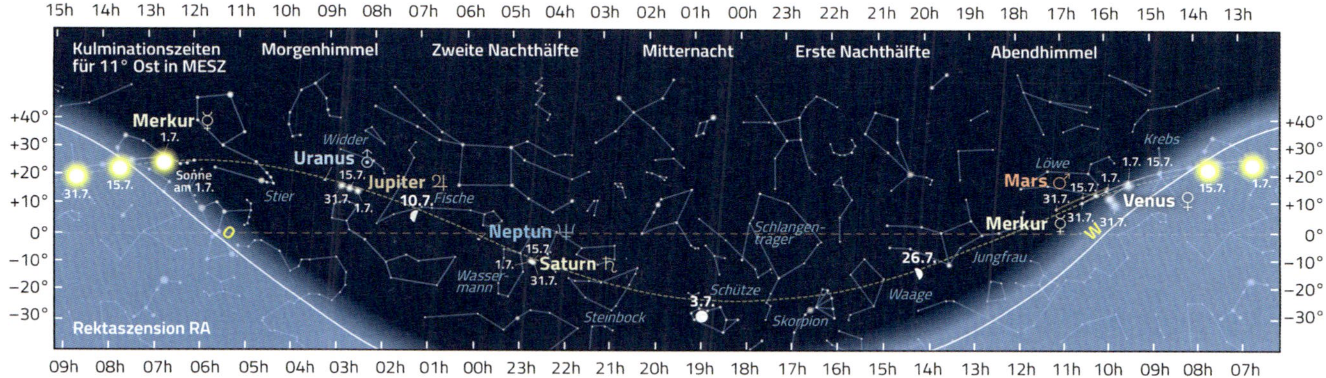

Scheinbare Planetengrössen und Phasen am 1., 15. und 31. Juli 2023

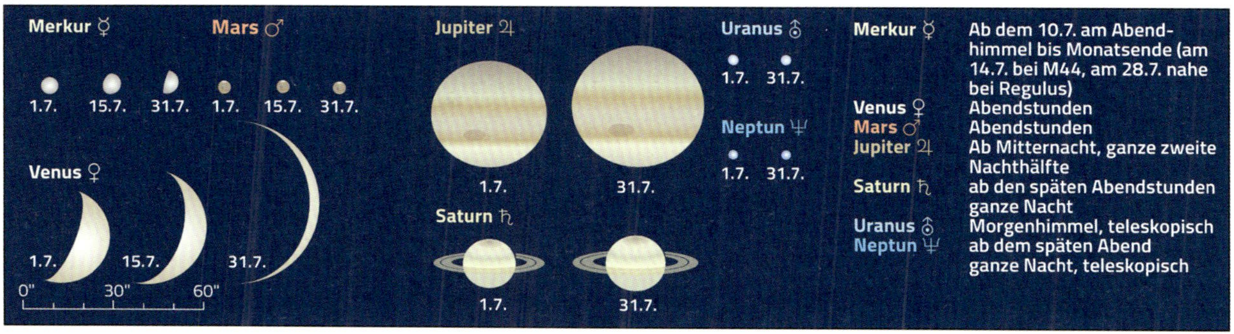

Juli

Planeten

unsichtbar, dann abends

Merkur ☿ kann ab etwa dem 9. Juli nach Sonnenuntergang über dem Westhorizont aufgesucht werden. Er steht dabei allerdings nicht sehr hoch. Erfolgreicher dürfte die Beobachtung tagsüber sein. Merkur ist östlich, also links von der Sonne aufzufinden.

Berlin						Zürich				
Juli	Aufgang	Kulmination Zeit	Kulmination Höhe	Untergang	**Elongation von der ☉**	Aufgang	Kulmination Zeit	Kulmination Höhe	Untergang	Juli
1.	4:40	13:10	62°	21:40	**1° W**	5:28	13:31	67°	21:33	1.
6.	5:13	13:38	61°	22:01	**5° O**	5:59	13:58	66°	21:55	6.
11.	5:50	14:01	59°	22:11	**11° O**	6:33	14:21	64°	22:08	11.
16.	6:26	14:20	57°	22:13	**15° O**	7:06	14:41	62°	22:14	16.
21.	6:59	14:35	54°	22:08	**19° O**	7:35	14:55	59°	22:13	21.
26.	7:28	14:45	51°	22:00	**22° O**	8:01	15:05	56°	22:08	26.
31.	7:52	14:51	48°	21:48	**25° O**	8:22	15:11	53°	21:59	31.

abends, zunächst auch tagsüber

Venus ♀ erreicht am 7. Juli ihre größte Gesamthelligkeit („größter Glanz") als Abendstern. Das ist aber nicht besonders auffällig, der Helligkeitsunterschied ist gering und der immer frühere Untergang lässt die Venus in der Abenddämmerung verblassen. Am 26. steht sie mit dem viel schwächeren Merkur in Konjunktion.

Berlin						Zürich				
Juli	Aufgang	Kulmination Zeit	Kulmination Höhe	Untergang	**Elongation von der ☉**	Aufgang	Kulmination Zeit	Kulmination Höhe	Untergang	Juli
1.	8:37	16:02	52°	23:26	**41° O**	9:11	16:22	57°	23:32	1.
6.	8:37	15:52	51°	23:07	**40° O**	9:09	16:12	56°	23:15	6.
11.	8:33	15:40	49°	22:46	**37° O**	9:04	16:00	54°	22:55	11.
16.	8:27	15:25	48°	22:23	**34° O**	8:56	15:45	53°	22:34	16.
21.	8:15	15:07	47°	21:58	**30° O**	8:43	15:27	52°	22:10	21.
26.	7:59	14:45	46°	21:31	**26° O**	8:26	15:05	51°	21:44	26.
31.	7:37	14:19	45°	21:02	**20° O**	8:03	14:39	50°	21:15	31.

Mars, Venus und Merkur im Juli 2023

Sterne gezeichnet für den 21. Juli 2023 um 22:00 Uhr MESZ

Nach Mitte Monat finden sich drei Planeten und der zunehmende Mond am Abendhimmel.

Juli

abends

Mars ♂ kann jetzt noch in den Abendstunden aufgesucht werden. Seine Helligkeit bleibt bei +1.8 ^{mag}.

Berlin						Zürich				
Juli	Auf-gang	Kulmination Zeit	Höhe	Unter-gang	**Elongation von der ☉**	Auf-gang	Kulmination Zeit	Höhe	Unter-gang	Juli
1.	8:54	16:17	52°	23:39	**45° O**	9:27	16:37	57°	23:45	1.
11.	8:50	16:00	50°	23:10	**41° O**	9:22	16:20	55°	23:19	11.
21.	8:47	15:44	47°	22:41	**38° O**	9:16	16:04	52°	22:51	21.
31.	8:44	15:28	45°	22:11	**35° O**	9:11	15:48	50°	22:24	31.

zweite Nachthälfte

Jupiter ♃ erscheint jetzt immer früher, Ende Monat etwa um Mitternacht.

Berlin						Zürich				
Juli	Aufgang	Kulmination Zeit	Kulmination Höhe	Untergang	**Elongation von der ☉**	Aufgang	Kulmination Zeit	Kulmination Höhe	Untergang	Juli
1.	1:41	8:58	51°	16:15	**59° W**	2:13	9:18	56°	16:22	1.
11.	1:05	8:25	52°	15:45	**67° W**	1:38	8:45	57°	15:52	11.
21.	0:29	7:51	52°	15:14	**75° W**	1:02	8:11	57°	15:20	21.
31.	23:52	7:17	52°	14:41	**83° W**	0:26	7:37	57°	14:47	31.

zweite Nachthälfte

Saturn ♄ ist schon vor Jupiter zu beobachten, ist aber mit $+0.6^{mag}$ gegenüber -2.3^{mag} sehr viel schwächer.

Berlin						Zürich				
Juli	Aufgang	Kulmination Zeit	Kulmination Höhe	Untergang	**Elongation von der ☉**	Aufgang	Kulmination Zeit	Kulmination Höhe	Untergang	Juli
1.	23:58	5:07	27°	10:15	**121° W**	0:10	5:27	32°	10:44	1.
11.	23:19	4:26	27°	9:34	**131° W**	23:30	4:46	32°	10:03	11.
21.	22:39	3:45	27°	8:52	**141° W**	22:50	4:05	32°	9:21	21.
31.	21:59	3:04	26°	8:09	**151° W**	22:10	3:24	31°	8:38	31.

zweite Nachthälfte

Uranus ⛢ ist Beobachtungsobjekt nach Mitternacht.

Berlin						Zürich				
Juli	Aufgang	Kulmination Zeit	Kulmination Höhe	Untergang	**Elongation von der ☉**	Aufgang	Kulmination Zeit	Kulmination Höhe	Untergang	Juli
1.	2:02	9:46	55°	17:30	**47° W**	2:40	10:06	60°	17:32	1.
11.	1:24	9:08	55°	16:53	**56° W**	2:01	9:28	60°	16:55	11.
21.	0:45	8:30	56°	16:15	**65° W**	1:23	8:50	61°	16:18	21.
31.	0:07	7:52	56°	15:38	**74° W**	0:44	8:12	61°	15:40	31.

zweite Nachthälfte

Neptun ♆ geht jetzt bereits kurz vor Mitternacht auf und kann in der zweiten Nachthälfte beobachtet werden. Allerdings sind seine Kulminationshöhen um 20° geringer als die von Uranus.

Berlin						Zürich				
Juli	Aufgang	Kulmination Zeit	Kulmination Höhe	Untergang	**Elongation von der ☉**	Aufgang	Kulmination Zeit	Kulmination Höhe	Untergang	Juli
1.	0:29	6:22	35°	12:15	**101° W**	0:48	6:42	40°	12:37	1.
11.	23:50	5:43	35°	11:36	**110° W**	0:09	6:03	40°	11:57	11.
21.	23:11	5:03	35°	10:56	**120° W**	23:29	5:23	40°	11:17	21.
31.	22:31	4:24	35°	10:16	**130° W**	22:50	4:44	40°	10:37	31.

Planetoiden

(8) Flora (9.7^{mag}, S. 298) erscheint kurz nach Mitternacht und bleibt bis zum Morgen.
(9) Metis (11.2^{mag}, S. 300) zeigt sich nur kurz vor der Morgendämmerung.
(11) Parthenope (10.1^{mag}, S. 302) kann nur kurz um Mitternacht herum beobachtet werden.
(15) Eunomia (9.0^{mag}, S. 304) erreicht zwar am 8. die Oppositionsstellung, erscheint aber wegen sehr südlicher Deklination erst vor Mitternacht und bleibt 2 bis 3 Stunden zu sehen.
(18) Melpomene (10.3^{mag}, S. 306) taucht für 1 bis 2 Stunden vor dem Morgen auf.
(29) Amphitrite (10.7^{mag}, S. 308) kann nach Mitternacht bis gegen den frühen Morgen angegangen werden.

Meteorströme

Südliche δ-Aquariiden vom 12. Juli bis 19. August. Maximum 2023: 28. Juli, 9^h, bis 20 Sternschnuppen pro Stunde. Radiant: $\alpha = 22^h36^m$, $\delta = -17°$. Lange Bahnen, mittlere Geschwindigkeit 41 km/s, erzeugender Komet: 96P/Machholz 1.
Perseiden: ab 17. Juli erste „Vorläufer". Radiant jetzt: $\alpha = 1^h20^m$, $\delta = +46°$ (s. auch August).
α-Capricorniden vom 3. Juli bis 15. August. Maximum 2023: 30. Juli, 12^h, nur etwa 4 Sternschnuppen pro Stunde. Radiant: $\alpha = 20^h30^m$, $\delta = -10°$. Langsam: 23 km/s.

Fixsternhimmel

Am Abendhimmel sind jetzt günstig zu beobachten: Kugelsternhaufen in Herkules, Schlange, Schlangenträger, Schütze, Pegasus; offene Haufen in Skorpion, Schild, Schütze. Doppelsterne: Mizar-Alcor, ε Bootis, ξ Coronae Borealis, α Herculis, β Scorpii, $\varepsilon_1/\varepsilon_2$ Lyrae, 61 und β Cygni, γ Delphini, η Cassiopeiae, γ Andromedae.
Ab etwa $23½^h$ ist jetzt die **Milchstraße** vom 25. Juli an besonders gut zu beobachten (bis etwa $3½^h$, im Norden wird es allerdings kaum genügend dunkel). Der helle Arm der Milchstraße mit den prächtigen Sternwolken in den Sternbildern Schwan, Adler, Schild, Schütze verläuft jetzt aus der Zenitgegend zum Südhorizont.

Veränderliche

δ-Cephei-Maxima: 1. 14^h / 6. $22½^h$ / 12. $7½^h$ / 17. $16½^h$ / 23. 1^h / 28. 10^h
β-Lyrae-Minima: 6. 19^h / 19. $17½^h$

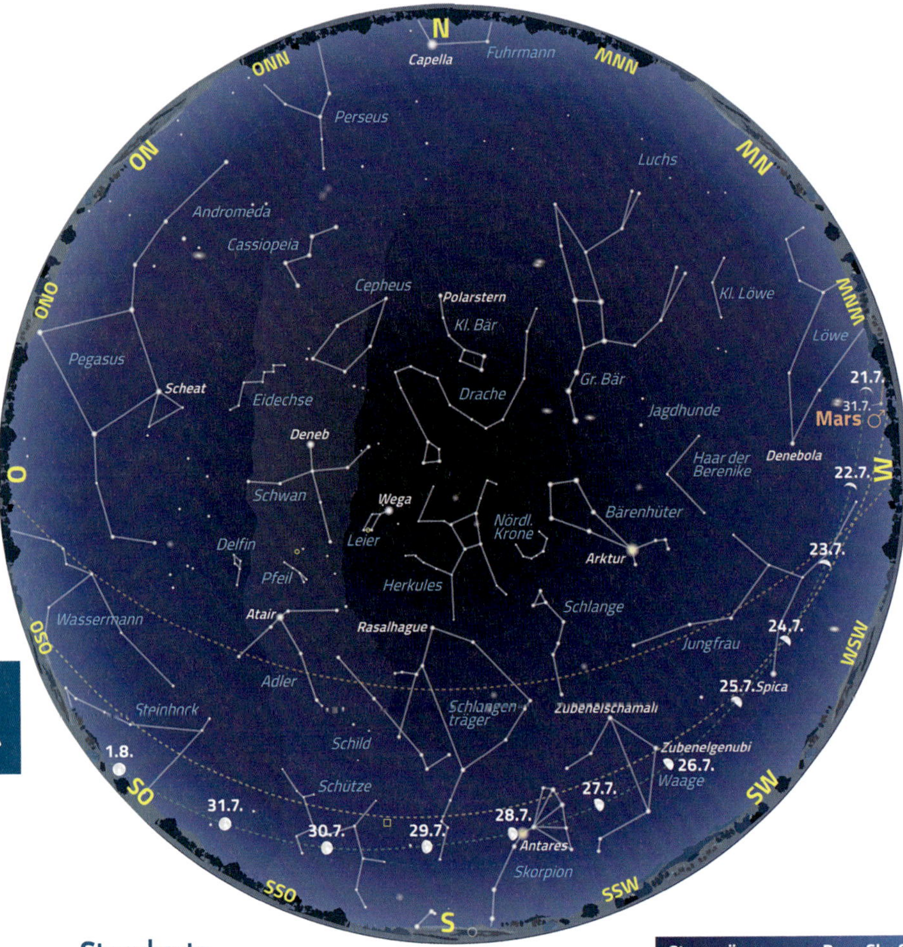

Sternkarte Juli

Die Planetenpositionen sind für den 15. Juli eingezeichnet.

1. Juli 24h MESZ	16. Juli 23h MESZ	1. Aug. 22h MESZ

Sternzeit dieser Karte:	17h20m
Vorhergehende Sternkarte: Juni	Seite 108
Nachfolgende Sternkarte: August	Seite 141

Astrokalender Juli 2023

1. Sa

	☾ ↓	↑	↔	H. =	
	2:18	20:05	23:32	10°0	Berlin
	3:05	19:54	23:53	15°0	Zürich

Zeit Berlin	Zeit Zürich	AFT	Objekt, Erscheinung
0:00:00.0			Sternzeit Berlin: 17:28:50.2 / Zürich: 17:08:50.2
0:00		–	☾ Mond-Alter 12^{d}72 nach ●
0:00		AFT	☾ Phase: 0.910 / Lichtgrenze bei –61°71
0½		A	☾ 5½° w. Antares
1–	1¾–	AFT	♄ **Saturn im OSO** (+0.8^{mag}, 122° w. ☉)
2½–	3–	T	♆ **Neptun im OSO** (+7.9^{mag}, 101° w. ☉)
2½–		T	♃ Mondstellung: (G I) ⊖ K
3¼–	3–	AFT	♃ **Jupiter im O** (–2.2^{mag}, 60° w. ☉)
3:28		T[3]	♃ (G I) → (I G), G ist 0.990 ⊖-Radien n. I; (I G) ⊖ K
3:29		T	♃ Europa BE, Pw. = 56°; (I G) (⊖ E) K
3½–	4½–	FT	⛢ **Uranus im ONO** (+5.8^{mag}, 47° w. ☉)
3½		T[1]	♄ Tethys in westlicher Elongation (Max. 5¼^{h})
7:06		u	☿ in oberer Konjunktion mit der ☉
21¾–		AFT	♀ **Venus im W** (–4.5^{mag}, 42° ö. ☉)
22¼–	22–	AFT	♂ **Mars im W** (+1.7^{mag}, 45° ö. ☉)
23		A	☾ 8° ö. Antares

2. So

	☾ ↓	↑	↔	H. =	
	2:54	21:23	[0:37]	8°7	Berlin
	3:47	21:09	[0:58]	13°7	Zürich

Zeit Berlin	Zeit Zürich	AFT	Objekt, Erscheinung
0:00:00.0			Sternzeit Berlin: 17:32:46.8 / Zürich: 17:12:46.8
0:00		AFT	☾ Phase: 0.964 / Lichtgrenze bei –73°90
2½–		T	♃ Mondstellung: ⊖ I (G E) K
3½		T[1]	♄ Dione in westlicher Elongation (Max. 4^{h})
3½		T[1]	♄ Tethys in östlicher Elongation (Max. 3¾^{h})
	4:43	T	♃ (G E) → (E G), G ist 0.936 ⊖-Radien n. E; ⊖ I (E G) K

3. Mo

	○ ↔	H. =	↓	↑	
	0:37	8°7	3:49	22:24	Berlin
	0:58	13°7	4:45	22:11	Zürich

Zeit Berlin	Zeit Zürich	AFT	Objekt, Erscheinung
0:00:00.0			Sternzeit Berlin: 17:36:43.3 / Zürich: 17:16:43.3
0:00		AFT	○ Phase: 0.994 / Lichtgrenze bei –86°09
2½–		T	♃ Mondstellung: I E ⊖ K G
2½		T[1]	♄ Tethys in westlicher Elongation (Max. 2½^{h})
3:23		–	○ Südlichste Lage, Dekl. –27°51′, Schütze
3½		T[1]	♄ Titan in westlicher Elongation (Max. 7¼^{h})
13:38		u	○ Vollmond, Schütze

MESZ

4. Di

○ ↔	**1:43**	H. = **9°5**	↓ **5:06**	↑ **23:05**	Berlin
	2:03	**14°6**	**6:00**	**22:58**	Zürich

0:00:00.0		Sternzeit Berlin: 17:40:39.9 / Zürich: 17:20:39.9
0:00	AFT	○ Phase: –0.995 / Lichtgrenze bei 81°72
1¼	T^1	♄ Tethys in östlicher Elongation (Max. 1^h)
2½–	T	♃ Mondstellung: E (⊖ K) I G
5:33	T	♃ Jupiter: GRF günstig (bei 38°)
21:27	u	◑ Größte ekliptikale Südbreite, Steinbock

5. Mi

◑ ↔	**2:47**	H. = **12°5**	↓ **6:38**	↑ **23:32**	Berlin
	3:07	**17°6**	**7:25**	**23:32**	Zürich

0:00:00.0		Sternzeit Berlin: 17:44:36.5 / Zürich: 17:24:36.5
0:00	AFT	◑ Phase: –0.968 / Lichtgrenze bei 69°53
0:28	–	◑ in Erdnähe: 56.4659 Erdradien, Steinbock
1	FT	◑ Maximale Libration in Breite: Nordpol sichtbar
1¼	T^1	♄ Tethys in westlicher Elongation (Max. $23¾^h$)
2½–	T	♃ Mondstellung: K I ⊖ E
2:34	T^3	♃ Ganymed DE, Pw. = 209°; K I (G ⊖) E
	T	◑ Bedeckungsende SAO 189416 (6.2^{mag})
3:57.9		Pw. = 247° a = 1.4 b = –0.1

6. Do

◑ ↔	**3:46**	H. = **17°3**	↓ **8:14**	↑ **23:51**	Berlin
	4:07	**22°4**	**8:53**	**23:58**	Zürich

0:00:00.0		Sternzeit Berlin: 17:48:33.0 / Zürich: 17:28:33.0
0:00	AFT	◑ Phase: –0.912 / Lichtgrenze bei 57°34
1¼	T^1	♄ Rhea in östlicher Elongation (Max. $23¾^h$)
2¼–	T	♃ Mondstellung: K G ⊖ I E
3:09	T	♃ Io SA, Pw. = 108°; K G (⊖ I) E
3¼–	T	◑ Streifende Bedeckung 37 Capricorni (5.8^{mag}, ZC 3158) Ungefährer Verlauf der nördlichen Grenzlinie: Brig – St. Gallen – s. Ulm – s. Nürnberg –s. Leipzig – Frankfurt a. O. Genauer Grenzverlauf: Tabelle S. 256
3½	T^1	♄ Dione in östlicher Elongation (Max. $6½^h$)
4:24	T	♃ Io DA, Pw. = 109°; K G ⊖ E
22	–	♁ Erde in Sonnenferne (1.016681 AE), vgl. 4. Januar

7. Fr

◑ ↔	**4:41**	H. = **23°3**	↓ **9:47**	↑ **[0:06]**	Berlin
	5:02	**28°4**	**10:19**	**[0:19]**	Zürich

0:00:00.0		Sternzeit Berlin: 17:52:29.6 / Zürich: 17:32:29.6
0:00	u	◑ Phase: –0.833 / Lichtgrenze bei 45°14
2¼–	T	♃ Mondstellung: K G E ⊖
2¾	T	♄ Rhea südlicher Vorbeigang (☌ um $2¾^h$)

MESZ

3–	T[1]	(2) Pallas (+9.2^{mag}) geht 5′ östlich an SAO 118001 (+6.0^{mag}) vorbei.
3½	A	☽ 4° s. Saturn
3½	T	♄ Titan nördlicher Vorbeigang (☌ um 5¾^{h})
3:53	T	♃ Io BE, Pw. = 71°; K G E (⊖ I)
15:50 16:10	FTA[7]	♀ kulminiert 50°4 / 55°4 über Horizont (39° ö. ☉)
22	–	♀ **Venus im „größten Glanz" als Abendstern: –4.7^{mag}**
23¼–	T	Deep-sky günstig bis ca. 0¼^{h}

8. Sa

	↑	↔	H. =	↓	
☽	**0:06**	**5:32**	**29°9**	**11:16**	Berlin
	0:19	**5:53**	**35°1**	**11:41**	Zürich

0:00:00.0		Sternzeit Berlin: 17:56:26.1 / Zürich: 17:36:26.1
0:00	u	☽ Phase: –0.737 / Lichtgrenze bei 32°94
2¼–	T	♃ Mondstellung: K G (I ⊖)
2¾–	T[1]	(18) Melpomene (+10.2^{mag}) geht 9′ nördlich an 95 Piscium (+7.3^{mag}) vorbei.
3½	T[1]	♄ Rhea in westlicher Elongation (Max. 6¼^{h})
3:40	T	♃ Europa VE, 0.5 n., 0.9 w.; K G I (E ⊖)
3:52	T	♃ Europa BA, Pw. = 305°; K G I ⊖
23¼–	T	Deep-sky günstig bis ca. 0½^{h}

9. So

	↑	↔	H. =	↓	
☽	**0:18**	**6:20**	**36°8**	**12:41**	Berlin
	0:37	**6:41**	**42°0**	**13:00**	Zürich

0:00:00.0		Sternzeit Berlin: 18:00:22.7 / Zürich: 17:40:22.7
0:00	u	☽ Phase: –0.630 / Lichtgrenze bei 20°74
1	T[1]	♄ Dione in östlicher Elongation (Max. 0¼^{h})
2¼–	T	♃ Mondstellung: K ⊖ (I G) E
4:42	T	♃ Jupiter: GRF günstig (bei 38°)
6:00	–	◗ Äquatordurchgang nordwärts, Walfisch
21½–	AFT[1]	♂ Mars (+1.7^{mag}) geht 51′ nördlich an Regulus (+1.3^{mag}) vorbei.
23¾– 23¼–	T	Deep-sky günstig bis ca. 0½^{h} / 0¾^{h}

10. Mo

	↑	↔	H. =	↓	
◗	**0:29**	**7:07**	**43°5**	**14:04**	Berlin
	0:54	**7:27**	**48°7**	**14:17**	Zürich

0:00:00.0		Sternzeit Berlin: 18:04:19.2 / Zürich: 17:44:19.2
0:00	u	◗ Phase: –0.519 / Lichtgrenze bei 8°52
2–	T	♃ Mondstellung: K I (E ⊖) G
3:48	–	◗ Letztes Viertel, Fische
23¾– 23¼–	T	Deep-sky günstig bis ca. 0½^{h} / 1^{h}

11. Di

	↑	↔	H. =	↓	
◗	**0:41**	**7:53**	**49°7**	**15:26**	Berlin
	1:11	**8:14**	**54°9**	**15:33**	Zürich

0:00:00.0		Sternzeit Berlin: 18:08:15.8 / Zürich: 17:48:15.8
0:00	u	◗ Phase: –0.410 / Lichtgrenze bei –3°70

MESZ

Juli

2–		A[1]	◑ Erdlicht (bis ca. 16. Juli)
2–		T	♃ Mondstellung: K E ⊖ I G
2½		FT	◑ Max. Libration in Länge: Krater Grimaldi randnah
3		T[1]	♄ Titan in östlicher Elongation (Max. 3^{h})
3:23		–	◐ im ☊, Widder
4		A	◐ 9½° w. Jupiter
23¾–	23¼–	T	Deep-sky günstig bis ca. $0¾^{h}$ / $1½^{h}$

12. Mi ◐ ↑ 0:55 / 1:31 ↔ 8:41 / 9:02 H. = 55°2 / 60°3 ↓ 16:47 / 16:48 Berlin / Zürich

0:00:00.0			Sternzeit Berlin: 18:12:12.4 / Zürich: 17:52:12.4
0:00		u	◐ Phase: –0.308 / Lichtgrenze bei –15°93
2–		T	♃ Mondstellung: (K I) ⊖ G E
4		A	◐ 4° nö. Jupiter
23¾–	23¼–	T	Deep-sky günstig bis ca. $1¼^{h}$ / $1¾^{h}$

13. Do ◐ ↑ 1:13 / 1:55 ↔ 9:30 / 9:51 H. = 59°6 / 64°7 ↓ 18:07 / 18:02 Berlin / Zürich

0:00:00.0			Sternzeit Berlin: 18:16:08.9 / Zürich: 17:56:08.9
0:00		u	◐ Phase: –0.216 / Lichtgrenze bei –28°17
2–		T	♃ Mondstellung: G ⊖ (K I) E
2:03		T[3]	♃ (K I) → (I K), K ist 1.534 ⊖-Radien n. I; G ⊖ (I K) E
2¾		T[1]	♄ Dione in westlicher Elongation (Max. $2¾^{h}$)
4		A	◐ 3½° sw. Plejaden
		T	◐ Bedeckungsende SAO 76045 (6.4^{mag})
	4:33.4		Pw. = 217° a = –0.2 b = 2.1
23¾–	23¼–	T	Deep-sky günstig bis ca. $1½^{h}$ / $2¼^{h}$

14. Fr ◐ ↑ 1:37 / 2:24 ↔ 10:22 / 10:42 H. = 62°8 / 67°9 ↓ 19:22 / 19:12 Berlin / Zürich

0:00:00.0			Sternzeit Berlin: 18:20:05.5 / Zürich: 18:00:05.5
0:00		u	◐ Phase: –0.139 / Lichtgrenze bei –40°41
1¾–		T	♃ Mondstellung: G E I ⊖ K
2:22		T[3]	♃ Io VA, 0.3 n., 2.0 w.; G E ⊖ K
3:51		T	♃ Jupiter: GRF günstig (bei 38°)
4		A	◐ 8° n. Aldebaran
15:32	15:52	FTA[7]	♀ kulminiert 48°3 / 53°3 über Horizont (35° ö. ☉)
23¾–	23¼–	T	Deep-sky günstig bis ca. 2^{h} / 3^{h}

15. Sa ◐ ↑ 2:10 / 3:02 ↔ 11:15 / 11:35 H. = 64°6 / 69°7 ↓ 20:27 / 20:13 Berlin / Zürich

0:00:00.0			Sternzeit Berlin: 18:24:02.0 / Zürich: 18:04:02.0
0:00		u	◐ Phase: –0.078 / Lichtgrenze bei –52°65
0½		T[1]	♄ Rhea in östlicher Elongation (Max. $0¼^{h}$)

abends kein Mondlicht

MESZ

1¾–		T	♃ Mondstellung: G E ⊖ K
2:59		T	♃ Io DE, Pw. = 251°; G E (I ⊖) K
3¾		T	♄ Titan südlicher Vorbeigang (☌ um 3¾^h)
3:57		T	♃ Europa VA, 0.5 n., 2.5 w.; G (I ⊖) K
4		A	◑ 2° s. Nath (β Tauri)
23¾–	23¼–	T	Deep-sky günstig bis ca. 2¾^h / 3¾^h

16. So ◑ ↑ **2:55** / **3:50** ↔ **12:08** / **12:28** H. = **64°9** / **70°0** ↓ **21:17** / **21:05** Berlin / Zürich

0:00:00.0			Sterzeit Berlin: 18:27:58.6 / Zürich: 18:07:58.6
0:00		u	◑ Phase: –0.034 / Lichtgrenze bei –64°90
1¾–		T	♃ Mondstellung: ⊖ (I G) E K
3½		T	♄ Rhea südlicher Vorbeigang (☌ um 3½^h)
4¼		AFT[3]	◑ Schmale Sichel, 40¼^h vor ●, 8° ü. H.
4:40		–	◑ Nördlichste Lage, Dekl. 27°52′, Zwillinge
	5	AFT[3]	◑ Schmale Sichel, 39½^h vor ●, 8° ü. H.
5:30		T	♃ Jupiter: GRF günstig (bei 38°)
14:22	14:42	T[7]	☿ kulminiert 56°8 / 61°8 über Horizont (16° ö. ☉)
23¾–	23¼–	T	Deep-sky günstig bis ca. 3¼^h

17. Mo ● ↑ **3:53** / **4:47** ↔ **13:00** / **13:20** H. = **63°7** / **68°8** ↓ **21:54** / **21:45** Berlin / Zürich

0:00:00.0			Sternzeit Berlin: 18:31:55.2 / Zürich: 18:11:55.2
0:00		u	● Phase: –0.009 / Lichtgrenze bei –77°15
1:39		T[3]	♃ Europa DA, Pw. = 126°; I ⊖ G K
1¾–		T	♃ Mondstellung: I ⊖ G K
3¾		T[1]	♄ Dione in östlicher Elongation (Max. 5^h)
3¾		T[1]	♄ Rhea in westlicher Elongation (Max. 6¾^h)
3:57		T	♃ Europa DE, Pw. = 235°; I (E ⊖) G K
20:32		–	● Neumond (B: 4°16, Z: 4°21 n. ☉), Zwillinge Beginn Lunation Nr. 1244
23½–	23¼–	T	Deep-sky günstig bis ca. 3¼^h

18. Di ● ↑ **5:02** / **5:51** ↔ **13:49** / **14:10** H. = **61°3** / **66°3** ↓ **22:20** / **22:16** Berlin / Zürich

0:00:00.0			Sternzeit Berlin: 18:35:51.7 / Zürich: 18:15:51.7
0:00		u	● Phase: 0.002 / Lichtgrenze bei 90°60
1½–		T	♃ Mondstellung: E ⊖ I G K
3¾		T[1]	♄ Tethys in westlicher Elongation (Max. 4¾^h)
6:30		–	● Größte ekliptikale Nordbreite, Krebs
23½–	23¼–	T	Deep-sky günstig bis ca. 3¼^h

abends kein Mondlicht

MESZ

19. Mi	◐ ↑	**6:15**	↔ **14:36**	H. = **57°7**	↓ **22:39**	Berlin
		6:59	**14:57**	**62°7**	**22:40**	Zürich

Berlin	Zürich		
0:00:00.0			Sternzeit Berlin: 18:39:48.3 / Zürich: 18:19:48.3
0:00		u	◐ Phase: 0.014 / Lichtgrenze bei 78°35
1½–		T	♃ Mondstellung: I ⊖ (E G) K
1:33		AFT[1]	β Persei (Algol) im Minimum: 3.39^{mag} (Max. 2.12^{mag})
2:52		T	♃ (E G) → (G E), E ist 1.303 ⊖-Radien n. G; I ⊖ (G E) K
3½		T[1]	♄ Tethys in östlicher Elongation (Max. 3½^h)
3:44		T	♃ Ganymed SA, Pw. = 146°; I ⊖ (G E) K
3¾		T[1]	♄ Titan in westlicher Elongation (Max. 5½^h)
14:31	14:51	T[7]	☿ kulminiert 55°1 / 60°1 über Horizont (19° ö. ☉)
21¼		FT	◐ Maximale Libration in Breite: Südpol sichtbar
	21¾	AFT[3]	◐ Schmale Sichel, 49¼^h nach ●, 8° ü. H.
23½–	23–	T	Deep-sky günstig bis ca. 3½^h

20. Do	◐ ↑	**7:28**	↔ **15:20**	H. = **53°2**	↓ **22:53**	Berlin
		8:07	**15:40**	**58°2**	**22:59**	Zürich

Berlin	Zürich		
0:00:00.0			Sternzeit Berlin: 18:43:44.8 / Zürich: 18:23:44.8
0:00		u	◐ Phase: 0.043 / Lichtgrenze bei 66°10
0¼		T[1]	♄ Dione in östlicher Elongation (Max. 22¾^h)
1½–		T	♃ Mondstellung: G ⊖ I (E K)
2		T[1]	♄ Tethys in westlicher Elongation (Max. 2^h)
8:56		–	◐ in Erdferne: 63.6997 Erdradien, Löwe
22–		A[1]	◐ Erdlicht (bis ca. 25. Juli)
23½–	23¼–	T	Deep-sky günstig bis ca. 3½^h

21. Fr	◐ ↑	**8:41**	↔ **16:01**	H. = **48°1**	↓ **23:04**	Berlin
		9:14	**16:22**	**53°1**	**23:16**	Zürich

Berlin	Zürich		
0:00:00.0			Sternzeit Berlin: 18:47:41.4 / Zürich: 18:27:41.4
0:00		u	◐ Phase: 0.089 / Lichtgrenze bei 53°85
0¾		T[1]	♄ Tethys in östlicher Elongation (Max. 0¾^h)
1½–		T	♃ Mondstellung: G (E I) (⊖ K)
4:16		T	♃ Io VA, 0.3 n., 2.0 w.; G E (K ⊖)
4:39		T	♃ Jupiter: GRF günstig (bei 39°)
15:07	15:27	FT[7]	♀ kulminiert 46°5 / 51°5 über Horizont (30° ö. ☉)
23½–	23¾–	T	Deep-sky günstig bis ca. 3½^h

22. Sa	◐ ↑	**9:53**	↔ **16:41**	H. = **42°6**	↓ **23:14**	Berlin
		10:20	**17:02**	**47°6**	**23:30**	Zürich

Berlin	Zürich		
0:00:00.0			Sternzeit Berlin: 18:51:38.0 / Zürich: 18:31:38.0
0:00		u	◐ Phase: 0.150 / Lichtgrenze bei 41°60
0		T[1]	♄ Rhea in westlicher Elongation (Max. 19¼^h)
0		T[1]	♄ Tethys in westlicher Elongation (Max. 23½^h)
1¼–		T	♃ Mondstellung: (G K) E ⊖ I

1:25		T³	♃ Io SA, Pw. = 108°; (G K) E ⊖ I
	2:46	T	♃ Io DA, Pw. = 109°; (G K) E ⊖
	4½–	T¹	(9) Metis (+11.0ᵐᵃᵍ) geht 7′ südlich an SAO 93721 (+5.8ᵐᵃᵍ) vorbei.
	3:35	T	♃ Io SE, Pw. = 252°; (G K) E ⊖
	3:44	T	♃ (G K) → (K G), G ist 1.848 ⊖-Radien n. K; (K G) E ⊖
	4:55	T	♃ Io DE, Pw. = 251°; (K G) E (I ⊖)
	5:49	–	Zwergplanet (134340) Pluto in Opposition zur ☉ (15.0ᵐᵃᵍ)
23½–	23¾–	T	Deep-sky günstig bis ca. 3½ʰ

23. So ◐ ↑ **11:04** / **11:26** ↔ **17:21** / **17:42** H. = **36°8** / **41°8** ↓ **23:23** / **23:44** Berlin / Zürich

	0:00:00.0		Sternzeit Berlin: 18:55:34.5 / Zürich: 18:35:34.5
	0:00	u	◐ Phase: 0.223 / Lichtgrenze bei 29°36
	0	T	♄ Rhea nördlicher Vorbeigang (☌ um 22¼ʰ)
	1¼–	T	♃ Mondstellung: K (⊖ G) E
	2:16	T	♃ Io BE, Pw. = 71°; K (⊖ I G) E
	3:06	T	♃ (I G) → (G I), I ist 0.534 ⊖-Radien s. G; K (⊖ G I) E
	3¾	T	♄ Titan nördlicher Vorbeigang (☌ um 3¾ʰ)
14:41	15:01	T⁷	☿ kulminiert 52°7 / 57°7 über Horizont (22° ö. ☉)
	17:30	–	◐ Äquatordurchgang südwärts, Jungfrau
23¾–	0–	T	Deep-sky günstig bis ca. 3½ʰ

24. Mo ◐ ↑ **12:16** / **12:32** ↔ **18:01** / **18:22** H. = **30°9** / **35°9** ↓ **23:33** / **23:59** Berlin / Zürich

	0:00:00.0		Sternzeit Berlin: 18:59:31.1 / Zürich: 18:39:31.1
	0:00	u	◐ Phase: 0.308 / Lichtgrenze bei 17°13
	1	T¹	♄ Rhea in östlicher Elongation (Max. 1ʰ)
	1¼–	T	♃ Mondstellung: K I ⊖ E G
	1¼	T¹	♄ Dione in westlicher Elongation (Max. 1¼ʰ)
1:32		T³	♃ Europa SA, Pw. = 125°; K I ⊖ E G
	3:53	T	♃ Europa SE, Pw. = 236°; K I (⊖ E) G
	4:20	T	♃ Europa DA, Pw. = 127°; K I ⊖ G
	22	A	◐ 5° nw. Spica
		T	◐ Sternbedeckung SAO 139187 (7.4ᵐᵃᵍ)
22:16.8			Pw. = 164° a = 0.5 b = –2.2
	22:26.3		Pw. = 171° a = 0.5 b = –2.5

25. Di ◐ ↑ **13:30** / **13:41** ↔ **18:43** / **19:04** H. = **25°2** / **30°1** ↓ **23:44** / **[0:15]** Berlin / Zürich

	0:00:00.0		Sternzeit Berlin: 19:03:27.6 / Zürich: 18:43:27.6
	0:00	u	◐ Phase: 0.401 / Lichtgrenze bei 4°90
0–	0¼–	T	Deep-sky günstig bis ca. 3½ʰ

MESZ

Juli

1¼–	T	♃	Mondstellung: K E ⊖ I G
4	T	♄	Rhea südlicher Vorbeigang (☌ um 4¼h)
17:05	–	◐	im ☋, Jungfrau
22	A	◐	7½° ö. Spica

26. Mi	◐ ↓	[23:44] **0:15**	↑	**14:48** **14:54**	↔	**19:29** **19:50**	H. =	**19°7** **24°7**	Berlin Zürich

0:00:00.0			Sternzeit Berlin: 19:07:24.2 / Zürich: 18:47:24.2
0:00	u	◐	Phase: 0.501 / Lichtgrenze bei –7°32
0– 0¾–	T		Deep-sky günstig bis ca. 3¾h
0:07	u	◐	Erstes Viertel, Jungfrau
1¼–	T	♃	Mondstellung: K I (⊖ E) G
3:48	T	♃	Jupiter: GRF günstig (bei 39°)
4	T1	♄	Rhea in westlicher Elongation (Max. 7½h)
14:46 15:06	T7	☿	kulminiert 50°8 / 55°8 über Horizont (23° ö. ☉)
22¾	FT	◐	Max. Libration in Länge: Mare Crisium randnah

27. Do	◐ ↓	**0:17** **0:35**	↑	**16:11** **16:10**	↔	**20:19** **20:40**	H. =	**14°9** **19°9**	Berlin Zürich

0:00:00.0			Sternzeit Berlin: 19:11:20.7 / Zürich: 18:51:20.7
0:00	AFT	◐	Phase: 0.603 / Lichtgrenze bei –19°54
0¼– 1–	T		Deep-sky günstig bis ca. 3¾h
1–	T	♃	Mondstellung: K G ⊖ I E
1	T1	♄	Titan in östlicher Elongation (Max. 1h)
22:47.9	T	◐	Sternbedeckung SAO 183637 (5.8mag) Pw. = 175° a = 1.1 b = –2.4 Skizze S. 254
23:19.8	T	◐	Sternbedeckung SAO 183665 (6.2mag) Pw. = 139° a = 1.3 b = –1.6

28. Fr	◐ ↓	**0:17** **1:01**	↑	**17:36** **17:29**	↔	**21:15** **21:35**	H. =	**11°2** **16°1**	Berlin Zürich

0:00:00.0			Sternzeit Berlin: 19:15:17.3 / Zürich: 18:55:17.3
0:00	AFT	◐	Phase: 0.704 / Lichtgrenze bei –31°74
0–	T	♃	Mondstellung: (G K) I E ⊖
0¾– 1½–	T		Deep-sky günstig bis ca. 3¾h
2:09	T	♃	(I E) → (E I), I ist 0.661 ⊖-Radien n. E; (G K) (E I) ⊖
3¾	I1	♄	Dione in östlicher Elongation (Max. 3¾h)
5:27	T	♃	Jupiter: GRF günstig (bei 39°)
14:35 14:55	T7	♀	kulminiert 45°2 / 50°2 über Horizont (23° ö. ☉)
20½–	AFT1	☿	Merkur (+0.0mag) geht 17′ südlich an Regulus (+1.3mag) vorbei.
22	A	◐	1½° ö. Antares

MESZ

Juli

29. Sa ☾ ↓ **0:45** / **1:36** ↑ **18:59** / **18:46** ↔ **22:16** / **22:37** H. = **9°0** / **14°0** Berlin / Zürich

Zeit			Ereignis
0:00:00.0			Sternzeit Berlin: 19:19:13.8 / Zürich: 18:59:13.8
0:00		AFT	☾ Phase: 0.799 / Lichtgrenze bei –43°95
0–		T	♃ Mondstellung: G E K ⊖ I
1–	2–	T	Deep-sky günstig bis ca. 3¾^{h}
3:19		T	♃ Io SA, Pw. = 108°; G E K ⊖ I
	4:42	T	♃ Io DA, Pw. = 109°; G E K ⊖
		T	☾ Sternbedeckung SAO 185588 (7.4^{mag})
	21:54.2		Pw. = 76° a = 1.8 b = 0.6

30. So ☾ ↓ **1:30** / **2:25** ↑ **20:08** / **19:54** ↔ **23:20** / **23:41** H. = **8°8** / **13°8** Berlin / Zürich

Zeit			Ereignis
0:00:00.0			Sternzeit Berlin: 19:23:10.4 / Zürich: 19:03:10.4
0:00		AFT	☾ Phase: 0.882 / Lichtgrenze bei –56°14
0–		T	♃ Mondstellung: (I G) ⊖ (K E)
1¾–	2¾–	T	Deep-sky günstig bis ca. 3¾^{h}
3:28		T	♃ Ganymed BA, Pw. = 335°; ⊖ (K E)
4:11		T	♃ Io BE, Pw. = 71°; (⊖ I) (K E)
	4:54	T	♃ Ganymed BE, Pw. = 24°; (⊖ G I) (K E)
13:13		u	☾ Südlichste Lage, Dekl. –27°56′, Schütze
14:52	15:12	T[7]	☿ kulminiert 48°3 / 53°3 über Horizont (25° ö. ⊙)
23½		T[1]	♄ Dione in östlicher Elongation (Max. 21½^{h})
23½		T[1]	♄ Rhea in westlicher Elongation (Max. 20^{h})

31. Mo ☾ ↓ **2:35** / **3:31** ↑ **20:58** / **20:48** ↔ **[0:26]** / **[0:47]** H. = **10°7** / **15°8** Berlin / Zürich

Zeit			Ereignis
0:00:00.0			Sternzeit Berlin: 19:27:07.0 / Zürich: 19:07:07.0
0:00		AFT	☾ Phase: 0.947 / Lichtgrenze bei –68°33
0–		T	♃ Mondstellung: ⊖ E G K
1:19		T[3]	♃ Io DE, Pw. = 251°; (I ⊖) E G K
1¾		T	♄ Titan südlicher Vorbeigang (☌ um 1¾^{h})
2:57		T	♃ Jupiter: GRF günstig (bei 39°)
4:09		T	♃ Europa SA, Pw. = 125°; I ⊖ E G K
23¼		FT	☾ Maximale Libration in Breite: Nordpol sichtbar
23½		T	♄ Rhea nördlicher Vorbeigang (☌ um 23^{h})

MESZ

August 2023

Sonne

Dämmerung, Auf- und Untergang, Kulminationswerte und Zeitgleichung

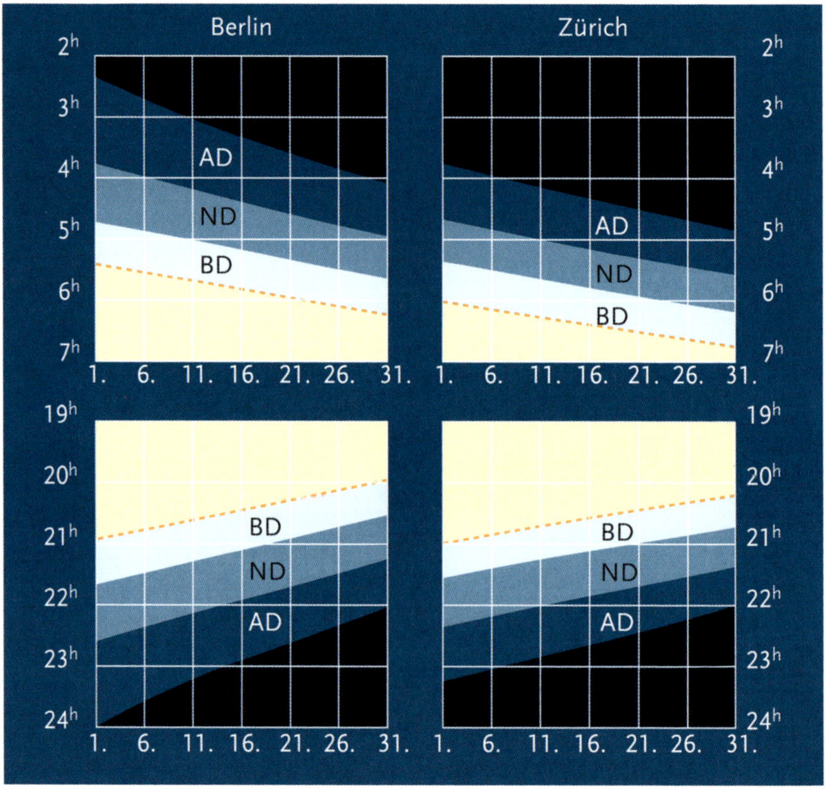

Berlin						Zürich				
Aug.	Aufgang	Kulmination Zeit	Höhe	Untergang	**Zeitgleichung**	Aufgang	Kulmination Zeit	Höhe	Untergang	Aug.
1.	5:25	13:12.4	55°5	20:59	– **6ᵐ4**	6:03	13:32.4	60°5	21:01	1.
6.	5:33	13:11.9	54°2	20:50	– **5ᵐ9**	6:10	13:31.9	59°2	20:53	6.
11.	5:41	13:11.3	52°8	20:40	– **5ᵐ3**	6:16	13:31.3	57°8	20:45	11.
16.	5:50	13:10.4	51°2	20:30	– **4ᵐ4**	6:23	13:30.4	56°2	20:37	16.
21.	5:58	13:09.2	49°6	20:19	– **3ᵐ2**	6:29	13:29.2	54°6	20:28	21.
26.	6:06	13:07.9	47°9	20:09	– **1ᵐ9**	6:36	13:27.9	52°9	20:19	26.
31.	6:14	13:06.4	46°1	19:57	– **0ᵐ4**	6:43	13:26.4	51°1	20:09	31.

Die Sonnenkulmination verfrüht sich weiterhin (bis 3. November), der „wahre Mittag“ findet Ende August 6 Minuten früher statt als Anfang Monat. Weitere Erklärungen und eine Grafik zur Zeitgleichung finden sich auf den Seiten 244/245.

Mond

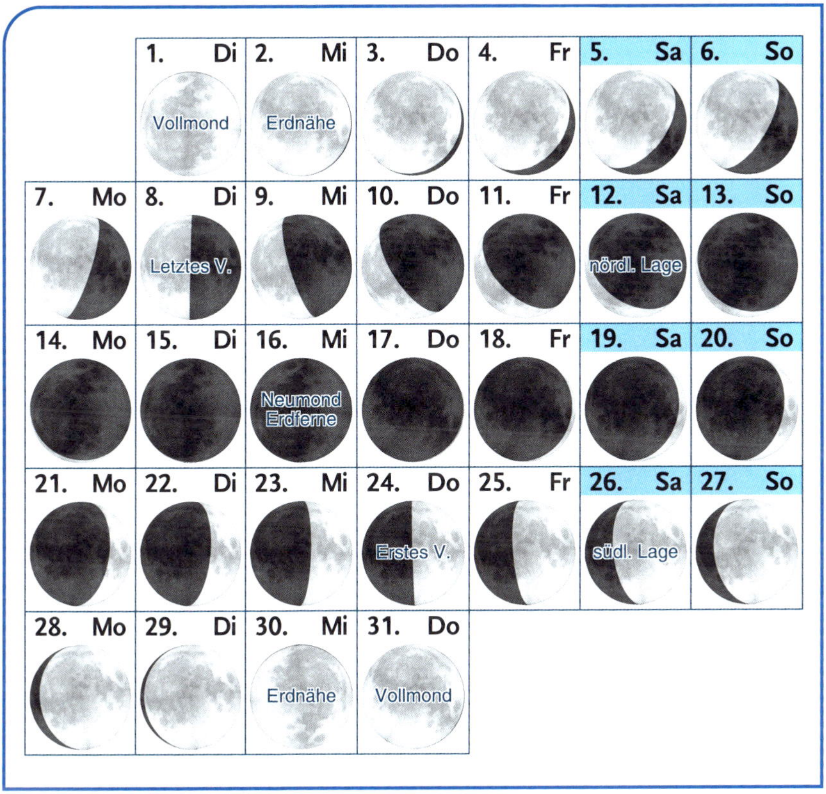

Die Planeten im August 2023

Planetenpositionen am 1., 15, und 31. August 2023 sowie Hauptmondphasen

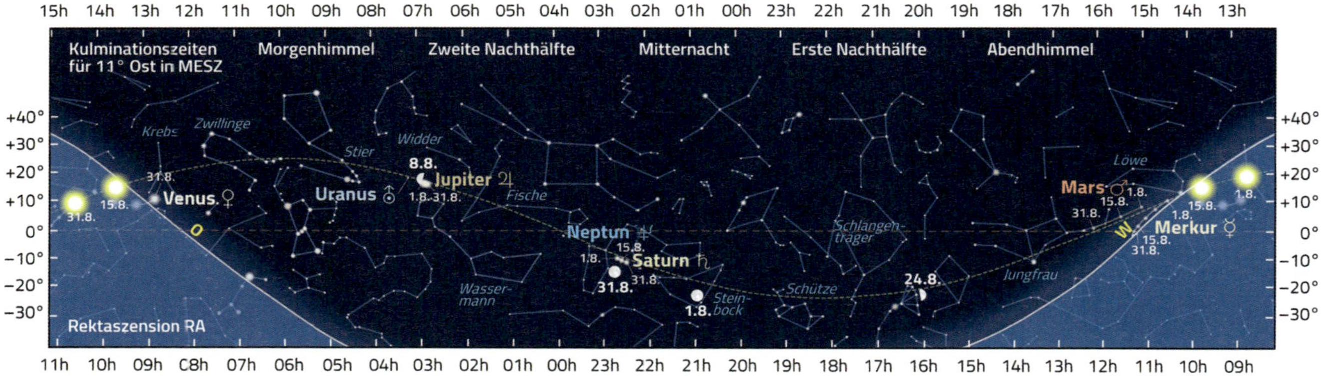

Scheinbare Planetengrössen und Phasen am 1., 15, und 31. August 2023

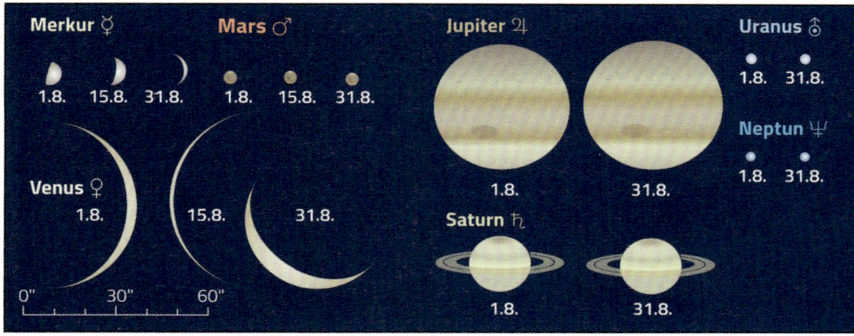

Merkur ☿	Sehr tief am westlichen Abendhimmel (grösste östliche Elongation am 10.8.)
Venus ♀	befindet sich am Übergang vom «Abend-» zum «Morgenstern»
Mars ♂	Abendstunden
Jupiter ♃	ganze Nacht sichtbar ab den Abendstunden
Saturn ♄	ganze Nacht sichtbar (Opposition am 27.8.)
Uranus ♅	teleskopisch ab den späten Abendstunden
Neptun ♆	ganze Nacht, teleskopisch

Planeten

abends, allenfalls tagsüber, dann unsichtbar

Merkur ☿ steht am 10. August in seiner größten östlichen Elongation, ist aber wegen der flach zum Horizont verlaufenden Ekliptik nur knapp über dem Horizont zu sehen. Die große Elongation erlaubt bis etwa zum 26. August eine Beobachtung tagsüber: Vorsichtsmaßnahmen s. Monatsübersicht Mai.

Berlin						Zürich				
Aug.	Aufgang	Kulmination Zeit	Kulmination Höhe	Untergang	**Elongation von der ☉**	Aufgang	Kulmination Zeit	Kulmination Höhe	Untergang	Aug.
1.	7:57	14:52	47°	21:46	**25° O**	8:26	15:12	52°	21:57	1.
6.	8:15	14:54	44°	21:31	**27° O**	8:41	15:14	49°	21:45	6.
11.	8:27	14:51	41°	21:14	**27° O**	8:51	15:11	46°	21:30	11.
16.	8:31	14:43	39°	20:54	**26° O**	8:53	15:03	44°	21:13	16.
21.	8:26	14:30	37°	20:33	**24° O**	8:47	14:50	42°	20:53	21.
26.	8:08	14:09	37°	20:09	**19° O**	8:28	14:29	42°	20:29	26.
31.	7:35	13:40	38°	19:45	**12° O**	7:56	14:00	43°	20:04	31.

abends, unsichtbar, dann morgens

Venus ♀ geht am 13. August so rasch vor der Sonne durch (untere Konjunktion), dass sie zu Monatsbeginn durchaus noch am Abendhimmel, Ende Monat aber bereits am Morgenhimmel aufgefunden werden kann. Erfahrene Beobachter können sie auch während der unteren Konjunktion tagsüber teleskopisch erkennen, weil sie dabei 7° südlich der Sonne steht.

Berlin						Zürich				
Aug.	Aufgang	Kulmination Zeit	Kulmination Höhe	Untergang	**Elongation von der ☉**	Aufgang	Kulmination Zeit	Kulmination Höhe	Untergang	Aug.
1.	7:32	14:14	45°	20:56	**19° O**	7:58	14:34	50°	21:09	1.
6.	7:03	13:44	45°	20:25	**13° O**	7:30	14:04	50°	20:39	6.
11.	6:31	13:13	45°	19:55	**8° O**	6:58	13:33	50°	20:08	11.
16.	5:57	12:41	45°	19:25	**8° W**	6:24	13:01	50°	19:38	16.
21.	5:23	12:10	46°	18:59	**14° W**	5:50	12:30	51°	19:11	21.
26.	4:51	11:43	47°	18:35	**20° W**	5:19	12:03	52°	18:47	26.
31.	4:23	11:19	47°	18:16	**25° W**	4:52	11:39	52°	18:26	31.

abends

Mars ♂ muss jetzt gleich nach dem Eindunkeln angegangen werden.

	Berlin					Zürich				
Aug.	Aufgang	Kulmination Zeit	Kulmination Höhe	Untergang	**Elongation von der ☉**	Aufgang	Kulmination Zeit	Kulmination Höhe	Untergang	Aug.
1.	8:43	15:26	45°	22:08	**34° O**	9:10	15:46	50°	22:21	1.
11.	8:41	15:10	42°	21:38	**31° O**	9:05	15:30	47°	21:54	11.
21.	8:38	14:54	40°	21:08	**28° O**	9:00	15:13	45°	21:26	21.
31.	8:36	14:37	37°	20:39	**24° O**	8:56	14:57	42°	20:59	31.

zweite Nachthälfte

Jupiter ♃ erscheint zunächst um Mitternacht, dann aber rasch immer früher.

	Berlin					Zürich				
Aug.	Aufgang	Kulmination Zeit	Kulmination Höhe	Untergang	**Elongation von der ☉**	Aufgang	Kulmination Zeit	Kulmination Höhe	Untergang	Aug.
1.	23:48	7:13	52°	14:38	**84° W**	0:22	7:33	57°	14:44	1.
11.	23:11	6:37	53°	14:03	**93° W**	23:45	6:57	58°	14:09	11.
21.	22:34	6:01	53°	13:28	**102° W**	23:08	6:21	58°	13:33	21.
31.	21:55	5:23	53°	12:50	**111° W**	22:30	5:42	58°	12:55	31.

ab späterem Abend, dann ganze Nacht

Saturn ♄ erreicht die Oppositionsstellung bereits am 27. August, also vor Jupiter. Die Kulminationshöhen sind dabei aber deutlich geringer als die von Jupiter.

	Berlin					Zürich				
Aug.	Aufgang	Kulmination Zeit	Kulmination Höhe	Untergang	**Elongation von der ☉**	Aufgang	Kulmination Zeit	Kulmination Höhe	Untergang	Aug.
1.	21:55	3:00	26°	8:05	**152° W**	22:06	3:20	31°	8:34	1.
11.	21:15	2:18	26°	7:22	**162° W**	21:25	2:38	31°	7:51	11.
21.	20:34	1:36	26°	6:38	**173° W**	20:44	1:56	31°	7:08	21.
31.	19:54	0:54	26°	5:54	**175° O**	20:03	1:14	31°	6:24	31.

zweite Nachthälfte

Uranus ⛢ kann bei guten Bedingungen schon ab Mitternacht angegangen werden.

	Berlin					Zürich				
Aug.	Aufgang	Kulmination Zeit	Kulmination Höhe	Untergang	**Elongation von der ☉**	Aufgang	Kulmination Zeit	Kulmination Höhe	Untergang	Aug.
1.	0:03	7:48	56°	15:34	**75° W**	0:40	8:08	61°	15:36	1.
11.	23:24	7:10	56°	14:56	**85° W**	0:02	7:30	61°	14:58	11.
21.	22:45	6:31	56°	14:17	**94° W**	23:23	6:51	61°	14:19	21.
31.	22:06	5:52	56°	13:38	**104° W**	22:43	6:12	61°	13:40	31.

ab späterem Abend

Neptun ♆ lässt sich jetzt bereits nach den ersten Abendstunden aufsuchen.

Berlin						Zürich				
Aug.	Aufgang	Kulmination Zeit	Höhe	Untergang	**Elongation von der ☉**	Aufgang	Kulmination Zeit	Höhe	Untergang	Aug.
1.	22:27	4:20	35°	10:12	**130° W**	22:46	4:40	40°	10:33	1.
11.	21:48	3:40	35°	9:32	**140° W**	22:06	4:00	40°	9:53	11.
21.	21:08	3:00	35°	8:51	**150° W**	21:26	3:20	40°	9:13	21.
31.	20:28	2:19	35°	8:10	**160° W**	20:47	2:39	40°	8:32	31.

Planetoiden

(4) Vesta (8.7^{mag}, S. 292) kann in den letzten 2 Stunden vor der Morgendämmerung beobachtet werden.
(8) Flora (8.7^{mag}, S. 298) steht am 30. in Opposition, erscheint aber wegen südlicher Deklination kurz vor Mitternacht und bleibt nicht ganz bis am Morgen zu sehen.
(9) Metis (11.0^{mag}, S. 300) zeigt sich erst etwa 2 Stunden nach Mitternacht, bleibt aber bis am Morgen.
(11) Parthenope (10.7^{mag}, S. 302) ist nur noch in den ersten Abendstunden zu sehen.
(15) Eunomia (9.6^{mag}, S. 304) ist immer noch in südlichen Gegenden und verschwindet um etwa Mitternacht.
(18) Melpomene (9.8^{mag}, S. 306) kann erst nach Mitternacht, aber bis zum Morgen beobachtet werden.
(29) Amphitrite (10.2^{mag}, S. 308) zeigt sich vor Mitternacht und bleibt bis am Morgen.

Meteorströme

Perseïden vom 17. Juli bis 24. August. Dieses Jahr fällt das Maximum (exakt am 13. August, 1^h) in die Zeit vor Neumond. Allenfalls wird man vor Mondaufgang die bis zu 100 Sternschnuppen pro Stunde beobachten können.
Radiant: $\alpha = 3^h05^m$, $\delta = +58°$. Die Perseïden sind eigentlich der schönste und reichste alljährlich erscheinende Meteorschwarm, nach geschichtlicher Überlieferung auch Laurentius-Strom oder „Laurentius-Tränen" genannt. Schnelle Sternschnuppen: 59 km/s. Erzeugender Komet: 109P/Swift-Tuttle.
κ-Cygniden vom 3. bis 28. August. Maximum 2023: 18. August, 6^h, nur etwa 3 Sternschnuppen pro Stunde. Radiant: $\alpha = 19^h05^m$, $\delta = +59°$. Langsame Sternschnuppen: 25 km/s.
α-Aurigiden vom 25. August bis 8. September. Maximum 2023: 1. September, 9^h, bis 7 Sternschnuppen pro Stunde. Radiant: $\alpha = 5^h36^m$, $\delta = +42°$. Schnelle Sternschnuppen: 66 km/s. Erzeugender Komet: Kiess (C/1911 N1).

Fixsternhimmel

Abends sind günstig zu sehen: Sternhaufen in den Sternbildern Herkules, Schlangenträger, Schlange, Schütze; Hantelnebel im Füchschen, Ringnebel in der Leier, Trifid-Nebel im Schützen, Spiralnebel in der Andromeda; Doppelsterne wie im Juli.
Die **Milchstraße** ist während der ganzen „astronomischen" Nacht, also von etwa 22^h bis 4^h gut zu beobachten, falls der Mond unter dem Horizont steht. Dies ist etwa vom 24. August an der Fall.

Veränderliche

δ-Cephei-Maxima: 2. $18½^h$ / 8. $3½^h$ / 13. 12^h / 18. 21^h / 24. $5½^h$ / 29. $14½^h$
β-Lyrae Minima: 1. 16^h / 14. $14½^h$ / 27. 13^h

Am Silvestertag 2021 waren gleich vier Planeten in der Abenddämmerung zu sehen. Aufnahme von Raimund Erni.

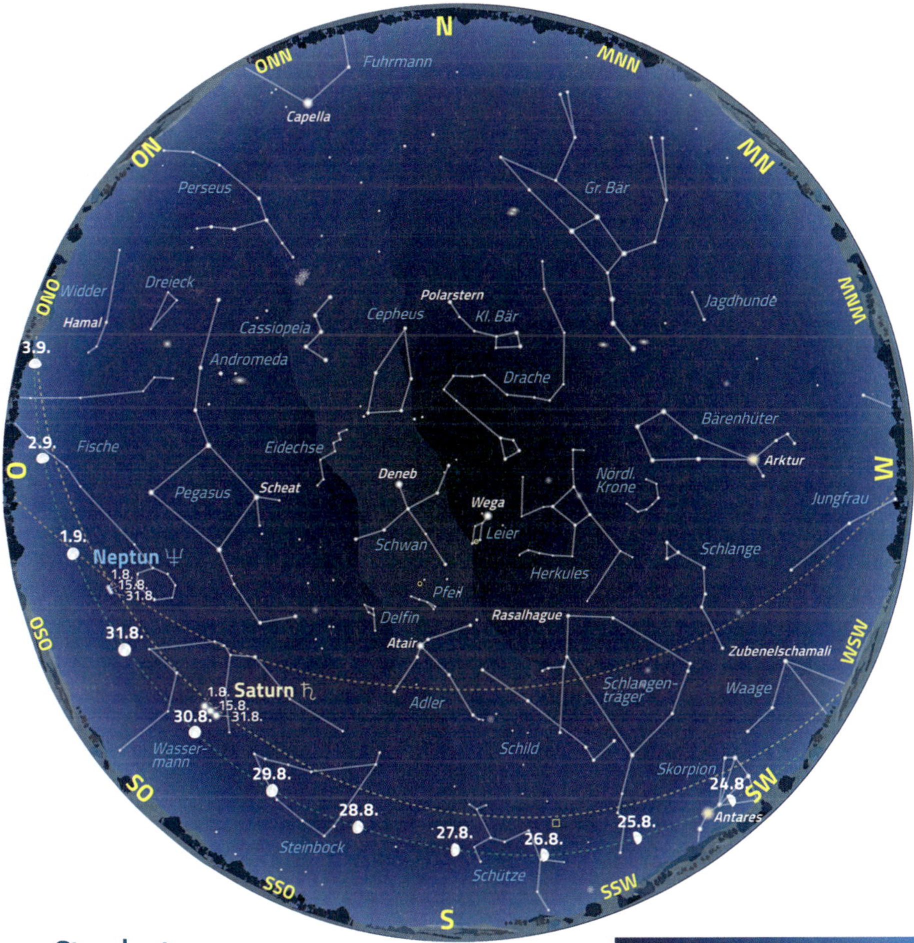

Sternkarte August

Die Planetenpositionen sind für den 15. August eingezeichnet.

1. Aug. 24^h MESZ | 16. Aug. 23^h MESZ | 1. Sept. 22^h MESZ

Sternzeit dieser Karte: 19^h20^m

Vorhergehende Sternkarte: Juli Seite 124
Nachfolgende Sternkarte: September Seite 159

Astrokalender August 2023

Zeit Berlin	Zeit Zürich	AFT	Objekt, Erscheinung
1. Di			◐ ↔ **0:26** / **0:47** H. = **10°7** / **15°8** ↓ **4:01** / **4:53** ↑ **21:31** / **21:28** Berlin / Zürich
0:00:00.0			Sternzeit Berlin: 19:31:03.5 / Zürich: 19:11:03.5
0:00		–	◐ Mond-Alter 14^{d}14 nach ●
0:00		AFT	◐ Phase: 0.987 / Lichtgrenze bei –80°52
0–		T	♃ Mondstellung: E ⊖ I G K
0¾–		T	♆ **Neptun im OSO** (+7.8^{mag}, 131° w. ⊙) Mondlicht stört nicht vom 16. an
1–	1¾–	AFT	♃ **Jupiter im O** (–2.4^{mag}, 85° w. ⊙)
2¼–	2–	FT	⛢ **Uranus im O** (+5.8^{mag}, 76° w. ⊙)
3:37		–	○ Größte ekliptikale Südbreite, Steinbock
4¼		T^1	♄ Dione in westlicher Elongation (Max. 6¼^h)
20:32		u	○ Vollmond, Steinbock
23¾–	23½–	AFT	♄ **Saturn im SO** (+0.6^{mag}, 153° w. ⊙)
2. Mi			○ ↔ **1:29** / **1:50** H. = **14°8** / **19°9** ↓ **5:38** / **6:22** ↑ **21:54** / **21:58** Berlin / Zürich
0:00:00.0			Sternzeit Berlin: 19:35:00.1 / Zürich: 19:15:00.1
0:00		AFT	○ Phase: –0.998 / Lichtgrenze bei 87°30
0–		T	♃ Mondstellung: I ⊖ G K
	0:41	T^3	♃ Europa VE, 0.5 n., 1.1 w.; I (E ⊖) G K
1:10		T^3	♃ Europa BA, Pw. = 306°; I ⊖ G K
1¾		T^1	♄ Rhea in östlicher Elongation (Max. 1¾^h)
3:27		T	♃ Europa BE, Pw. = 54°; I (⊖ E) G K
4:32		T	♃ Jupiter: GRF günstig (bei 39°)
7:52		u	○ in Erdnähe: 56.0213 Erdradien, Steinbock
14:54	15:14	T^7	☿ kulminiert 46°4 / 51°4 über Horizont (26° ö. ⊙)
	22¼–	T^1	(1) Ceres (+8.8^{mag}) geht 6′16″ nördlich an SAO 119684 (+7.0^{mag}) vorbei.
22¼–		T^1	(15) Eunomia (+9.2^{mag}) geht 3′56″ nördlich an 26 Sagittarii (+6.1^{mag}) vorbei.
3. Do			◑ ↔ **2:28** / **2:48** H. = **20°4** / **25°5** ↓ **7:16** / **7:52** ↑ **22:11** / **22:21** Berlin / Zürich
0:00:00.0			Sternzeit Berlin: 19:38:56.6 / Zürich: 19:18:56.6
0:00		AFT	◑ Phase: –0.978 / Lichtgrenze bei 75°11
0–		T	♃ Mondstellung: G ⊖ I E K
4		A	◑ 7½° sw. Saturn
4¼		T^1	♄ Tethys in östlicher Elongation (Max. 5¾^h)
4¼		T	♄ Rhea südlicher Vorbeigang (☌ um 5^h)

Aug.

MESZ

4. Fr	☽ ↔	**3:22**	H. =	**27°1**	↓	**8:50**	↑	**22:24**	Berlin
		3:43		**32°2**		**9:19**		**22:40**	Zürich

	0:00:00.0			Sternzeit Berlin: 19:42:53.2 / Zürich: 19:22:53.2
	0:00	AFT	☽	Phase: –0.930 / Lichtgrenze bei 62°92
	0–	T	♃	Mondstellung: G I (E ⊖) K
	0	T[1]	♄	Dione in westlicher Elongation (Max. 0^h)
	1¾–	FT[1]	♄	Saturn ($+0.6^{mag}$) geht 33′ südlich an σ Aquarii ($+4.9^{mag}$) vorbei.
	3¼	T[1]	♄	Titan in westlicher Elongation (Max. $3¼^h$)
	4	A	☽	9° ö. Saturn
	4¼	T[1]	♄	Rhea in westlicher Elongation (Max. $8¼^h$)
	4¼	T[1]	♄	Tethys in westlicher Elongation (Max. $4½^h$)
	4:27	T	♃	(I E) → (E I), I ist 0.689 ⊖-Radien n. E; G (E I) ⊖ K
	6:14	T	♃	Jupiter: GRF günstig (bei 39°)

5. Sa	☽ ↔	**4:13**	H. =	**34°2**	↓	**10:20**	↑	**22:36**	Berlin
		4:33		**39°3**		**10:42**		**22:58**	Zürich

	0:00:00.0			Sternzeit Berlin: 19:46:49.8 / Zürich: 19:26:49.8
	0:00	AFT	☽	Phase: –0.857 / Lichtgrenze bei 50°73
	0–	T	♃	Mondstellung: G E ⊖ I K
	3	T[1]	♄	Tethys in östlicher Elongation (Max. 3^h)
		T	☽	Bedeckungsende 27 Piscium (5.1^{mag}, SAO 147008)
	3:46.2			Pw. = 262° a = 1.7 b = 0.5 Skizze S. 254
3:56.8				Pw. = 263° a = 1.5 b = 0.3 Skizze S. 253
	5:12	T	♃	Io SA, Pw. = 108°; G E ⊖ I K
	12:58	u	☽	Äquatordurchgang nordwärts, Fische

6. So	☽ ↔	**5:01**	H. =	**41°2**	↓	**11:46**	↑	**22:48**	Berlin
		5:22		**46°4**		**12:02**		**23:16**	Zürich

	0:00:00.0			Sternzeit Berlin: 19:50:46.3 / Zürich: 19:30:46.3
	0:00	AFT	☽	Phase: –0.766 / Lichtgrenze bei 38°54
	0–	T	♃	Mondstellung: (G I) ⊖ E K
	1:43	T	♃	Ganymed VA, 0.8 n., 3.5 w.; I ⊖ (E K)
	1¾	T[1]	♄	Tethys in westlicher Elongation (Max. $1¾^h$)
	2:33	T	♃	Io VA, 0.3 n., 2.1 w.; ⊖ (E K)
	3:19	T	♃	(E K) → (K E), E ist 1.710 ⊖-Radien n. K; ⊖ (K E)
	3:27	T	♃	Ganymed VE, 0.8 n., 2.5 w.; G ⊖ (K E)
		T	☽	Bedeckungsende SAO 109507 (6.5^{mag})
	4:27.4			Pw. = 242° a = 1.3 b = 1.1
4:38.9				Pw. = 243° a = 1.3 b = 0.8
14:55	15:15	T[7]	☿	kulminiert 44°0 / 49°0 über Horizont (27° ö. ⊙)

MESZ

Aug.

MESZ

7. Mo	◑ ↔	**5:49**	H. =	**47°9**	↓	**13:11**	↑	**23:01**	Berlin
		6:10		**53°0**		**13:20**		**23:35**	Zürich

0:00:00.0		Sternzeit Berlin: 19:54:42.8 / Zürich: 19:34:42.8
0:00	AFT	◑ Phase: –0.664 / Lichtgrenze bei 26°34
0–	T	♃ Mondstellung: (K ⊖ I) (E G)
0½	T[1]	♄ Tethys in östlicher Elongation (Max. 0½^h)
1:05	T[3]	♃ Io DA, Pw. = 110°; (K ⊖) E G
1:51	T	♃ Io SE, Pw. = 252°; K ⊖ E G
3¼–	T[1]	(4) Vesta (+8.4^{mag}) geht 9′58″ südlich an 104 Tauri (+5.0^{mag}) vorbei.
3:13	T	♃ Io DE, Pw. = 251°; (K I ⊖) E G
3:44	T	♃ Jupiter: GRF günstig (bei 39°)
4:46	–	◑ im ☊, Widder
22¼–	T[1]	(15) Eunomia (+9.3^{mag}) geht 2′30″ nördlich an SAO 187080 (+5.7^{mag}) vorbei.
22½–	T	Deep-sky günstig bis ca. 23½^h
23	T[1]	♄ Tethys in westlicher Elongation (Max. 23^h)

8. Di	◑ ↔	**6:37**	H. =	**53°7**	↓	**14:35**	↑	**23:18**	Berlin
		6:58		**58°9**		**14:38**		**23:58**	Zürich

0:00:00.0		Sternzeit Berlin: 19:58:39.4 / Zürich: 19:38:39.4
0:00	AFT	◑ Phase: –0.557 / Lichtgrenze bei 14°13
0–	T	♃ Mondstellung: K E ⊖ G
0:34	T[3]	♃ Io BE, Pw. = 71°; K E (⊖ I) G
1¼	FT	◑ Max. Libration in Länge: Krater Grimaldi randnah
1½	T	♄ Titan nördlicher Vorbeigang (☌ um 1½^h)
2½	T[1]	♄ Dione in östlicher Elongation (Max. 2½^h)
3:14	AFT[1]	β Persei (Algol) im Minimum: 3.39^{mag} (Max. 2.12^{mag})
4	A	◑ 3½° w. Jupiter
12:28	–	◑ Letztes Viertel, Widder
22½–	T	Deep-sky günstig bis ca. 0^h
23	T[1]	♄ Rhea in westlicher Elongation (Max. 20½^h)
23	T[1]	♄ Tethys in östlicher Elongation (Max. 21¾^h)

9. Mi	◑ ↔	**7:27**	H. =	**58°6**	↓	**15:57**	↑	**23:39**	Berlin
		7:48		**63°7**		**15:53**		**[0:26]**	Zürich

0:00:00.0		Sternzeit Berlin: 20:02:36.0 / Zürich: 19:42:36.0
0:00	AFT	◑ Phase: –0.451 / Lichtgrenze bei 1°91
0–	T	♃ Mondstellung: K (E I) ⊖ G
0:21	T[3]	♃ (E I) → (I E), E ist 0.851 ⊖-Radien n. I; K (I E) ⊖ G
0:59	T[3]	♃ Europa VA, 0.5 n., 2.6 w.; K I ⊖ G
2–	A[1]	◑ Erdlicht (bis ca. 14. August)
3:16	T	♃ Europa VE, 0.5 n., 1.1 w.; K I (E ⊖) G
3:46	T	♃ Europa BA, Pw. = 307°; K I ⊖ G
5–	T[1]	(9) Metis (+10.9^{mag}) geht 11′52″ südlich an SAO 94022 (+6.6^{mag}) vorbei.

5		A	◐ 5½° sw. Plejaden
5:23		T	♃ Jupiter: GRF günstig (bei 40°)
14:54	15:14	T[7]	☿ kulminiert 42.°3 / 47.°3 über Horizont (27° ö. ☉)
22¾–	22½–	T	Deep-sky günstig bis ca. 23½^h / 0¼^h
23½		T	♄ Rhea nördlicher Vorbeigang (☌ um 23½^h)

10. Do ◐ ↑ [23:39] / 0:26 ↔ 8:18 / 8:39 H. = 62.°2 / 67.°3 ↓ 17:14 / 17:05 Berlin / Zürich

0:00:00.0		Sternzeit Berlin: 20:06:32.5 / Zürich: 19:46:32.5
0:00	u	◐ Phase: –0.350 / Lichtgrenze bei –10.°31
0–	T	♃ Mondstellung: K (G ⊖) I E
4	–	☿ in größter Elongation: 27°24′ ö. ☉
5	A	◐ 8° ö. Plejaden, 8½° n. Aldebaran
22½–	T	Deep-sky günstig bis ca. 0^h / 1^h
22¾	T[1]	♄ Dione in östlicher Elongation (Max. 20^h)

11. Fr ◐ ↑ 0:09 / 1:01 ↔ 9:11 / 9:32 H. = 64.°4 / 69.°5 ↓ 18:22 / 18:09 Berlin / Zürich

0:00:00.0		Sternzeit Berlin: 20:10:29.1 / Zürich: 19:50:29.1
0:00	u	◐ Phase: –0.257 / Lichtgrenze bei –22.°54
0–	T	♃ Mondstellung: K G I ⊖
0:02	AFT[1]	β Persei (Algol) im Minimum: 3.39^{mag} (Max. 2.12^{mag})
1:11	T	♃ Europa DE, Pw. = 234°; K G I (E ⊖)
2½	T[1]	♄ Rhea in östlicher Elongation (Max. 2½^h)
5	A	◐ 3° sw. Nath (β Tauri)
22½–	T	Deep-sky günstig bis ca. 0¾^h / 1¾^h
22¾	T[1]	♄ Titan in östlicher Elongation (Max. 22¾^h)

12. Sa ◐ ↑ 0:51 / 1:46 ↔ 10:04 / 10:25 H. = 65.°1 / 70.°2 ↓ 19:17 / 19:03 Berlin / Zürich

0:00:00.0		Sternzeit Berlin: 20:14:25.6 / Zürich: 19:54:25.6
0:00	u	◐ Phase: –0.177 / Lichtgrenze bei –34.°77
0–	T	♃ Mondstellung: K G E ⊖ I
2:53	T	♃ Jupiter: GRF günstig (bei 40°)
4½	T[1]	♄ Dione in westlicher Elongation (Max. 5^h)
4½	T	♄ Rhea südlicher Vorbeigang (☌ um 5¾^h)
9:39	–	◐ Nördlichste Lage, Dekl. 28°00′, Zwillinge
22½–	T	Deep-sky günstig bis ca. 1¾^h / 2½^h

13. So ◐ ↑ 1:45 / 2:40 ↔ 10:56 / 11:17 H. = 64.°4 / 69.°4 ↓ 19:57 / 19:46 Berlin / Zürich

0:00:00.0		Sternzeit Berlin: 20:18:22.2 / Zürich: 19:58:22.2
0:00	u	◐ Phase: –0.109 / Lichtgrenze bei –47.°01
0–	T	♃ Mondstellung: K (G I) ⊖ E

abends kein Mondlicht

MESZ

Aug.

Zeit		Ereignis
4:27	T	♃ Io VA, 0.3 n., 2.1 w.; K G ⊖ E
4½	T[1]	♄ Rhea in westlicher Elongation (Max. 9^h)
5	A	◐ 8° sw. Castor, 8½° w. Pollux
5:43	T	♃ Ganymed VA, 0.8 n., 3.5 w.; K ⊖ E
13:16	–	♀ in unterer Konjunktion mit der ☉
14:50 15:10	T[7]	☿ kulminiert 40°3 / 45°3 über Horizont (27° ö. ☉)
22½– 22¼–	T	Deep-sky günstig bis ca. 2¾^h / 3¾^h

14. Mo	◐ ↑	**2:51** **3:42**	↔	**11:46** **12:07**	H. =	**62°2** **67°3**	↓	**20:25** **20:19**	Berlin Zürich

Zeit		Ereignis
0:00:00.0		Sternzeit Berlin: 20:22:18.8 / Zürich: 20:02:18.8
0:00	u	◐ Phase: –0.057 / Lichtgrenze bei –59°25
0–	T	♃ Mondstellung: K ⊖ I (G E)
1:35	T	♃ Io SA, Pw. = 108°; K ⊖ I (G E)
1:42	T	♃ (G E) → (E G), G ist 1.225 ⊖-Radien n. E; K (⊖ I) (E G)
2:58	T	♃ Io DA, Pw. = 110°; K ⊖ (E G)
3:45	T	♃ Io SE, Pw. = 252°; K ⊖ (E G)
4:31	T	♃ Jupiter: GRF günstig (bei 40°)
5–	T[1]	(18) Melpomene (+9.6^{mag}) geht 10′57″ südlich an SAO 110636 (+5.9^{mag}) vorbei.
5	A	◐ 4½° sö. Pollux, 8½° sö. Castor
5:07	T	♃ Io DE, Pw. = 250°; K (I ⊖) E G
6	FT	◐ Maximale Libration in Breite: Südpol sichtbar
7:18	–	◐ Größte ekliptikale Nordbreite, Krebs
22½– 22¼–	T	Deep-sky günstig bis ca. 4^h / 4¾^h
22½	T[1]	♄ Dione in westlicher Elongation (Max. 22½^h)

15. Di	◐ ↑	**4:03** **4:49**	↔	**12:34** **12:54**	H. =	**58°9** **64°0**	↓	**20:45** **20:45**	Berlin Zürich

Zeit		Ereignis
0:00:00.0		Sternzeit Berlin: 20:26:15.3 / Zürich: 20:06:15.3
0:00	u	◐ Phase: –0.022 / Lichtgrenze bei –71°49
0–	T	♃ Mondstellung: E K ⊖ G
2:27	T	♃ Io BE, Pw. = 70°; E (K ⊖ I) G
5¼	AFT[3]	◐ Schmale Sichel, 30½^h vor ●, 8° ü. H.
6	AFT[3]	◐ Schmale Sichel, 29¾^h vor ●, 9° ü. H.
22½– 22¼–	T	Deep-sky günstig bis ca. 4½^h
23¼	T	♄ Titan südlicher Vorbeigang (☌ um 23¼^h)

16. Mi	● ↑	**5:17** **5:57**	↔	**13:18** **13:39**	H. =	**54°7** **59°7**	↓	**21:00** **21:05**	Berlin Zürich

Zeit		Ereignis
0:00:00.0		Sternzeit Berlin: 20:30:11.9 / Zürich: 20:10:11.9
0:00	u	● Phase: –0.004 / Lichtgrenze bei –83°73
0–	T	♃ Mondstellung: E (I ⊖) K G
2:33	T	♃ (E I) → (I E), E ist 0.846 ⊖-Radien n. I; (I E) ⊖ K G

abends kein Mondlicht

MESZ

3:35	T	♃ Europa VA, 0.5 n., 2.6 w.; I ⊖ (K G)
4¾	T[1]	♄ Dione in östlicher Elongation (Max. 7¼^{h})
6:10	T	♃ Jupiter: GRF günstig (bei 40°)
11:38	–	● Neumond (B: 4°10, Z: 4°18 n. ⊙), Löwe Beginn Lunation Nr. 1245
13:55	–	● in Erdferne: 63.7541 Erdradien, Löwe
14:45 15:05	T[7]	☿ kulminiert 39°0 / 44°0 über Horizont (26° ö. ⊙)
22¼–	T	Deep-sky günstig bis ca. 4½^{h}

17. Do	● ↑	**6:31** **7:05**	↔	**14:01** **14:21**	H. = **49°7** **54°7**	↓	**21:12** **21:22**	Berlin Zürich

0:00:00.0		Sternzeit Berlin: 20:34:08.4 / Zürich: 20:14:08.4
0:00	u	● Phase: 0.004 / Lichtgrenze bei 84°02
0–	T	♃ Mondstellung: (⊖ G) I E K
2:01	T	♃ Jupiter: GRF günstig (bei 40°)
22¼–	T	Deep-sky günstig bis ca. 4½^{h}
22¼	T[1]	♄ Rhea in westlicher Elongation (Max. 21¼^{h})

18. Fr	◐ ↑	**7:43** **8:12**	↔	**14:41** **15:01**	H. = **44°3** **49°3**	↓	**21:22** **21:37**	Berlin Zürich

0:00:00.0		Sternzeit Berlin: 20:38:05.0 / Zürich: 20:18:05.0
0:00	u	◐ Phase: 0.022 / Lichtgrenze bei 71°78
0–	T	♃ Mondstellung: G I (⊖ E) K
1:01	T	♃ Europa SE, Pw. = 236°; G I (⊖ E) K
1:29	T	♃ Europa DA, Pw. = 128°; G I ⊖ K
3:44	T	♃ Europa DE, Pw. = 233°; G I (E ⊖) K
22¼–	T	Deep-sky günstig bis ca. 4½^{h}

19. Sa	◐ ↑	**8:54** **9:17**	↔	**15:20** **15:41**	H. = **38°5** **43°5**	↓	**21:31** **21:51**	Berlin Zürich

0:00:00.0		Sternzeit Berlin: 20:42:01.5 / Zürich: 20:22:01.5
0:00	u	◐ Phase: 0.057 / Lichtgrenze bei 59°53
0–	T	♃ Mondstellung: G E ⊖ I K
0¼	T	♄ Rhea nördlicher Vorbeigang (☌ um 0¼^{h})
1	T[1]	♄ Dione in östlicher Elongation (Max. 1^{h})
3:40	T	♃ Jupiter: GRF günstig (bei 40°)
22¼–	T	Deep-sky günstig bis ca. 4¾^{h}
22:46	u	◐ Äquatordurchgang südwärts, Jungfrau

20. So	◐ ↑	**10:05** **10:24**	↔	**16:00** **16:21**	H. = **32°7** **37°6**	↓	**21:40** **22:05**	Berlin Zürich

0:00:00.0		Sternzeit Berlin: 20:45:58.1 / Zürich: 20:25:58.1
0:00	u	◐ Phase: 0.109 / Lichtgrenze bei 47°30
0–	T	♃ Mondstellung: G I ⊖ E K

abends kein Mondlicht

MESZ

0¾		T[1]	♄ Titan in westlicher Elongation (Max. 0¾^{h})
3		T[1]	♄ Rhea in östlicher Elongation (Max. 3^{h})
4¾		T[1]	♄ Tethys in östlicher Elongation (Max. 5½^{h})
14:34	14:54	T[7]	☿ kulminiert 37°7 / 42°7 über Horizont (24° ö. ☉)
21–		A[1]	◐ Erdlicht (bis ca. 23. August)
22¼–	22½–	T	Deep-sky günstig bis ca. 4¾^{h}

21. Mo	◐ ↑	↔	H. =	↓	
	11:18	**16:41**	**26°9**	**21:51**	Berlin
	11:31	**17:02**	**31°8**	**22:21**	Zürich

0:00:00.0			Sternzeit Berlin: 20:49:54.6 / Zürich: 20:29:54.6
0:00		u	◐ Phase: 0.176 / Lichtgrenze bei 35°06
0–		T	♃ Mondstellung: ⊖ (G I) E K
0:14		T[3]	♃ (G I) → (I G), G ist 1.085 ⊖-Radien n. I; ⊖ (I G) E K
3¼		T	♄ Iapetus nördlicher Vorbeigang (☌ um 3¼^{h})
3:28		T	♃ Io SA, Pw. = 108°; ⊖ I (G E) K
4		T[1]	♄ Tethys in westlicher Elongation (Max. 4^{h})
4¾		T	♄ Rhea südlicher Vorbeigang (☌ um 6¼^{h})
4:50		T	♃ Io DA, Pw. = 110°; ⊖ (G E) K
4:57		T	♃ (G E) → (E G), G ist 1.263 ⊖-Radien n. E; ⊖ (E G) K
5:18		T	♃ Jupiter: GRF günstig (bei 40°)
	5:38	T	♃ Io SE, Pw. = 252°; ⊖ (E G) K
18:23		–	◐ im ☋, Jungfrau
22		T[1]	♄ Dione in östlicher Elongation (Max. 18¾^{h})
22¼–	22¾–	T	Deep-sky günstig bis ca. 4¾^{h}

22. Di	◐ ↑	↔	H. =	↓	
	12:34	**17:24**	**21°4**	**22:03**	Berlin
	12:41	**17:45**	**26°3**	**22:39**	Zürich

0:00:00.0			Sternzeit Berlin: 20:53:51.2 / Zürich: 20:33:51.2
0:00		u	◐ Phase: 0.256 / Lichtgrenze bei 22°83
0–		FT[1]	♃ Jupiter (–2.5^{mag}) geht 30″ nördlich an σ Arietis (+5.5^{mag}) vorbei.
0–		T	♃ Mondstellung: E I ⊖ (G K)
0:50		T	♃ Io VA, 0.3 n., 2.0 w.; E ⊖ (G K)
2:13		T	♃ (G K) → (K G), G ist 1.562 ⊖-Radien n. K; E ⊖ (K G)
2¾		T[1]	♄ Tethys in östlicher Elongation (Max. 2¾^{h})
4:19		T	♃ Io BE, Pw. = 70°; E (⊖ I) (K G)
4¾		T[1]	♄ Rhea in westlicher Elongation (Max. 9½^{h})
22½–	23–	T	Deep-sky günstig bis ca. 4¾^{h}

23. Mi	◐ ↑	↔	H. =	↓	
	13:53	**18:11**	**16°4**	**22:19**	Berlin
	13:54	**18:32**	**21°4**	**23:01**	Zürich

0:00:00.0			Sternzeit Berlin: 20:57:47.7 / Zürich: 20:37:47.7
0:00		u	◐ Phase: 0.348 / Lichtgrenze bei 10°61
0–		T	♃ Mondstellung: E ⊖ K G
0:07		T[3]	♃ Io SE, Pw. = 252°; E ⊖ K G

Berlin	Zürich		
1¼		T[1]	♄ Tethys in westlicher Elongation (Max. 1¼^h)
1:27		T	♃ Io DE, Pw. = 250°; E (I ⊖) K G
3½		T[1]	♄ Dione in westlicher Elongation (Max. 3½^h)
4:43		T	♃ (E I) → (I E), E ist 0.839 ⊖-Radien n. I; (I E) ⊖ K G
14:24	14:44	T[7]	☿ kulminiert 37°1 / 42°1 über Horizont (22° ö. ☉)
22¾–	23½–	T	Deep-sky günstig bis ca. 4¾^h
23¼		T	♄ Titan nördlicher Vorbeigang (☌ um 23¼^h)
23:49		T[3]	♃ Ganymed SA, Pw. = 148°; K (⊖ I G) E

24. Do ◐ ↑ **15:16** / **15:10** ↔ **19:03** / **19:24** H. = **12°3** / **17°3** ↓ **22:42** / **23:31** Berlin / Zürich

Berlin	Zürich		
0:00:00.0			Sternzeit Berlin: 21:01:44.3 / Zürich: 20:41:44.3
0:00		u	◐ Phase: 0.449 / Lichtgrenze bei –1°61
0–		T	♃ Mondstellung: K (⊖ I G) E
0		T[1]	♄ Tethys in östlicher Elongation (Max. 0^h)
1:03		T	♃ (I G) → (G I), I ist 1.170 ⊖-Radien n. G; K ⊖ (G I) E
1:39		T	♃ Ganymed SE, Pw. = 212°; K ⊖ (G I) E
2:48		T	♃ Jupiter: GRF günstig (bei 40°)
3–		T[1]	(4) Vesta (+8.3^{mag}) geht 18′00″ nördlich an 119 Tauri (+4.7^{mag}) vorbei.
	5:37	T	♃ Ganymed DA, Pw. = 162°; K ⊖ I E
11:57		u	◐ Erstes Viertel, Skorpion
21		A	◐ 4° w. Antares
21¼		FT	◐ Max. Libration in Länge: Mare Crisium randnah
22¾		T[1]	♄ Tethys in westlicher Elongation (Max. 22¾^h)
23–	23¾–	T	Deep-sky günstig bis ca. 4¾^h

25. Fr ◐ ↑ **16:38** / **16:26** ↔ **20:00** / **20:21** H. = **9°5** / **14°5** ↓ **23:18** / **[0:12]** Berlin / Zürich

Berlin	Zürich		
0:00:00.0			Sternzeit Berlin: 21:05:40.8 / Zürich: 20:45:40.8
0:00		u	◐ Phase: 0.555 / Lichtgrenze bei –13°82
0–		T	♃ Mondstellung: K G I ⊖ E
1:17		T	♃ Europa SA, Pw. = 125°; K G I ⊖ E
3:37		T	♃ Europa SE, Pw. = 236°; K G I (⊖ E)
4:01		T	♃ Europa DA, Pw. = 128°; K G I ⊖
11:48	12:08	T[7]	♀ kulminiert 46°5 / 51°5 über Horizont (18° w. ☉)
21		A	◐ 9½° ö. Antares
21¾		T[1]	♄ Dione in westlicher Elongation (Max. 21¼^h)
21¾		T[1]	♄ Tethys in östlicher Elongation (Max. 21¼^h)
23¾–	0½–	T	Deep-sky günstig bis ca. 4¾^h

26. Sa ◐ ↓ **[23:18]** / **0:12** ↑ **17:51** / **17:37** ↔ **21:02** / **21:22** H. = **8°4** / **13°4** Berlin / Zürich

Berlin	Zürich		
0:00:00.0			Sternzeit Berlin: 21:09:37.4 / Zürich: 20:49:37.4
0:00		u	◐ Phase: 0.662 / Lichtgrenze bei –26°02
0–		T	♃ Mondstellung: K G E ⊖ I

MESZ

Aug.

	4:27		T	♃ Jupiter: GRF günstig (bei 40°)
	21¾		T[1]	♄ Tethys in westlicher Elongation (Max. 20ʰ)
	22		T[1]	♄ Rhea in westlicher Elongation (Max. 22ʰ)
	22:22		–	☾ Südlichste Lage, Dekl. –28°06′, Schütze

27. So	☾ ↓ **0:12** / **1:08**	↑ **18:49** / **18:36**	↔ **22:05** / **22:26**	H. = **9°4** / **14°4**	Berlin / Zürich

	0:00:00.0			Sternzeit Berlin: 21:13:34.0 / Zürich: 20:53:34.0
	0:00		AFT	☾ Phase: 0.764 / Lichtgrenze bei –38°22
	0–		T	♃ Mondstellung: K G I ⊖
	0:21		T	♃ Europa BE, Pw. = 53°; K G I (⊖ E)
0½–		1½–	T	Deep-sky günstig bis ca. 5ʰ
	4¾		T[1]	♄ Dione in östlicher Elongation (Max. 6ʰ)
		5½–	AF[1]	**Ost-Zodiakallicht günstig**
	10:28		–	♄ in Opposition zur ☉ (+0.6ᵐᵃᵍ, Dm. 19″02)
14:05		14:25	T[7]	☿ kulminiert 36°9 / 41°9 über Horizont (17° ö. ☉)
	21¾		T[1]	♄ Titan in östlicher Elongation (Max. 20¼ʰ)
			T	☾ Sternbedeckung SAO 188079 (5.9ᵐᵃᵍ)
		22:50.6		Pw. = 25° a = 1.0 b = 0.8 Skizze S. 254

28. Mo	☾ ↓ **1:27** / **2:21**	↑ **19:28** / **19:21**	↔ **23:09** / **23:29**	H. = **12°4** / **17°5**	Berlin / Zürich

	0:00:00.0			Sternzeit Berlin: 21:17:30.5 / Zürich: 20:57:30.5
	0:00		AFT	☾ Phase: 0.855 / Lichtgrenze bei –50°40
	0–		T	♃ Mondstellung: K ⊖ G I E
	1		T	♄ Rhea nördlicher Vorbeigang (☌ um 1ʰ)
1¾–		2¾–	T	Deep-sky günstig bis ca. 5ʰ
	2:59		T	♃ (G I) → (I G), G ist 1.134 ⊖-Radien n. I; K ⊖ (I G) E
	5:22		T	♃ Io SA, Pw. = 108°; K ⊖ I G E
	6:05		T	♃ Jupiter: GRF günstig (bei 41°)
	10:25		u	☾ Größte ekliptikale Südbreite, Schütze
	21½		FT	☾ Maximale Libration in Breite: Nordpol sichtbar
			T	☾ Sternbedeckung SAO 189309 (6.6ᵐᵃᵍ)
		21:50.1		Pw. = 152° a = 2.0 b = –1.5
21:56.3				Pw. = 144° a = 2.0 b = –0.2
	23½–		T	♃ Mondstellung: K (I E) ⊖ G
			T	☾ Sternbedeckung SAO 189406 (7.1ᵐᵃᵍ)
		23:54.7		Pw. = 48° a = 1.2 b = 0.4

29. Di	☾ ↓ **2:59** / **3:46**	↑ **19:55** / **19:55**	↔ **[0:09]** / **[0:30]**	H. = **17°3** / **22°4**	Berlin / Zürich

	0:00:00.0			Sternzeit Berlin: 21:21:27.1 / Zürich: 21:01:27.1
	0:00		AFT	☾ Phase: 0.929 / Lichtgrenze bei –62°59
	0–		T	♃ Mondstellung: K (I E) ⊖ G

Aug.

MESZ

		T	☾	Sternbedeckung SAO 189406 (7.1^{mag})
0:01.2				Pw. = 48° a = 0.9 b = 0.0
		T	☾	Sternbedeckung SAO 189416 (6.2^{mag})
	0:04.3			Pw. = 73° a = 1.4 b = –0.0
0:10.3				Pw. = 72° a = 1.3 b = –0.3
0:12		T	♃	(I E) → (E I), I ist 0.775 ⊖-Radien n. E; K (E I) ⊖ G
1:56		T	♃	Jupiter: GRF günstig (bei 41°)
2:44		T	♃	Io VA, 0.3 n., 2.0 w.; K E ⊖ G
3¾		T[1]	♄	Rhea in östlicher Elongation (Max. 3¾^{h})
23½–		T	♃	Mondstellung: K E ⊖ I G
23½		T[1]	♄	Dione in östlicher Elongation (Max. 23½^{h})
23:51		T	♃	Io SA, Pw. = 108°; K E ⊖ I G

30. Mi	☾ ↔	**0:09** **0:30**	H. =	**17°3** **22°4**	↓	**4:36** **5:16**	↑ **20:14** **20:21**	Berlin Zürich

0:00:00.0				Sternzeit Berlin: 21:25:23.6 / Zürich: 21:05:23.6
0:00		AFT	☾	Phase: 0.978 / Lichtgrenze bei –74°77
0–		T	♃	Mondstellung: K E (⊖ I) G
1:09		T	♃	Io DA, Pw. = 110°; K E ⊖ G
2:01		T	♃	Io SE, Pw. = 252°; K E ⊖ G
3:17		T	♃	Io DE, Pw. = 250°; K E (I ⊖) G
17:51		u	○	in Erdnähe: 56.0014 Erdradien, Wassermann
22		A	○	3½° sö. Saturn
23¼–		T	♃	Mondstellung: K ⊖ (G E)

31. Do	○ ↔	**1:06** **1:26**	H. =	**23°5** **28°7**	↓	**6:13** **6:46**	↑ **20:29** **20:42**	Berlin Zürich

0:00:00.0				Sternzeit Berlin: 21:29:20.2 / Zürich: 21:09:20.2
0:00		AFT	○	Phase: 0.998 / Lichtgrenze bei –86°94
0–		T	♃	Mondstellung: K ⊖ (G E)
0:38		T	♃	Io BE, Pw. = 70°; K (⊖ I) G E
1:42		AFT[1]	β	Persei (Algol) im Minimum: 3.39^{mag} (Max. 2.12^{mag})
3:35		T	♃	Jupiter: GRF günstig (bei 41°)
3:36		–	○	Vollmond, Dm. 33′39″, Wassermann
3:42		T	♃	(I G) → (G I), I ist 1.148 ⊖-Radien n. G; K ⊖ (G I) E
3:49		T	♃	Ganymed SA, Pw. = 148°; K ⊖ (G I) E
4		A	○	4½° ö. Saturn
	5:39	T	♃	Ganymed SE, Pw. = 212°; K ⊖ G I E
21¼		T	♄	Titan südlicher Vorbeigang (☌ um 20¾^{h})
23¼–		T	♃	Mondstellung: G I (⊖ K) E

MESZ

September 2023

Sonne

Dämmerung, Auf- und Untergang, Kulminationswerte und Zeitgleichung

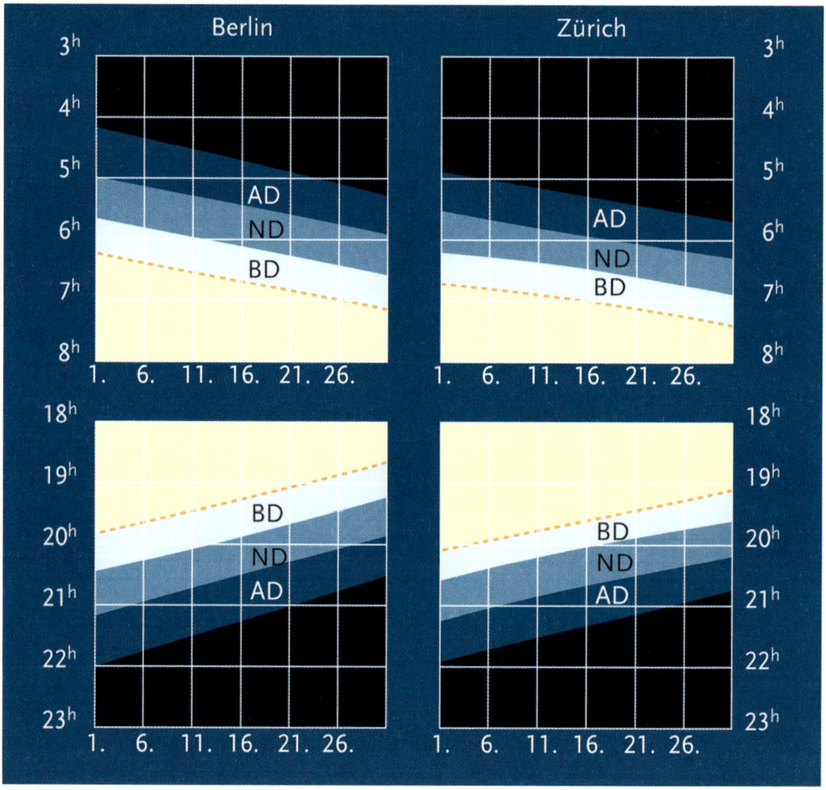

Berlin | Zürich

Sept.	Aufgang	Kulmination Zeit	Kulmination Höhe	Untergang	**Zeitgleichung**	Aufgang	Kulmination Zeit	Kulmination Höhe	Untergang	Sept.
1.	6:16	13:06.1	45°8	19:55	$-$ **$0^{\mathrm{m}}.1$**	6:44	13:26.1	50°8	20:07	1.
6.	6:24	13:04.5	43°9	19:43	$+$ **$1^{\mathrm{m}}.5$**	6:51	13:24.5	48°9	19:57	6.
11.	6:33	13:02.7	42°1	19:32	$+$ **$3^{\mathrm{m}}.3$**	6:57	13:22.7	47°1	19:47	11.
16.	6:41	13:01.0	40°1	19:20	$+$ **$5^{\mathrm{m}}.0$**	7:04	13:21.0	45°1	19:37	16.
21.	6:49	12:59.2	38°2	19:08	$+$ **$6^{\mathrm{m}}.8$**	7:11	13:19.2	43°2	19:27	21.
26.	6:58	12:57.4	36°3	18:56	$+$ **$8^{\mathrm{m}}.6$**	7:17	13:17.4	41°3	19:17	26.
30.	7:05	12:56.1	34°7	18:47	$+$ **$9^{\mathrm{m}}.9$**	7:23	13:16.1	39°7	19:08	30.

Am 23. September um 08:50 MESZ überquert die Sonne den Himmelsäquator südwärts, es ist *Herbst-Tagundnachtgleiche*. Die Rektaszension der Sonne ist dann genau 12^h, ihre Deklination 0°; sie steht im Sternbild Jungfrau und kulminiert im Zenit an allen Orten, die am Erdäquator liegen (vgl. März). Die Änderung der Tageslänge ist jetzt am stärksten: in Berlin wird jeder folgende Tag um 4^m03^s kürzer, in Zürich um 3^m24^s.
Anfang September erscheint uns der Nordpol der Sonne in größter Zuneigung (Grafik S. 241 und Tabelle S. 242 f: die heliographische Breite hat den größten Wert).

Mond

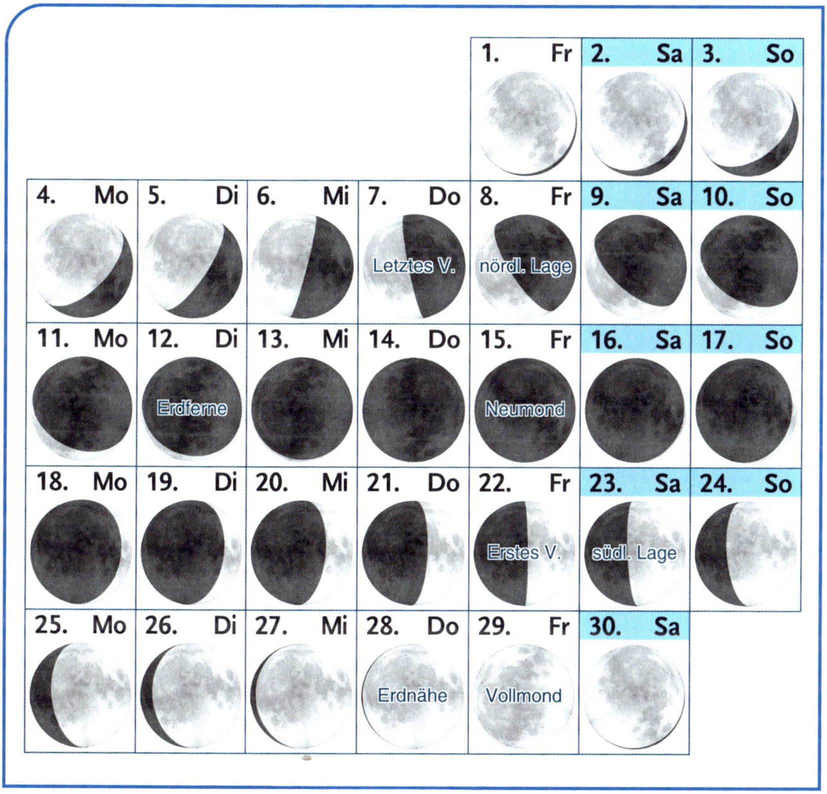

Sept.

Die Planeten im September 2023

Planetenpositionen am 1., 15, und 30. September 2023 sowie Hauptmondphasen

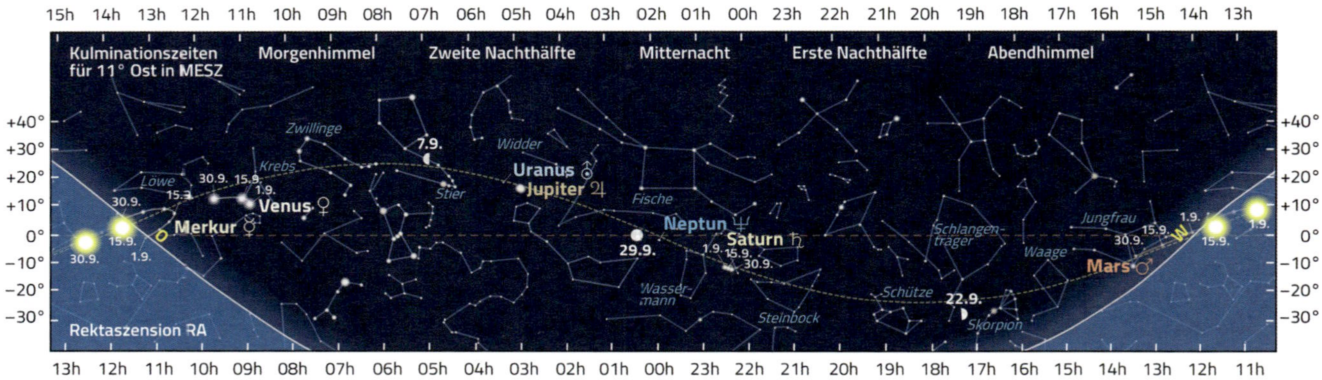

Scheinbare Planetengrössen und Phasen am 1., 15, und 30. September 2023

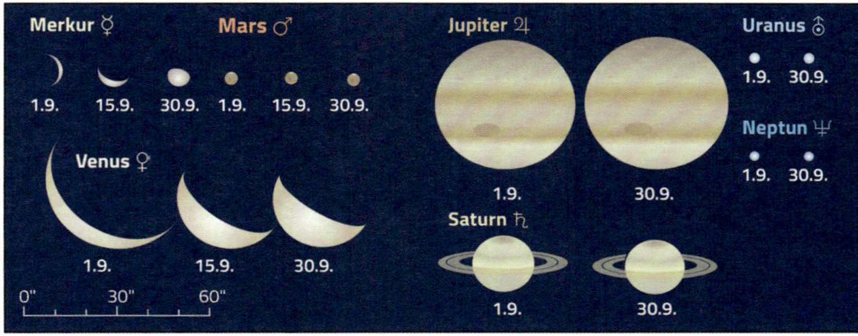

Merkur ☿	ab Mitte Monat sehr gut am Morgenhimmel zu sehen (grösste westliche Elongation am 22.9.)
Venus ♀	Morgenhimmel
Mars ♂	nur noch kurz abends
Jupiter ♃	ab dem späteren Abend
Saturn ♄	ganze Nacht sichtbar
Uranus ⛢	ganze Nacht, teleskopisch
Neptun ♆	ganze Nacht sichtbar, teleskopisch (Opposition am 13.9.)

Planeten

unsichtbar, dann morgens

Merkur ☿ kann ab etwa 14. September am Morgenhimmel aufgesucht werden. Er steigt bis zum 23. zu seiner besten Morgensichtbarkeit des Jahres auf.

Berlin						Zürich				
Sept.	Aufgang	Kulmination Zeit	Kulmination Höhe	Untergang	**Elongation von der ☉**	Aufgang	Kulmination Zeit	Kulmination Höhe	Untergang	Sept.
1.	7:27	13:33	38°	19:40	**11° O**	7:48	13:53	43°	19:59	1.
6.	6:39	12:58	40°	19:18	**4° W**	7:02	13:17	45°	19:34	6.
11.	5:51	12:25	43°	19:00	**8° W**	6:16	12:44	48°	19:14	11.
16.	5:17	12:02	45°	18:47	**14° W**	5:44	12:22	50°	19:00	16.
21.	5:06	11:53	46°	18:40	**17° W**	5:33	12:13	51°	18:53	21.
26.	5:16	11:56	44°	18:35	**17° W**	5:42	12:16	49°	18:49	26.
30.	5:34	12:03	42°	18:31	**15° W**	5:58	12:23	47°	18:47	30.

Merkur und Venus im September 2023

Sterne gezeichnet für den 23. September 2023 um 06:15 Uhr MESZ

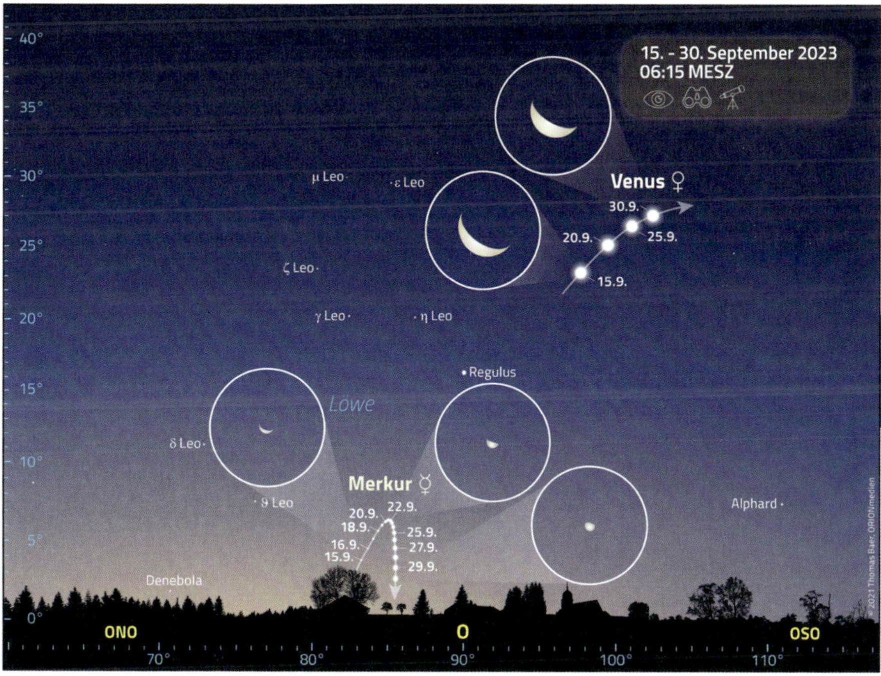

Merkur taucht nach Mitte Monat am Morgenhimmel auf, steigt dann schnell höher und wird heller.

Sept.

morgens

Venus ♀ beherrscht immer mehr den Morgenhimmel. Ist sie zunächst eine Stunde vor Sonnenaufgang im Osten zu sehen, geht sie am Monatsende über drei Stunden vor der Sonne auf. Sie erreicht am 19. zum zweiten Mal nach dem 7. Juli ihren „größten Glanz“.

Berlin						Zürich				
Sept.	Auf-gang	Kulmination Zeit	Höhe	Unter-gang	**Elongation von der ⊙**	Auf-gang	Kulmination Zeit	Höhe	Unter-gang	Sept.
1.	4:18	11:15	48°	18:12	**26° W**	4:47	11:35	53°	18:23	1.
6.	3:55	10:55	48°	17:56	**31° W**	4:25	11:15	53°	18:07	6.
11.	3:37	10:40	49°	17:44	**35° W**	4:07	11:00	54°	17:53	11.
16.	3:23	10:28	49°	17:33	**38° W**	3:54	10:48	54°	17:42	16.
21.	3:14	10:19	49°	17:24	**40° W**	3:44	10:39	54°	17:33	21.
26.	3:08	10:12	49°	17:15	**42° W**	3:38	10:32	54°	17:25	26.
30.	3:05	10:07	48°	17:09	**43° W**	3:35	10:27	53°	17:19	30.

erste Nachtstunden

Mars ♂ kann jetzt noch gleich nach dem Eindunkeln gesehen werden. Nachher wird er bis Ende Jahr zu nahe bei der Sonne stehen.

Berlin						Zürich				
Sept.	Auf-gang	Kulmination Zeit	Höhe	Unter-gang	**Elongation von der ⊙**	Auf-gang	Kulmination Zeit	Höhe	Unter-gang	Sept.
1.	8:35	14:36	37°	20:36	**24° O**	8:55	14:56	42°	20:56	1.
11.	8:33	14:20	34°	20:06	**21° O**	8:51	14:40	39°	20:29	11.
21.	8:32	14:05	32°	19:37	**18° O**	8:47	14:25	37°	20:02	21.
30.	8:31	13:51	29°	19:11	**15° O**	8:44	14:11	34°	19:38	30.

ab späterem Abend

Jupiter ♃ bereitet sich auf die Opposition vom 3. November vor und ist jetzt bereits fast die ganze Nacht hindurch zu beobachten.

Berlin						Zürich				
Sept.	Auf-gang	Kulmination Zeit	Höhe	Unter-gang	**Elongation von der ⊙**	Auf-gang	Kulmination Zeit	Höhe	Unter-gang	Sept.
1.	21:51	5:19	53°	12:46	**112° W**	22:26	5:39	58°	12:51	1.
11.	21:12	4:39	53°	12:06	**122° W**	21:47	4:59	58°	12:12	11.
21.	20:32	3:58	53°	11:25	**132° W**	21:06	4:18	58°	11:30	21.
30.	19:56	3:21	52°	10:46	**141° W**	20:30	3:41	57°	10:51	30.

zunächst noch ganze Nacht

Saturn ♄ ist ab etwa Mitte Monat nicht mehr bis zur Morgendämmerung präsent.

Berlin						Zürich				
Sept.	Auf-gang	Kulmination Zeit	Höhe	Unter-gang	**Elongation von der ☉**	Auf-gang	Kulmination Zeit	Höhe	Unter-gang	Sept.
1.	19:50	0:50	26°	5:50	**174° O**	19:59	1:10	31°	6:20	1.
11.	19:09	0:08	25°	5:06	**164° O**	19:18	0:28	30°	5:37	11.
21.	18:24	23:21	25°	4:19	**154° O**	18:34	23:41	30°	4:49	21.
30.	17:48	22:44	25°	3:40	**144° O**	17:57	23:04	30°	4:11	30.

ab dem späteren Abend

Uranus ⛢ beginnt jetzt seine beste Sichtbarkeitsperiode des Jahres.

Berlin						Zürich				
Sept.	Auf-gang	Kulmination Zeit	Höhe	Unter-gang	**Elongation von der ☉**	Auf-gang	Kulmination Zeit	Höhe	Unter-gang	Sept.
1.	22:02	5:48	56°	13:34	**105° W**	22:39	6:08	61°	13:36	1.
11.	21:22	5:08	56°	12:54	**114° W**	22:00	5:28	61°	12:56	11.
21.	20:42	4:28	56°	12:14	**124° W**	21:20	4:48	61°	12:16	21.
30.	20:07	3:52	56°	11:37	**133° W**	20:44	4:12	61°	11:39	30.

ganze Nacht

Neptun ♆ steht am 19. in Opposition und kann die ganze Nacht hindurch beobachtet werden.

Berlin						Zürich				
Sept.	Auf-gang	Kulmination Zeit	Höhe	Unter-gang	**Elongation von der ☉**	Auf-gang	Kulmination Zeit	Höhe	Unter-gang	Sept.
1.	20:24	2:15	35°	8:06	**161° W**	20:43	2:35	40°	8:28	1.
11.	19:45	1:35	35°	7:25	**171° W**	20:03	1:55	40°	7:47	11.
21.	19:05	0:55	35°	6:45	**178° O**	19:23	1:15	40°	7:06	21.
30.	18:29	0:18	35°	6:08	**169° O**	18:47	0:38	40°	6:30	30.

Planetoiden

(3) Juno (10.2^{mag}, S. 288) zeigt sich nur kurz vor der Morgendämmerung.
(4) Vesta (8.5^{mag}, S. 292) erscheint erst nach Mitternacht, bleibt aber bis zum Morgen.
(5) Astraea (11.9^{mag}, S. 292) ist ebenfalls erst nach Mitternacht aufzufinden.
(8) Flora (8.7^{mag}, S. 298) kann von den ersten Abendstunden bis weit über Mitternacht hinaus beobachtet werden.
(9) Metis (10.7^{mag}, S. 300) ist jetzt Objekt der zweiten Nachthälfte.
(11) Parthenope (11.1^{mag}, S. 302) muss in den ersten Abendstunden angegangen werden.
(15) Eunomia (10.0^{mag}, S. 304) kann nur in den Abendstunden gesehen werden.

(18) Melpomene (9.2^{mag}, S. 306) zeigt sich in der zweiten Nachthälfte.
(29) Amphitrite (9.5^{mag}, S. 308) kann praktisch die ganze Nacht hindurch gesehen werden (Opposition am 1. Oktober).

Meteorströme

α-**Aurigiden** noch bis 8. September, Maximum 2023: 1. September 1^h.
September-Perseiden vom 5. bis 17. September. Maximum 2023: 9. September, 17^h, bis 5 Sternschnuppen pro Stunde. Radiant: $\alpha = 4^h00^m$, $\delta = +47°$. Schnelle Sternschnuppen: 64 km/s.
δ-**Aurigiden** ab 19. September, vgl. Oktober

Zodiakallicht

Vom 14. bis ca. 27. September ist es als kegelförmige Aufhellung über dem Sonnenaufgangspunkt zu erkennen, von etwa $3½^h$ bis $1½^h$ vor Sonnenaufgang.

Fixsternhimmel

Am Abendhimmel zeigen sich dieselben Objekte wie im August (S. 140).
Die **Milchstraße** ist abends ab etwa 21^h sehr gut zu beobachten, falls der Mond unter dem Horizont ist. Das trifft etwa ab dem 21. September zu.

Veränderliche

δ-Cephei-Maxima: 3. $23½^h$ / 9. 8^h / 14. 17^h / 20. $1½^h$ / 25. $10½^h$ / 30. 19^h
β-Lyrae-Minima: 9. $11½^h$ / 22. $10½^h$

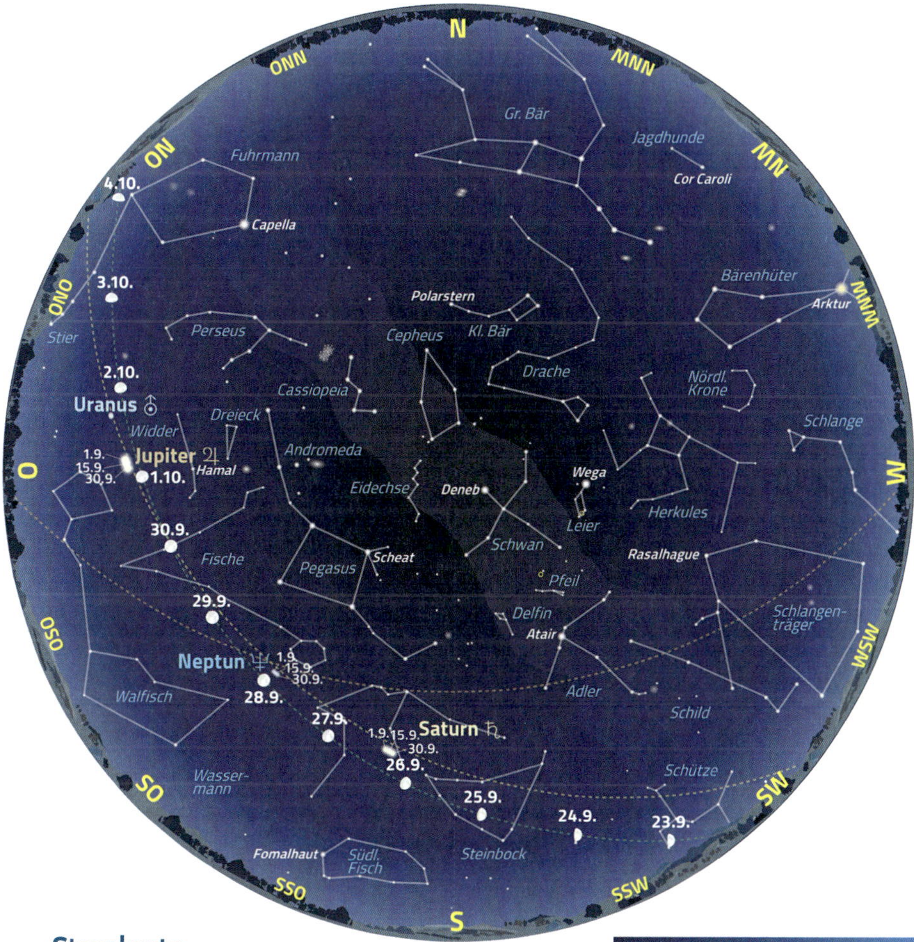

Sternkarte September

Sept.

Die Planetenpositionen sind für den 15. September eingezeichnet.

1. Sept. 24^h MESZ	16. Sept. 23^h MESZ	1. Okt. 22^h MESZ

Sternzeit dieser Karte: 21^h15^m

Vorhergehende Sternkarte: August Seite 141
Nachfolgende Sternkarte: Oktober Seite 182

Astrokalender September 2023

Zeit Berlin	Zeit Zürich	AFT	Objekt, Erscheinung
1. Fr			○ ↔ **1:59** / **2:20** H. = **30.°6** / **35.°8** ↓ **7:47** / **8:13** ↑ **20:41** / **21:01** Berlin / Zürich
0:00:00.0			Sternzeit Berlin: 21:33:16.7 / Zürich: 21:13:16.7
0:00		–	○ Mond-Alter 15^{d}51 nach ●
0:00		AFT	○ Phase: –0.988 / Lichtgrenze bei 80.°88
0–		T	♃ Mondstellung: G I (⊖ K) E
0¼–	0–	FT	⛢ **Uranus im O** ($+5.7^{mag}$, 105° w. ⊙)
3:53		T	♃ Europa SA, Pw. = 125°; G I ⊖ (K E)
4:02		T	♃ (K E) → (E K), K ist 2.013 ⊖-Radien n. E; G I ⊖ (E K)
5:08		T	♃ Jupiter: GRF günstig (bei 41°)
6–	5½–	AFT	♀ **Venus im O** (-4.4^{mag}, 26° w. ⊙)
11:15	11:35	FT[7]	♀ kulminiert 47.°5 / 52.°5 über Horizont (26° w. ⊙)
22–	22½–	T	♆ **Neptun im OSO** ($+7.8^{mag}$, 162° w. ⊙) Mondlicht stört nicht vom 8. bis 21. September.
22:25		–	◑ Äquatordurchgang nordwärts, Walfisch
22¾–	23¼–	AFT	♃ **Jupiter im ONO** (-2.6^{mag}, 113° w. ⊙)
23¼–		T	♃ Mondstellung: G E ⊖ I K
2. Sa			◑ ↔ **2:50** / **3:10** H. = **38.°0** / **43.°2** ↓ **9:18** / **9:37** ↑ **20:53** / **21:19** Berlin / Zürich
0:00:00.0			Sternzeit Berlin: 21:37:13.3 / Zürich: 21:17:13.3
0:00		AFT	◑ Phase: –0.949 / Lichtgrenze bei 68.°71
0–		T	♃ Mondstellung: G E ⊖ I K
		T	◑ Bedeckungsende 10 Ceti (6.4^{mag}, SAO 128760)
	2:10.6		Pw. = 179° a = –0.1 b = 2.4
2:22.2			Pw. = 180° a = 0.0 b = 2.2
22:31		AFT[1]	β Persei (Algol) im Minimum: 3.39^{mag} (Max. 2.12^{mag})
23¼–		T	♃ Mondstellung: G I ⊖ K
3. So			◑ ↔ **3:39** / **4:00** H. = **45.°1** / **50.°3** ↓ **10:47** / **10:59** ↑ **21:06** / **21:38** Berlin / Zürich
0:00:00.0			Sternzeit Berlin: 21:41:09.8 / Zürich: 21:21:09.8
0:00		AFT	◑ Phase: –0.885 / Lichtgrenze bei 56.°53
0–		T	♃ Mondstellung: G I ⊖ K
0:20		T	♃ Europa VE, 0.5 n., 0.9 w.; G I (E ⊖) K
0:35		T	♃ Europa BA, Pw. = 308°; G I ⊖ K
1:04		T	♃ Jupiter: GRF günstig (bei 41°)
2		T[1]	♄ Dione in westlicher Elongation (Max. 2^{h})
2:49		T	♃ Europa BE, Pw. = 53°; G I (⊖ E) K
9:44		–	◑ im ☊, Fische

Sept.

MESZ

21¼	T	♄ Rhea südlicher Vorbeigang (☌ um 19¼^h)
23–	T	♃ Mondstellung: (G ⊖) I E K
23:10	T[3]	♃ Ganymed BA, Pw. = 343°; ⊖ I E K

4. Mo ☽ ↔ 4:29 / 4:50 H. = 51°6 / 56°7 ↓ 12:14 / 12:19 ↑ 21:21 / 21:59 Berlin / Zürich

0:00:00.0		Sternzeit Berlin: 21:45:06.4 / Zürich: 21:25:06.4
0:00	AFT	☽ Phase: –0.802 / Lichtgrenze bei 44°35
0–	T	♃ Mondstellung: ⊖ I E K
0:09	T	♃ Ganymed BE, Pw. = 17°; (⊖ G) I E K
5	A	☽ 9° w. Jupiter
5	A	☽ 9½° s. Hamal (α Arietis)
5:39	T	♃ (G I) → (I G), G ist 1.175 ⊖-Radien n. I; ⊖ (I G) E K
6:52	T	♃ Jupiter: GRF günstig (bei 41°)
22½	T[1]	♄ Rhea in westlicher Elongation (Max. 22½^h)
22½	T[1]	♄ Titan in westlicher Elongation (Max. 22½^h)
	T	☽ Bedeckungsende ρ Arietis (5.6^{mag}, SAO 93195)
22:48.0		Pw. = 294° a = 0.0 b = 1.3 Skizze S. 253
23–	T	♃ Mondstellung: I (E ⊖) G K

5. Di ☽ ↔ 5:20 / 5:40 H. = 57°0 / 62°2 ↓ 13:40 / 13:38 ↑ 21:41 / 22:26 Berlin / Zürich

0:00:00.0		Sternzeit Berlin: 21:49:02.9 / Zürich: 21:29:02.9
0:00	AFT	☽ Phase: –0.707 / Lichtgrenze bei 32°16
0–	T	♃ Mondstellung: I E ⊖ G K
2:20	T	♃ (I E) → (E I), I ist 0.797 ⊖-Radien n. E; (E I) ⊖ G K
2:43	T	♃ Jupiter: GRF günstig (bei 41°)
4:38	T	♃ Io VA, 0.3 n., 1.9 w.; E ⊖ G K
5	A	☽ 6° nö. Jupiter, 9½° sw. Plejaden
	T	☽ **Sternbedeckung δ Arietis** (4.5^{mag}, SAO 93328)
5:53.4		Pw. = 68° a = 1.6 b = 0.7 Skizze S. 254
21	T[1]	♄ Dione in westlicher Elongation (Max. 19¾^h)
23–	T	♃ Mondstellung: E ⊖ I G K

6. Mi ◑ ↔ 6:12 / 6:33 H. = 61°2 / 66°4 ↓ 15:02 / 14:54 ↑ 22:08 / 22:59 Berlin / Zürich

0:00:00.0		Sternzeit Berlin: 21:52:59.5 / Zürich: 21:32:59.5
0:00	AFT	◑ Phase: –0.606 / Lichtgrenze bei 19°96
0–	T	♃ Mondstellung: E ⊖ I G K
0½	FT	◑ Max. Libration in Länge: Krater Grimaldi randnah
1½	T	♄ Rhea nördlicher Vorbeigang (☌ um 1½^h)
1:45	T	♃ Io SA, Pw. = 108°; E (⊖ I) G K
2:59	T	♃ Io DA, Pw. = 110°; E ⊖ G K
3:55	T	♃ Io SE, Pw. = 252°; E ⊖ G K

MESZ

4		T[1]	♄ Tethys in östlicher Elongation (Max. 5^h)
5		A	◑ 4° ö. Plejaden
5:07		T	♃ Io DE, Pw. = 250°; E (I ⊖) G K
13:09		–	☿ in unterer Konjunktion mit der ⊙
	21½–	T	Deep-sky günstig bis ca. 23^h
23–		T	♃ Mondstellung: I ⊖ E G K
23:07		T[3]	♃ Io VA, 0.3 n., 1.9 w.; ⊖ E G K

7. Do	◑ ↔	**7:05**	H. = **64°.0**	↓ **16:15**	↑ **22:46**	Berlin
		7:26	**69°.1**	**16:02**	**23:41**	Zürich

0:00:00.0			Sternzeit Berlin: 21:56:56.1 / Zürich: 21:36:56.1
0:00		AFT	◑ Phase: –0.503 / Lichtgrenze bei 7°.76
0–		T	♃ Mondstellung: ⊖ (E G) K
0:21		–	◑ Letztes Viertel, Stier
1:20		T	♃ (E G) → (G E), E ist 1.197 ⊖-Radien n. G; ⊖ (G E) K
2–		A[1]	◑ Erdlicht (bis ca. 13. September)
2:27		T	♃ Io BE, Pw. = 70°; (⊖ I) (G E) K
3¾		T[1]	♄ Tethys in westlicher Elongation (Max. $3¾^h$)
4		T[1]	♄ Dione in östlicher Elongation (Max. $4½^h$)
4		T[1]	♄ Rhea in östlicher Elongation (Max. $4½^h$)
4:21		T	♃ Jupiter: GRF günstig (bei 41°)
5		A	◑ 6° w. Nath (β Tauri)
	5½–	T[1]	(3) Juno (+10.1^{mag}) geht 13′16″ südlich an 49 Cancri (+5.6^{mag}) vorbei.
21¼–	21½–	T	Deep-sky günstig bis ca. $22¾^h$ / $23½^h$
22:23		T[3]	♃ Io SE, Pw. = 252°; G ⊖ E K
22¾–		T	♃ Mondstellung: G ⊖ E K
23:34		T	♃ Io DE, Pw. = 250°; G (I ⊖) E K

8. Fr	◑ ↔	**7:59**	H. = **65°.2**	↓ **17:15**	↑ **23:37**	Berlin
		8:20	**70°.3**	**17:01**	**[0:33]**	Zürich

0:00:00.0			Sternzeit Berlin: 22:00:52.6 / Zürich: 21:40:52.6
0:00		AFT	◑ Phase: –0.403 / Lichtgrenze bei –4°.45
0–		T	♃ Mondstellung: G (I ⊖) E K
2¼		T[1]	♄ Tethys in östlicher Elongation (Max. $2¼^h$)
		T	◑ **Bedeckungsende 136 Tauri** (4.5^{mag}, SAO 77675)
	4:10.4		Pw. = 280° a = 0.8 b = 1.2 Skizze S. 254
4:20.7			Pw. = 286° a = 1.1 b = 1.0 Skizze S. 253
5		A	◑ 7° ö. Nath (β Tauri)
10:49	11:09	FT[7]	♀ kulminiert 48°.4 / 53°.4 über Horizont (33° w. ⊙)
15:18		–	◑ Nördlichste Lage, Dekl. 28°11′, Zwillinge
21		T	♄ Titan nördlicher Vorbeigang (☌ um $20¾^h$)
21¼–	21½–	T	Deep-sky günstig bis ca. $23½^h$ / $0½^h$
22¾–		T	♃ Mondstellung: G E ⊖ (I K)
23:42		T	♃ (I K) → (K I), I ist 1.753 ⊖-Radien n. K; G E ⊖ (K I)

Sept.

abends kein Mondlicht

MESZ

9. Sa		◑ ↑ **[23:37]** / **0:33** ↔ **8:52** / **9:13** H. = **64°9** / **70°0** ↓ **17:59** / **17:47** Berlin / Zürich
0:00:00.0		Sternzeit Berlin: 22:04:49.2 / Zürich: 21:44:49.2
0:00	u	◑ Phase: –0.309 / Lichtgrenze bei –16°66
0–	T	♃ Mondstellung: G E ⊖ (K I)
1	T[1]	♄ Tethys in westlicher Elongation (Max. 1^h)
2–	T	◑ Streifende Bedeckung SAO 78710 (6.8^{mag}, ZC 1035) Ungefährer Verlauf der nördlichen Grenzlinie: Ortler – Innsbruck – Chiemsee – Passau. Genauer Grenzverlauf: Tabelle S. 257
6:00	T	♃ Jupiter: GRF günstig (bei 41°)
21¼–	T	Deep-sky günstig bis ca. $0½^h$ / $1½^h$
22¼	T[1]	♄ Dione in östlicher Elongation (Max. $22¼^h$)
22¾–	T	♃ Mondstellung: G (K I E) ⊖
23¾	T[1]	♄ Tethys in östlicher Elongation (Max. $23¾^h$)

10. So		◑ ↑ **0:40** / **1:33** ↔ **9:43** / **10:04** H. = **63°2** / **68°2** ↓ **18:31** / **18:23** Berlin / Zürich
0:00:00.0		Sternzeit Berlin: 22:08:45.7 / Zürich: 21:48:45.7
0:00	u	◑ Phase: –0.224 / Lichtgrenze bei –28°88
0–	T	♃ Mondstellung: G (K I) E ⊖
0:39	T	♃ Europa VA, 0.5 n., 2.4 w.; G (K I) ⊖
2:55	T	♃ Europa VE, 0.6 n., 0.8 w.; G K I (E ⊖)
3:02	T	♃ Europa BA, Pw. = 308°; G K I ⊖
5	A	◑ 2° s. Pollux
5	A	◑ 6½° sö. Castor
5:15	T	♃ Europa BE, Pw. = 52°; (G K) I (⊖ E)
6¾	FT	◑ Maximale Libration in Breite: Südpol sichtbar
9:46	–	◑ Größte ekliptikale Nordbreite, Krebs
21¼–	T	Deep-sky günstig bis ca. $1¾^h$ / $2½^h$
22¼	T[1]	♄ Tethys in westlicher Elongation (Max. $22¼^h$)
22¾–	T	♃ Mondstellung: K ⊖ I E
23:27	T	♃ Ganymed VE, 0.8 n., 2.0 w.; K G ⊖ I E

11. Mo		◑ ↑ **1:51** / **2:39** ↔ **10:31** / **10:52** H. = **60°2** / **65°2** ↓ **18:53** / **18:51** Berlin / Zürich
0:00:00.0		Sternzeit Berlin: 22:12:42.3 / Zürich: 21:52:42.3
0:00	u	◑ Phase: –0.150 / Lichtgrenze bei –41°10
0–	T	♃ Mondstellung: K (G ⊖) I E
1:51	T	♃ Jupiter: GRF günstig (bei 41°)
2:52	T	♃ Ganymed BA, Pw. = 344°; K ⊖ I E
3½	T[1]	♄ Dione in westlicher Elongation (Max. 7^h)
3:47	T	♃ Ganymed BE, Pw. = 15°; K (⊖ G) I E
20¾	T[1]	♄ Rhea in östlicher Elongation (Max. $16¾^h$)
21	T[1]	♄ Tethys in östlicher Elongation (Max. 21^h)

abends kein Mondlicht

MESZ

Sept.

	21¼–	T	Deep-sky günstig bis ca. 3^h / $3¾^h$
22:07		T^3	♃ Europa SE, Pw. = 236°; K I (⊖ E) G
22:10		T^3	♃ Europa DA, Pw. = 128°; K I ⊖ G
	22½–	T	♃ Mondstellung: K I ⊖ G

12. Di	◐ ↑	**3:05**	↔ **11:17**	H. = **56°2**	↓	**19:09**	Berlin
		3:47	**11:37**	**61°2**		**19:12**	Zürich

	0:00:00.0		Sternzeit Berlin: 22:16:38.8 / Zürich: 21:56:38.8
	0:00	u	◐ Phase: –0.089 / Lichtgrenze bei –53°33
	0–	T	♃ Mondstellung: K I ⊖ G
	0:22	T	♃ Europa DE, Pw. = 232°; K I (E ⊖) G
	3:29	T	♃ Jupiter: GRF günstig (bei 41°)
	4:27	T	♃ (I E) → (E I), I ist 0.816 ⊖-Radien n. E; K (E I) ⊖ G
	17:42	–	◐ in Erdferne: 63.7008 Erdradien, Löwe
	20¾	T^1	♄ Tethys in westlicher Elongation (Max. $19½^h$)
	20¾	T^1	♄ Titan in östlicher Elongation (Max. $17¾^h$)
	20¾	T	♄ Rhea südlicher Vorbeigang (☌ um 20^h)
	21¼–	T	Deep-sky günstig bis ca. $4¼^h$ / $4¾^h$
	22½–	T	♃ Mondstellung: K E ⊖ I G

13. Mi	◐ ↑	**4:19**	↔ **12:00**	H. = **51°4**	↓	**19:21**	Berlin
		4:56	**12:20**	**56°4**		**19:30**	Zürich

	0:00:00.0		Sternzeit Berlin: 22:20:35.4 / Zürich: 22:00:35.4
	0:00	u	◐ Phase: –0.043 / Lichtgrenze bei –65°56
	0–	T	♃ Mondstellung: K E ⊖ I G
	3:39	T	♃ Io SA, Pw. = 108°; K E (⊖ I) G
	4:47	T	♃ Io DA, Pw. = 110°; K E ⊖ G
5½		AFT^3	◐ Schmale Sichel, $46¼^h$ vor ●, 9° ü. H.
	5:49	T	♃ Io SE, Pw. = 252°; K E ⊖ G
	6	A	◐ 3½° nö. Regulus
	6	AFT^3	◐ Schmale Sichel, $45¾^h$ vor ●, 9° ü. H.
21–	21¼–	T	Deep-sky günstig bis ca. $5½^h$
	22½–	T	♃ Mondstellung: K I ⊖ E G
	23¼	T^1	♄ Rhea in westlicher Elongation (Max. $23¼^h$)

14. Do	◐ ↑	**5:32**	↔ **12:41**	H. = **46°1**	↓	**19:31**	Berlin
		6:03	**13:01**	**51°1**		**19:45**	Zürich

	0:00:00.0		Sternzeit Berlin: 22:24:31.9 / Zürich: 22:04:31.9
	0:00	u	◐ Phase: –0.013 / Lichtgrenze bei –77°79
	0–	T	♃ Mondstellung: K I ⊖ E G
	0¾	T^1	♄ Dione in westlicher Elongation (Max. $0¾^h$)
	1:01	T	♃ Io VA, 0.3 n., 1.8 w.; K ⊖ E G
	4:16	T	♃ Io BE, Pw. = 70°; K (⊖ I) (E G)
	4:21	T	♃ (E G) → (G E), E ist 1.174 ⊖-Radien n. G; K (⊖ I) (G E)

abends kein Mondlicht

MESZ

	5:07	T	♃ Jupiter: GRF günstig (bei 41°)
5¼–	6–	AF[1]	**Ost-Zodiakallicht günstig** (bis ca. 27. September)
	6½–	AFT[3]	☿ Merkur im O (+1.8^{mag}, 13° w. ⊙)
21–	21¼–	T	Deep-sky günstig bis ca. 5½^h
22:07		T[3]	♃ Io SA, Pw. = 108°; K G (⊖ I) E
	22¼–	T	♃ Mondstellung: K G (⊖ I) E
	23:14	T	♃ Io DA, Pw. = 110°; K G ⊖ E

15. Fr	● ↑	6:44 7:09	↔	13:20 13:41	H. =	40°4 45°3	↓	19:41 19:59	Berlin Zürich

	0:00:00.0		Sternzeit Berlin: 22:28:28.5 / Zürich: 22:08:28.5
	0:00	u	● Phase: –0.001 / Lichtgrenze bei –90°02
	0–	T	♃ Mondstellung: K G ⊖ E
	0:17	T	♃ Io SE, Pw. = 252°; K G ⊖ E
	0:59	T	♃ Jupiter: GRF günstig (bei 41°)
	1:23	T	♃ Io DE, Pw. = 250°; K G (I ⊖) E
	2¼	T	♄ Rhea nördlicher Vorbeigang (☌ um 2¼^h)
	3:40	u	● Neumond, Jungfrau Beginn Lunation Nr. 1246
6–	6½–	AFT[3]	☿ Merkur im O (+1.4^{mag}, 14° w. ⊙)
10:30	10:50	FTA[7]	♀ kulminiert 48°8 / 53°8 über Horizont (38° w. ⊙)
21–	21¼–	T	Deep-sky günstig bis ca. 5½^h
	22¼–	T	♃ Mondstellung: K G E ⊖
	22:43	T	♃ Io BE, Pw. = 70°; K G E (⊖ I)

16. Sa	● ↑	7:55 8:15	↔	14:00 14:21	H. =	34°4 39°4	↓	19:49 20:13	Berlin Zürich

	0:00:00.0		Sternzeit Berlin: 22:32:25.0 / Zürich: 22:12:25.0
	0:00	u	● Phase: 0.007 / Lichtgrenze bei 77°74
	0–	T	♃ Mondstellung: (K G) E ⊖ I
	2:35	T	♃ (K G) → (G K), K ist 1.592 ⊖-Radien n. G; (G K) E ⊖ I
	3¼	T[1]	♄ Rhea in östlicher Elongation (Max. 5^h)
	4:17	u	● Äquatordurchgang südwärts, Jungfrau
6–	6½–	AFT[3]	☿ Merkur im O (+1.1^{mag}, 15° w. ⊙)
	6:46	T	♃ Jupiter: GRF günstig (bei 42°)
	20½	T[1]	♄ Dione in westlicher Elongation (Max. 18½^h)
	20½	T	♄ Titan südlicher Vorbeigang (☌ um 18¼^h)
	21–	T	Deep-sky günstig bis ca. 5½^h
	22¼–	T	♃ Mondstellung: G (K E) I ⊖

17. So	◐ ↑	9:08 9:23	↔	14:41 15:01	H. =	28°5 33°5	↓	19:59 20:28	Berlin Zürich

	0:00:00.0		Sternzeit Berlin: 22:36:21.6 / Zürich: 22:16:21.6
	0:00	u	◐ Phase: 0.032 / Lichtgrenze bei 65°51

abends kein Mondlicht

MESZ

Sept.

0–		T	♃ Mondstellung: G (K E I) ⊖
0:10		T	♃ (E I) → (I E), E ist 0.806 ⊖-Radien n. I; G (K I E) ⊖
1:53		T	♃ (K I) → (I K), K ist 1.605 ⊖-Radien n. I; G (I K E) ⊖
2:37		T	♃ Jupiter: GRF günstig (bei 42°)
3:15		T	♃ Europa VA, 0.5 n., 2.2 w.; G (I K) ⊖
6¼–	6½–	AFT	☿ Merkur im O (+0.8^{mag}, 16° w. ☉)
12:00	12:20	T[7]	☿ kulminiert 45°6 / 50°6 über Horizont (16° w. ☉)
21–		T	Deep-sky günstig bis ca. 5½^h
21:18		u	◐ im ♍, Jungfrau
22¼–		T	♃ Mondstellung: G ⊖ (K I) E

18. Mo	◐ ↑	10:23	↔	15:23	H. =	22°9	↓	20:10	Berlin
		10:32		15:44		27°8		20:44	Zürich

0:00:00.0			Sternzeit Berlin: 22:40:18.1 / Zürich: 22:20:18.1
0:00		u	◐ Phase: 0.075 / Lichtgrenze bei 53°28
0–		T	♃ Mondstellung: G ⊖ (K I) E
1:49		T	♃ Ganymed VA, 0.8 n., 2.8 w.; ⊖ (K I) E
3		T[1]	♄ Dione in östlicher Elongation (Max. 3¼^h)
3:27		T	♃ Ganymed VE, 0.8 n., 1.8 w.; (G ⊖) (K I) E
4:12		T	♃ (K I) → (I K), K ist 1.490 ⊖-Radien n. I; (G ⊖) (I K) E
6¼–	6½–	AFT	☿ Merkur im O (+0.5^{mag}, 16° w. ☉)
	6:29	T	♃ Ganymed BA, Pw. = 346°; ⊖ (I K) E
21–		FT[1]	♃ Jupiter (–2.7^{mag}) geht 5¼′ südlich an σ Arietis (+5.5^{mag}) vorbei.
20¾–	21–	T	Deep-sky günstig bis ca. 5¾^h
22–		T	♃ Mondstellung: I ⊖ E G K
22:24		T	♃ Europa SA, Pw. = 125°; I ⊖ E G K

19. Di	◐ ↑	11:41	↔	16:09	H. =	17°7	↓	20:25	Berlin
		11:44		16:29		22°7		21:05	Zürich

0:00:00.0			Sternzeit Berlin: 22:44:14.7 / Zürich: 22:24:14.7
0:00		u	◐ Phase: 0.135 / Lichtgrenze bei 41°06
0–		T	♃ Mondstellung: I (⊖ E) G K
0:33		T	♃ Europa DA, Pw. = 129°; I ⊖ G K
0:43		T	♃ Europa SE, Pw. = 236°; I ⊖ G K
2:45		T	♃ Europa DE, Pw. – 232°; I (E ⊖) G K
4:15		T	♃ Jupiter: GRF günstig (bei 42°)
5½–	6–	AF[1]	**Ost-Zodiakallicht günstig** (noch bis ca. 27. September)
6¼–	6½–	AFT	☿ **Merkur im O** (+0.2^{mag}, 17° w. ☉)
	6:31	T	♃ (I E) → (E I), I ist 0.834 ⊖-Radien n. E; (E I) ⊖ G K
23		–	♀ **Venus im „größten Glanz" als Morgenstern: –4.8^{mag}**
13:18		–	♆ in Opposition zur ☉ (+7.63^{mag}, Dm. 2″53)
20¾–	21½–	T	Deep-sky günstig bis ca. 5¾^h
22–		T	♃ Mondstellung: E ⊖ I G K

abends kein Mondlicht

MESZ

20. Mi

◐ ↑	13:03	↔ 16:58	H. = 13°4	↓ 20:45	Berlin
	12:59	17:19	18°3	21:31	Zürich

0:00:00.0			Sternzeit Berlin: 22:48:11.2 / Zürich: 22:28:11.2
0:00		u	◐ Phase: 0.212 / Lichtgrenze bei 28°84
0–		T	♃ Mondstellung: E ⊖ I G K
0:06		T	♃ Jupiter: GRF günstig (bei 42°)
3:22		AFT[1]	β Persei (Algol) im Minimum: 3.39^{mag} (Max. 2.12^{mag})
5:33		T	♃ Io SA, Pw. = 108°; E (⊖ I) G K
6¼–	6¾–	AFT	☿ **Merkur im O** (+0.0^{mag}, 17° w. ☉)
	6:35	T	♃ Io DA, Pw. = 111°; E ⊖ G K
11:55	12:15	T[7]	☿ kulminiert 45°8 / 50°8 über Horizont (18° w. ☉)
19¾–		A[1]	◐ Erdlicht (bis ca. 22. September)
20½		T[1]	♄ Rhea in östlicher Elongation (Max. 17½^{h})
20½		T[1]	♄ Titan in westlicher Elongation (Max. 20^{h})
20¾		T[1]	♄ Dione in östlicher Elongation (Max. 20¾^{h})
21–	22–	T	Deep-sky günstig bis ca. 5¾^{h}
22–		T	♃ Mondstellung: I (⊖ E) G K

21. Do

◐ ↑	14:24	↔ 17:52	H. = 10°2	↓ 21:15	Berlin
	14:14	18:13	15°1	22:07	Zürich

0:00:00.0			Sternzeit Berlin: 22:52:07.8 / Zürich: 22:32:07.8
0:00		u	◐ Phase: 0.303 / Lichtgrenze bei 16°63
0–		T	♃ Mondstellung: I ⊖ E G K
2:55		T	♃ Io VA, 0.3 n., 1.7 w.; ⊖ E G K
5:53		T	♃ Jupiter: GRF günstig (bei 42°)
6:03		T	♃ Io BE, Pw. = 70°; (⊖ I) (E G) K
6¼–	6¾–	AFT	☿ **Merkur im O** (–0.2^{mag}, 18° w. ☉)
19½		FT	◐ Max. Libration in Länge: Mare Crisium randnah
20¾		T	♄ Rhea südlicher Vorbeigang (☌ um 20¾^{h})
21½–	22½–	T	Deep-sky günstig bis ca. 5¾^{h}
22–		T	♃ Mondstellung: (G ⊖) I E K

22. Fr

◐ ↑	15:40	↔ 18:51	H. = 8°5	↓ 22:00	Berlin
	15:25	19:11	13°5	22:56	Zürich

0:00:00.0			Sternzeit Berlin: 22:56:04.3 / Zürich: 22:36:04.3
0:00		u	◐ Phase: 0.404 / Lichtgrenze bei 4°42
0–		T	♃ Mondstellung: (G ⊖ I) E K
0:01		T	♃ Io SA, Pw. = 108°; (G ⊖ I) E K
1:02		T	♃ Io DA, Pw. = 111°; G ⊖ E K
1:45		T	♃ Jupiter: GRF günstig (bei 42°)
2:11		T	♃ Io SE, Pw. = 252°; G ⊖ E K
2¾		T[1]	♄ Dione in westlicher Elongation (Max. 5¾^{h})
3:10		T	♃ Io DE, Pw. = 250°; G (I ⊖) E K
6¼–	6¾–	AFT	☿ **Merkur im O** (–0.3^{mag}, 18° w. ☉)

10:17	10:37	FTA[7]	♀ kulminiert 48°9 / 53°9 über Horizont (41° w. ⊙)
15		–	☿ in größter Elongation: 17°52′ w. ⊙
21:24		T[3]	♃ Io VA, 0.3 n., 1.7 w.; G E ⊖ K
21:32		–	◐ Erstes Viertel, Schütze
21¾–		T	♃ Mondstellung: G E ⊖ K
22¼–	23¼–	T	Deep-sky günstig bis ca. 5¾^{h}

23. Sa	◐ ↑	**16:41** **16:27**	↔	**19:52** **20:12**	H. = **8°6** **13°6**	↓ **23:05** **[0:01]**	Berlin Zürich

0:00:00.0			Sternzeit Berlin: 23:00:00.9 / Zürich: 22:40:00.9
0:00		u	◐ Phase: 0.513 / Lichtgrenze bei –7°78
0–		T	♃ Mondstellung: G E ⊖ K
0		T[1]	♄ Rhea in westlicher Elongation (Max. 0^{h})
0:11		AFT[1]	β Persei (Algol) im Minimum: 3.39^{mag} (Max. 2.12^{mag})
0:30		T	♃ Io BE, Pw. = 70°; G E (⊖ I) K
2¾		T[1]	♄ Tethys in östlicher Elongation (Max. 4¾^{h})
5:42		u	◐ Südlichste Lage, Dekl. –28°16′, Schütze
6¼–	6¾–	AFT	☿ **Merkur im O** (–0.5^{mag}, 18° w. ⊙)
7:31		T	♃ Jupiter: GRF günstig (bei 42°)
8:50			⊙ **Herbstanfang**, Tagundnachtgleiche. Die Sonne überquert jetzt den Äquator südwärts.
21:36		T[3]	♃ Io DE, Pw. = 250°; G E (I ⊖) K
21¾–		T	♃ Mondstellung: G E (I ⊖) K
23½–	0¼–	T	Deep-sky günstig bis ca. 5¾^{h}

24. So	◐ ↓	**[23:05]** **0:01**	↑ **17:26** **17:16**	↔	**20:53** **21:14**	H. = **10°7** **15°7**	Berlin Zürich

0:00:00.0			Sternzeit Berlin: 23:03:57.5 / Zürich: 22:43:57.5
0:00		u	◐ Phase: 0.623 / Lichtgrenze bei –19°97
0–		T	♃ Mondstellung: G E I ⊖ K
2:14		T	♃ (E I) → (I E), E ist 0.794 ⊖-Radien n. I; G (I E) ⊖ K
2¾–		FT[1]	♄ Saturn (+0.5^{mag}) geht 14′ nördlich an 42 Aquarii (+5.5^{mag}) vorbei.
2¾		T[1]	♄ Tethys in westlicher Elongation (Max. 3¼^{h})
2¾		T	♄ Rhea nördlicher Vorbeigang (☌ um 3^{h})
3:23		T	♃ Jupiter: GRF günstig (bei 42°)
5¾–	6¼–	AF[1]	**Ost-Zodiakallicht günstig** (noch bis ca. 27. September)
5:51		T	♃ Europa VA, 0.6 n., 2.1 w.; G I ⊖ K
6¼–	6¾–	AFT	☿ **Merkur im O** (–0.6^{mag}, 18° w. ⊙)
11:55	12:15	T[7]	☿ kulminiert 45°1 / 50°1 über Horizont (18° w. ⊙)
17:19		u	◐ Größte ekliptikale Südbreite, Schütze
19½		FT	◐ Maximale Libration in Breite: Nordpol sichtbar
20¼		T	♄ Titan nördlicher Vorbeigang (☌ um 18½^{h})
21¾–		T	♃ Mondstellung: G ⊖ I E K

MESZ

23:14	T	♃ Jupiter: GRF günstig (bei 42°)
23¼	T[1]	♄ Dione in westlicher Elongation (Max. 23¼^{h})

25. Mo	◐ ↓	**0:28** **1:19**	↑ **17:56** **17:53**	↔ **21:53** **22:14**	H. = **14°7** **19°7**	Berlin Zürich

0:00:00.0		Sternzeit Berlin: 23:07:54.0 / Zürich: 22:47:54.0
0:00	AFT	◐ Phase: 0.731 / Lichtgrenze bei –32°15
0–	T	♃ Mondstellung: G ⊖ I (E K)
0¾– 1¾–	T	Deep-sky günstig bis ca. 5¾^{h}
1:22	T	♃ (E K) → (K E), E ist 1.587 ⊖-Radien n. K; G ⊖ I (K E)
2	T[1]	♄ Tethys in östlicher Elongation (Max. 2^{h})
2½	T[1]	♄ Rhea in östlicher Elongation (Max. 5¾^{h})
5:49	T	♃ Ganymed VA, 0.8 n., 2.5 w.; ⊖ (I K) E
6¼– 6¾–	AFT	☿ **Merkur im O** (–0.7^{mag}, 17° w. ⊙)
21½–	T	♃ Mondstellung: I (⊖ K) (E G)

26. Di	◐ ↓	**2:01** **2:44**	↑ **18:18** **18:21**	↔ **22:50** **23:10**	H. = **20°2** **25°3**	Berlin Zürich

0:00:00.0		Sternzeit Berlin: 23:11:50.6 / Zürich: 22:51:50.6
0:00	AFT	◐ Phase: 0.828 / Lichtgrenze bei –44°33
0–	T	♃ Mondstellung: I (K ⊖) E G
0¾	T[1]	♄ Tethys in westlicher Elongation (Max. 0¾^{h})
	T	◐ Sternbedeckung SAO 190087 (7.3^{mag})
0:47.4		Pw. = 132° a = 3.3 b = –3.8
0:59	T	♃ Europa SA, Pw. = 125°; I (K ⊖) E G
2¼– 3–	T	Deep-sky günstig bis ca. 5¾^{h}
2:53	T	♃ Europa DA, Pw. = 129°; I (K ⊖) G
3:19	T	♃ Europa SE, Pw. = 236°; I (K ⊖) G
5:01	T	♃ Jupiter: GRF günstig (bei 42°)
5:05	T	♃ Europa DE, Pw. = 232°; I (K E ⊖) G
6½– 6¾–	AFT	☿ **Merkur im O** (–0.8^{mag}, 17° w. ⊙)
	T	◐ Sternbedeckung SAO 164827 (6.4^{mag})
20:20.5		Pw. = 81° a = 1.2 b = 1.2
20:32.5		Pw. = 80° a = 1.2 b = 1.2
21	A	◐ 6° sw. Saturn
21:09	T[3]	♃ (E K) → (K E), E ist 1.263 ⊖-Radien n. K; (K E) ⊖ I G
21½–	T	♃ Mondstellung: (K E) ⊖ I G
23¼	T[1]	♄ Tethys in östlicher Elongation (Max. 23¼^{h})

27. Mi	◐ ↓	**3:36** **4:12**	↑ **18:33** **18:43**	↔ **23:43** **[0:04]**	H. = **26°9** **32°0**	Berlin Zürich

0:00:00.0		Sternzeit Berlin: 23:15:47.1 / Zürich: 22:55:47.1
0:00	AFT	◐ Phase: 0.909 / Lichtgrenze bei –56°50
0–	T	♃ Mondstellung: (K E) ⊖ I G

MESZ

0:52	T	♃ Jupiter: GRF günstig (bei 42°)
2	A	☾ 4° s. Saturn
4– 4½–	T	Deep-sky günstig bis ca. 6^h
6½– 6¾–	AFT	☿ **Merkur im O** (–0.8^{mag}, 17° w. ⊙)
11:59 12:19	T[7]	☿ kulminiert 43°9 / 48°9 über Horizont (17° w. ⊙)
20¼	T[1]	♄ Dione in westlicher Elongation (Max. 17^h)
21½–	T	♃ Mondstellung: K I ⊖ G
22	T[1]	♄ Tethys in westlicher Elongation (Max. 22^h)
23:10	T	♃ Europa BE, Pw. = 52°; K I (⊖ E) G

28. Do	☾ ↔	[23:43] **0:04**	H. =	**26°9** **32°0**	↓	**5:10** **5:39**	↑	**18:46** **19:03**	Berlin Zürich

0:00:00.0		Sternzeit Berlin: 23:19:43.7 / Zürich: 22:59:43.7
0:00	AFT	☾ Phase: 0.966 / Lichtgrenze bei –68°66
0–	T	♃ Mondstellung: K I (⊖ E) G
3:05	–	☾ in Erdnähe: 56.4293 Erdradien, Wassermann
4:49	T	♃ Io VA, 0.3 n., 1.6 w.; K ⊖ E G
6½– 6¾–	AFT	☿ **Merkur im O** (–0.9^{mag}, 16° w. ⊙)
6:39	T	♃ Jupiter: GRF günstig (bei 42°)
20¼	T[1]	♄ Titan in östlicher Elongation (Max. 15½^h)
20½	T[1]	♄ Tethys in östlicher Elongation (Max. 20½^h)
21½–	T	♃ Mondstellung: K (⊖ G) I E
21:39	T[3]	♃ Ganymed SE, Pw. = 210°; K (⊖ G) I E
23:56	T	♃ Ganymed DA, Pw. = 168°; K ⊖ I E

29. Fr	○ ↔	**0:35** **0:56**	H. =	**34°1** **39°3**	↓	**6:42** **7:04**	↑	**18:58** **19:21**	Berlin Zürich

0:00:00.0		Sternzeit Berlin: 23:23:40.2 / Zürich: 23:03:40.2
0:00	AFT	○ Phase: 0.996 / Lichtgrenze bei –80°83
0–	T	♃ Mondstellung: K ⊖ I E
0:37	T	♃ Ganymed DE, Pw. = 191°; K (G ⊖) I E
1¾	T[1]	♄ Dione in östlicher Elongation (Max. 1¾^h)
1:55	T	♃ Io SA, Pw. = 108°; K (G ⊖ I) E
2:30	T	♃ Jupiter: GRF günstig (bei 42°)
2:48	T	♃ Io DA, Pw. = 111°; K (G ⊖) E
4:05	T	♃ Io SE, Pw. = 252°; K G ⊖ E
4:56	T	♃ Io DE, Pw. = 249°; K (G I ⊖) E
6½– 6¾–	AFT	☿ Merkur im O (–1.0^{mag}, 16° w. ⊙)
9:11	u	○ Äquatordurchgang nordwärts, Fische
10:08 10:28	FTA[7]	♀ kulminiert 48°5 / 53°5 über Horizont (44° w. ⊙)
11:58	u	○ Vollmond, Walfisch
20¼	T[1]	♄ Rhea in östlicher Elongation (Max. 18¼^h)
20¼	T[1]	♄ Tethys in westlicher Elongation (Max. 19¼^h)
21¼–	T	♃ Mondstellung: K G (I E) ⊖
21:34	T[3]	♃ (I E) → (E I), I ist 0.856 ⊖-Radien n. E; K G (E I) ⊖
23:18	T	♃ Io VA, 0.3 n., 1.6 w.; K G E ⊖

30. Sa		○ ↔ **1:25** / **1:46** H. = **41°5** / **46°7** ↓ **8:13** / **8:28** ↑ **19:10** / **19:39**	Berlin / Zürich
0:00:00.0		Sternzeit Berlin: 23:27:36.8 / Zürich: 23:07:36.8	
0:00	AFT	○ Phase: –0.996 / Lichtgrenze bei 87°01	
0–	T	♃ Mondstellung: K G E ⊖	
2¼	T	♄ Iapetus südlicher Vorbeigang (☌ um 3¾h)	
2:16	T	♃ Io BE, Pw. = 70°; K G E (⊖ I)	
6¼–	T[1]	(4) Vesta (+8.0mag) geht 7′10″ südlich an 71 Orionis (+5.2mag) vorbei.	
6½– 6¾–	AFT	☿ Merkur im O (–1.0mag, 15° w. ☉)	
18:49	u	☽ im ☊, Fische	
21:14	T[3]	♃ Io DA, Pw. = 111°; K G E ⊖	
21¼–	T	♃ Mondstellung: K G E (⊖ I)	
21¼	T	♄ Rhea südlicher Vorbeigang (☌ um 21¼h)	
22:34	T	♃ Io SE, Pw. = 252°; K G E ⊖	
23:22	T	♃ Io DE, Pw. = 249°; K G E (I ⊖)	

MESZ

Sept.

Oktober 2023

Sonne

Dämmerung, Auf- und Untergang, Kulminationswerte und Zeitgleichung

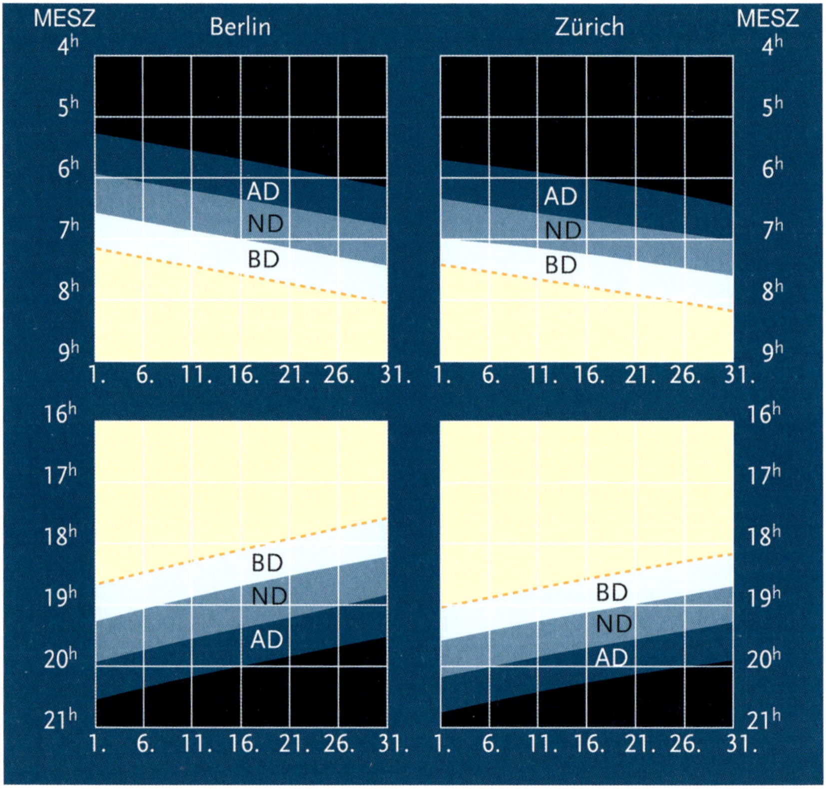

Berlin / Zürich

Okt.	Aufgang	Kulmination Zeit	Kulmination Höhe	Untergang	**Zeitgleichung**	Aufgang	Kulmination Zeit	Kulmination Höhe	Untergang	Okt.
1.	7:06	12:55.7	34°3	18:44	**+10^{m}3**	7:24	13:15.7	39°3	19:06	1.
6.	7:15	12:54.2	32°4	18:32	**+11^{m}8**	7:31	13:14.2	37°4	18:56	6.
11.	7:24	12:52.8	30°5	18:21	**+13^{m}2**	7:38	13:12.8	35°5	18:47	11.
16.	7:32	12:51.6	28°6	18:10	**+14^{m}4**	7:45	13:11.6	33°6	18:37	16.
21.	7:41	12:50.7	26°8	17:59	**+15^{m}3**	7:53	13:10.7	31°8	18:28	21.
26.	7:51	12:50.0	25°1	17:49	**+16^{m}0**	8:00	13:10.0	30°1	18:19	26.
31.	7:00	11:49.6	23°4	16:39	**+16^{m}4**	7:08	12:09.6	28°4	17:11	31.

Anfang Oktober (und Anfang März) sind die *Dämmerungszeiten* die kürzesten im Jahresvergleich. Das liegt daran, dass der Tagbogen der Sonne im Frühling und im Herbst unter größeren Winkeln aus dem Horizont aufsteigt als im Sommer oder Winter. Der Sonnen*mittelpunkt* steigt so bei den Tagundnachtgleichen während der Dämmerung am raschesten auf. Für den Sonnenauf- und untergang ist aber der oberste Punkt des Sonnenrands entscheidend, und dieser ist bei leicht negativer Deklination, also *nach* der Herbst-Tagundnachtgleiche, noch etwas rascher.

Ringförmige Sonnenfinsternis am 14. Oktober

7^h16^m nach dem Neumondzeitpunkt durchstößt der Mond die Ekliptikebene im absteigenden Knoten. Die Zone der Ringförmigkeit beginnt im Pazifik westlich von Kanada. Dann verläuft sie in südöstlicher Richtung durch die USA, Mexiko, Mittelamerika, Kolumbien, Brasilien und endet im Atlantik.

Ringförmige Sonnenfinsternis am 14. Oktober 2023

Die Zone der Ringförmigkeit verläuft durch beide Amerikas.

Die Finsternis ist die 44. im Saros-Zyklus Nr. 134, der am 22. Juni 1248 begann und mit seiner 71. Finsternis am 6. August 2510 enden wird.

Elemente

Geozentrische Konjunktion in α:	2023 Oktober 14. $17^{h}36^{m}38^{s}.022$ UT	
	Sonne	Mond
Rektaszension (α)	$13^{h}18^{m}01^{s}.8$	$13^{h}18^{m}01^{s}.8$
Deklination (δ)	$-\ 8°14'16''$	$-\ 7°50'53''$
Änderung Rektaszension $\Delta\alpha$/h	$0^{m}9^{s}.281$	$1^{m}51^{s}.241$
Änderung Deklination $\Delta\delta$/h	$-\ 0'55''.72$	$-14'12''.91$
Parallaxe	$0'8''.81$	$55'13''.36$
Radius	$16'01''.1$	$15'02''.8$

Hauptpunkte	**UT Oktober 14.**	**Länge**	**Breite**
	d h m	° ′	° ′
Finsternis beginnt	14. 15 03.8	–132 09.6	+41 19.8
Zentrallinie beginnt	14. 16 12.4	–146 55.2	+50 26.1
Grösste Finsternis	14. 17 36.6	– 87 39.5	+16 58.5
Ende der Zentrallinie	14. 19 46.8	– 29 23.0	– 5 41.1
Ende der Finsternis	14. 20 55.3	– 45 16.8	–13 48.1

Ringförmige Sonnenfinsternis am 14. Oktober 2023

Verlauf der Ringförmigkeitszone über Mexiko, Guatemala, Honduras, Nicaragua und Panama

Mond

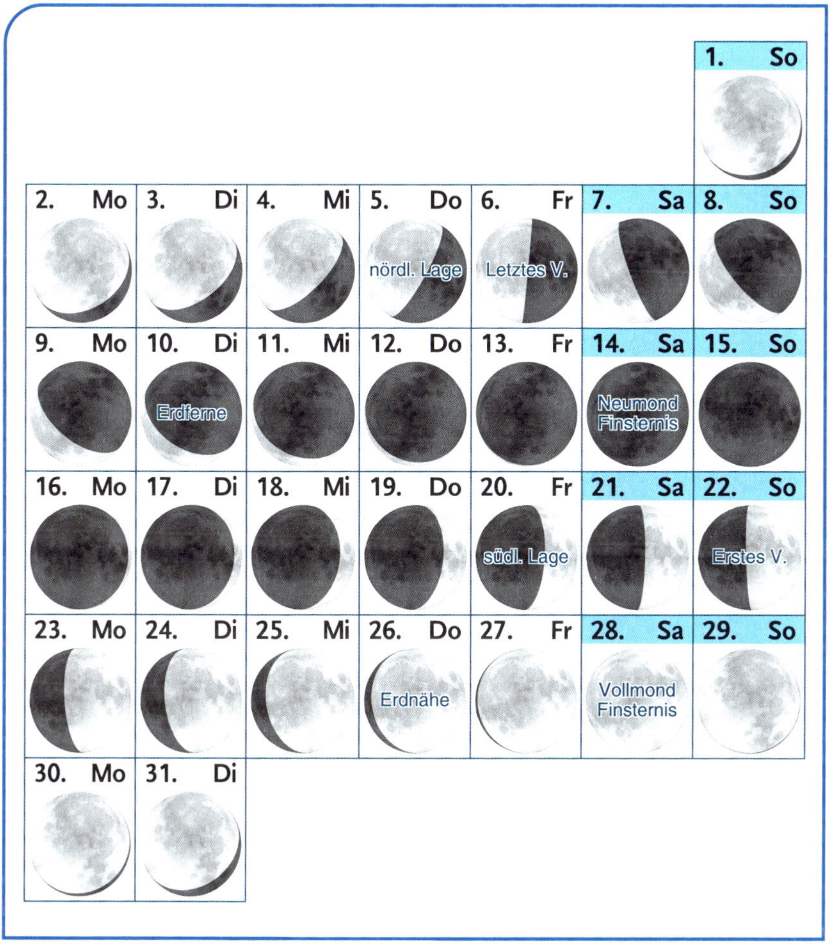

Okt.

Partielle Mondfinsternis am 28./29. Oktober

17^h11^m vor dem Vollmondzeitpunkt geht der Mond durch den absteigenden Knoten. Es ergibt sich noch knapp eine partielle Finsternis der Größe 0.127. Die Finsternis ist in voller Länge von uns aus zu beobachten.

Die Finsternis ist die 22. im Saros-Zyklus Nr. 132, der am 28. November 1640 begann und mit seiner 80. Finsternis am 13. April 3065 enden wird.

Partielle Mondfinsternis am 28./29. Oktober 2023

Verlauf des Mondes durch den Kernschatten der Erde (Zeiten in MESZ), Situation lagerichtig zum Maximum

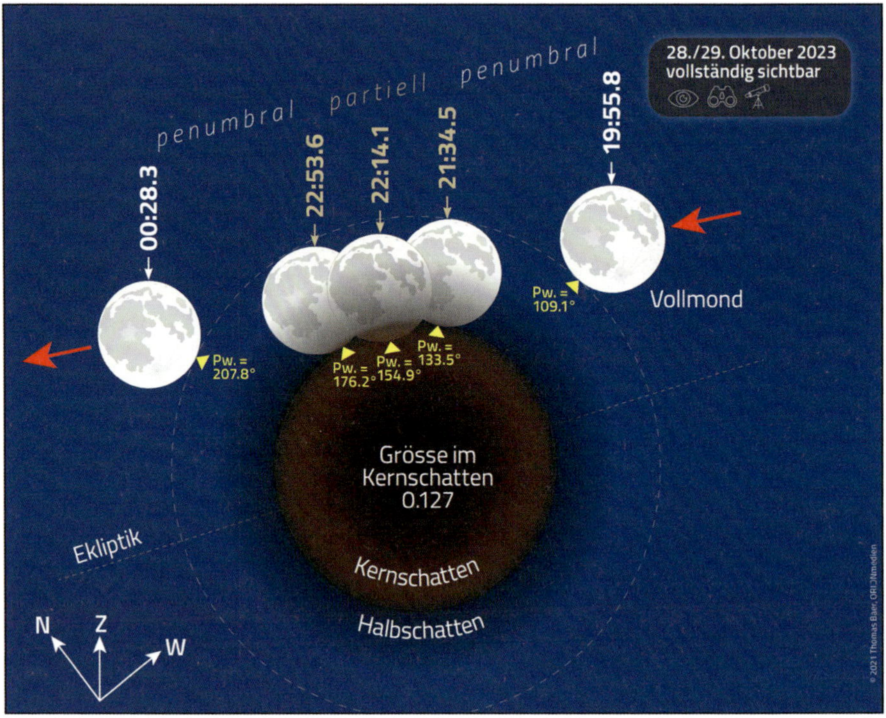

Kurz vor und nach der partiellen Phase kann die Abdunklung im Halbschatten bemerkt werden.

Elemente

Geozentrische Opposition in α:	2023 Oktober 28. 21ʰ01ᵐ38ˢ506 UT	
	Sonne	Mond
Rektaszension (α)	14ʰ11ᵐ33ˢ5	2ʰ11ᵐ33ˢ5
Deklination (δ)	−13°14′50″	+14°16′53″
Änderung Rektaszension Δα/h	0ᵐ09ˢ663	2ᵐ13ˢ817
Änderung Deklination Δδ/h	− 0′49″99	+14′54″78
Parallaxe	0′08″85	59′17″85
Radius	16′05″8	16′09″4

Okt.

Die Planeten im Oktober 2023

Planetenpositionen am 1., 15, und 31. Oktober 2023 sowie Hauptmondphasen

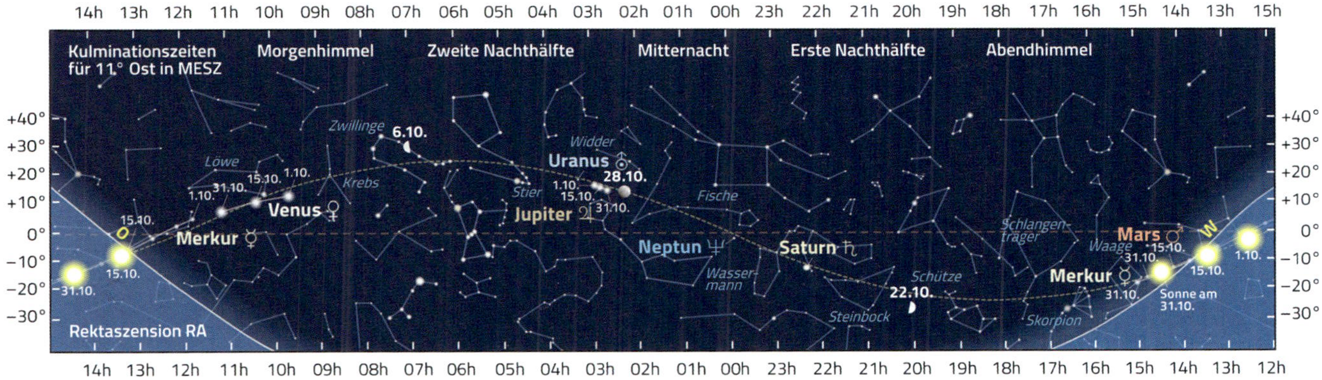

Scheinbare Planetengrössen und Phasen am 1., 15, und 31. Oktober 2023

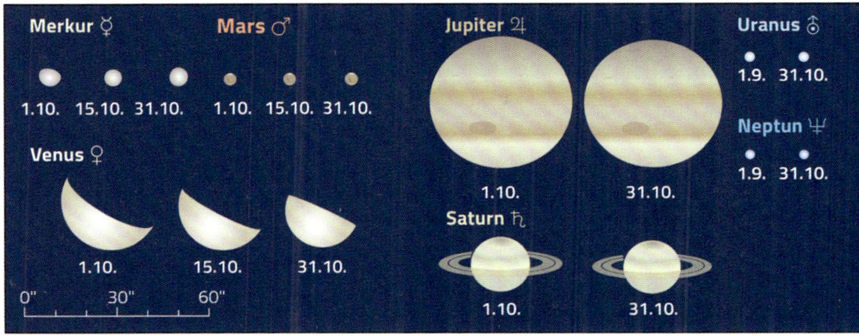

Merkur ☿	Morgenhimmel noch bis 7.10., dann unsichtbar
Venus ♀	Morgenhimmel (grösste westliche Elongation am 24.10.)
Mars ♂	unsichtbar
Jupiter ♃	ganze Nacht sichtbar
Saturn ♄	ab Abend bis in die zweite Nachthälfte
Uranus ⛢	ganze Nacht ab den Abendstunden, teleskopisch
Neptun ♆	ab Abend bis in die zweite Nachthälfte, teleskopisch

Okt.

Planeten

morgens, dann unsichtbar

Merkur ☿ ist auf dem Abstieg von seiner besten Morgensichtbarkeit und verschwindet schon vom 8. Oktober an immer tiefer in der Morgendämmerung. Auf dem Weg hinter der Sonne durch steht er am 20. in oberer Konjunktion.

	Berlin					Zürich				
Okt.	Auf-gang	Kulmination Zeit	Kulmination Höhe	Unter-gang	**Elongation von der ☉**	Auf-gang	Kulmination Zeit	Kulmination Höhe	Unter-gang	Okt.
1.	5:39	12:06	42°	18:30	**14° W**	6:03	12:26	47°	18:46	1.
6.	6:09	12:18	38°	18:24	**10° W**	6:30	12:38	43°	18:43	6.
11.	6:41	12:30	34°	18:17	**7° W**	6:59	12:50	39°	18:39	11.
16.	7:13	12:42	31°	18:09	**3° W**	7:28	13:02	36°	18:35	16.
21.	7:44	12:54	27°	18:02	**0° O**	7:56	13:14	32°	18:30	21.
26.	8:14	13:05	24°	17:54	**3° O**	8:22	13:25	29°	18:26	26.
31.	7:43	12:16	21°	16:47	**6° O**	7:48	12:36	26°	17:22	31.

Merkur und Venus Anfang Oktober 2023

Sterne gezeichnet für den 4. Oktober 2023 um 06:45 Uhr MESZ

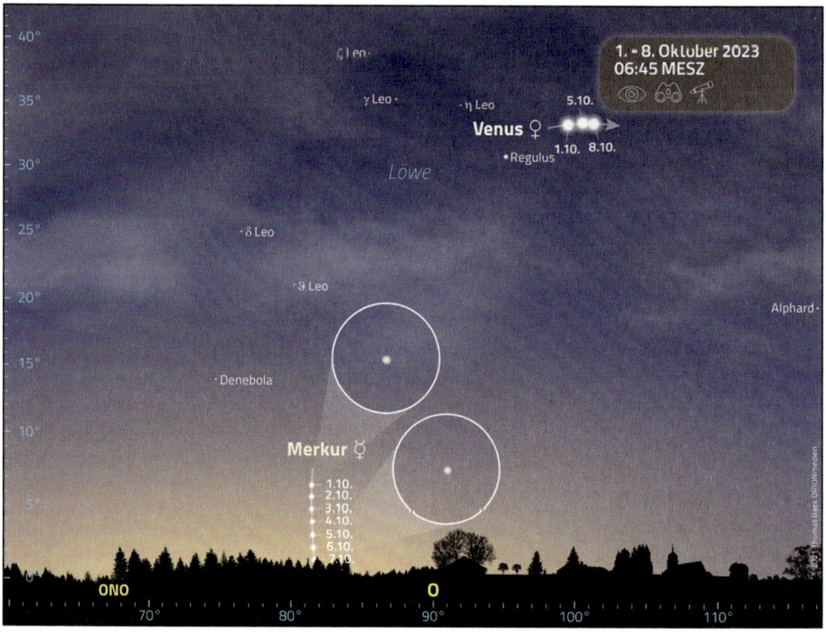

Okt.

morgens

Venus ♀ ist im Oktober wieder etwas früher vor der Sonne am Morgenhimmel und steht bei Sonnenaufgang mehr als 30° über dem Südosthorizont.

Berlin						Zürich				
Okt.	Auf-gang	Kulmination Zeit	Höhe	Unter-gang	**Elongation von der ☉**	Auf-gang	Kulmination Zeit	Höhe	Unter-gang	Okt.
1.	3:05	10:06	48°	17:08	**44° W**	3:34	10:26	53°	17:18	1.
6.	3:04	10:02	48°	17:00	**45° W**	3:34	10:22	53°	17:11	6.
11.	3:06	10:00	47°	16:53	**45° W**	3:35	10:20	52°	17:04	11.
16.	3:10	9:58	46°	16:45	**46° W**	3:38	10:18	51°	16:57	16.
21.	3:16	9:57	44°	16:37	**46° W**	3:43	10:17	49°	16:51	21.
26.	3:23	9:57	43°	16:29	**46° W**	3:49	10:17	48°	16:44	26.
31.	2:32	8:57	41°	15:20	**46° W**	2:56	9:17	46°	15:37	31.

unsichtbar

Mars ♂ ist auf dem Weg um die Sonne (Konjunktion am 18. November) nicht zu sehen.

Berlin						Zürich				
Okt.	Auf-gang	Kulmination Zeit	Höhe	Unter-gang	**Elongation von der ☉**	Auf-gang	Kulmination Zeit	Höhe	Unter-gang	Okt.
1.	8:31	13:50	29°	19:08	**14° O**	8:44	14:10	34°	19:35	1.
11.	8:31	13:36	26°	18:40	**11° O**	8:41	13:56	31°	19:10	11.
21.	8:31	13:22	24°	18:13	**8° O**	8:39	13:42	29°	18:45	21.
31.	7:32	12:10	22°	16:48	**5° O**	7:38	12:30	27°	17:22	31.

ganze Nacht

Jupiter ♃ wird am 3. November in Opposition stehen und ist bereits jetzt die ganze Nacht hindurch zu beobachten.

Berlin						Zürich				
Okt.	Auf-gang	Kulmination Zeit	Höhe	Unter-gang	**Elongation von der ☉**	Auf-gang	Kulmination Zeit	Höhe	Unter-gang	Okt.
1.	19:52	3:16	52°	10:41	**143° W**	20:26	3:36	57°	10:47	1.
11.	19:10	2:33	52°	9:56	**153° W**	19:44	2:53	57°	10:02	11.
21.	18:28	1:49	52°	9:10	**164° W**	19:02	2:09	57°	9:17	21.
31.	16:46	0:05	51°	7:23	**176° W**	17:19	0:25	56°	7:30	31.

erste Nachthälfte

Saturn ♄ kann bis um Mitternacht noch gut beobachtet werden. Ein tiefer Horizont ist dabei von Vorteil.

Okt.	Berlin Auf-gang	Kulmination Zeit	Höhe	Unter-gang	**Elongation von der ☉**	Zürich Auf-gang	Kulmination Zeit	Höhe	Unter-gang	Okt.
1.	17:44	22:40	25°	3:36	**143° O**	17:53	23:00	30°	4:07	1.
11.	17:04	21:59	25°	2:54	**133° O**	17:13	22:19	30°	3:25	11.
21.	16:24	21:18	25°	2:13	**123° O**	16:33	21:38	30°	2:44	21.
31.	14:44	19:38	25°	0:33	**113° O**	14:53	19:58	30°	1:04	31.

ganze Nacht

Uranus ⛢ steht zwar erst am 13. November in Opposition, ist aber wegen großer Kulminationshöhen gut zu beobachten.

Okt.	Berlin Auf-gang	Kulmination Zeit	Höhe	Unter-gang	**Elongation von der ☉**	Zürich Auf-gang	Kulmination Zeit	Höhe	Unter-gang	Okt.
1.	20:03	3:48	56°	11:33	**134° W**	20:40	4:08	61°	11:35	1.
11.	19:23	3:07	56°	10:52	**144° W**	20:00	3:27	61°	10:54	11.
21.	18:42	2:27	55°	10:11	**155° W**	19:20	2:47	60°	10:13	21.
31.	17:02	0:46	55°	8:29	**165° W**	17:40	1:06	60°	8:32	31.

bis nach Mitternacht

Neptun ♆ zieht sich jetzt vom Morgenhimmel zurück, kann aber auch noch Ende Monat bis weit nach Mitternacht beobachtet werden.

Okt.	Berlin Auf-gang	Kulmination Zeit	Höhe	Unter-gang	**Elongation von der ☉**	Zürich Auf-gang	Kulmination Zeit	Höhe	Unter-gang	Okt.
1.	18:25	0:14	35°	6:04	**168° O**	18:43	0:34	40°	6:26	1.
11.	17:41	23:30	35°	5:19	**158° O**	17:59	23:50	40°	5:41	11.
21.	17:02	22:50	35°	4:38	**148° O**	17:20	23:10	40°	5:00	21.
31.	15:22	21:10	34°	2:58	**137° O**	15:40	21:30	39°	3:20	31.

Planetoiden

(3) Juno (10.3^{mag}, S. 288) zeigt sich für etwa 2 Stunden vor der Morgendämmerung.
(4) Vesta (8.1^{mag}, S. 292) ist Objekt für die zweite Nachthälfte.
(5) Astraea (11.4^{mag}, S. 292) ist ebenfalls ab Mitternacht zu beobachten.
(8) Flora (9.4^{mag}, S. 298) ist in der ersten Nachthälfte präsent.
(9) Metis (10.2^{mag}, S. 300) erscheint bereits vor Mitternacht.
(11) Parthenope (11.4^{mag}, S. 302) zeigt sich nur kurz nach dem Eindunkeln.

(18) Melpomene (8.5^{mag}, S. 306) kann ab den späteren Nachtstunden bis zum Morgen beobachtet werden.
(29) Amphitrite (9.2^{mag}, S. 308) steht am 1. in Opposition und kann die ganze Nacht hindurch beobachtet werden.

Meteorströme

δ-Aurigiden noch bis 10. Oktober. Maximum 2023: 4. Oktober, 14^h, nur etwa 2 Sternschnuppen pro Stunde. Radiant: $\alpha = 5^h50^m$, $\delta = +49°$. Schnelle Sternschnuppen: 64 km/s. Erzeugender Komet: vermutlich Bradfield (C/1972 E1).
Draconiden, auch Giacobiniden genannt, vom 6. bis 10. Oktober. Maximum 2023: 9. Oktober, 1^h, gelegentlich Meteorstürme (1933, 1946, 1985), sonst fast nicht präsent. Radiant: $\alpha = 17^h28^m$, $\delta = +54°$. Langsame Sternschnuppen: 20 km/s. Erzeugender Komet: 21P/Giacobini-Zinner.
ε-Geminiden vom 14. bis 27. Oktober. Maximum 2023: 18. Oktober, 17^h, nur etwa 2 Sternschnuppen pro Stunde. Radiant: $\alpha = 6^h40^m$, $\delta = +27°$. Schnelle Sternschnuppen: 70 km/s.
Orioniden vom 2. Oktober bis 7. November. Maximum 2023: 21. Oktober, 18^h, bis 23 Sternschnuppen pro Stunde. Radiant: $\alpha = 6^h20^m$, $\delta = +17°$. Schnelle Sternschnuppen: 66 km/s. Erzeugender Komet: 1P/Halley.
Leo Minoriden vom 19. bis 27. Oktober. Maximum 2023: 24. Oktober, 18^h, nur etwa 2 Sternschnuppen pro Stunde. Radiant: $\alpha = 10^h50^m$, $\delta = +37°$. Schnelle Sternschnuppen: 62 km/s.
Tauriden siehe November.

Zodiakallicht

Vom 14. bis ca. 27. Oktober lässt der Mond eine Beobachtung zu, jeweils ab etwa 5^h bis zur Morgendämmerung.

Fixsternhimmel

Am Abendhimmel stehen günstig: Kugelsternhaufen in Herkules, Pegasus, Wassermann, Schütze; Hantelnebel im Füchschen, Ringnebel in der Leier, Trifid-Nebel im Schützen, Spiralnebel in der Andromeda.
Doppelsterne: ξ Coronae Borealis, α Herculis, $\varepsilon_1/\varepsilon_2$ Lyrae, 61 und β Cygni, γ Delphini, η Cassiopeiae, γ Andromedae, γ Arietis, Plejaden (mit Alkyone).
Die **Milchstraße** ist an den mondscheinlosen Abenden vom 18. bis 28. ab etwa 20^h gut zu beobachten.

Veränderliche

δ-Cephei-Maxima: 6. 4^h / 11. 13^h / 16. $21½^h$ / 22. $6½^h$ / 27. 15^h
β-Lyrae-Minima: 5. 9^h / 18. $7½^h$ / 31. 5^h

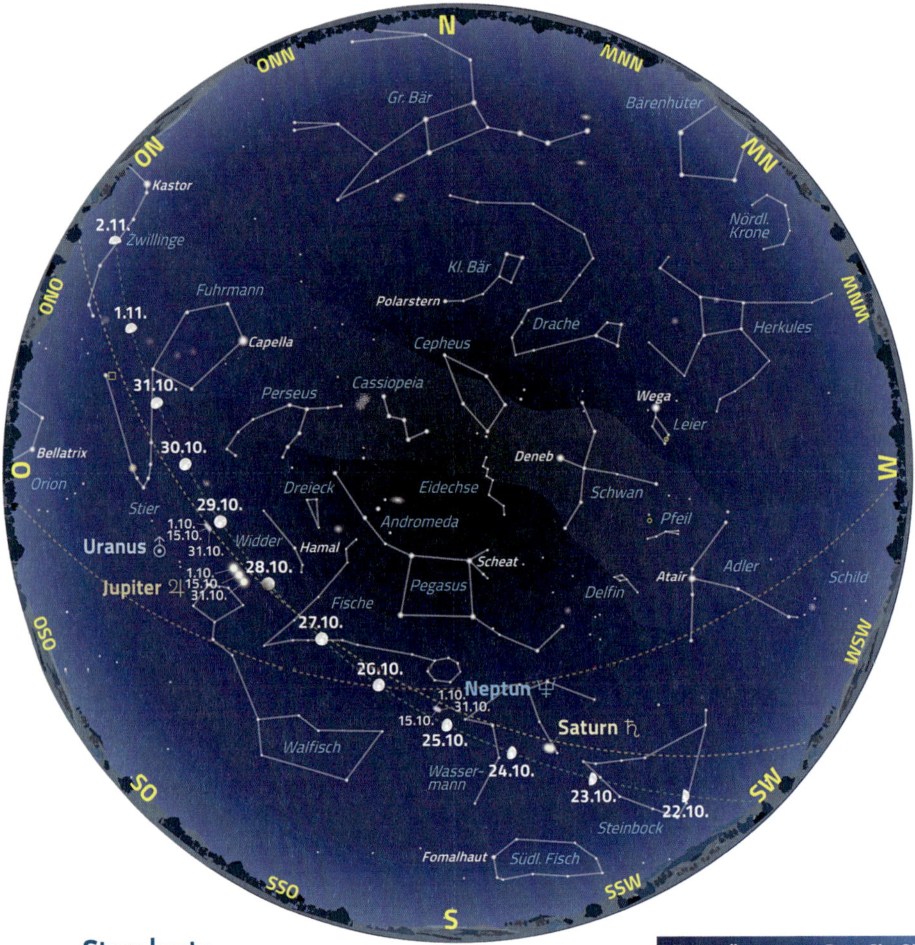

Sternkarte Oktober

Okt.

Die Planetenpositionen sind für den 15. Oktober eingezeichnet.

1. Okt. 24^h MESZ	16. Okt. 23^h MESZ	1. Nov. 21^h MEZ

Sternzeit dieser Karte:	23^h20^m
Vorhergehende Sternkarte: September	Seite 159
Nachfolgende Sternkarte: November	Seite 202

Astrokalender Oktober 2023

Zeit Berlin	Zeit Zürich	AFT	Objekt, Erscheinung
1. So			☽ ↔ **2:16** H. = **48°5** ↓ **9:43** ↑ **19:25** Berlin ☽ ↔ **2:36** H. = **53°6** ↓ **9:51** ↑ **20:00** Zürich
0:00:00.0			Sternzeit Berlin: 23:31:33.3 / Zürich: 23:11:33.3
0:00		–	☽ Mond-Alter 15^{d}85 nach ●
0:00		AFT	☽ Phase: –0.968 / Lichtgrenze bei 74°85
0–		T	♃ Mondstellung: K G E (I ⊖)
3¾–	5¼–	AFT	♀ **Venus im O** (–4.5^{mag}, 44° w. ⊙)
4:08		T	♃ Jupiter: GRF günstig (bei 42°)
4:18		T	♃ (E I) → (I E), E ist 0.780 ⊖-Radien n. I; K G (I E) ⊖
6½–	7–	AFT[3]	☿ Merkur im O (–1.0^{mag}, 14° w. ⊙)
18		u	Planetoid (2) Pallas in Konjunktion mit der ⊙
19¼–	19½–	AFT	♄ Saturn im SO (+0.5^{mag}, 144° ö. ⊙)
20–	20¼–	T	♆ Neptun im OSO (+7.8^{mag}, 168° ö. ⊙)
20		T[1]	♄ Dione in östlicher Elongation (Max. 19½^{h}) Mondlicht stört nicht vom 7. bis 19. Oktober.
20¾–	22–	AFT	♃ **Jupiter im O** (–2.8^{mag}, 143° w. ⊙)
21¼–		T	♃ Mondstellung: K G (⊖ I) E
22		A	☽ 3½° w. Jupiter
22¼–	22½–	FT	⛢ **Uranus im O** (+5.7^{mag}, 135° w. ⊙)
2. Mo			☽ ↔ **3:07** H. = **54°6** ↓ **11:13** ↑ **19:42** Berlin ☽ ↔ **3:28** H. = **59°8** ↓ **11:14** ↑ **20:24** Zürich
0:00:00.0			Sternzeit Berlin: 23:35:29.9 / Zürich: 23:15:29.9
0:00		T	♃ Jupiter: GRF günstig (bei 42°)
0:00		AFT	☽ Phase: –0.916 / Lichtgrenze bei 62°69
0–		T	♃ Mondstellung: K G ⊖ I E
0¾		T[1]	♄ Rhea in westlicher Elongation (Max. 0¾^{h})
6		A	☽ 3° n. Jupiter
6½–	7–	AFT[3]	☿ Merkur im O (–1.1^{mag}, 14° w. ⊙)
21¼–		T	♃ Mondstellung: K I ⊖ (G E)
22		A	☽ 5° sw. Plejaden
22:54		T	♃ (G E) → (E G), G ist 1.424 ⊖-Radien n. E; K I ⊖ (E G)
3. Di			☽ ↔ **4:00** H. = **59°6** ↓ **12:40** ↑ **20:06** Berlin ☽ ↔ **4:21** H. = **64°8** ↓ **12:34** ↑ **20:55** Zürich
0:00:00.0			Sternzeit Berlin: 23:39:26.4 / Zürich: 23:19:26.4
0:00		AFT	☽ Phase: –0.844 / Lichtgrenze bei 50°52
0–		T	♃ Mondstellung: K I ⊖ (E G)
2		T[1]	♄ Dione in westlicher Elongation (Max. 4¼^{h})

MESZ

Okt.

2		T	♄ Rhea nördlicher Vorbeigang (☌ um 3¾^{h})
3:35		T	♃ Europa SA, Pw. = 125°; K I (⊖ E) G
5:12		T	♃ Europa DA, Pw. = 129°; K I ⊖ G
5:47		T	♃ Jupiter: GRF günstig (bei 42°)
5:54		T	♃ Europa SE, Pw. = 236°; K I ⊖ G
6½–	7–	AFT[3]	☿ Merkur im O (–1.1^{mag}, 13° w. ☉)
20¼–		T[1]	(15) Eunomia (+10.1^{mag}) geht 9′09″ nördlich an 29 Sagittarii (+5.4^{mag}) vorbei.
21–		T	♃ Mondstellung: E K ⊖ I G
22		A	◑ 9° ö. Plejaden
		T	◑ Bedeckungsende 62 Tauri (6.2^{mag}, SAO 76591)
22:01.6			Pw. = 224° a = –0.5 b = 1.7
23¼		FT	◑ Max. Libration in Länge: Krater Grimaldi randnah

4. Mi	◑ ↔	H. =	↓	↑	
	4:55	**63°1**	**14:00**	**20:40**	Berlin
	5:15	**68°3**	**13:48**	**21:34**	Zürich

0:00:00.0			Sternzeit Berlin: 23:43:23.0 / Zürich: 23:23:23.0
0:00		AFT	◑ Phase: –0.758 / Lichtgrenze bei 38°35
0–		T	♃ Mondstellung: E K ⊖ I G
1:38		T	♃ Jupiter: GRF günstig (bei 42°)
2		T[1]	♄ Rhea in östlicher Elongation (Max. 6½^{h})
6		A	◑ 9½° n. Aldebaran
6½–	7–	AFT[3]	☿ Merkur im O (–1.1^{mag}, 12° w. ☉)
20½–		T	Deep-sky günstig bis ca. 21½^{h}
21–		T	♃ Mondstellung: I E ⊖ K G
21:45		T	♃ Europa VA, 0.6 n., 1.8 w.; I ⊖ K G
23		A	◑ 1½° s. Nath (β Tauri)
23½–		T[1]	(18) Melpomene (+8.5^{mag}) geht 0′57″ westlich an SAO 111162 (+6.6^{mag}) vorbei.

5. Do	◑ ↔	H. =	↓	↑	
	5:50	**65°1**	**15:07**	**21:27**	Berlin
	6:11	**70°2**	**14:52**	**22:23**	Zürich

0:00:00.0			Sternzeit Berlin: 23:47:19.6 / Zürich: 23:27:19.6
0:00		AFT	◑ Phase: –0.664 / Lichtgrenze bei 26°17
0–		T	♃ Mondstellung: I ⊖ K G
1:29		T	♃ Europa BE, Pw. = 52°; I (⊖ E) K G
		T	◑ Bedeckungsende SAO 77295 (6.5^{mag})
	5:09.8		Pw. = 288° a = 1.9 b = –0.4
5:14.9			Pw. = 304° a = 1.9 b = –1.4
6		A	◑ 3° ö. Nath (β Tauri)
	6:43	T	♃ Io VA, 0.3 n., 1.5 w.; ⊖ E (K G)
	7–	AFT[3]	☿ Merkur im O (–1.1^{mag}, 12° w. ☉)
7:25		T	♃ Jupiter: GRF günstig (bei 43°)
20¼–	20½–	T	Deep-sky günstig bis ca. 21½^{h} / 22¼^{h}
21–		T	♃ Mondstellung: ⊖ (G I) E K

MESZ

22	T[1]	♄ Dione in westlicher Elongation (Max. 22^h)
22:31	–	◑ Nördlichste Lage, Dekl. 28°18′, Zwillinge
23:56	T	♃ Ganymed SA, Pw. = 150°; ⊖ G I E K

6. Fr ◑ ↔ 6:45 / 7:05 H. = 65°3 / 70°4 ↓ 15:58 / 15:44 ↑ 22:27 / 23:22 Berlin / Zürich

0:00:00.0		Sternzeit Berlin: 23:51:16.1 / Zürich: 23:31:16.1
0:00	AFT	◑ Phase: –0.566 / Lichtgrenze bei 13°99
0–	T	♃ Mondstellung: ⊖ G I E K
1:40	T	♃ Ganymed SE, Pw. = 210°; (⊖ G) I E K
3:16	T	♃ Jupiter: GRF günstig (bei 43°)
3:20	T	♃ Ganymed DA, Pw. = 168°; (⊖ I) E K
3:50	T	♃ Io SA, Pw. = 108°; (⊖ I) E K
4:01	T	♃ Ganymed DE, Pw. = 191°; (G ⊖ I) E K
4:33	T	♃ Io DA, Pw. = 111°; (G ⊖) E K
6:00	T	♃ Io SE, Pw. = 252°; (G ⊖) E K
	T	◑ **Bedeckungsende 49 Aurigae** (5.0^{mag}, SAO 78524)
6:23.8 (Zürich)		Pw. = 290° a = 1.8 b = –0.7 Skizze S. 254
6:26.9 (Berlin)		Pw. = 309° a = 1.6 b = –1.7 Skizze S. 253
6:41 (Zürich)	T	♃ Io DE, Pw. = 249°; (G I ⊖) E K
10:02 10:22	FTA[7]	♀ kulminiert 47°7 / 52°7 über Horizont (45° w. ⊙)
15:48	u	◑ Letztes Viertel, Zwillinge
20	T[1]	♄ Titan in westlicher Elongation (Max. 17¾^h)
20¼– 20½–	T	Deep-sky günstig bis ca. 22½^h / 23¼^h
20:32 (Berlin)	T[3]	♃ Europa DE, Pw. = 232°; G I (E ⊖) K
20¾–	T	♃ Mondstellung: G I (E ⊖) K
23:07	T	♃ Jupiter: GRF günstig (bei 43°)
23:34	T	♃ (I E) → (E I), I ist 0.869 ⊖-Radien n. E; G (E I) ⊖ K

7. Sa ◑ ↔ 7:37 / 7:58 H. = 64°1 / 69°1 ↓ 16:34 / 16:24 ↑ 23:37 / [0:27] Berlin / Zürich

0:00:00.0		Sternzeit Berlin: 23:55:12.7 / Zürich: 23:35:12.7
0:00	AFT	◑ Phase: –0.468 / Lichtgrenze bei 1°80
0–	T	♃ Mondstellung: G (E I) ⊖ K
1:12	T	♃ Io VA, 0.3 n., 1.5 w.; G E ⊖ K
2–	A[1]	◑ Erdlicht (bis ca. 13. Oktober)
4:01	T	♃ Io BE, Pw. = 70°; G E (⊖ I) K
6	A	◑ 3° sw. Pollux, 5° s. Castor
15:21	–	◑ Größte ekliptikale Nordbreite, Zwillinge
20– 20½–	T	Deep-sky günstig bis ca. 23½^h / 0½^h
20¾–	T	♃ Mondstellung: G E ⊖ I K
22:18	T	♃ Io SA, Pw. = 108°; G E (⊖ I) K
23:00	T	♃ Io DA, Pw. = 111°; G E ⊖ K

abends kein Mondlicht — MESZ

8. So	◐ ↑	[23:37] **0:27**	↔	**8:27** **8:48**	H. =	**61°5** **66°5**	↓ **16:59** **16:55**	Berlin Zürich

Zeit		Ereignis
0:00:00.0		Sternzeit Berlin: 23:59:09.2 / Zürich: 23:39:09.2
0:00	u	◐ Phase: –0.373 / Lichtgrenze bei –10°40
0–	T	♃ Mondstellung: G E ⊖ K
0:28	T	♃ Io SE, Pw. = 252°; G E ⊖ K
1:08	T	♃ Io DE, Pw. = 249°; G E (I ⊖) K
2¾–	T	◐ Streifende Bedeckung SAO 184337 (7.2^{mag}, ZC –) Ungefährer Verlauf der nördlichen Grenzlinie: Landau – Mannheim – Schweinfurt – n. Coburg – n. Meißen – s. Cottbus. Genauer Grenzverlauf: Tabelle S. 257
4:54	T	♃ Jupiter: GRF günstig (bei 43°)
6:20	T	♃ (E I) → (I E), E ist 0.764 ⊖-Radien n. I; G (I E) ⊖ K
19¾	T[1]	♄ Rhea in östlicher Elongation (Max. 19^{h})
20– 20¼–	T	Deep-sky günstig bis ca. 0¾^{h} / 1½^{h}
20¾–	T	♃ Mondstellung: G ⊖ E K
22:27	T	♃ Io BE, Pw. = 70°; G (⊖ I) E K

9. Mo	◐ ↑	**0:51** **1:35**	↔	**9:13** **9:34**	H. =	**57°8** **62°8**	↓ **17:17** **17:18**	Berlin Zürich

Zeit		Ereignis
0:00:00.0		Sternzeit Berlin: 0:03:05.8 / Zürich: 23:43:05.8
0:00	u	◐ Phase: –0.284 / Lichtgrenze bei –22°60
0–	T	♃ Mondstellung: G ⊖ I E K
0:45	T	♃ Jupiter: GRF günstig (bei 43°)
20– 20¼–	T	Deep-sky günstig bis ca. 2^{h} / 2¾^{h}
20¾–	T	♃ Mondstellung: (I ⊖ G) E K
22	T	♄ Rhea südlicher Vorbeigang (☌ um 22^{h})

10. Di	◐ ↑	**2:05** **2:44**	↔	**9:57** **10:18**	H. =	**53°3** **58°3**	↓ **17:30** **17:37**	Berlin Zürich

Zeit		Ereignis
0:00:00.0		Sternzeit Berlin: 0:07:02.3 / Zürich: 23:47:02.3
0:00	u	◐ Phase: –0.203 / Lichtgrenze bei –34°80
0–	T	♃ Mondstellung: I ⊖ (G E) K
0½	T[1]	♄ Dione in östlicher Elongation (Max. 0½^{h})
1:41	T	♃ (G E) → (E G), G ist 1.438 ⊖-Radien n. E; I ⊖ (E G) K
5:03	AFT[1]	β Persei (Algol) im Minimum: 3.39^{mag} (Max. 2.12^{mag})
5½–	AFT[1]	♀ Venus (–4.5^{mag}) geht 2° südlich an Regulus (+1.3^{mag}) vorbei.
5:41	–	◐ in Erdferne: 63.5650 Erdradien, Löwe
6½–	T[1]	(9) Metis (+10.1^{mag}) geht 3′05″ nördlich an 6 Geminorum (+6.3^{mag}) vorbei.
6	A	◐ 5° n. Regulus, 7° n. Venus
6:11	T	♃ Europa SA, Pw. = 125°; I (⊖ E) G K
6:32	T	♃ Jupiter: GRF günstig (bei 43°)

abends kein Mondlicht

MESZ

20– 20¼–	T	Deep-sky günstig bis ca. 3¼^h / 3¾^h
20½–	T	♃ Mondstellung: E ⊜ I G K

11. Mi ◐ ↑ **3:18** / **3:51** ↔ **10:39** / **10:59** H. = **48°1** / **53°1** ↓ **17:41** / **17:52** Berlin / Zürich

0:00:00.0		Sternzeit Berlin: 0:10:58.9 / Zürich: 23:50:58.9
0:00	u	◐ Phase: –0.132 / Lichtgrenze bei –47°01
0–	T	♃ Mondstellung: E ⊜ I (G K)
1½	T[1]	♄ Rhea in westlicher Elongation (Max. 1½^h)
1½	T[1]	♄ Tethys in westlicher Elongation (Max. 3^h)
2:13	T	♃ (G K) → (K G), G ist 1.650 ⊜-Radien n. K; E ⊜ I (K G)
2:23	T	♃ Jupiter: GRF günstig (bei 43°)
6	A	◐ 8½° ö. Venus, 9½° ö. Regulus
20– 20¼–	T	Deep-sky günstig bis ca. 4½^h / 5^h
20½–	T	♃ Mondstellung: (I E) ⊜ K G
22:15	T	♃ Jupiter: GRF günstig (bei 43°)

12. Do ◐ ↑ **4:31** / **4:58** ↔ **11:19** / **11:39** H. = **42°4** / **47°4** ↓ **17:50** / **18:07** Berlin / Zürich

0:00:00.0		Sternzeit Berlin: 0:14:55.4 / Zürich: 23:54:55.4
0:00	u	◐ Phase: –0.075 / Lichtgrenze bei –59°22
0–	T	♃ Mondstellung: I (E ⊜) K G
0:22	T	♃ Europa VA, 0.6 n., 1.5 w.; I ⊜ K G
1½	T[1]	♄ Tethys in östlicher Elongation (Max. 1¾^h)
3:46	T	♃ Europa BE, Pw. = 52°; I (⊜ E) K G
6:55	T	♃ (E K) → (K E), E ist 2.050 ⊜-Radien n. K; I ⊜ (K E) G
19¾	T[1]	♄ Dione in östlicher Elongation (Max. 18¼^h)
20– 20¼–	T	Deep-sky günstig bis ca. 5¾^h / 6^h
20:05	T[3]	♃ (I G) → (G I), I ist 0.864 ⊜-Radien n. G; K ⊜ (G I) E
20½–	T	♃ Mondstellung: K ⊜ (G I) E

13. Fr ◐ ↑ **5:43** / **6:05** ↔ **11:59** / **12:19** H. = **36°5** / **41°5** ↓ **17:59** / **18:21** Berlin / Zürich

0:00:00.0		Sternzeit Berlin: 0:18:52.0 / Zürich: 23:58:52.0
0:00	u	◐ Phase: –0.032 / Lichtgrenze bei –71°44
0–	T	♃ Mondstellung: K ⊜ (G I) E
0¼	T[1]	♄ Tethys in westlicher Elongation (Max. 0¼^h)
1:52	AFT[1]	β Persei (Algol) im Minimum: 3.39^{mag} (Max. 2.12^{mag})
3:57	T	♃ Ganymed SA, Pw. = 150°; K (⊜ G I) E
4:01	T	♃ Jupiter: GRF günstig (bei 43°)
5:40	T	♃ Ganymed SE, Pw. = 210°; K (⊜ G I) E
5:44	T	♃ Io SA, Pw. = 108°; K (⊜ G I) E
6:18	T	♃ Io DA, Pw. = 111°; K (⊜ G) E
6:40	T	♃ Ganymed DA, Pw. = 168°; K ⊜ E

abends kein Mondlicht

MESZ

Okt.

6¾		AFT[3]	◐ Schmale Sichel, 37¼ ^{h} vor ●, 8° ü. H.
	7	AFT[3]	◐ Schmale Sichel, 37 ^{h} vor ●, 8° ü. H.
9:59	10:19	FTA[7]	♀ kulminiert 46°4 / 51°4 über Horizont (46° w. ☉)
10:54		–	◐ Äquatordurchgang südwärts, Jungfrau
20–	20¼–	T	Deep-sky günstig bis ca. 6½^h
20¼–		T	♃ Mondstellung: K (G I) (⊖ E)
20:36		T[3]	♃ Europa DA, Pw. = 129°; K (G I) ⊖
21:48		T	♃ Europa SE, Pw. = 236°; K G I ⊖
22:47		T	♃ Europa DE, Pw. = 232°; K G I (E ⊖)
23		T[1]	♄ Tethys in östlicher Elongation (Max. 23^h)
23:53		T	♃ Jupiter: GRF günstig (bei 43°)

14. Sa	● ↑	↔	H. =	↓	
	6:55	**12:39**	**30°5**	**18:08**	Berlin
	7:12	**13:00**	**35°5**	**18:35**	Zürich

0:00:00.0			Sternzeit Berlin: 0:22:48.5 / Zürich: 0:02:48.5
0:00		u	● Phase: –0.007 / Lichtgrenze bei –83°65
0–		T	♃ Mondstellung: K G I (E ⊖)
1¼		T[1]	♄ Dione in westlicher Elongation (Max. 3^h)
1¼		T[1]	♄ Titan in östlicher Elongation (Max. 13½^h)
1:33		T	♃ (I E) → (E I), I ist 0.878 ⊖-Radien n. E; K G (E I) ⊖
3:06		T	♃ Io VA, 0.3 n., 1.3 w.; K G E ⊖
5:45		T	♃ Io BE, Pw. = 70°; K G E (⊖ I)
6¼–	6½–	AF[1]	**Ost-Zodiakallicht günstig** (bis ca. 26. Oktober)
19¾–	20¼–	T	Deep-sky günstig bis ca. 6½^h

		● **Ringförmige Sonnenfinsternis im Pazifik, in den beiden Amerikas und im Atlantik**
		Texte und Grafiken Seiten 173/174
17:03.8	u	Beginn der Finsternis
18:12.4	u	Beginn der ringförmigen Phase
19:36.6	u	Größte Finsternis
19:55	u	● Neumond, Jungfrau
		Beginn Lunation Nr. 1247
21:46.8	u	Ende der Ringförmigkeit
22:55.3	u	Ende der Finsternis

20¼–	T	♃ Mondstellung: K G E ⊖ I
21¾	T[1]	♄ Tethys in westlicher Elongation (Max. 21¾^h)

15. So	● ↑	↔	H. =	↓	
	8:11	**13:21**	**24°7**	**18:19**	Berlin
	8:22	**13:42**	**29°6**	**18:51**	Zürich

0:00:00.0		Sternzeit Berlin: 0:26:45.1 / Zürich: 0:06:45.1
0:00	u	● Phase: 0.000 / Lichtgrenze bei 84°13
0–	T	♃ Mondstellung: K G E (⊖ I)
0:13	T	♃ Io SA, Pw. = 108°; K G E (⊖ I)

0:44	T	♃ Io DA, Pw. = 111°; K G E ⊖
2:23	T	♃ Io SE, Pw. = 252°; K G E ⊖
2:52	T	♃ Io DE, Pw. = 249°; K G E (I ⊖)
3:11	u	● im ☋, Jungfrau
5:39	T	♃ Jupiter: GRF günstig (bei 43°)
19¾– 20¼–	T	Deep-sky günstig bis ca. 6½^h
20¼–	T	♃ Mondstellung: K G I ⊖ E
20¼	T[1]	♄ Tethys in östlicher Elongation (Max. 20¼^h)
21:35	T	♃ Io VA, 0.3 n., 1.3 w.; K G ⊖ E
22:40	AFT[1]	β Persei (Algol) im Minimum: 3.39^{mag} (Max. 2.12^{mag})

16. Mo

◐ ↑	9:29	↔	14:06	H. =	19°3	↓	18:32	Berlin
	9:34		14:27		24°2		19:10	Zürich

0:00:00.0		Sternzeit Berlin: 0:30:41.6 / Zürich: 0:10:41.6
0:00	u	◐ Phase: 0.014 / Lichtgrenze bei 71°91
0–	T	♃ Mondstellung: K G ⊖ E
0:11	T	♃ Io BE, Pw. = 70°; K G (⊖ I) E
1:31	T	♃ Jupiter: GRF günstig (bei 43°)
4½–	T[1]	(3) Juno (+10.1^{mag}) geht 8′48″ nördlich an 9 Sextantis (+7.0^{mag}) vorbei.
19½	T[1]	♄ Tethys in westlicher Elongation (Max. 19^h)
19¾– 20–	T	Deep-sky günstig bis ca. 6½^h
20:06	T[3]	♃ Ganymed BA, Pw. = 346°; K ⊖ E
20¼–	T	♃ Mondstellung: K ⊖ E
20¾	T[1]	♄ Dione in westlicher Elongation (Max. 20¾^h)
20:52	T	♃ Io SE, Pw. = 252°; K ⊖ E
20:55	T	♃ Ganymed BE, Pw. = 14°; K (⊖ G) E
21:18	T	♃ Io DE, Pw. = 249°; K (I ⊖ G) E

17. Di

◐ ↑	10:50	↔	14:55	H. =	14°6	↓	18:50	Berlin
	10:49		15:16		19°5		19:35	Zürich

0:00:00.0		Sternzeit Berlin: 0:34:38.2 / Zürich: 0:14:38.2
0:00	u	◐ Phase: 0.048 / Lichtgrenze bei 59°70
0–	T	♃ Mondstellung: K I (⊖ G) E
4:26	T	♃ (G E) → (E G), G ist 1.449 ⊖-Radien n. E; K I ⊖ (E G)
7:18	T	♃ Jupiter: GRF günstig (bei 43°)
19½	T[1]	♄ Tethys in östlicher Elongation (Max. 17½^h)
19¾– 20–	T	Deep-sky günstig bis ca. 6½^h
19¾	T[1]	♄ Rhea in östlicher Elongation (Max. 19¾^h)
20–	T	♃ Mondstellung: K E ⊖ I G

abends kein Mondlicht

MESZ

18. Mi		◐ ↑	**12:13** **12:04**	↔	**15:48** **16:09**	H. =	**10°9** **15°9**	↓	**19:17** **20:07**	Berlin Zürich

0:00:00.0			Sternzeit Berlin: 0:38:34.7 / Zürich: 0:18:34.7
0:00		u	◐ Phase: 0.102 / Lichtgrenze bei 47°49
0–		T	♃ Mondstellung: K E ⊖ I G
3:09		T	♃ Jupiter: GRF günstig (bei 43°)
19¾–	20½–	T	Deep-sky günstig bis ca. 6½^{h}
20–		T	♃ Mondstellung: K (E I) ⊖ G
21:22		T	♃ (E I) → (I E), E ist 0.738 ⊖-Radien n. I; K (I E) ⊖ G
22¾		T	♄ Rhea südlicher Vorbeigang (☌ um 22¾^{h})
23:00		T	♃ Jupiter: GRF günstig (bei 43°)

19. Do		◐ ↑	**13:31** **13:17**	↔	**16:45** **17:06**	H. =	**8°7** **13°7**	↓	**19:56** **20:52**	Berlin Zürich

0:00:00.0			Sternzeit Berlin: 0:42:31.3 / Zürich: 0:22:31.3
0:00		u	◐ Phase: 0.175 / Lichtgrenze bei 35°28
0–		T	♃ Mondstellung: K I E ⊖ G
2:59		T	♃ Europa VA, 0.6 n., 1.3 w.; K I ⊖ G
6:01		T	♃ Europa BE, Pw. = 52°; K I (⊖ E) G
18¾–		A[1]	◐ Erdlicht (bis ca. 21. Oktober)
20–		T	♃ Mondstellung: K ⊖ I (G E)
20¼–	21¼–	T	Deep-sky günstig bis ca. 6½^{h}
23:25		T	♃ (I G) → (G I), I ist 0.779 ⊖-Radien n. G; K ⊖ (G I) E

20. Fr		◐ ↑	**14:37** **14:22**	↔	**17:45** **18:06**	H. =	**8°3** **13°3**	↓	**20:54** **21:51**	Berlin Zürich

0:00:00.0			Sternzeit Berlin: 0:46:27.9 / Zürich: 0:26:27.9
0:00		u	◐ Phase: 0.263 / Lichtgrenze bei 23°08
0–		T	♃ Mondstellung: K ⊖ (G I) E
0¾		T[1]	♄ Rhea in westlicher Elongation (Max. 2¼^{h})
4:47		T	♃ Jupiter: GRF günstig (bei 43°)
6½–	6¾–	AF[1]	**Ost-Zodiakallicht günstig** (noch bis ca. 26. Oktober)
6:59		T	♃ (G I) → (I G), G ist 0.567 ⊖-Radien s. I; K (⊖ I G) E
7:38		u	☿ in oberer Konjunktion mit der ☉
9:57	10:17	FTA[7]	♀ kulminiert 44°7 / 49°7 über Horizont (46° w. ☉)
11:19		u	◐ Südlichste Lage, Dekl. −28°19′, Schütze
18¾		FT	◐ Max. Libration in Länge: Mare Crisium randnah
19¾–		T	♃ Mondstellung: (I G) (K ⊖) E
21:08		T	♃ (I G) → (G I), I ist 0.926 ⊖-Radien n. G; (G I) (⊖ K E)
21¼–	22¼–	T	Deep-sky günstig bis ca. 6½^{h}
22:04		T	♃ Europa SA, Pw. = 125°; (G I) (⊖ K E)
22:29		T	♃ (K E) → (E K), K ist 2.060 ⊖-Radien n. E; (G I) (⊖ E K)
22:50		T	♃ Europa DA, Pw. = 129°; (G I) (⊖ K)
23¼		T[1]	♄ Dione in östlicher Elongation (Max. 23¼^{h})

MESZ

21. Sa

	↑	↔	H. =	↓	
◐	**15:26**	**18:45**	**9°7**	**22:10**	Berlin
	15:14	**19:06**	**14°8**	**23:03**	Zürich

0:00:00.0		Sternzeit Berlin: 0:50:24.4 / Zürich: 0:30:24.4
0:00	u	◐ Phase: 0.365 / Lichtgrenze bei 10°89
0–	T	♃ Mondstellung: G I (⊖ K)
0:23	T	♃ Europa SE, Pw. = 236°; G I (⊖ K)
0:38	T	♃ Jupiter: GRF günstig (bei 43°)
1:02	T	♃ Europa DE, Pw. = 232°; G I (E ⊖) K
3:30	T	♃ (I E) → (E I), I ist 0.886 ⊖-Radien n. E; G (E I) ⊖ K
5:01	T	♃ Io VA, 0.3 n., 1.2 w.; G E ⊖ K
18	FT	◑ Maximale Libration in Breite: Nordpol sichtbar
19¾–	T	♃ Mondstellung: G E ⊖ I K
22½– 23½–	T	Deep-sky günstig bis ca. 6½^h
23:19	u	◑ Größte ekliptikale Südbreite, Schütze

22. So

	↑	↔	H. =	↓	
◐	**16:00**	**19:44**	**13°0**	**23:38**	Berlin
	15:53	**20:05**	**18°1**	**[0:24]**	Zürich

0:00:00.0		Sternzeit Berlin: 0:54:21.0 / Zürich: 0:34:21.0
0:00	u	◐ Phase: 0.475 / Lichtgrenze bei –1°30
0–	T	♃ Mondstellung: G E ⊖ I K
2:08	T	♃ Io SA, Pw. = 108°; G E (⊖ I) K
2:28	T	♃ Io DA, Pw. = 111°; G E ⊖ K
4:18	T	♃ Io SE, Pw. = 252°; G E ⊖ K
4:36	T	♃ Io DE, Pw. = 250°; G E (I ⊖) K
5:29	u	◐ Erstes Viertel, Steinbock
6:25	T	♃ Jupiter: GRF günstig (bei 43°)
19½	T[1]	♄ Titan in westlicher Elongation (Max. 16^h)
19¾–	T	♃ Mondstellung: G I (⊖ E) K
23:29	T	♃ Io VA, 0.3 n., 1.1 w.; G ⊖ E K

23. Mo

	↓	↑	↔	H. =	
◐	**[23:38]**	**16:23**	**20:40**	**17°8**	Berlin
	0:24	**16:23**	**21:00**	**22°9**	Zürich

0:00:00.0		Sternzeit Berlin: 0:58:17.5 / Zürich: 0:38:17.5
0:00	u	◐ Phase: 0.589 / Lichtgrenze bei –13°47
0– 0¾–	T	Deep-sky günstig bis ca. 6¾^h
0–	T	♃ Mondstellung: G ⊖ E K
1:54	T	♃ Io BE, Pw. = 70°; G (⊖ I) E K
2:16	T	♃ Jupiter: GRF günstig (bei 43°)
19½	T[1]	♄ Dione in östlicher Elongation (Max. 17^h)
19¾–	T	♃ Mondstellung: G (⊖ I) E K
	T	◖ Sternbedeckung SAO 190556 (7.1^{mag})
20:08.8		Pw. = 75° a = 1.6 b = 0.6
20:18.9		Pw. = 75° a = 1.4 b = 0.4

MESZ

Okt.

20:36	T	♃ Io SA, Pw. = 108°; (G ⊖ I) E K
20:54	T	♃ Io DA, Pw. = 111°; (G ⊖) E K
21	A	☾ 10° sw. Saturn
	T	☾ Sternbedeckung SAO 164601 (6.2^{mag})
21:02.5		Pw. = 76° a = 1.6 b = 0.2
21:10.5		Pw. = 76° a = 1.4 b = –0.0
21:54	T	♃ Ganymed VA, 0.9 n., 1.0 w.; ⊖ E K
22:07	T	♃ Jupiter: GRF günstig (bei 44°)
22:46	T	♃ Io SE, Pw. = 252°; ⊖ E K

24. Di		☾ ↓ **1:10** / **1:49** ↑ **16:39** / **16:47** ↔ **21:33** / **21:53** H. = **23°8** / **29°0** Berlin / Zürich
0:00:00.0		Sternzeit Berlin: 1:02:14.1 / Zürich: 0:42:14.1
0:00	AFT	☾ Phase: 0.699 / Lichtgrenze bei –25°65
0–	T	♃ Mondstellung: (I ⊖) E K
0:14	T	♃ Ganymed BE, Pw. = 15°; (I ⊖ G) E K
1	u	♀ in größter Elongation: 46°25′ w. ☉
1½– 2¼–	T	Deep-sky günstig bis ca. $6¾^h$
7:08	T	♃ (G E) → (E G), G ist 1.454 ⊖-Radien n. E; I ⊖ (E G) K
19½–	T	♃ Mondstellung: E ⊖ G K
19½	T[1]	♄ Rhea in westlicher Elongation (Max. $14½^h$)
20	A	☾ 6° ö. Saturn
20:20	I	♃ Io BE, Pw. = 70°; E (⊖ I) G K

25. Mi		☾ ↓ **2:41** / **3:13** ↑ **16:53** / **17:06** ↔ **22:23** / **22:44** H. = **30°7** / **35°8** Berlin / Zürich
0:00:00.0		Sternzeit Berlin: 1:06:10.7 / Zürich: 0:46:10.7
0:00	AFT	☾ Phase: 0.800 / Lichtgrenze bei –37°81
0–	T	♃ Mondstellung: E ⊖ I G K
0½	T[1]	♄ Dione in westlicher Elongation (Max. $1¾^h$)
3– 3½–	T	Deep-sky günstig bis ca. $6¾^h$
3:54	T	♃ Jupiter: GRF günstig (bei 44°)
19¼	T	♄ Rhea nördlicher Vorbeigang (☌ um $17½^h$)
19½–	T	♃ Mondstellung: E I ⊖ G K
23:23	T	♃ (E I) → (I E), E ist 0.718 ⊖-Radien n. I; (I E) ⊖ G K
23:45	T	♃ Jupiter: GRF günstig (bei 44°)

26. Do		☾ ↓ **4:11** / **4:36** ↑ **17:04** / **17:24** ↔ **23:12** / **23:33** H. = **37°9** / **43°1** Berlin / Zürich
0:00:00.0		Sternzeit Berlin: 1:10:07.2 / Zürich: 0:50:07.2
0:00	AFT	☾ Phase: 0.886 / Lichtgrenze bei –49°97
0–	T	♃ Mondstellung: (I E) ⊖ G K
4½– 5–	T	Deep-sky günstig bis ca. $6¾^h$
4:53	u	☾ in Erdnähe: 57.2071 Erdradien, Wassermann

MESZ

5:36	T	♃ Europa VA, 0.6 n., 1.0 w.; I ⊖ G K
19:07	–	☾ Äquatordurchgang nordwärts, Walfisch
19½–	T	♃ Mondstellung: ⊖ I (E G) K
20½	T[1]	♄ Rhea in östlicher Elongation (Max. 20½ʰ)
21:41	T	♃ (E G) → (G E), E ist 0.993 ⊖-Radien n. G; ⊖ I (G E) K

27. Fr	☾ ↓ **5:40** / **5:59**	↑ **17:16** / **17:42**	↔ **[0:02]** / **[0:23]**	H. = **45°0** / **50°2**	Berlin / Zürich

0:00:00.0		Sternzeit Berlin: 1:14:03.8 / Zürich: 0:54:03.8
0:00	AFT	☾ Phase: 0.950 / Lichtgrenze bei –62°12
0–	T	♃ Mondstellung: ⊖ (I G E) K
5:32	T	♃ Jupiter: GRF günstig (bei 44°)
9:57 10:17	FTA[7]	♀ kulminiert 42°7 / 47°7 über Horizont (46° w. ☉)
19¼–	T	♃ Mondstellung: I G ⊖ E K
19½	T[1]	♄ Dione in westlicher Elongation (Max. 19½ʰ)
23¾	T	♄ Rhea südlicher Vorbeigang (☌ um 23¾ʰ)
23:54	T	♃ (I G) → (G I), I ist 0.978 ⊖-Radien n. G; (G I) (⊖ E) K

28. Sa	☾ ↔ **0:02** / **0:23**	H. = **45°0** / **50°2**	↓ **7:09** / **7:21**	↑ **17:29** / **18:01**	Berlin / Zürich

0:00:00.0		Sternzeit Berlin: 1:18:00.3 / Zürich: 0:58:00.3
0:00	AFT	☾ Phase: 0.988 / Lichtgrenze bei –74°26
0–	T	♃ Mondstellung: (G I) (⊖ E) K
0:40	T	♃ Europa SA, Pw. = 125°; (G I) (⊖ E) K
1:03	T	♃ Europa DA, Pw. = 128°; (G I) ⊖ K
1:23	T	♃ Jupiter: GRF günstig (bei 44°)
2:59	T	♃ Europa SE, Pw. = 236°; G I ⊖ K
3:15	T	♃ Europa DE, Pw. = 232°; G I (E ⊖) K
5:14	–	○ im ☊, Fische
5:27	T	♃ (I E) → (E I), I ist 0.890 ⊖-Radien n. E; G (E I) ⊖ K
6:55	T	♃ Io VA, 0.3 n., 1.0 w.; G E ⊖ K
19¼–	T	♃ Mondstellung: G E ⊖ K I

	u	○ **Partielle Mondfinsternis**
		Text und Grafik S. 175
19:59.9	u	Eintritt in den Halbschatten
21:15	T	♃ Jupiter: GRF günstig (bei 44°)
21:34.5	AFT	Eintritt in den Kernschatten, bei Pw. 133°5
22	A	○ 6½° w. Jupiter
22:14.1	–	Mitte der Finsternis, Größe 0.127
22:25	–	○ Vollmond, Dm. 32′42″, Widder
22:53.6	AFT	Austritt aus dem Kernschatten, bei Pw. 176°2
24:28.3	u	Austritt aus dem Halbschatten

MESZ

MESZ

29. So	○ ↔	0:52 1:13	H. =	51°6 56°8	↓	7:39 7:44	↑	16:45 17:23	Berlin Zürich

0:00:00.0			Sternzeit Berlin: 1:21:56.9 / Zürich: 1:01:56.9
0:00	AFT	○	Phase: –1.000 / Lichtgrenze bei 93°59
0–	T	♃	Mondstellung: G E (⊖ K) I
0¼	T[1]	♄	Rhea in westlicher Elongation (Max. 3^h)
0¼	T[1]	♄	Tethys in östlicher Elongation (Max. $1½^h$)
3:00			**Ende der Sommerzeit**
2:00			Die Uhren werden jetzt auf 2 Uhr MEZ zurückgestellt
3:02	T	♃	Io SA, Pw. = 108°; G E (⊖ K I)
3:11	T	♃	Io DA, Pw. = 110°; G E (K ⊖)
5:13	T	♃	Io SE, Pw. = 252°; G E (K ⊖)
5:20	T	♃	Io DE, Pw. = 250°; G E (I K ⊖)
6	A	○	9° sö. Hamal (α Arietis)
6:10	T	♃	Jupiter: GRF günstig (bei 44°)
17:55	T[3]	♃	Europa VA, 0.6 n., 0.9 w.; G (K I) ⊖
18¼–	T	♃	Mondstellung: G (K I) ⊖
20	A	◑	8° nö. Jupiter
20:24	T	♃	Europa BE, Pw. = 52°; G K I (⊖ E)
23	T[1]	♄	Tethys in westlicher Elongation (Max. 23^h)
23¼	T[1]	♄	Titan in östlicher Elongation (Max. 11^h)

30. Mo	◑ ↔	0:45 1:06	H. =	57°3 62°4	↓	9:09 9:06	↑	17:05 17:51	Berlin Zürich

0:00:00.0			Sternzeit Berlin: 2:26:03.3 / Zürich: 2:06:03.3
0:00	AFT	◑	Phase: –0.984 / Lichtgrenze bei 80°94
0–	T	♃	Mondstellung: G K (I ⊖) E
0:24	T	♃	Io VA, 0.3 n., 1.0 w.; G K ⊖ E
	T	○	**Bedeckungsende δ Arietis** (4.5^{mag}, SAO 93328)
1:29.5			Pw. = 225° a = 1.2 b = 1.4 Skizze S. 254
1:41.3			Pw. = 235° a = 1.2 b = 0.8 Skizze S. 253
2:02	T	♃	Jupiter: GRF günstig (bei 44°)
2:38	T	♃	Io BE, Pw. = 70°; (G K) (⊖ I) E
5:00	T	♃	(G K) → (K G), G ist 1.946 ⊖-Radien n. K; (K G) ⊖ I E
6	A	◑	7° sw. Plejaden
18¼–	T	♃	Mondstellung: K G ⊖ I E
20	A	◑	3° ö. Plejaden
21:31	T	♃	Io SA, Pw. = 108°; K G (⊖ I) E
21:37	T	♃	Io DA, Pw. = 110°; K G ⊖ E
21¾	T[1]	♄	Tethys in östlicher Elongation (Max. $21¾^h$)
21:53	T	♃	Jupiter: GRF günstig (bei 44°)
23:41	T	♃	Io SE, Pw. = 252°; K (G ⊖) E
23:46	T	♃	Io DE, Pw. = 250°; K (G I ⊖) E

31. Di		☽ ↔ **1:40** / **2:01** H. = **61°6** / **66°7** ↓ **10:34** / **10:25** ↑ **17:35** / **18:26**	Berlin / Zürich
0:00:00.0		Sternzeit Berlin: 2:29:59.8 / Zürich: 2:09:59.8	
0:00	AFT	☽ Phase: –0.944 / Lichtgrenze bei 68°79	
0–	T	♃ Mondstellung: K (G I ⊖) E	
0:00	T	♃ (G I) → (I G), G ist 1.237 ⊖-Radien n. I; K (I G ⊖) E	
0:56	T	♃ Ganymed VA, 0.8 n., 0.6 w.; K (I ⊖) E	
2:29	T	♃ Ganymed VE, 0.9 n., 0.2 ö.; K I (⊖ G) E	
6	A	☽ 9° nw. Aldebaran	
18–	T	♃ Mondstellung: K (E I ⊖) G	
18¼–	T[1]	(15) Eunomia (+10.3^{mag}) geht 3′50″ südlich an SAO 162521 (+6.0^{mag}) vorbei.	
18:52	T	♃ Io VA, 0.3 n., 0.9 w.; K E ⊖ G	
20½	T[1]	♄ Tethys in westlicher Elongation (Max. 20½^{h})	
21	FT	☽ Max. Libration in Länge: Krater Grimaldi randnah	
21	T[1]	♄ Dione in östlicher Elongation (Max. 21^{h})	
21:04	T	♃ Io BE, Pw. = 70°; K E (⊖ I) G	

November 2023

Sonne

Dämmerung, Auf- und Untergang, Kulminationswerte und Zeitgleichung

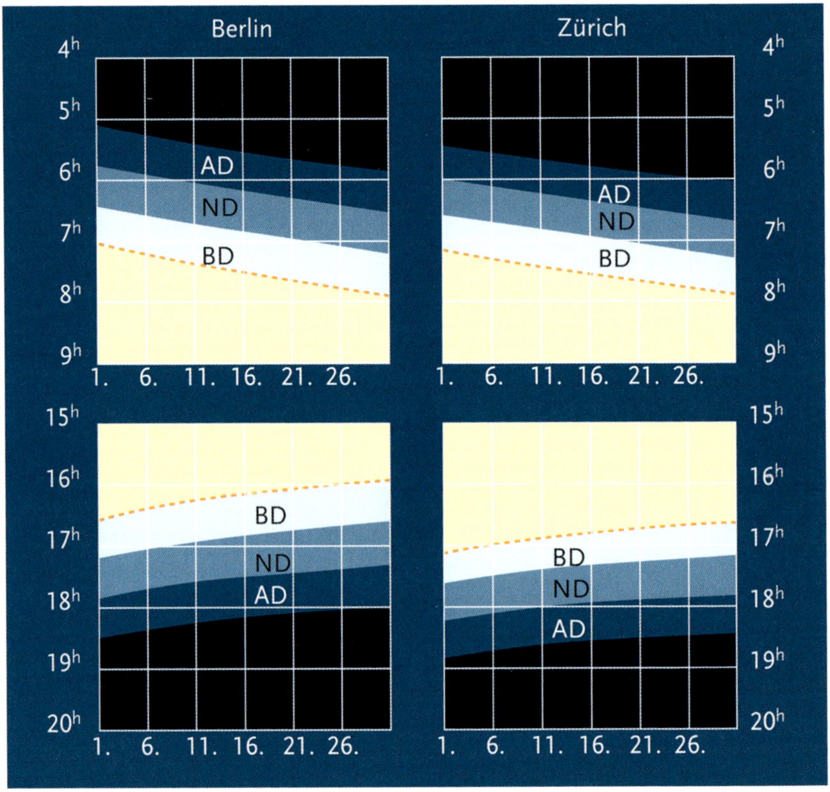

Berlin						Zürich				
Nov.	Auf-gang	Kulmination Zeit	Höhe	Unter-gang	**Zeitglei-chung**	Auf-gang	Kulmination Zeit	Höhe	Unter-gang	Nov.
1.	7:02	11:49.6	23°1	16:37	**$+16^{m}4$**	7:09	12:09.6	28°1	17:09	1.
6.	7:11	11:49.6	21°5	16:28	**$+16^{m}4$**	7:17	12:09.6	26°5	17:02	6.
11.	7:20	11:50.0	20°1	16:19	**$+16^{m}0$**	7:24	12:10.0	25°1	16:55	11.
16.	7:29	11:50.7	18°8	16:12	**$+15^{m}3$**	7:32	12:10.7	23°8	16:49	16.
21.	7:38	11:51.8	17°6	16:05	**$+14^{m}2$**	7:39	12:11.8	22°6	16:44	21.
26.	7:46	11:53.2	16°6	16:00	**$+12^{m}8$**	7:46	12:13.2	21°6	16:40	26.
30.	7:52	11:54.5	15°9	15:57	**$+11^{m}5$**	7:51	12:14.5	20°9	16:38	30.

Am 3. November erreicht die Zeitgleichung den Jahresrekord von $16^{m}.5$. Die Sonne kulminiert deshalb in Berlin bereits um 11:49.5 Uhr MEZ, in Zürich um 12:09.5 Uhr. Der Unterschied zur spätesten Kulmination am kommenden 11. Februar beträgt $30^{m}.7$. Diese doch recht beträchtliche Verschiebung in etwas über 3 Monaten zeigt sich ab Ende November durch eine deutlich bemerkbare Tagesverkürzung am Morgen, während der Sonnenuntergang sich weniger stark verschiebt. Im Januar ist die Auswirkung dieses Effekts eher noch markanter: am Abend ist es von Tag zu Tag deutlich länger hell, aber am Morgen wartet man bis Ende Januar auf einen merkbar früheren Tagesanbruch.

Mond

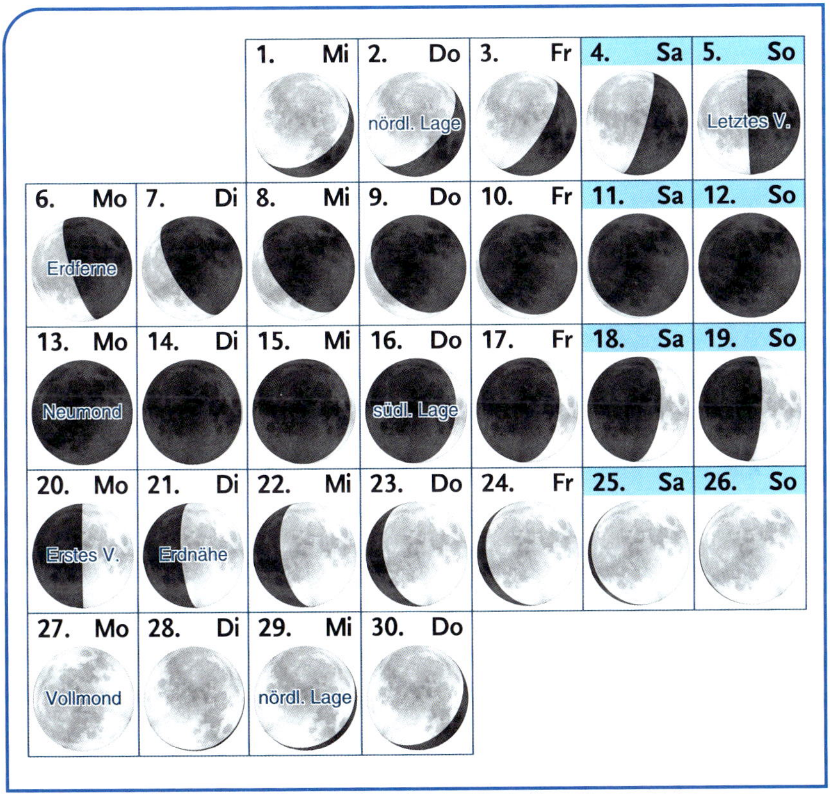

Nov.

Die Planeten im November 2023

Planetenpositionen am 1., 15, und 30. November 2023 sowie Hauptmondphasen

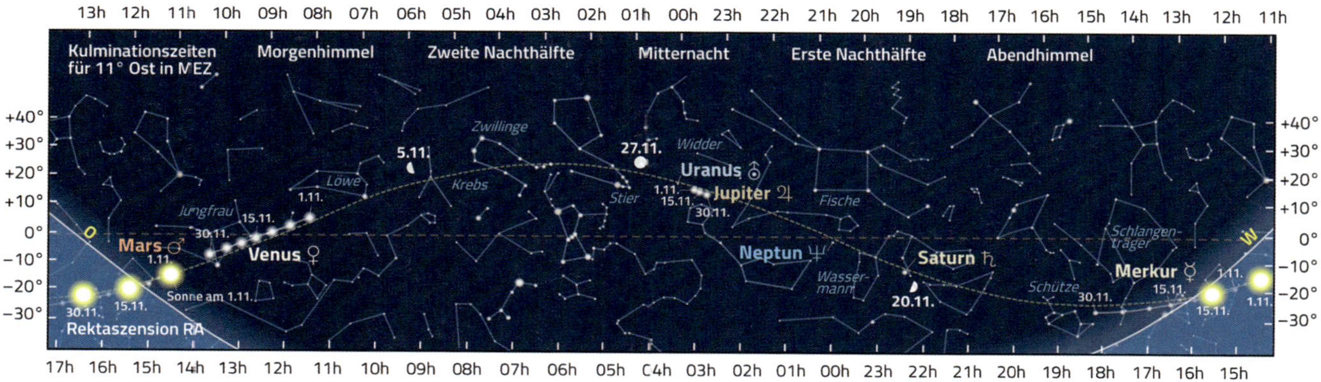

Scheinbare Planetengrössen und Phasen am 1., 15, und 30. November 2023

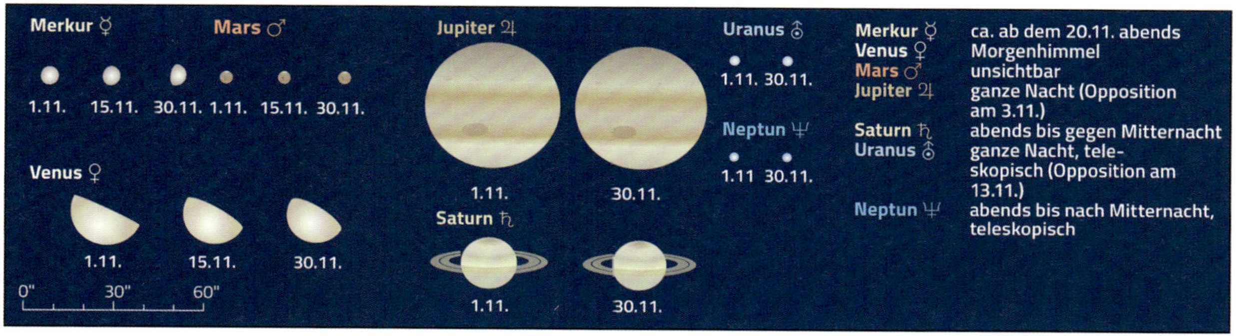

Planeten

unsichtbar, dann abends

Merkur ☿ bleibt bis Mitte Monat zu nahe bei der Sonne und steigt dann nur wenig über den Abendhorizont. Immerhin sollte man ihn ab etwa 22. November nach Sonnenuntergang am Südwesthimmel auffinden können.

Berlin						Zürich				
Nov.	Aufgang	Kulmination Zeit	Höhe	Untergang	**Elongation von der ☉**	Aufgang	Kulmination Zeit	Höhe	Untergang	Nov.
1.	7:49	12:18	20°	16:46	**7° O**	7:53	12:38	25°	17:22	1.
6.	8:17	12:29	18°	16:41	**10° O**	8:18	12:49	23°	17:20	6.
11.	8:44	12:41	15°	16:37	**12° O**	8:42	13:01	20°	17:19	11.
16.	9:08	12:53	14°	16:37	**15° O**	9:04	13:13	19°	17:21	16.
21.	9:29	13:04	12°	16:39	**17° O**	9:23	13:24	17°	17:26	21.
26.	9:46	13:15	12°	16:45	**19° O**	9:38	13:35	17°	17:33	26.
30.	9:54	13:22	12°	16:51	**20° O**	9:46	13:43	17°	17:39	30.

morgens

Venus ♀ ist noch den ganzen Monat hindurch hoch am Morgenhimmel zu sehen. Am Vormittag des 9. wird sie vom Mond bedeckt. Obwohl am Taghimmel, sollte das Ereignis bei trockener Luft recht gut zu beobachten sein. Dabei verschwindet und erscheint die Venus nicht schlagartig. Im Astrokalender sind die Zeiten für den Venusmittelpunkt angegeben. Zwischen dem 1. und dem 2. Kontakt vergehen 64 (Berlin) bzw. 75 Sekunden (Zürich), beim Wiedererscheinen sind es 60 bzw. 70 Sekunden. Der Bedeckungsanfang findet am hellen Mondrand statt, das Ende am dunklen Mondrand.

Berlin						Zürich				
Nov.	Aufgang	Kulmination Zeit	Höhe	Untergang	**Elongation von der ☉**	Aufgang	Kulmination Zeit	Höhe	Untergang	Nov.
1.	2:34	8:57	41°	15:19	**46° W**	2:57	9:17	46°	15:35	1.
6.	2:43	8:57	39°	15:10	**45° W**	3:05	9:17	44°	15:28	6.
11.	2:54	8:58	37°	15:01	**45° W**	3:14	9:18	42°	15:21	11.
16.	3:05	8:59	36°	14:52	**44° W**	3:24	9:19	41°	15:13	16.
21.	3:17	9:01	34°	14:43	**44° W**	3:34	9:21	39°	15:06	21.
26.	3:30	9:02	32°	14:34	**43° W**	3:45	9:22	36°	14:59	26.
30.	3:40	9:04	30°	14:27	**43° W**	3:54	9:24	35°	14:54	30.

Venusbedeckung durch den Mond am 9. November 2023

Die Bedeckungspfade für Zürich und Berlin, Situationen lagerichtig zu den Bedeckungszeitpunkten

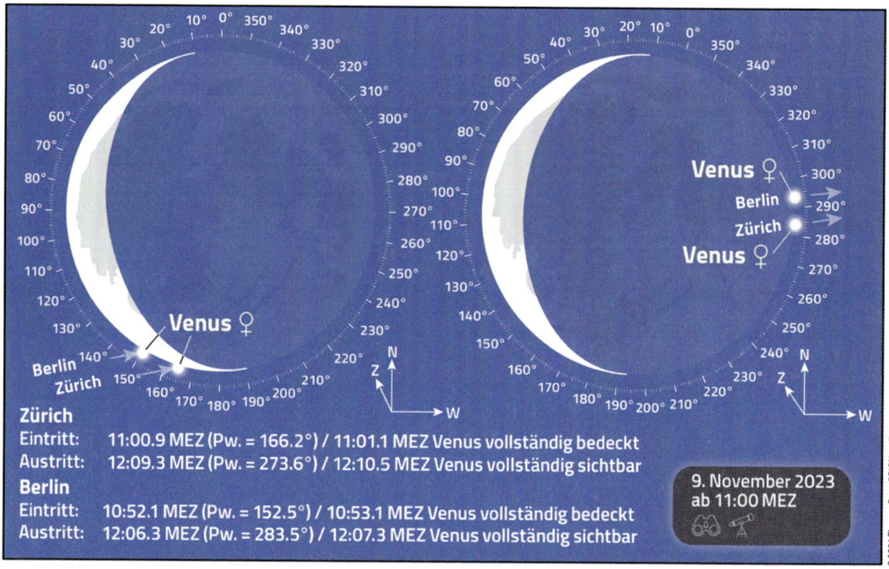

Besonders das Wiedererscheinen am dunklen Mondrand sollte gut zu beobachten sein.

unsichtbar

Mars ♂ steht am 18. in Konjunktion und bleibt bis Ende Jahr im Strahlenkranz der Sonne verborgen.

Berlin						Zürich				
Nov.	Aufgang	Kulmination Zeit	Kulmination Höhe	Untergang	**Elongation von der ☉**	Aufgang	Kulmination Zeit	Kulmination Höhe	Untergang	Nov.
1.	7:32	12:09	22°	16:45	**5° O**	7:37	12:29	27°	17:19	1.
11.	7:33	11:57	19°	16:21	**2° O**	7:36	12:17	24°	16:57	11.
21.	7:34	11:46	18°	15:59	**0° W**	7:35	12:06	23°	16:37	21.
30.	7:35	11:38	16°	15:40	**3° W**	7:34	11:58	21°	16:21	30.

ganze Nacht

Jupiter ♃ steht am 3. November in Opposition. Mit seiner Helligkeit von –2.9 mag beherrscht er den Nachthimmel.

Berlin						Zürich				
Nov.	Aufgang	Kulmination Zeit	Höhe	Untergang	**Elongation von der ☉**	Aufgang	Kulmination Zeit	Höhe	Untergang	Nov.
1.	16:42	0:00	51°	7:18	**177° W**	17:15	0:20	56°	7:26	1.
11.	15:55	23:11	51°	6:27	**171° O**	16:28	23:31	56°	6:35	11.
21.	15:13	22:27	50°	5:41	**159° O**	15:45	22:47	55°	5:49	21.
30.	14:36	21:48	50°	5:00	**149° O**	15:08	22:08	55°	5:08	30.

abends

Saturn ♄ verkürzt seine Präsenz und geht gegen Monatsende bereits vor Mitternacht unter.

Berlin						Zürich				
Nov.	Aufgang	Kulmination Zeit	Höhe	Untergang	**Elongation von der ☉**	Aufgang	Kulmination Zeit	Höhe	Untergang	Nov.
1.	14:40	19:35	25°	0:29	**112° O**	14:49	19:54	30°	1:00	1.
11.	14:01	18:55	25°	23:50	**102° O**	14:10	19:15	30°	0:21	11.
21.	13:22	18:17	25°	23:12	**92° O**	13:31	18:37	30°	23:43	21.
30.	12:47	17:43	25°	22:39	**83° O**	12:56	18:03	30°	23:09	30.

ganze Nacht

Uranus ⛢ steht am 13. in Opposition zur Sonne und kann die ganze Nacht hindurch aufgefunden werden.

Berlin						Zürich				
Nov.	Aufgang	Kulmination Zeit	Höhe	Untergang	**Elongation von der ☉**	Aufgang	Kulmination Zeit	Höhe	Untergang	Nov.
1.	16:58	0:42	55°	8:25	**166° W**	17:36	1:02	60°	8:28	1.
11.	16:18	0:01	55°	7:44	**177° W**	16:55	0:21	60°	7:46	11.
21.	15:34	23:16	55°	6:58	**172° O**	16:11	23:36	60°	7:01	21.
30.	14:57	22:39	55°	6:20	**162° O**	15:34	22:59	60°	6:23	30.

erste Nachthälfte

Neptun ♆ geht immer früher unter, Ende Monat bereits kurz nach Mitternacht.

Berlin						Zürich				
Nov.	Aufgang	Kulmination Zeit	Höhe	Untergang	**Elongation von der ☉**	Aufgang	Kulmination Zeit	Höhe	Untergang	Nov.
1.	15:18	21:06	34°	2:54	**136° O**	15:36	21:26	39°	3:16	1.
11.	14:39	20:26	34°	2:13	**126° O**	14:56	20:46	39°	2:36	11.
21.	13:59	19:46	34°	1:33	**116° O**	14:17	20:06	39°	1:56	21.
30.	13:24	19:11	34°	0:58	**107° O**	13:41	19:31	39°	1:20	30.

Planetoiden

(2) Pallas (9.5^{mag}, S. 288) zeigt sich kurz vor der Morgendämmerung.
(3) Juno (10.3^{mag}, S. 288) erscheint etwa 2 Stunden nach Mitternacht und bleibt bis zum Morgen.
(4) Vesta (7.5^{mag}, S. 292) ist nach den ersten Abendstunden bis zum Morgen zu beobachten.
(5) Astraea (10.7^{mag}, S. 292) ist ebenfalls vom späteren Abend bis zum Morgen zu sehen.
(6) Hebe (11.5^{mag}, S. 296) erscheint erst etwa 1 Stunde vor der Morgendämmerung.
(8) Flora (10.0^{mag}, S. 298) ist nur in den ersten Abendstunden zu beobachten.
(9) Metis (9.6^{mag}, S. 300) ist ebenfalls vom späteren Abend bis zum Morgen präsent.
(15) Eunomia (10.6^{mag}, S. 304) muss gleich nach der Abenddämmerung angegangen werden.
(18) Melpomene (8.3^{mag}, S. 306) steht am 11. in Opposition und ist die ganze Nacht hindurch zu beobachten.
(29) Amphitrite (9.9^{mag}, S. 308) ist noch über Mitternacht hinaus zu sehen.

Meteorströme

Orioniden noch bis 7. November, vgl. Oktober.
Südliche Tauriden vom 29. September bis 25. November. Maximum 2023: 5. November, 18^h, bis 5 Sternschnuppen pro Stunde. Radiant: $\alpha = 3^h30^m$, $\delta = +13°$. Mittlere Geschwindigkeit: 27 km/s. Erzeugender Komet: 2P/Encke.
Nördliche Tauriden vom 29. September bis 25. November. Maximum 2023: 12. November, 17^h, bis 5 Sternschnuppen pro Stunde. Radiant: $\alpha = 3^h30^m$, $\delta = +22°$. Mittlere Geschwindigkeit 29 km/s. Erzeugender Komet: 2P/Encke.
Leoniden vom 14. bis 21. November. Maximum 2023: 17. November, 22^h, gelegentlich Meteorstürme. Radiant: $\alpha = 10^h12^m$, $\delta = +22°$. Schnelle Sternschnuppen: 71 km/s. Erzeugender Komet: 55P/Tempel-Tuttle.
α-**Monocerotiden** vom 15. bis 25. November. Maximum 2023: 21. November, 23^h, bis 5 Sternschnuppen pro Stunde. Radiant: $\alpha = 7^h50^m$, $\delta = -6°$. Schnelle Sternschnuppen: 65 km/s.

Zodiakallicht

Es ist noch vom 12. bis etwa am 17. November als kegelförmige Aufhellung über dem Sonnenaufgangspunkt zu erkennen, jeweils etwa ab 5½^h.

Fixsternhimmel

Nov.

Am Abendhimmel sind günstig zu beobachten: Andromeda-Nebel, Kugelsternhaufen im Pegasus, offene Haufen χ und h im Perseus. Doppelsterne: wie im Oktober.
In den Abendstunden ist die **Milchstraße** vom 15. bis 27. November gut zu beobachten (ab etwa 18½^h).

Veränderliche

δ-Cephei-Maxima: 1. 23^h / 7. 7½^h / 12. 16½^h / 18. 1½^h / 23. 10^h / 28. 19^h
β-Lyrae-Minima: 13. 3½^h / 26. 2^h

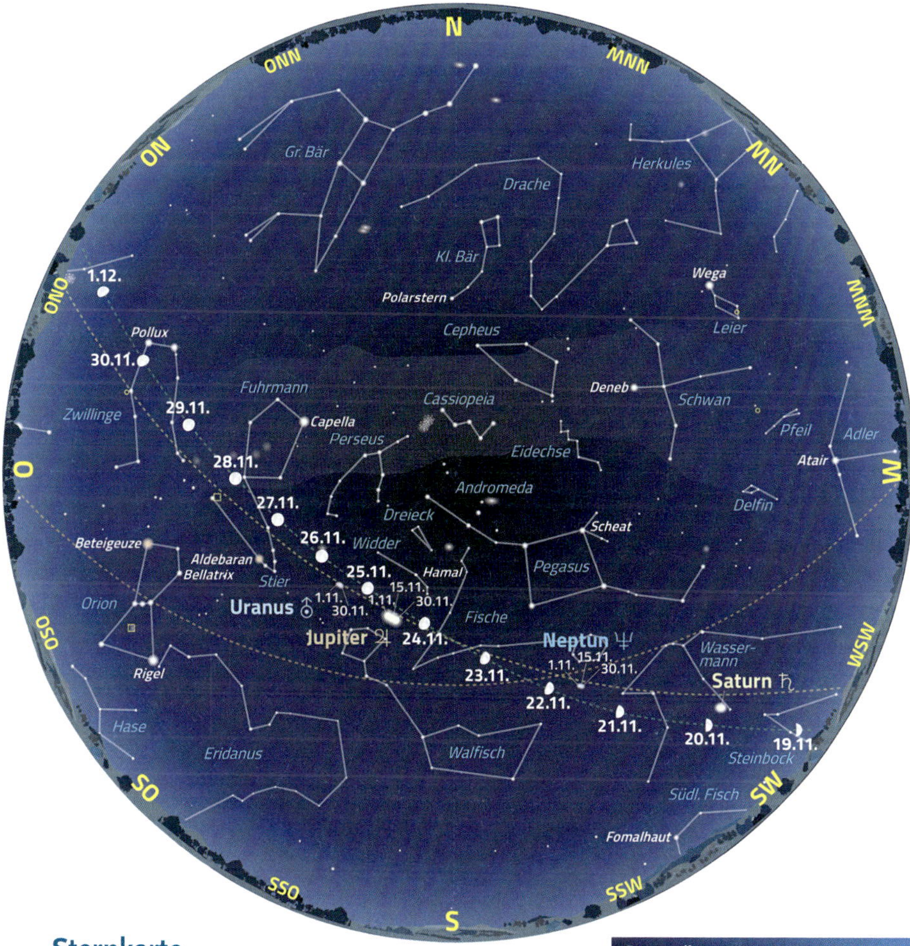

Sternkarte November

Die Planetenpositionen sind für den 15. November eingezeichnet.

1. Nov. 23h MEZ	16. Nov. 22h MEZ	1. Dez. 21h MEZ

Sternzeit dieser Karte: 01h20m

Vorhergehende Sternkarte: Oktober Seite 182
Nachfolgende Sternkarte: Dezember Seite 224

Astrokalender November 2023

Zeit Berlin	Zeit Zürich	AFT	Objekt, Erscheinung
1. Mi			☽ ↔ **2:36** H. = **64°4** ↓ **11:50** ↑ **18:16** Berlin **2:57** **69°5** **11:36** **19:12** Zürich
0:00:00.0			Sternzeit Berlin: 2:33:56.4 / Zürich: 2:13:56.4
0:00		–	☽ Mond-Alter 17^d21 nach ●
0:00		AFT	☽ Phase: –0.885 / Lichtgrenze bei 56°64
0–		T	♃ Mondstellung: K E ⊖ I G
3:40		T	♃ Jupiter: GRF günstig (bei 44°)
3¾–	4–	AFT	♀ **Venus im O** (–4.3^{mag}, 46° w. ☉)
6		A	☽ 2½° sw. Nath (β Tauri)
17¼–	17¾–	AFT	♄ **Saturn im SO** (+0.7^{mag}, 112° ö. ☉)
18–	18¼–	T	♆ **Neptun im SO** (+7.8^{mag}, 137° ö. ☉)
18–		T	♃ Mondstellung: K E ⊖ G
			Mondlicht stört nicht vom 5. bis ca. 17. November
18:10		T[3]	♃ Io SE, Pw. = 252°; K E ⊖ G
18:12		T[3]	♃ Io DE, Pw. = 250°; K E (I ⊖) G
19–	19¼–	FT	⛢ **Uranus im O** (+5.6^{mag}, 167° w. ☉)
19		T[1]	♄ Tethys in östlicher Elongation (Max. 19^h)
21		A	☽ 7½° ö. Nath (β Tauri)
		T	☽ Bedeckungsende SAO 77837 (6.1^{mag})
	22:48.9		Pw. = 240° a = 0.1 b = 2.1
22:59.7			Pw. = 245° a = 0.2 b = 2.0
23:31		T	♃ Jupiter: GRF günstig (bei 44°)
2. Do			☽ ↔ **3:32** H. = **65°4** ↓ **12:50** ↑ **19:12** Berlin **3:53** **70°5** **12:35** **20:08** Zürich
0:00:00.0			Sternzeit Berlin: 2:37:52.9 / Zürich: 2:17:52.9
0:00		AFT	☽ Phase: –0.811 / Lichtgrenze bei 44°49
0–		T	♃ Mondstellung: K (E I) ⊖ G
0:24		T	♃ (E I) → (I E), E ist 0.697 ⊖-Radien n. I; K (I E) ⊖ G
2:33		AFT[1]	β Persei (Algol) im Minimum: 3.39^{mag} (Max. 2.12^{mag})
6:12		–	☽ Nördlichste Lage, Dekl. 28°18′, Zwillinge
18–		T	♃ Mondstellung: K ⊖ I E G
18¼–	18¾–	T	Deep-sky günstig bis ca. 19¼^h / 20^h
18¼		T[1]	♄ Rhea in westlicher Elongation (Max. 14½^h)
18¼		T[1]	♄ Tethys in westlicher Elongation (Max. 17¾^h)
23:31		T	♃ (E G) → (G E), E ist 0.954 ⊖-Radien n. G; K ⊖ I (G E)

Nov.

3. Fr	◗ ↔	**4:27**	H. =	**64°8**	↓	**13:33**	↑	**20:20**	Berlin
		4:48		**69°8**		**13:21**		**21:12**	Zürich

Berlin	Zürich			
0:00:00.0				Sternzeit Berlin: 2:41:49.5 / Zürich: 2:21:49.5
0:00		AFT	◗	Phase: –0.726 / Lichtgrenze bei 32°33
0–		T	♃	Mondstellung: K ⊖ I (G E)
5:18		T	♃	Jupiter: GRF günstig (bei 44°)
6		A	◗	6½° sw. Castor, 7° w. Pollux
6:03		–	♃	in Opposition zur ⊙ (-2.4^{mag}, Dm. 49″45
8:57	9:17	FTA[7]	♀	kulminiert 40°4 / 45°4 über Horizont (46° w. ⊙)
18–		T	♃	Mondstellung: K I (G ⊖) E
18		T[1]	♄	Tethys in östlicher Elongation (Max. $16¼^{h}$)
18		T	♄	Rhea nördlicher Vorbeigang (☌ um $17½^{h}$)
18¼–	18½–	T		Deep-sky günstig bis ca. $20¼^{h}$ / $21¼^{h}$
22:02		–	◗	Größte ekliptikale Nordbreite, Krebs
23		A	◗	3½° sö. Pollux, 8° sö. Castor

4. Sa	◗ ↔	**5:19**	H. =	**62°7**	↓	**14:02**	↑	**21:33**	Berlin
		5:40		**67°7**		**13:56**		**22:20**	Zürich

Berlin	Zürich			
0:00:00.0				Sternzeit Berlin: 2:45:46.1 / Zürich: 2:25:46.1
0:00		AFT	◗	Phase: –0.634 / Lichtgrenze bei 20°16
0–		T	♃	Mondstellung: K (I G) ⊖ E
1:09		T	♃	Jupiter: GRF günstig (bei 44°)
1:31		T	♃	(I G) → (G I), I ist 1.020 ⊖-Radien n. G; K (G I) (⊖ E)
2:16		T	♃	Europa DA, Pw. = 128°; K (G I) ⊖
2:16		T	♃	Europa SA, Pw. = 125°; K (G I) (⊖ E)
		T	◑	Bedeckungsende ω Cancri (5.9^{mag}, SAO 79861)
	2:45.0			Pw. = 235° a = 1.0 b = 3.1 Skizze S. 254
3:03.1				Pw. = 254° a = 1.3 b = 1.9 Skizze S. 253
3¾		FT	◗	Maximale Libration in Breite: Südpol sichtbar
4:28		T	♃	Europa DE, Pw. = 233°; K G I (E ⊖)
4:35		T	♃	Europa SE, Pw. = 236°; K G I (E ⊖)
17¾–		T	♃	Mondstellung: K G E ⊖ I
18¼–	18½–	T		Deep-sky günstig bis ca. $21½^{h}$ / $22¼^{h}$
20¼		T[1]	♄	Rhea in östlicher Elongation (Max. $20¼^{h}$)
21:00		T	♃	Jupiter: GRF günstig (bei 44°)
22¾		T[1]	♄	Dione in westlicher Elongation (Max. $23½^{h}$)
22:52		T	♃	(K G) → (G K), K ist 1.666 ⊖-Radien n. G; (G K) E ⊖ I
23:22		AFT[1]	β	Persei (Algol) im Minimum: 3.39^{mag} (Max. 2.12^{mag})

5. So	◑ ↔	**6:08**	H. =	**59°4**	↓	**14:23**	↑	**22:48**	Berlin
		6:28		**64°4**		**14:22**		**23:29**	Zürich

Berlin	Zürich			
0:00:00.0				Sternzeit Berlin: 2:49:42.6 / Zürich: 2:29:42.6
0:00		AFT	◑	Phase: –0.540 / Lichtgrenze bei 7°99

abends kein Mondlicht

Nov.

0–	T	♃ Mondstellung: (G K) E ⊖ I
4:55	T	♃ Io DA, Pw. = 110°; G K E ⊖
4:57	T	♃ Io SA, Pw. = 109°; G K E ⊖
5¼–	T	◑ Streifende Bedeckung SAO 80529 (7.0^{mag}, ZC 1334) Ungefährer Verlauf der südlichen Grenzlinie: Mönchengladbach – n. Köln – Gießen – Coburg – Bayreuth. Genauer Grenzverlauf: Tabelle S. 257
9:37	–	◑ Letztes Viertel, Krebs
17¾–	T	♃ Mondstellung: G (K I) E ⊖
18¼– 18½–	T	Deep-sky günstig bis ca. 22¾^h / 23½^h
20:25	T	♃ Europa BA, Pw. = 309°; G (K I) ⊖
22¾	T	♄ Rhea südlicher Vorbeigang (☌ um 23½^h)
22:50	T	♃ Europa VE, 0.5 n., 0.9 ö.; G (K I) (⊖ E)

6. Mo	◑ ↔ **6:53** / **7:13**	H. = **55°1** / **60°1**	↓ **14:37** / **14:42**	↑ **[0:02]** / **[0:37]**	Berlin / Zürich

0:00:00.0		Sternzeit Berlin: 2:53:39.2 / Zürich: 2:33:39.2
0:00	AFT	◑ Phase: –0.445 / Lichtgrenze bei –4°18
0–	T	♃ Mondstellung: G (K I) (⊖ E)
1–	A[1]	◑ Erdlicht (bis ca. 11. November)
2:13	T	♃ Io BA, Pw. = 290°; G K ⊖ E
2:47	T	♃ Jupiter: GRF günstig (bei 44°)
4:25	T	♃ Io VE, 0.3 n., 1.0 ö.; G (K ⊖ I) E
6	A	◑ 7½° nw. Regulus
16		♂ Mars im absteigenden Knoten seiner Bahn
17¾–	T	♃ Mondstellung: G ⊖ (K I) E
18¼– 18½–	T	Deep-sky günstig bis ca. 0^h / 0½^h
19:08	T	♃ (K I) → (I K), K ist 1.654 ⊖-Radien n. I; G ⊖ (I K) E
22:38	T	♃ Jupiter: GRF günstig (bei 44°)
22¾	T[1]	♄ Rhea in westlicher Elongation (Max. 2¾^h)
22:49	u	◑ in Erdferne: 63.4306 Erdradien, Löwe
23:21	T	♃ Io DA, Pw. = 110°; G ⊖ K E
23:26	T	♃ Io SA, Pw. = 109°; G ⊖ K E

7. Di	◑ ↑ **0:02** / **0:37**	↔ **7:35** / **7:55**	H. = **50°2** / **55°2**	↓ **14:49** / **14:59**	Berlin / Zürich

0:00:00.0		Sternzeit Berlin: 2:57:35.7 / Zürich: 2:37:35.7
0:00	u	◑ Phase: –0.352 / Lichtgrenze bei –16°36
0–	T	♃ Mondstellung: G ⊖ K E
1:29	T	♃ Io DE, Pw. = 250°; (G I ⊖) (K E)
1:36	T	♃ Io SE, Pw. = 252°; (G I ⊖) (K E)
2:19	T	♃ (G I) → (I G), G ist 1.215 ⊖-Radien n. I; (I G ⊖) (K E)
3:43	T	♃ (K E) → (E K), K ist 1.751 ⊖-Radien n. E; (I G ⊖) (E K)
4:45	T	♃ Ganymed BA, Pw. = 342°; I ⊖ (E K)

abends kein Mondlicht

6	A	◐ 6° ö. Regulus
17½–	T	♃ Mondstellung: I ⊖ G K
17:35	T[3]	♃ Europa DE, Pw. = 233°; I (E ⊖) G K
17:52	T	♃ Europa SE, Pw. = 236°; I (E ⊖) G K
18– 18½–	T	Deep-sky günstig bis ca. 1¼^{h} / 1¾^{h}
18	T[1]	♄ Dione in westlicher Elongation (Max. 17¼^{h})
18	T[1]	♄ Titan in westlicher Elongation (Max. 13¾^{h})
19:22	T	♃ (I E) → (E I), I ist 0.893 ⊖-Radien n. E; (E I) ⊖ G K
20:11	AFT[1]	β Persei (Algol) im Minimum: 3.39^{mag} (Max. 2.12^{mag})
20:39	T	♃ Io BA, Pw. = 290°; E ⊖ G K
22:54	T	♃ Io VE, 0.3 n., 1.0 ö.; E (⊖ I) G K

8. Mi ◐ ↑ **1:15** / **1:44** ↔ **8:15** / **8:36** H. = **44°7** / **49°7** ↓ **14:59** / **15:13** Berlin / Zürich

0:00:00.0		Sternzeit Berlin: 3:01:32.3 / Zürich: 2:41:32.3
0:00	u	◐ Phase: –0.265 / Lichtgrenze bei –28°55
0–	T	♃ Mondstellung: E (⊖ I) G K
4:25	T	♃ Jupiter: GRF günstig (bei 44°)
	T	◐ Bedeckungsende SAO 118735 (5.9^{mag})
5:29.2		Pw. = 286° a = 1.3 b = 0.8 Skizze S. 254
5:36.6		Pw. = 306° a = 1.0 b = 0.0 Skizze S. 253
17½–	T	♃ Mondstellung: E (⊖ I) G K
17:47	T	♃ Io DA, Pw. = 110°; E ⊖ G K
17:55	T	♃ Io SA, Pw. = 109°; E ⊖ G K
18– 18½–	T	Deep-sky günstig bis ca. 2¼^{h} / 2¾^{h}
19:55	T	♃ Io DE, Pw. = 250°; E (I ⊖) G K
20:05	T	♃ Io SE, Pw. = 252°; E (I ⊖) G K
22½	T[1]	♄ Dione in östlicher Elongation (Max. 2^{h})

9. Do ◐ ↑ **2:26** / **2:50** ↔ **8:55** / **9:16** H. = **38°9** / **43°8** ↓ **15:08** / **15:27** Berlin / Zürich

0:00:00.0		Sternzeit Berlin: 3:05:28.8 / Zürich: 2:45:28.8
0:00	u	◐ Phase: –0.185 / Lichtgrenze bei –40°74
0–	T	♃ Mondstellung: E I ⊖ G K
0:16	T	♃ Jupiter: GRF günstig (bei 44°)
2:26	T	♃ (E I) → (I E), E ist 0.674 ⊖-Radien n. I; (I E) ⊖ G K
6	A	◐ 1½° nw. Venus
	T	◐ **Venus wird vom Mond bedeckt** (Grafik S. 200)
S. 199		Der Mittelpunkt der Venus verschwindet zu diesen Zeiten:
10:52.0		Pw. = 152°
11:00.3		Pw. = 166°
	T	◐ **Ende der Venusbedeckung**
		Zeiten des Wiedererscheinens des Mittelpunkts:
12:06.6		Pw. = 284°
12:09.3		Pw. = 274°

abends kein Mondlicht

Nov.

17:22		T[3]	♃ Io VE, 0.3 n., 1.0 ö.; (⊖ I) E G K
	17½–	T	♃ Mondstellung: (⊖ I) E G K
	17:37	u	◑ Äquatordurchgang südwärts, Jungfrau
18–	18½–	T	Deep-sky günstig bis ca. 3½^h / 3¾^h
	20:08	T	♃ Jupiter: GRF günstig (bei 44°)

10. Fr	◑ ↑	**3:39**	↔ **9:35**	H. = **32°9**	↓ **15:17**	Berlin
		3:57	**9:56**	**37°9**	**15:41**	Zürich

	0:00:00.0		Sternzeit Berlin: 3:09:25.4 / Zürich: 2:49:25.4
	0:00	u	◑ Phase: –0.116 / Lichtgrenze bei –52°93
	0–	T	♃ Mondstellung: ⊖ I (E G) K
	2:23	T	♃ (E G) → (G E), E ist 0.913 ⊖-Radien n. G; ⊖ I (G E) K
	6	A	◑ 9½° sö. Venus
8:58	9:18	FTA[7]	♀ kulminiert 37°8 / 42°8 über Horizont (46° w. ⊙)
	17½–	T	♃ Mondstellung: I (⊖ G) E K
18–	18½–	T	Deep-sky günstig bis ca. 4¾^h / 5^h
	18:32	T	♃ Ganymed DA, Pw. = 162°; I ⊖ E K
	19:03	T	♃ Ganymed SA, Pw. = 151°; I ⊖ E K
	19:36	T	♃ Ganymed DE, Pw. = 198°; I (G ⊖) E K
	20:44	T	♃ Ganymed SE, Pw. = 209°; I (G ⊖) E K

11. Sa	◑ ↑	**4:53**	↔ **10:17**	H. = **26°9**	↓ **15:27**	Berlin
		5:06	**10:37**	**31°9**	**15:57**	Zürich

	0:00:00.0		Sternzeit Berlin: 3:13:21.9 / Zürich: 2:53:21.9
	0:00	u	◑ Phase: –0.061 / Lichtgrenze bei –65°13
	0–	T	♃ Mondstellung: I G ⊖ E K
	1:55	T	♃ Jupiter: GRF günstig (bei 44°)
	4:04	T	♃ (I G) → (G I), I ist 1.052 ⊖-Radien n. G; (G I) (⊖ E) K
	4:29	T	♃ Europa DA, Pw. = 128°; (G I) ⊖ K
	4:51	T	♃ Europa SA, Pw. = 125°; (G I) ⊖ K
	9:49	–	◑ im ☋, Jungfrau
	17½–	T	♃ Mondstellung: G E ⊖ I K
18–	18½–	T	Deep-sky günstig bis ca. 6^h / 6¼^h
	18	T[1]	♄ Rhea in westlicher Elongation (Max. 15¼^h)
	19¾	T[1]	♄ Dione in östlicher Elongation (Max. 19¾^h)
	21:46	T	♃ Jupiter: GRF günstig (bei 44°)

12. So	◑ ↑	**6:10**	↔ **11:01**	H. = **21°3**	↓ **15:39**	Berlin
		6:18	**11:22**	**26°2**	**16:15**	Zürich

	0:00:00.0		Sternzeit Berlin: 3:17:18.5 / Zürich: 2:57:18.5
	0:00	u	◑ Phase: –0.022 / Lichtgrenze bei –77°33
	0–	T	♃ Mondstellung: G E ⊖ I K
	6¼–	AF[1]	**Ost-Zodiakallicht günstig** (bis ca. 17. November)

abends kein Mondlicht

17½–	T	♃ Mondstellung: G (I E) ⊖ K
18– 18½–	T	Deep-sky günstig bis ca. 6¼^{h}
18¼	T	♄ Rhea nördlicher Vorbeigang (☌ um 18¼^{h})
22:40	T	♃ Europa BA, Pw. = 308°; G I ⊖ K

13. Mo

	↑	↔	H. =	↓	
●	**7:32**	**11:49**	**16°2**	**15:55**	Berlin
	7:33	**12:10**	**21°2**	**16:38**	Zürich

0:00:00.0		Sternzeit Berlin: 3:21:15.0 / Zürich: 3:01:15.0
0:00	u	● Phase: –0.002 / Lichtgrenze bei –89°53
0–	T	♃ Mondstellung: G I ⊖ K
1:28	T	♃ Europa VE, 0.5 n., 1.1 ö.; G I (⊖ E) K
3:33	T	♃ Jupiter: GRF günstig (bei 45°)
3:56	T	♃ Io BA, Pw. = 290°; G ⊖ E K
10:27	–	● Neumond (B: 3°10, Z: 3°04 s. ⊙), Waage Beginn Lunation Nr. 1248
17½–	T	♃ Mondstellung: G ⊖ I (E K)
18– 18½–	T	Deep-sky günstig bis ca. 6¼^{h}
18:20	–	⛢ in Opposition zur ⊙ (+5.96^{mag}, Dm. 3″68)
18:22	T	♃ (E K) → (K E), E ist 1.461 ⊖-Radien n. K; G ⊖ I (K E)
21¼	T[1]	♄ Rhea in östlicher Elongation (Max. 21¼^{h})
23:24	T	♃ Jupiter: GRF günstig (bei 45°)

14. Di

	↑	↔	H. =	↓	
●	**8:56**	**12:42**	**12°1**	**16:19**	Berlin
	8:50	**13:03**	**17°1**	**17:08**	Zürich

0:00:00.0		Sternzeit Berlin: 3:25:11.6 / Zürich: 3:05:11.6
0:00	u	● Phase: 0.004 / Lichtgrenze bei 78°27
0–	T	♃ Mondstellung: G (⊖ I) K E
1:05	T	♃ Io DA, Pw. = 110°; G ⊖ K E
1:21	T	♃ Io SA, Pw. = 109°; G ⊖ K E
3:13	T	♃ Io DE, Pw. = 250°; (G I ⊖) K E
3:32	T	♃ Io SE, Pw. = 252°; (G I ⊖) K E
4:39	T	♃ (G I) → (I G), G ist 1.188 ⊖-Radien n. I; (I G) ⊖ K E
17½–	T	♃ Mondstellung: I (K ⊖ E) G
17:36	T	♃ Europa DA, Pw. = 128°; I (K ⊖) G
18– 18½–	T	Deep-sky günstig bis ca. 6¼^{h}
18:09	T	♃ Europa SA, Pw. = 125°; I (K ⊖) G
19:15	T	♃ Jupiter: GRF günstig (bei 45°)
19:49	T	♃ Europa DE, Pw. = 233°; (I K E ⊖) G
20:28	T	♃ Europa SE, Pw. = 236°; (I K E ⊖) G
21:02	T	♃ (K E) → (E K), K ist 0.866 ⊖-Radien s. E; (I E K ⊖) G
21:19	T	♃ (I E) → (E I), I ist 0.892 ⊖-Radien n. E; (E I K ⊖) G
21:23	T	♃ (I K) → (K I), I ist 1.762 ⊖-Radien n. K; (E K I ⊖) G
22¼	T[1]	♄ Titan in östlicher Elongation (Max. 9¾^{h})
22:22	T	♃ Io BA, Pw. = 290°; (E K) ⊖ G

abends kein Mondlicht

abends kein Mondlicht

15. Mi	◐ ↑	**10:18**	↔	**13:39**	H. =	**9°3**	↓	**16:55**	Berlin
		10:06		**14:00**		**14°3**		**17:49**	Zürich

	0:00:00.0		Sternzeit Berlin: 3:29:08.2 / Zürich: 3:09:08.2
	0:00	u	◐ Phase: 0.029 / Lichtgrenze bei 66°07
	0–	T	♃ Mondstellung: (E K) ⊖ G
	0:49	T	♃ Io VE, 0.3 n., 1.2 ö.; (E K) (⊖ I) G
	5:11	T	♃ Jupiter: GRF günstig (bei 45°)
12:52	13:12	T[7]	☿ kulminiert 14°0 / 19°0 über Horizont (15° ö. ⊙)
	17½–	T	♃ Mondstellung: (K E) ⊖ I G
18–	18½–	T	Deep-sky günstig bis ca. 6¼^h
	19:31	T	♃ Io DA, Pw. = 110°; (K E) ⊖ G
	19:50	T	♃ Io SA, Pw. = 109°; (K E) ⊖ G
	21:39	T	♃ Io DE, Pw. = 250°; K E (I ⊖) G
	22:00	T	♃ Io SE, Pw. = 252°; K E (I ⊖) G
	22	T[1]	♄ Dione in westlicher Elongation (Max. 22¼^h)
	22	T[1]	♄ Tethys in westlicher Elongation (Max. 23^h)

16. Do	◐ ↑	**11:30**	↔	**14:39**	H. =	**8°3**	↓	**17:47**	Berlin
		11:15		**15:00**		**13°3**		**18:44**	Zürich

	0:00:00.0		Sternzeit Berlin: 3:33:04.7 / Zürich: 3:13:04.7
	0:00	u	◐ Phase: 0.076 / Lichtgrenze bei 53°87
	0–	T	♃ Mondstellung: K E I ⊖ G
	1:02	T	♃ Jupiter: GRF günstig (bei 45°)
	4:29	T	♃ (E I) → (I E), E ist 0.650 ⊖-Radien n. I; K (I E) ⊖ G
	6¼–	AF[1]	**Ost-Zodiakallicht günstig**
	15:45	–	◐ Südlichste Lage, Dekl. –28°15′, Schütze
16:48		T[3]	♃ Io BA, Pw. = 290°; K ⊖ E G
	17¼–	T	♃ Mondstellung: K ⊖ E G
18¼–	19–	T	Deep-sky günstig bis ca. 6¼^h
	19:17	T	♃ Io VE, 0.3 n., 1.2 ö.; K (⊖ I) E G
	20:54	T	♃ Jupiter: GRF günstig (bei 45°)
	21½	T[1]	♄ Tethys in östlicher Elongation (Max. 21½^h)

17. Fr	◐ ↑	**12:25**	↔	**15:40**	H. =	**9°2**	↓	**18:59**	Berlin
		12:12		**16:01**		**14°2**		**19:53**	Zürich

	0:00:00.0		Sternzeit Berlin: 3:37:01.3 / Zürich: 3:17:01.3
	0:00	u	◐ Phase: 0.145 / Lichtgrenze bei 41°68
	0–	T	♃ Mondstellung: K ⊖ I E G
	5:17	T[3]	♃ (E G) → (G E), E ist 0.870 ⊖-Radien n. G; K ⊖ I (G E)
8:59	9:19	FTA[7]	♀ kulminiert 35°1 / 40°1 über Horizont (45° w. ⊙)
	17–	A[1]	◐ Erdlicht (bis ca. 19. November)
	17	FT	◐ Max. Libration in Länge: Mare Crisium randnah
	17¼–	T	♃ Mondstellung: K (I ⊖) G E

		T	◐ Sternbedeckung SAO 188079 (5.9^{mag})
	18:11.9		Pw. = 21° a = 0.2 b = 0.6 Skizze S. 254
19¼–	20¼–	T	Deep-sky günstig bis ca. 6¼^{h}
20¼		T[1]	♄ Tethys in westlicher Elongation (Max. 20¼^{h})
21:45		T	♃ Ganymed DA, Pw. = 160°; K I ⊖ E
22:56		T	♃ Ganymed DE, Pw. = 200°; K I (G ⊖) E
23:05		T	♃ Ganymed SA, Pw. = 151°; K I (G ⊖) E

18. Sa

	↑	↔	H. =	↓	
◐	13:03	16:39	11°9	20:24	Berlin
	12:55	17:00	17°0	21:13	Zürich

0:00:00.0			Sternzeit Berlin: 3:40:57.9 / Zürich: 3:20:57.9
0:00		u	◐ Phase: 0.233 / Lichtgrenze bei 29°49
0–		T	♃ Mondstellung: K I (G ⊖) E
0:45		T	♃ Ganymed SE, Pw. = 209°; K I (G ⊖) E
2:40		T	♃ Jupiter: GRF günstig (bei 45°)
3:01		u	◐ Größte ekliptikale Südbreite, Schütze
6:44		u	♂ in Konjunktion mit der ☉
6¾–		AFT[1]	♀ Venus (–4.2^{mag}) geht 1° südlich an γ Virginis (+2.9^{mag}) vorbei.
15		FT	◐ Maximale Libration in Breite: Nordpol sichtbar
17¼–		T	♃ Mondstellung: K G E ⊖ I
17¾		T[1]	♄ Dione in westlicher Elongation (Max. 16^{h})
19		T[1]	♄ Tethys in östlicher Elongation (Max. 19^{h})
20¾–	21½–	T	Deep-sky günstig bis ca. 6¼^{h}
22:32		T	♃ Jupiter: GRF günstig (bei 45°)

19. So

	↑	↔	H. =	↓	
◐	13:28	17:35	16°3	21:54	Berlin
	13:27	17:56	21°4	22:36	Zürich

0:00:00.0			Sternzeit Berlin: 3:44:54.4 / Zürich: 3:24:54.4
0:00		u	◐ Phase: 0.334 / Lichtgrenze bei 17°31
0–		T	♃ Mondstellung: K G E ⊖ I
13:01	13:21	T[7]	☿ kulminiert 12°9 / 17°9 über Horizont (17° ö. ☉)
17¼–		T	♃ Mondstellung: K G (E I) ⊖
17:31		T	♃ (E I) → (I E), E ist 0.637 ⊖-Radien n. I; K G (I E) ⊖
17¾		T[1]	♄ Tethys in westlicher Elongation (Max. 17½^{h})
		T	◐ Sternbedeckung SAO 190337 (7.3^{mag})
18:23		T	♃ Jupiter: GRF günstig (bei 45°)
	18:46.4		Pw. = 78° a = 1.7 b = –0.1
18:52.1			Pw. = 78° a = 1.3 b = –0.5
21¾		T[1]	♄ Dione in östlicher Elongation (Max. 0¾^{h})
22¼–	23–	T	Deep-sky günstig bis ca. 6¼^{h}

Nov.

20. Mo	◐ ↑	↔	H. =	↓	
	13:46	**18:28**	**21°9**	**23:24**	Berlin
	13:52	**18:49**	**27°0**	**23:58**	Zürich

0:00:00.0			Sternzeit Berlin: 3:48:51.0 / Zürich: 3:28:51.0
0:00		u	◐ Phase: 0.445 / Lichtgrenze bei 5°13
0–		T	♃ Mondstellung: K G I (E ⊖)
0:55		T	♃ Europa BA, Pw. = 308°; K G I ⊖
4:06		T	♃ Europa VE, 0.5 n., 1.4 ö.; K G I (⊖ E)
4:19		T	♃ Jupiter: GRF günstig (bei 45°)
11:50		u	◐ Erstes Viertel, Wassermann
17		u	Zwergplanet (1) Ceres in Konjunktion mit der ⊙
17¼–		T	♃ Mondstellung: K G ⊖ I E
17¾		T[1]	♄ Rhea in westlicher Elongation (Max. 16¼^h)
17¾		T[1]	♄ Tethys in östlicher Elongation (Max. 16¼^h)
20		A	◐ 3½° sö. Saturn
		T	◐ Sternbedeckung SAO 165032 (7.1^{mag})
20:24.7			Pw. = 11° a = 0.2 b = 1.3
20:31.3			Pw. = 6° a = –0.0 b = 1.3
23¾–	0¼–	T	Deep-sky günstig bis ca. 6½^h

21. Di	◐ ↑	↔	H. =	↓	
	14:00	**19:18**	**28°3**	**[0:52]**	Berlin
	14:12	**19:39**	**33°5**	**[1:19]**	Zürich

0:00:00.0			Sternzeit Berlin: 3:52:47.5 / Zürich: 3:32:47.5
0:00		u	◐ Phase: 0.559 / Lichtgrenze bei –7°03
0–		T	♃ Mondstellung: K G ⊖ I E
0:10		T	♃ Jupiter: GRF günstig (bei 45°)
2:49		T	♃ Io DA, Pw. = 110°; K G ⊖ E
3:17		T	♃ Io SA, Pw. = 109°; K G ⊖ E
4:58		T[3]	♃ Io DE, Pw. = 250°; K G (I ⊖) E
16:55		T[3]	♃ (G E) → (E G), G ist 1.439 ⊖-Radien n. E; K I ⊖ (E G)
17¼–		T	♃ Mondstellung: K I ⊖ (E G)
		T	◐ Sternbedeckung SAO 146563 (7.0^{mag})
17:50.8			Pw. = 73° a = 1.5 b = 1.2
18:03.0			Pw. = 74° a = 1.3 b = 0.9
19¼		T	♄ Rhea nördlicher Vorbeigang (☌ um 19¼^h)
		T	◐ **Sternbedeckung ψ_1 Aquarii** (4.5^{mag}, SAO 146598)
19:49.6			Pw. = 82° a = 1.8 b = 0.1 Skizze S. 254
19:57.9			Pw. = 81° a = 1.5 b = –0.2 Skizze S. 253
19:49		T	♃ Europa DA, Pw. = 127°; K I ⊖ G
20:01		T	♃ Jupiter: GRF günstig (bei 45°)
20:45		T	♃ Europa SA, Pw. = 125°; K I ⊖ G
22:03		–	◐ in Erdnähe: 57.9823 Erdradien, Wassermann
22:04		T	♃ Europa DE, Pw. = 234°; K (I E ⊖) G
23:04		T	♃ Europa SE, Pw. = 236°; K (I E ⊖) G
23:17		T	♃ (I E) → (E I), I ist 0.890 ⊖-Radien n. E; K (E I ⊖) G

22. Mi

	☽ ↓	↑	↔	H. =	
	0:52	**14:12**	**20:06**	**35°2**	Berlin
	1:19	**14:29**	**20:27**	**40°4**	Zürich

Berlin	Zürich		
0:00:00.0			Sternzeit Berlin: 3:56:44.1 / Zürich: 3:36:44.1
0:00		AFT	☽ Phase: 0.670 / Lichtgrenze bei –19°19
0–		T	♃ Mondstellung: K (E I ⊖) G
0–		T	☽ Streifende Bedeckung SAO 128607 (7.3^{mag}, ZC 15) Ungefährer Verlauf der südlichen Grenzlinie: Karlsruhe – Schweinfurt – s. Erfurt – Leipzig – s. Berlin. Genauer Grenzverlauf: Tabelle S. 258
0:06		T	♃ Io BA, Pw. = 290°; K E ⊖ G
1¼–	1¾–	T	Deep-sky günstig bis ca. 6½^{h}
2:43		T	♃ Io VE, 0.3 n., 1.3 ö.; K E (⊖ I) G
4:15		AFT[1]	β Persei (Algol) im Minimum: 3.39^{mag} (Max. 2.12^{mag})
13:08	13:28	T[7]	☿ kulminiert 12°3 / 17°3 über Horizont (18° ö. ⊙)
		T	☽ Sternbedeckung 29 Piscium (5.1^{mag}, SAO 147041)
17:04.5			Pw. = 29° a = 0.6 b = 1.9 Skizze S. 253
17¼–		T	♃ Mondstellung: E K ⊖ I G
18½		T[1]	♄ Dione in östlicher Elongation (Max. 18½^{h})
21:15		T	♃ Io DA, Pw. = 110°; E (K ⊖) G
		T	☽ Sternbedeckung SAO 128607 (7.3^{mag})
21:27.6			Pw. = 134° a = 6.0 b = –7.6
21¾		T[1]	♄ Rhea in östlicher Elongation (Max. 22^{h})
21:46		T	♃ Io SA, Pw. = 109°; E (K ⊖) G
23:24		T	♃ Io DE, Pw. = 250°; E (I ⊖ K) G
		T	☽ Sternbedeckung SAO 128639 (7.3^{mag})
	23:49.5		Pw. = 72° a = 0.9 b = –0.7
23:50.1			Pw. = 61° a = 0.6 b = –0.6
23:56		T	♃ Io SE, Pw. = 251°; E (I ⊖ K) G

23. Do

	☽ ↓	↑	↔	H. =	
	2:18	**14:23**	**20:54**	**42°2**	Berlin
	2:39	**14:46**	**21:14**	**47°3**	Zürich

Berlin	Zürich		
0:00:00.0			Sternzeit Berlin: 4:00:40.6 / Zürich: 3:40:40.6
0:00		AFT	☽ Phase: 0.773 / Lichtgrenze bei –31°35
0–		T	♃ Mondstellung: E (I ⊖ K) G
1:25		–	☽ Äquatordurchgang nordwärts, Fische
1:48		T	♃ Jupiter: GRF günstig (bei 45°)
2¾–	3–	T	Deep-sky günstig bis ca. 6½^{h}
17¼–		T	♃ Mondstellung: I ⊖ K G
17:25		T	♃ Europa VE, 0.5 n., 1.5 ö.; (I ⊖ E) K G
18:32		T	♃ Io BA, Pw. = 290°; ⊖ E K G
21:12		T	♃ Io VE, 0.3 n., 1.3 ö.; (⊖ I) E K G
21:40		T	♃ Jupiter: GRF günstig (bei 45°)

24. Fr	☽ ↓	**3:44** / **3:59**	↑ **14:35** / **15:04**	↔ **21:42** / **22:03**	H. = **48°9** / **54°0**	Berlin / Zürich

	0:00:00.0				Sternzeit Berlin: 4:04:37.2 / Zürich: 3:44:37.2
	0:00		AFT	☽	Phase: 0.861 / Lichtgrenze bei –43°49
	0–		T	♃	Mondstellung: ⊖ I E K G
			T	☽	Sternbedeckung 73 Piscium (6.2^{mag}, SAO 109656)
0:50.2					Pw. = 82° a = 0.8 b = –1.2
		0:53.3			Pw. = 98° a = 1.1 b = –1.9
	2:54		T	♃	(K G) → (G K), K ist 1.800 ⊖-Radien n. G; ⊖ (I E) (G K)
4–		4¼–	T		Deep-sky günstig bis ca. 6½^{h}
9:02		9:22	FTA[7]	♀	kulminiert 32°3 / 37°3 über Horizont (44° w. ⊙)
	12:02		u	☽	im ☊, Fische
	17¼–		T	♃	Mondstellung: ⊖ G E K
	17:51		T	♃	Io DE, Pw. = 250°; (I ⊖) G E K
	18:25		T	♃	Io SE, Pw. = 251°; (I ⊖) G E K
			T	☽	Sternbedeckung SAO 92628 (7.0^{mag})
		19:11.3			Pw. = 33° a = 0.5 b = 2.1
19:23.9					Pw. = 33° a = 0.6 b = 2.0
	20		A	☽	8½° w. Jupiter
			T	☽	Sternbedeckung 54 (Ceti) (5.9^{mag}, ZC272)
21:36.4					Pw. = 128° a = 3.8 b = –3.3 Skizze S. 253
	21¼–				Diese Bedeckung verläuft streifend längs der ungefähren südlichen Grenzlinie: Basel – s. Stuttgart – Bamberg – Plauen – n. Meißen – Cottbus. Genauer Grenzverlauf: Tabelle S. 258

25. Sa	☽ ↓	**5:11** / **5:19**	↑ **14:49** / **15:24**	↔ **22:33** / **22:53**	H. = **54°8** / **60°0**	Berlin / Zürich

	0:00:00.0				Sternzeit Berlin: 4:08:33.7 / Zürich: 3:48:33.7
	0:00		AFT	☽	Phase: 0.929 / Lichtgrenze bei –55°63
	0–		T	♃	Mondstellung: I (⊖ G) E K
	1:04		AFT[1]	β	Persei (Algol) im Minimum: 3.39^{mag} (Max. 2.12^{mag})
			T	☽	Sternbedeckung SAO 92739 (6.1^{mag})
2:37.2					Pw. = 113° a = 0.4 b = –2.7
	3:07		T	♃	Ganymed SA, Pw. = 151°; I (G ⊖) E K
			T	☽	Sternbedeckung SAO 92761 (7.5^{mag})
	3:27		T	♃	Jupiter: GRF günstig (bei 45°)
		4:11.6			Pw. = 117° a = –0.2 b = –2.6
	17¼–		T	♃	Mondstellung: G E ⊖ I K
	20		A	☽	6° nö. Jupiter
	23:18		T	♃	Jupiter: GRF günstig (bei 45°)

26. So	☾ ↓	**6:39**	↑ **15:07**	↔ **23:26**	H. = **59°7**	Berlin
		6:40	**15:49**	**23:46**	**64°9**	Zürich

0:00:00.0			Sternzeit Berlin: 4:12:30.3 / Zürich: 3:52:30.3
0:00	AFT	☾	Phase: 0.975 / Lichtgrenze bei –67°77
0–	T	♃	Mondstellung: G E ⊖ I K
13:17 13:37	T[7]	☿	kulminiert 11°8 / 16°8 über Horizont (20° ö. ⊙)
17¼–	T	♃	Mondstellung: G E I ⊖ K
19:09	T	♃	Jupiter: GRF günstig (bei 45°)
19:37	T	♃	(E I) → (I E), E ist 0.611 ⊖-Radien n. I; G (I E) ⊖ K
20	A	○	3½° sw. Plejaden
21	T[1]	♄	Dione in westlicher Elongation (Max. 21^h)

27. Mo	○ ↓	**8:06**	↑ **15:32**	↔ [**0:21**]	H. = **63°2**	Berlin
		8:00	**16:20**	[**0:42**]	**68°3**	Zürich

0:00:00.0			Sternzeit Berlin: 4:16:26.9 / Zürich: 3:56:26.9
0:00	AFT	○	Phase: 0.997 / Lichtgrenze bei –79°90
0–	T	♃	Mondstellung: G I E ⊖ K
3:12	T	♃	Europa BA, Pw. = 307°; G I ⊖ K
5:05	T	♃	Jupiter: GRF günstig (bei 45°)
6	A	○	2½° sö. Plejaden
10:17	u	○	Vollmond, Stier
17¼–	T	♃	Mondstellung: G ⊖ (I E) K
20	A	○	8½° n. Aldebaran
21:53	AFT[1]	β	Persei (Algol) im Minimum: 3.39^{mag} (Max. 2.12^{mag})

28. Di	○ ↔	**0:21**	H. = **63°2**	↓ **9:27**	↑ **16:08**	Berlin
		0:42	**68°3**	**9:16**	**17:01**	Zürich

0:00:00.0			Sternzeit Berlin: 4:20:23.4 / Zürich: 4:00:23.4
0:00	AFT	○	Phase: –0.995 / Lichtgrenze bei 87°97
0–	T	♃	Mondstellung: G ⊖ I E K
0:56	T	♃	Jupiter: GRF günstig (bei 45°)
17:01	T	♃	Ganymed VA, 0.8 n., 0.9 ö.; I ⊖ E K
17¼–	T	♃	Mondstellung: I ⊖ E K
18:32	T	♃	Ganymed VE, 0.8 n., 1.8 ö.; I (⊖ G E) K
19½	FT	☽	Max. Libration in Länge: Krater Grimaldi randnah
19:39	T	♃	(G E) → (E G), G ist 1.429 ⊖-Radien n. E; I ⊖ (E G) K
20	A	☽	2° sö. Nath (β Tauri)
20:48	T	♃	Jupiter: GRF günstig (bei 45°)
22:05	T	♃	Europa DA, Pw. = 127°; I ⊖ G K
23:20	T	♃	Europa SA, Pw. = 125°; I ⊖ G K

29. Mi	☽ ↔	H. =	↓	↑	
	1:18	**65°0**	**10:35**	**16:58**	Berlin
	1:39	**70°1**	**10:21**	**17:54**	Zürich

0:00:00.0				Sternzeit Berlin: 4:24:20.0 / Zürich: 4:04:20.0
0:00		AFT	☽	Phase: –0.971 / Lichtgrenze bei 75°83
0–		T	♃	Mondstellung: I ⊖ G K
0:20		T	♃	Europa DE, Pw. = 234°; (I E ⊖) G K
1:16		T	♃	(I E) → (E I), I ist 0.885 ⊖-Radien n. E; (E I ⊖) G K
1:39		T	♃	Europa SE, Pw. = 236°; (E I ⊖) G K
1:51		T	♃	Io BA, Pw. = 289°; (E ⊖) G K
		T	☽	**Sternbedeckung 136 Tauri** (4.5^{mag}, SAO 77675)
6:21.7				Pw. = 67° a = 0.6 b = –1.1 Skizze S. 253
	6:24.6			Pw. = 85° a = 0.5 b = –1.3 Skizze S. 254
13:22	13:42	T[7]	☿	kulminiert 11°6 / 16°6 über Horizont (20° ö. ⊙)
15:08		u	☽	Nördlichste Lage, Dekl. 28°12′, Zwillinge
17¼–		T	♃	Mondstellung: E ⊖ I G K
17¾		T[1]	♄	Dione in westlicher Elongation (Max. 14¾^{h})
17¾		T[1]	♄	Rhea in westlicher Elongation (Max. 17^{h})
21:28		T	♃	(G K) → (K G), G ist 1.665 ⊖-Radien n. K; E ⊖ I (K G)
23:00		T	♃	Io DA, Pw. = 109°; E ⊖ (K G)
23:41		T	♃	Io SA, Pw. = 109°; E ⊖ (K G)

30. Do	☽ ↔	H. =	↓	↑	
	2:15	**65°2**	**11:26**	**18:01**	Berlin
	2:35	**70°2**	**11:13**	**18:55**	Zürich

0:00:00.0				Sternzeit Berlin: 4:28:16.5 / Zürich: 4:08:16.5
0:00		AFT	☽	Phase: –0.927 / Lichtgrenze bei 63°70
0–		T	♃	Mondstellung: E ⊖ (K G)
1:10		T	♃	Io DE, Pw. = 251°; E (I ⊖) K G
1:51		T	♃	Io SE, Pw. = 251°; E (I ⊖) K G
2:35		T	♃	Jupiter: GRF günstig (bei 45°)
17¼–		T	♃	Mondstellung: I ⊖ K G
18:42		AFT[1]	β	Persei (Algol) im Minimum: 3.39^{mag} (Max. 2.12^{mag})
20:03		T	♃	Europa VE, 0.5 n., 1.7 ö.; (I ⊖ E) K G
20¼		T	♄	Rhea nördlicher Vorbeigang (☌ um 20¼^{h})
20:17		T	♃	Io BA, Pw. = 289°; (⊖ E) K G
21		A	☽	3½° sw. Pollux, 5½° s. Castor
21¼		T[1]	♄	Dione in östlicher Elongation (Max. 23¾^{h})
21¼		T[1]	♄	Titan in östlicher Elongation (Max. 9^{h})
22:26		T	♃	Jupiter: GRF günstig (bei 45°)
22:50		T	♃	(E K) → (K E), E ist 1.925 ⊖-Radien n. K; ⊖ (K E) G
23:07		T	♃	Io VE, 0.3 n., 1.5 ö.; (⊖ I K E) G

Dezember 2023

Sonne

Dämmerung, Auf- und Untergang, Kulminationswerte und Zeitgleichung

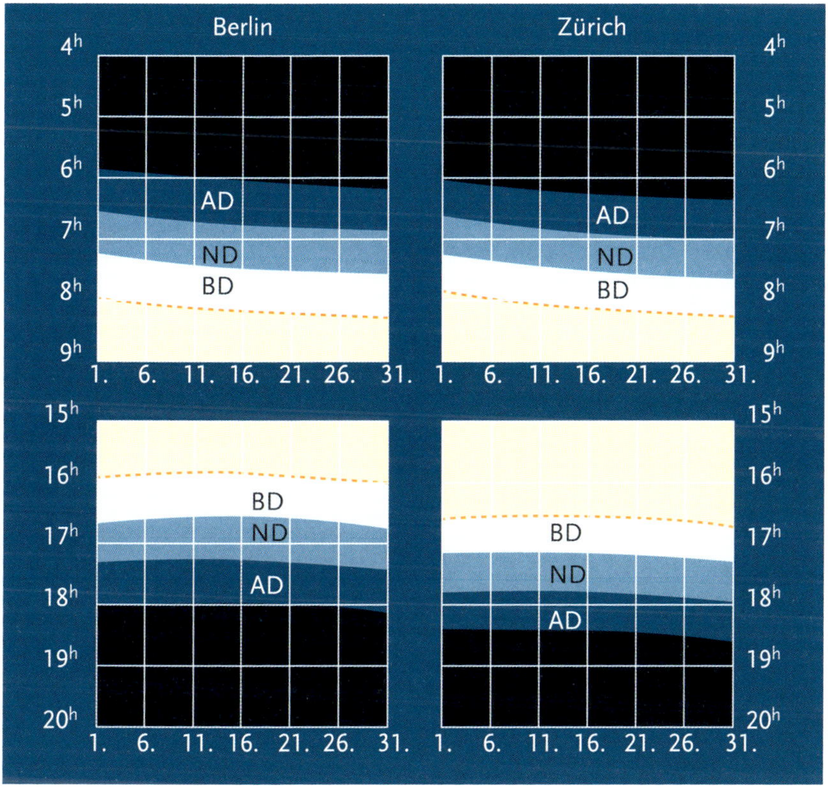

Berlin | Zürich

Dez.	Auf-gang	Kulmination Zeit	Höhe	Unter-gang	**Zeitglei-chung**	Auf-gang	Kulmination Zeit	Höhe	Unter-gang	Dez.
1.	7:53	11:54.9	15°7	15:56	**+11m1**	7:52	12:14.9	20°7	16:37	1.
6.	8:00	11:56.9	15°0	15:53	**+ 9m1**	7:58	12:16.9	20°0	16:35	6.
11.	8:06	11:59.1	14°5	15:52	**+ 6m9**	8:03	12:19.1	19°5	16:35	11.
16.	8:11	12:01.5	14°2	15:52	**+ 4m6**	8:08	12:21.5	19°2	16:35	16.
21.	8:14	12:03.9	14°1	15:53	**+ 2m1**	8:11	12:23.9	19°1	16:37	21.
26.	8:16	12:06.4	14°1	15:57	**– 0m4**	8:13	12:26.4	19°1	16:40	26.
31.	8:17	12:08.8	14°4	16:01	**– 2m8**	8:14	12:28.8	19°4	16:44	31.

Am 22. Dezember um 04:27 Uhr MEZ erreicht die Sonne den südlichsten Punkt ihrer scheinbaren Bahn, den Punkt der *Winter-Sonnenwende* ($\alpha = 18^h$, $\delta = -23°26'18''$). Sie steht im Sternbild Schütze. An diesem kürzesten Tag des Jahres (er dauert in Berlin 7^h39^m, in Zürich 8^h26^m) kulminiert die Sonne im Zenit der Orte, die auf dem südlichen Wendekreis liegen, also auf der geografischen Breite −23°26′. Ein solcher Ort ist z. B. São Paulo (Brasilien).
Der früheste Sonnenuntergang tritt *vor* dem kürzesten Tag ein (auch dies eine Folge der rasch ändernden Zeitgleichung), in Berlin am 13., in Zürich schon am 11. Dezember (vgl. Januar).

Mond

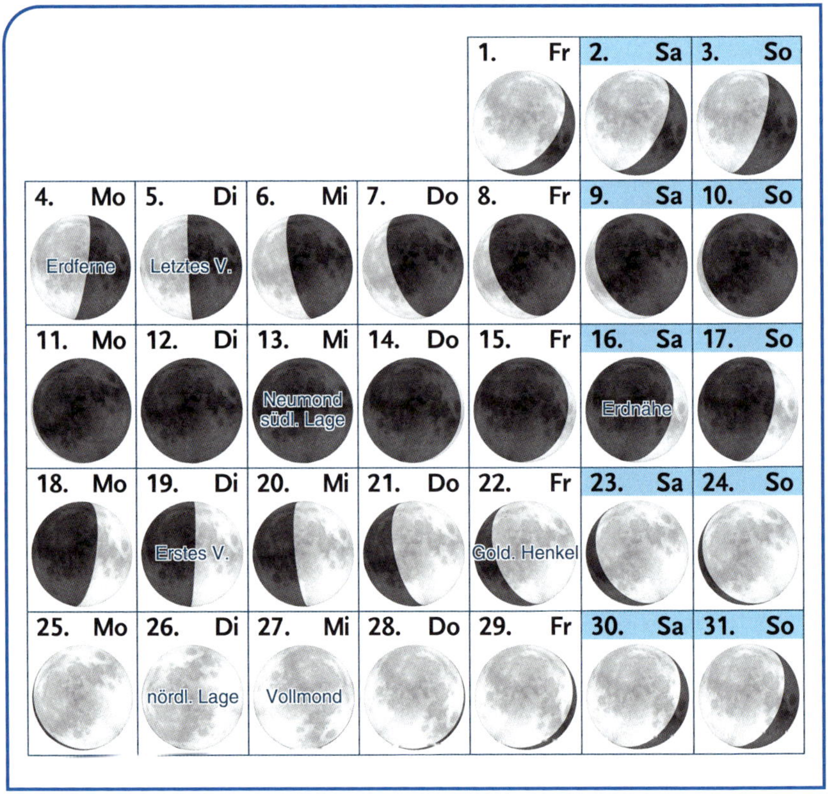

Die Planeten im Dezember 2023

Planetenpositionen am 1., 15, und 31. Dezember 2023 sowie Hauptmondphasen

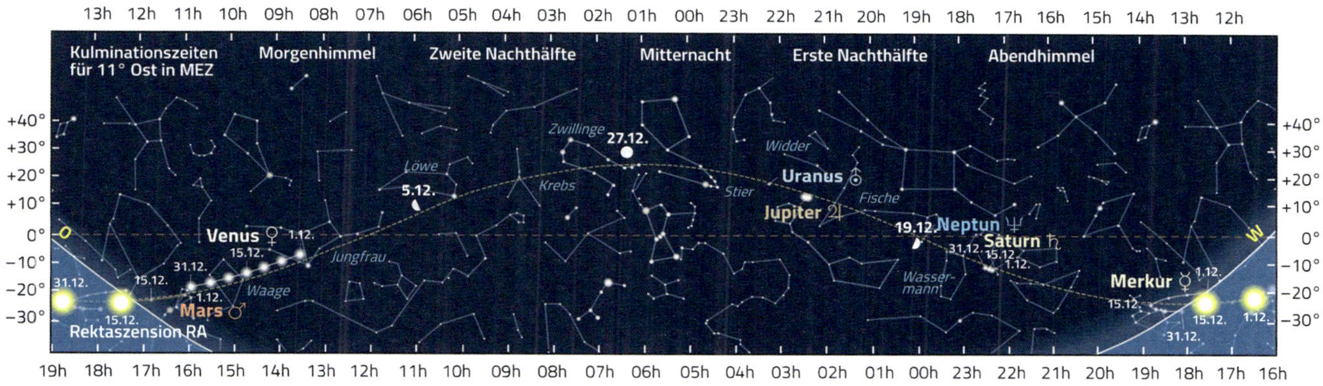

Scheinbare Planetengrössen und Phasen am 1., 15, und 31. Dezember 2023

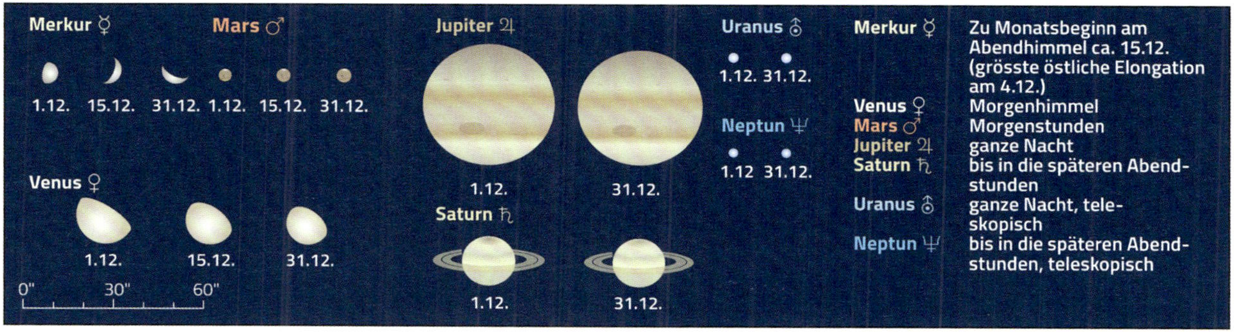

Planeten

abends

Merkur ☿ erreicht am 4. Dezember die größte östliche Elongation und kann bis etwa 17. Dezember bei guten Bedingungen nach Sonnenuntergang aufgefunden werden. Dann wechselt er rasch auf die Westseite der Sonne (untere Konjunktion am 22.) und ist in den letzten Tagen des Jahres am Morgenhimmel kurz vor Sonnenaufgang zu sehen.

Berlin						Zürich				
Dez.	Aufgang	Kulmination Zeit	Höhe	Untergang	**Elongation von der ☉**	Aufgang	Kulmination Zeit	Höhe	Untergang	Dez.
1.	9:55	13:24	12°	16:53	**20° O**	9:47	13:44	17°	17:41	1.
6.	9:55	13:27	12°	17:00	**21° O**	9:48	13:47	17°	17:47	6.
11.	9:41	13:21	13°	17:02	**19° O**	9:36	13:41	18°	17:47	11.
16.	9:09	12:58	14°	16:48	**14° O**	9:05	13:18	19°	17:32	16.
21.	8:17	12:16	16°	16:17	**4° O**	8:15	12:36	21°	16:58	21.
26.	7:21	11:29	17°	15:37	**7° W**	7:21	11:49	22°	16:17	26.
31.	6:44	10:54	17°	15:05	**16° W**	6:45	11:14	22°	15:44	31.

Venus und Merkur zum Jahreswechsel 2023/24

Sterne gezeichnet für den 1. Januar 2024 um 07:15 Uhr MEZ

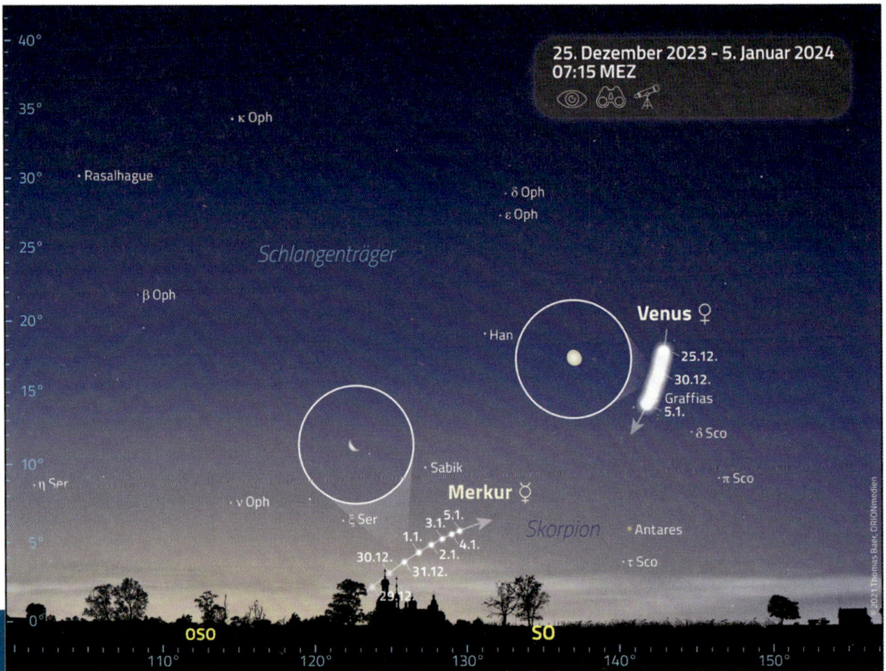

Merkur und Venus tauchen Ende Jahr am Morgenhimmel auf.

morgens

Venus ♀ nähert sich nur langsam der Sonne. Sie steht zwar bei Sonnenaufgang nicht mehr ganz so hoch wie im November, dürfte aber tagsüber bei klarer Atmosphäre weiterhin von bloßem Auge sichtbar sein.

Berlin						Zürich				
Dez.	Aufgang	Kulmination Zeit	Höhe	Untergang	**Elongation von der ⊙**	Aufgang	Kulmination Zeit	Höhe	Untergang	Dez.
1.	3:43	9:05	29°	14:26	**42° W**	3:56	9:25	34°	14:52	1.
6.	3:56	9:07	27°	14:17	**42° W**	4:08	9:27	32°	14:46	6.
11.	4:10	9:10	26°	14:10	**41° W**	4:20	9:30	31°	14:40	11.
16.	4:24	9:14	24°	14:03	**40° W**	4:32	9:34	29°	14:35	16.
21.	4:38	9:18	22°	13:56	**39° W**	4:45	9:38	27°	14:30	21.
26.	4:53	9:22	20°	13:51	**38° W**	4:57	9:42	25°	14:27	26.
31.	5:07	9:27	19°	13:47	**37° W**	5:09	9:47	24°	14:25	31.

unsichtbar

Mars ♂ entfernt sich nach der Konjunktion vom 18. November immer etwas weiter von der Sonne, ist aber bis Mitte Januar nicht zu beobachten.

Berlin						Zürich				
Dez.	Aufgang	Kulmination Zeit	Höhe	Untergang	**Elongation von der ⊙**	Aufgang	Kulmination Zeit	Höhe	Untergang	Dez.
1.	7:35	11:37	16°	15:39	**3° W**	7:34	11:57	21°	16:19	1.
11.	7:35	11:28	15°	15:21	**6° W**	7:32	11:48	20°	16:04	11.
21.	7:33	11:20	14°	15:07	**9° W**	7:29	11:40	19°	15:51	21.
31.	7:29	11:13	14°	14:56	**12° W**	7:25	11:33	19°	15:41	31.

bis gegen Morgen

Jupiter ♃ ist noch fast die ganze Nacht hindurch zu sehen. Er verabschiedet sich aber zusehends vom Morgenhimmel.

Berlin						Zürich				
Dez.	Aufgang	Kulmination Zeit	Höhe	Untergang	**Elongation von der ⊙**	Aufgang	Kulmination Zeit	Höhe	Untergang	Dez.
1.	14:32	21:44	50°	4:55	**148° O**	15:03	22:03	55°	5:04	1.
11.	13:51	21:01	50°	4:12	**137° O**	14:22	21:21	55°	4:20	11.
21.	13:10	20:20	50°	3:30	**126° O**	13:41	20:40	55°	3:38	21.
31.	12:30	19:40	50°	2:50	**116° O**	13:01	20:00	55°	2:58	31.

abends

Saturn ♄ muss in den ersten Nachtstunden aufgesucht werden.

Berlin						Zürich				
Dez.	Auf-gang	Kulmination Zeit	Kulmination Höhe	Unter-gang	**Elongation von der ☉**	Auf-gang	Kulmination Zeit	Kulmination Höhe	Unter-gang	Dez.
1.	12:43	17:39	25°	22:35	**82° O**	12:52	17:59	30°	23:06	1.
11.	12:04	17:02	25°	21:59	**73° O**	12:14	17:22	30°	22:30	11.
21.	11:26	16:25	25°	21:24	**63° O**	11:36	16:45	30°	21:54	21.
31.	10:48	15:49	26°	20:49	**54° O**	10:58	16:09	31°	21:19	31.

bis gegen Morgen

Uranus ⛢ zieht sich langsam vom Morgenhimmel zurück, ist aber auch Ende Monat noch bis deutlich über Mitternacht hinaus zu beobachten.

Berlin						Zürich				
Dez.	Auf-gang	Kulmination Zeit	Kulmination Höhe	Unter-gang	**Elongation von der ☉**	Auf-gang	Kulmination Zeit	Kulmination Höhe	Unter-gang	Dez.
1.	14:53	22:35	55°	6:16	**161° O**	15:30	22:55	60°	6:19	1.
11.	14:13	21:54	55°	5:35	**151° O**	14:50	22:14	60°	5:38	11.
21.	13:33	21:13	55°	4:54	**140° O**	14:10	21:33	60°	4:57	21.
31.	12:53	20:33	55°	4:13	**130° O**	13:30	20:53	60°	4:16	31.

abends

Neptun ♆ sollte jetzt in den Abendstunden aufgesucht werden.

Berlin						Zürich				
Dez.	Auf-gang	Kulmination Zeit	Kulmination Höhe	Unter-gang	**Elongation von der ☉**	Auf-gang	Kulmination Zeit	Kulmination Höhe	Unter-gang	Dez.
1.	13:20	19:07	34°	0:54	**106° O**	13:37	19:27	39°	1:16	1.
11.	12:40	18:27	34°	0:15	**96° O**	12:58	18:47	39°	0:37	11.
21.	12:01	17:48	34°	23:36	**86° O**	12:19	18:08	39°	23:58	21.
31.	11:22	17:09	34°	22:57	**76° O**	11:39	17:29	39°	23:19	31.

Planetoiden

(2) Pallas (9.6^{mag}, S. 288) ist nur etwa 2 Stunden vor Tagesanbruch präsent.

(3) Juno (10.1^{mag}, S. 288) zeigt sich erst nach Mitternacht, bleibt aber bis zum Morgen.

(4) Vesta (6.8^{mag}, S. 292) steht am 21. in Opposition und ist die ganze Nacht hindurch zu beobachten.

(5) Astraea (9.9^{mag}, S. 292) steht am 27. in Opposition und ist auch die ganze Nacht hindurch zu sehen.

(6) Hebe (11.5^{mag}, S. 296) ist nur für etwa 3 Stunden vor der Morgendämmerung präsent.

(8) Flora (10.4^{mag}, S. 298) muss in den ersten Abendstunden aufgesucht werden.
(9) Metis (8.7^{mag}, S. 300) erreicht am 23. die Oppositionsstellung und ist deshalb auch die ganze Nacht hindurch beobachtbar.
(15) Eunomia (10.6^{mag}, S. 304) kann nur gleich nach der Abenddämmerung gesehen werden.
(18) Melpomene (9.0^{mag}, S. 306) ist bis über Mitternacht hinaus zu sehen.
(29) Amphitrite (10.5^{mag}, S. 308) ist Objekt für die erste Nachthälfte.

Meteorströme

Monocerotiden vom 27. November bis 17. Dezember. Maximum 2023: 9. Dezember, 10^h, nur etwa 2 Sternschnuppen pro Stunde. Radiant: $\alpha = 6^h40^m$, $\delta = +8°$. Mittlere Geschwindigkeit 42 km/s.
σ-Hydriden vom 3. bis 15. Dezember. Maximum 2023: 12. Dezember, 8^h, nur etwa 3 Sternschnuppen pro Stunde. Radiant: $\alpha = 8^h30^m$, $\delta = +2°$. Mittlere Geschwindigkeit 58 km/s.
Geminiden vom 7. bis 17. Dezember. Maximum 2023: 14. Dezember, 12^h, bis 120 Sternschnuppen pro Stunde. Radiant: $\alpha = 7^h30^m$, $\delta = +33°$. Mittlere Geschwindigkeit 35 km/s. Erzeugendes Objekt: Planetoid (3200) Phaeton.
Coma Bereniciden vom 12. Dezember bis 23. Dezember. Maximum 2023: 20. Dezember, 5^h, bis 5 Sternschnuppen pro Stunde. Radiant: $\alpha = 11^h40^m$, $\delta = +25°$. Schnelle Sternschnuppen: 65 km/s.
Ursiden vom 17. bis 26. Dezember. Maximum 2023: 22. Dezember, 21^h, bis 10 Sternschnuppen pro Stunde. Radiant: $\alpha = 14^h30^m$, $\delta = +76°$. Langsame Sternschnuppen: 33 km/s. Erzeugender Komet: 8P/Tuttle.

Fixsternhimmel

Am Abendhimmel sind günstig zu beobachten: Andromeda-Nebel, Kugelsternhaufen im Pegasus, offene Haufen χ und h im Perseus, im Fuhrmann und in den Zwillingen, Plejaden; Orion-Nebel.
Doppelsterne: γ Andromedae, Castor, η Cassiopeiae, η Arietis, σ Orionis.
In den Abendstunden ist die **Milchstraße** vom 15. bis 25. Dezember gut zu beobachten (ab etwa 18^h).

Veränderliche

δ-Cephei-Maxima: 4. 3½^h / 9. 12½^h / 14. 21½^h / 20. 6^h / 25. 15^h / 30. 23½^h
β-Lyrae-Minima: 9. 0½^h / 21. 23½^h

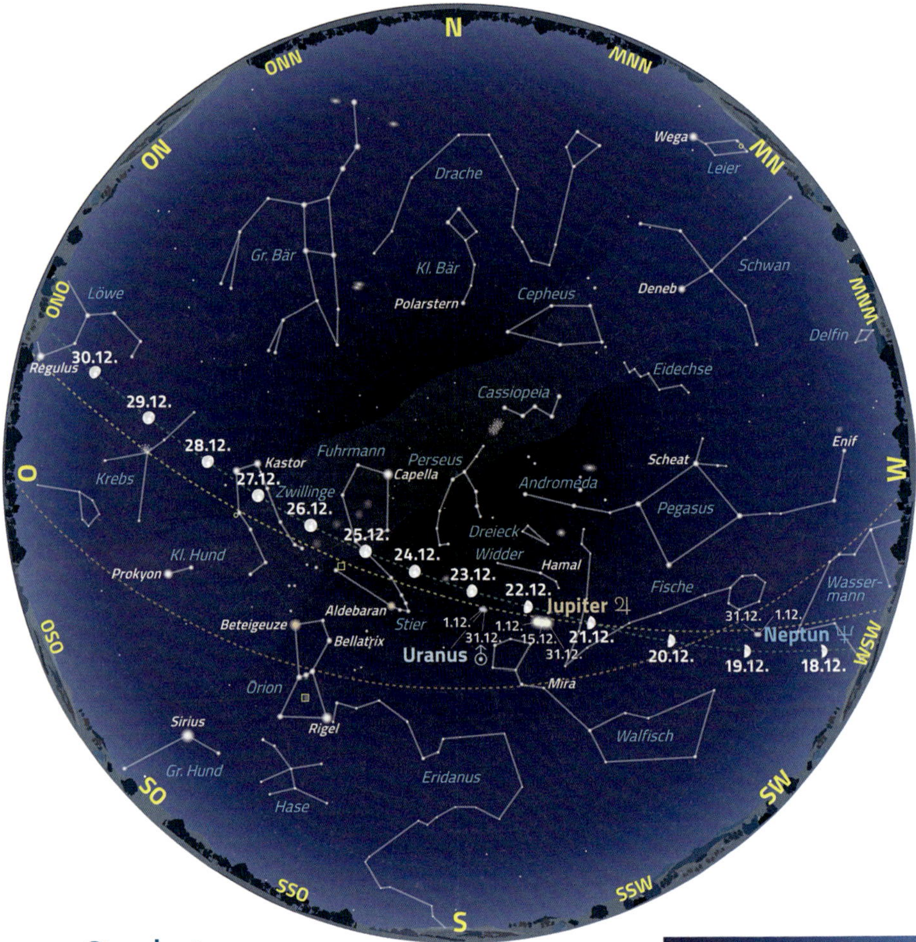

Sternkarte Dezember

Die Planetenpositionen sind für den 15. Dezember eingezeichnet.

1. Dez. 23^h MEZ	16. Dez. 22^h MEZ	1. Jan. 21^h MEZ

Sternzeit dieser Karte:	03^{h}20^m
Vorhergehende Sternkarte: November	Seite 203
Nachfolgende Sternkarte: Januar	Seite 26

Astrokalender Dezember 2023

Zeit Berlin	Zeit Zürich	AFT	Objekt, Erscheinung
1. Fr			☽ ↔ **3:09** / **3:29** H. = **63°7** / **68°7** ↓ **12:02** / **11:53** ↑ **19:14** / **20:03** Berlin / Zürich
0:00:00.0			Sternzeit Berlin: 4:32:13.1 / Zürich: 4:12:13.1
0:00		–	☽ Mond-Alter 17^{d}56 nach ●
0:00		AFT	☽ Phase: –0.866 / Lichtgrenze bei 51°56
0–		T	♃ Mondstellung: ⊖ (I K E) G
0:43		T	♃ (I K) → (K I), I ist 1.694 ⊖-Radien n. K; ⊖ (K I E) G
2		FT	☽ Maximale Libration in Breite: Südpol sichtbar
4½–	5½–	AFT	♀ **Venus im OSO** (-4.2^{mag}, 43° w. ☉)
5:07		–	☽ Größte ekliptikale Nordbreite, Zwillinge
		T	☽ Bedeckungsende 76 Geminorum (5.4^{mag}, SAO 79650)
5:27.1			Pw. = 225° a = 2.4 b = 1.3 Skizze S. 253
5–			Diese Bedeckung verläuft streifend längs der ungefähren südlichen Grenzlinie: s. Osnabrück – s. Göttingen – Gotha – n. Plauen. Genauer Grenzverlauf: Tabelle S. 258
6		A	☽ 2° s. Pollux. 6½° sö. Castor
9:05	9:25	FTA[7]	♀ kulminiert 29°5 / 34°5 über Horizont (43° w. ☉)
16½–	17–	AFT	♃ **Jupiter im O** (-2.8^{mag}, 149° ö. ☉)
16½–	17¼–	AFT	♄ **Saturn im SSO** ($+0.8^{mag}$, 83° ö. ☉)
17–	17½–	FT	⛢ **Uranus im O** ($+5.6^{mag}$, 162° ö. ☉)
17¼–	17¾–	T	♆ **Neptun im SSO** ($+7.9^{mag}$, 106° ö. ☉)
			Mondlicht stört nicht bis ca. 14. Dezember
17¼–		T	♃ Mondstellung: K (⊖ I) G E
17:27		T	♃ Io DA, Pw. = 109°; K ⊖ G E
17¾–	18¼–	T	Deep-sky günstig bis ca. $19¼^{h}$ / 20^{h}
18:10		T	♃ Io SA, Pw. = 109°; K ⊖ G E
19:36		T	♃ Io DE, Pw. = 251°; K (I ⊖) G E
20:20		T	♃ Io SE, Pw. = 251°; K (I ⊖) G E
21		T[1]	♄ Rhea in östlicher Elongation (Max. 23^{h})
		T	☽ Bedeckungsende 28 Cancri (6.1^{mag}, SAO 80204)
	23:25.3		Pw. = 0° a = 3.8 b = –12.2
2. Sa			☽ ↔ **3:59** / **4:20** H. = **60°8** / **65°8** ↓ **12:26** / **12:22** ↑ **20:30** / **21:13** Berlin / Zürich
0:00:00.0			Sternzeit Berlin: 4:36:09.7 / Zürich: 4:16:09.7
0:00		AFT	☽ Phase: –0.793 / Lichtgrenze bei 39°42
0–		T	♃ Mondstellung: K I ⊖ G E
4:08		T	♃ Jupiter: GRF günstig (bei 46°)

Berlin	Zürich		
17¼–		T	♃ Mondstellung: K G E ⊖
17:36		T	♃ Io VE, 0.3 n., 1.5 ö.; K G E (⊖ I)
17¾–	18¼–	T	Deep-sky günstig bis ca. 20½^{h} / 21¼^{h}
21		T[1]	♄ Tethys in westlicher Elongation (Max. 22¾^{h})

3. So	☾ ↔	**4:46**	H. =	**56°9**	↓	**12:43**	↑	**21:44**	Berlin
		5:07		**61°9**		**12:45**		**22:22**	Zürich

Berlin	Zürich		
0:00:00.0			Sternzeit Berlin: 4:40:06.2 / Zürich: 4:20:06.2
0:00		AFT	☾ Phase: –0.710 / Lichtgrenze bei 27°27
0–		T	♃ Mondstellung: K G E ⊖ I
0:04		T	♃ Jupiter: GRF günstig (bei 46°)
13:27	13:47	T[7]	☿ kulminiert 11°8 / 16°8 über Horizont (21° ö. ☉)
17¼–		T	♃ Mondstellung: K G E I ⊖
17¾–	18¼–	T	Deep-sky günstig bis ca. 21¾^{h} / 22¼^{h}
17¾		T[1]	♄ Dione in östlicher Elongation (Max. 17¼^{h})
19:56		T	♃ Jupiter: GRF günstig (bei 46°)
21		T[1]	♄ Tethys in östlicher Elongation (Max. 21½^{h})
21:45		T	♃ (E I) → (I E), E ist 0.583 ⊖-Radien n. I; K G (I E) ⊖

4. Mo	☾ ↔	**5:29**	H. =	**52°2**	↓	**12:55**	↑	**22:57**	Berlin
		5:50		**57°2**		**13:03**		**23:29**	Zürich

Berlin	Zürich		
0:00:00.0			Sternzeit Berlin: 4:44:02.8 / Zürich: 4:24:02.8
0:00		AFT	☾ Phase: –0.621 / Lichtgrenze bei 15°11
0–		T	♃ Mondstellung: K G (I E) ⊖
		T	◑ Bedeckungsende SAO 98944 (6.3^{mag})
	0:04.9		Pw. = 263° a = 0.1 b = 1.8
0:14.2			Pw. = 278° a = 0.3 b = 1.4
6		A	◑ 3½° nö. Regulus
15		–	☿ in größter Elongation: 21°16′ ö. ☉
17¼–		T	♃ Mondstellung: K G ⊖ (I E)
17¾–	18¼–	T	Deep-sky günstig bis ca. 23^{h} / 23½^{h}
19:43		u	◑ in Erdferne: 63.3958 Erdradien, Löwe
20		T[1]	♄ Tethys in westlicher Elongation (Max. 20^{h})

5. Di	◑ ↔	**6:10**	H. =	**46°9**	↓	**13:06**	↑	**[0:09]**	Berlin
		6:31		**51°9**		**13:19**		**[0:35]**	Zürich

Berlin	Zürich		
0:00:00.0			Sternzeit Berlin: 4:47:59.3 / Zürich: 4:27:59.3
0:00		AFT	◑ Phase: –0.528 / Lichtgrenze bei 2°96
0–		T	♃ Mondstellung: K G ⊖ I E
1:43		T	♃ Jupiter: GRF günstig (bei 46°)
6:49		–	◑ Letztes Viertel, Löwe
17¼–		T	♃ Mondstellung: K I (G ⊖) E
17¾–	18¼–	T	Deep-sky günstig bis ca. 0^{h} / 0½^{h}
17:49		T	♃ Ganymed BA, Pw. = 334°; K I ⊖ E

	18¾	T[1]	♄ Tethys in östlicher Elongation (Max. 18¾^{h})
	19:19	T	♃ Ganymed BE, Pw. = 26°; K I (⊖ G) E
	21:03	T	♃ Ganymed VA, 0.8 n., 1.3 ö.; K I ⊖ E
	21:34	T	♃ Jupiter: GRF günstig (bei 46°)
	22:34	T	♃ Ganymed VE, 0.8 n., 2.2 ö.; K I (⊖ E G)

6. Mi

◑ ↑ **0:09**	↠ **6:50**	H. = **41°2**	↓ **13:15**	Berlin
0:35	**7:11**	**46°2**	**13:33**	Zürich

	0:00:00.0		Sternzeit Berlin: 4:51:55.9 / Zürich: 4:31:55.9
	0:00	u	◑ Phase: –0.434 / Lichtgrenze bei –9°21
	0–	T	♃ Mondstellung: K I (⊖ E G)
	0:22	T	♃ Europa DA, Pw. = 126°; K I ⊖ G
	1¼–	A[1]	◑ Erdlicht (bis ca. 10. Dezember)
	1:56	T	♃ Europa SA, Pw. = 124°; K I ⊖ G
	2:38	T	♃ Europa DE, Pw. = 235°; K (I E ⊖) G
	3:16	T[3]	♃ (I E) → (E I), I ist 0.880 ⊖-Radien n. E; K (E I ⊖) G
	3:37	T[3]	♃ Io BA, Pw. = 289°; K (E ⊖) G
13:29	13:49	T[7]	☿ kulminiert 12°1 / 17°1 über Horizont (21° ö. ☉)
	17¼–	T	♃ Mondstellung: K E ⊖ I G
17¾–	18¼–	T	Deep-sky günstig bis ca. 1¼^{h} / 1½^{h}
	17¾	T[1]	♄ Tethys in westlicher Elongation (Max. 17½^{h})

7. Do

◐ ↑ **1:20**	↠ **7:30**	H. = **35°4**	↓ **13:24**	Berlin
1:41	**7:50**	**40°3**	**13:47**	Zürich

	0:00:00.0		Sternzeit Berlin: 4:55:52.4 / Zürich: 4:35:52.4
	0:00	u	◐ Phase: –0.341 / Lichtgrenze bei –21°38
	0–	T	♃ Mondstellung: K E (⊖ I) G
	0:47	T	♃ Io DA, Pw. = 109°; K E ⊖ G
	1:36	–	◐ Äquatordurchgang südwärts, Jungfrau
	1:37	T	♃ Io SA, Pw. = 109°; K E ⊖ G
2:48.3		T	◐ **Bedeckungsende η Virginis** (4.0^{mag}, Zaniah) Pw. = 327° a = 0.3 b = –0.2 Skizze S. 253
	2:56	T	♃ Io DE, Pw. = 251°; K E (I ⊖) G
	3:21	T	♃ Jupiter: GRF günstig (bei 46°)
	3:47	T[3]	♃ Io SE, Pw. = 251°; K E (I ⊖) G
	17¼–	T	♃ Mondstellung: K I (E ⊖) G
17¾–	18¼–	T	Deep-sky günstig bis ca. 2½^{h} / 2¾^{h}
	18:40	T	♃ Europa BA, Pw. = 307°; K I ⊖ G
	22–	T[1]	(4) Vesta (+6.7^{mag}) geht 10′00″ nördlich an 68 Orionis (+5.7^{mag}) vorbei.
	22:04	T	♃ Io BA, Pw. = 289°; K ⊖ G
	22:42	T	♃ Europa VE, 0.5 n., 1.9 ö.; K (⊖ E) G
	23:13	T	♃ Jupiter: GRF günstig (bei 46°)

8. Fr

	◐ ↑	↔	H. =	↓	
8. Fr	**2:32**	**8:10**	**29.°4**	**13:33**	Berlin
	2:48	**8:31**	**34.°4**	**14:01**	Zürich

Zeit		Ereignis
0:00:00.0		Sternzeit Berlin: 4:59:49.0 / Zürich: 4:39:49.0
0:00	u	◐ Phase: –0.253 / Lichtgrenze bei –33.°55
0–	T	♃ Mondstellung: K ⊖ E G
1:02	T	♃ Io VE, 0.3 n., 1.6 ö.; K (⊖ I E) G
6	A	◐ 5° nw. Spica
9:08 9:28	FTA[7]	♀ kulminiert 26.°7 / 31.°7 über Horizont (42° w. ⊙)
16:24	u	◐ im ♍, Jungfrau
16¾–	AFT[1]	☿ Merkur (–0.2^{mag}) geht 26′ nördlich an λ Sagittarii (+2.9^{mag}) vorbei.
17¼–	T	♃ Mondstellung: K ⊖ I (G E)
17¾–	T[1]	(15) Eunomia (+10.3^{mag}) geht 8′06″ nördlich an β Capricorni (+3.2^{mag}) vorbei.
17¾– 18¼–	T	Deep-sky günstig bis ca. 3¾^h / 4^h
19:04	T	♃ Jupiter: GRF günstig (bei 46°)
19:14	T	♃ Io DA, Pw. = 109°; K ⊖ G E
20:06	T	♃ Io SA, Pw. = 109°; K ⊖ G E
21:23	T	♃ Io DE, Pw. = 251°; K (I ⊖) G E
22:16	T	♃ Io SE, Pw. = 251°; K (I ⊖) G E

9. Sa

	◐ ↑	↔	H. =	↓	
9. Sa	**3:48**	**8:53**	**23.°7**	**13:45**	Berlin
	3:58	**9:13**	**28.°6**	**14:18**	Zürich

Zeit		Ereignis
0:00:00.0		Sternzeit Berlin: 5:03:45.6 / Zürich: 4:43:45.6
0:00	u	◐ Phase: –0.173 / Lichtgrenze bei –45.°73
0–	T	♃ Mondstellung: K I ⊖ G E
2–	T[1]	(3) Juno (+9.9^{mag}) geht 3′00″ nördlich an SAO 137963 (+6.2^{mag}) vorbei.
2:40	T	♃ (K I) → (I K), K ist 1.540 ⊖-Radien n. I; (I K) ⊖ G E
7	A	◐ 5° sw. Venus, 7½° ö. Spica
17¼–	T	♃ Mondstellung: G (E ⊖ K)
17:33	T	♃ Europa SE, Pw. = 236°; G E (⊖ K)
17¾– 18¼–	T	Deep-sky günstig bis ca. 5^h
19:31	T	♃ Io VE, 0.3 n., 1.6 ö.; G E (⊖ I K)
20:53	T	♃ (I K) → (K I), I ist 1.056 ⊖-Radien s. K; G E ⊖ (K I)

10. So

	◐ ↑	↔	H. =	↓	
10. So	**5:07**	**9:39**	**18.°3**	**13:59**	Berlin
	5:11	**10:00**	**23.°3**	**14:38**	Zürich

Zeit		Ereignis
0:00:00.0		Sternzeit Berlin: 5:07:42.1 / Zürich: 4:47:42.1
0:00	u	◐ Phase: –0.103 / Lichtgrenze bei –57.°92
0–	T	♃ Mondstellung: G E ⊖ (K I)
0:51	T	♃ Jupiter: GRF günstig (bei 46°)
7	A	◐ 9½° sö. Venus
8	FT	◐ Max. Libration in Länge: Krater Grimaldi randfern
13:25 13:45	T[7]	☿ kulminiert 12.°9 / 17.°9 über Horizont (20° ö. ⊙)

16:45	T	♃ Io SE, Pw. = 251°; G E (I ⊖) K
17¼–	T	♃ Mondstellung: G E I ⊖ K
17¾– 18¼–	T	Deep-sky günstig bis ca. 6½^h
20:42	T	♃ Jupiter: GRF günstig (bei 46°)
23:57	T	♃ (E I) → (I E), E ist 0.554 ⊖-Radien n. I; G (I E) ⊖ K

11. Mo	◐ ↑ **6:31** / **6:28**	↔ **10:30** / **10:51**	H. = **13°7** / **18°7**	↓ **14:20** / **15:05**	Berlin / Zürich

0:00:00.0		Sternzeit Berlin: 5:11:38.7 / Zürich: 4:51:38.7
0:00	u	◐ Phase: –0.049 / Lichtgrenze bei –70°11
0–	T	♃ Mondstellung: G (I E) ⊖ K
7¾	AFT[3]	◐ Schmale Sichel, 40¾^h vor ●, 8° ü. H.
17¼–	T	♃ Mondstellung: G ⊖ (I E) K
17¾– 18¼–	T	Deep-sky günstig bis ca. 6¾^h

12. Di	◐ ↑ **7:56** / **7:46**	↔ **11:26** / **11:47**	H. = **10°3** / **15°3**	↓ **14:50** / **15:42**	Berlin / Zürich

0:00:00.0		Sternzeit Berlin: 5:15:35.2 / Zürich: 4:55:35.2
0:00	u	◐ Phase: –0.014 / Lichtgrenze bei –82°30
0–	T	♃ Mondstellung: G ⊖ I E K
2:30	T	♃ Jupiter: GRF günstig (bei 46°)
17¼–	T	♃ Mondstellung: I G ⊖ E K
17¾– 18¼–	T	Deep-sky günstig bis ca. 6¾^h
21:14	T	♃ Ganymed BA, Pw. = 332°; I ⊖ E K
22:21	T	♃ Jupiter: GRF günstig (bei 46°)
22:50	T	♃ Ganymed BE, Pw. = 28°; I (⊖ G) E K

13. Mi	● ↑ **9:14** / **9:00**	↔ **12:26** / **12:47**	H. = **8°5** / **13°6**	↓ **15:37** / **16:33**	Berlin / Zürich

0:00:00.0		Sternzeit Berlin: 5:19:31.8 / Zürich: 4:59:31.8
0:00	u	● Phase: –0.001 / Lichtgrenze bei –94°49
0–	T	♃ Mondstellung: I (⊖ G E) K
0:32	u	● Neumond, Schlangenträger Beginn Lunation Nr. 1249
1:05	T	♃ Ganymed VA, 0.8 n., 1.6 ö.; I (⊖ E) K
2:35	T	♃ Ganymed VE, 0.8 n., 2.5 ö.; I (⊖ E G) K
2:41	T	♃ Europa DA, Pw. = 126°; I ⊖ G K
13:15 13:35	T[7]	☿ kulminiert 13°6 / 18°6 über Horizont (17° ö. ⊙)
17¼–	T	♃ Mondstellung: E ⊖ I G K
17¾– 18¼–	T	Deep-sky günstig bis ca. 6¾^h
18:12	T	♃ Jupiter: GRF günstig (bei 46°)
22:51	u	● Südlichste Lage, Dekl. –28°10′, Schütze

14. Do	◐ ↑ **10:18** / **10:03**	↔ **13:29** / **13:50**	H. = **8°7** / **13°7**	↓ **16:43** / **17:39**	Berlin / Zürich

0:00:00.0			Sternzeit Berlin: 5:23:28.4 / Zürich: 5:03:28.4
0:00		u	◐ Phase: 0.014 / Lichtgrenze bei 73°32
0–		T	♃ Mondstellung: E ⊖ I G K
2:34		T	♃ Io DA, Pw. = 109°; E ⊖ G K
17¼–		T	♃ Mondstellung: I E ⊖ G K
17¾–	18¼–	T	Deep-sky günstig bis ca. 6¾^h
21½–		FT[1]	♄ Saturn (+0.9^{mag}) geht 22′ nördlich an 42 Aquarii (+5.5^{mag}) vorbei.
21:02		T	♃ Europa BA, Pw. = 306°; I ⊖ G K
23:51		T	♃ Io BA, Pw. = 289°; ⊖ G K
23:59		T	♃ Jupiter: GRF günstig (bei 46°)

15. Fr	◐ ↑ **11:02** / **10:52**	↔ **14:31** / **14:52**	H. = **10°9** / **16°0**	↓ **18:07** / **18:58**	Berlin / Zürich

0:00:00.0			Sternzeit Berlin: 5:27:24.9 / Zürich: 5:07:24.9
0:00		u	◐ Phase: 0.052 / Lichtgrenze bei 61°13
0–		T	♃ Mondstellung: ⊖ G K
1:20		T	♃ Europa VE, 0.5 n., 2.1 ö.; ⊖ E G K
2:48		AFT[1]	β Persei (Algol) im Minimum: 3.39^{mag} (Max. 2.12^{mag})
2:57		T[3]	♃ Io VE, 0.3 n., 1.7 ö.; (⊖ I E) G K
7:12		u	◐ Größte ekliptikale Südbreite, Schütze
9:13	9:33	FTA[7]	♀ kulminiert 24°0 / 29°0 über Horizont (41° w. ⊙)
16¼		FT	◐ Maximale Libration in Breite: Nordpol sichtbar
16¾–		A[1]	◐ Erdlicht (bis ca. 19. Dezember)
17¼–		T	♃ Mondstellung: ⊖ I (E G) K
17:39		T	♃ (E G) → (G E), E ist 0.674 ⊖-Radien n. G; ⊖ I (G E) K
18¼–		T[1]	(4) Vesta (+6.5^{mag}) geht 8′17″ nördlich an 62 Orionis (+4.7^{mag}) vorbei.
18½–	19¼–	T	Deep-sky günstig bis ca. 7^h
19:51		T	♃ Jupiter: GRF günstig (bei 46°)
21:01		T	♃ Io DA, Pw. = 109°; ⊖ (G E) K
22:01		T	♃ Io SA, Pw. = 109°; ⊖ (G E) K
23:11		T	♃ Io DE, Pw. = 251°; (I ⊖) G E K

16. Sa	◐ ↑ **11:32** / **11:29**	↔ **15:30** / **15:51**	H. = **14°9** / **20°0**	↓ **19:39** / **20:22**	Berlin / Zürich

0:00:00.0			Sternzeit Berlin: 5:31:21.5 / Zürich: 5:11:21.5
0:00		u	◐ Phase: 0.115 / Lichtgrenze bei 48°95
0–		T	♃ Mondstellung: (I ⊖) G E K
0:12		T	♃ Io SE, Pw. = 251°; (I ⊖) G E K
16:51		T	♃ Ganymed SE, Pw. = 208°; (G I) ⊖ K
17¼–		T	♃ Mondstellung: (G I ⊖) K

	17¾–	T[1]	(15) Eunomia (+10.3^{mag}) geht 10′29″ nördlich an SAO 163686 (+6.2^{mag}) vorbei.
	17:49	T	♃ Europa SA, Pw. = 124°; (G I ⊖) K
	18:09	T	♃ Europa DE, Pw. = 235°; G (I E ⊖) K
	18:18	T	♃ Io BA, Pw. = 289°; G (E ⊖) K
	19:53	–	◐ in Erdnähe: 57.6816 Erdradien, Steinbock
20–	20¾–	T	Deep-sky günstig bis ca. 7^h
	20:09	T	♃ Europa SE, Pw. = 236°; G E ⊖ K
	21:26	T	♃ Io VE, 0.3 n., 1.7 ö.; G E (⊖ I) K

17. So ◐ ↑ 11:53 / 11:56 ↔ 16:25 / 16:45 H. = 20°2 / 25°4 ↓ 21:11 / 21:47 Berlin / Zürich

	0:00:00.0		Sternzeit Berlin: 5:35:18.1 / Zürich: 5:15:18.1
	0:00	u	◐ Phase: 0.199 / Lichtgrenze bei 36°76
	0–	T	♃ Mondstellung: (G E) ⊖ I K
	1:38	T	♃ Jupiter: GRF günstig (bei 46°)
	17¼–	T	♃ Mondstellung: G E ⊖ K
	17:39	T	♃ Io DE, Pw. = 251°; G E (I ⊖) K
	18:41	T	♃ Io SE, Pw. = 251°; G E (I ⊖ K)
	19	A	◐ 5° sw. Saturn
		T	◐ Sternbedeckung SAO 164880 (7.4^{mag})
	19:13.7		Pw. = 70° a = 1.1 b = –0.5
19:15.3			Pw. = 65° a = 0.8 b = –0.5
	21:30	T	♃ Jupiter: GRF günstig (bei 46°)
21½–	22¼–	T	Deep-sky günstig bis ca. 7^h
	23:37	AFT[1]	β Persei (Algol) im Minimum: 3.39^{mag} (Max. 2.12^{mag})

18. Mo ◐ ↑ 12:08 / 12:17 ↔ 17:16 / 17:36 H. = 26°5 / 31°7 ↓ 22:40 / 23:09 Berlin / Zürich

	0:00:00.0		Sternzeit Berlin: 5:39:14.6 / Zürich: 5:19:14.6
	0:00	u	◐ Phase: 0.299 / Lichtgrenze bei 24°59
	0–	T	♃ Mondstellung: G (E I) (K ⊖)
	2:12	T	♃ (E I) → (I E), E ist 0.524 ⊖-Radien n. I; G (I E) (K ⊖)
	17¼–	T	♃ Mondstellung: G K ⊖ (I E)
		T	◐ Sternbedeckung SAO 146509 (7.3^{mag})
	21:56.9		Pw. = 61° a = 0.4 b = –0.5
23–	23½–	T	Deep-sky günstig bis ca. 7^h

19. Di ◐ ↑ 12:20 / 12:36 ↔ 18:04 / 18:25 H. = 33°3 / 38°5 ↓ [0:06] / [0:28] Berlin / Zürich

	0:00:00.0		Sternzeit Berlin: 5:43:11.2 / Zürich: 5:23:11.2
	0:00	u	◐ Phase: 0.408 / Lichtgrenze bei 12°42
	0–	T	♃ Mondstellung: (G K) ⊖ (I E)
	2:39	T[3]	♃ (G K) → (K G), G ist 1.722 ⊖-Radien n. K; (K G) ⊖ I E

Dez.

	T	◐ Sternbedeckung SAO 146909 (7.3^{mag})
3:17	T	♃ Jupiter: GRF günstig (bei 46°)
16:36.4		Pw. = 346° a = –0.8 b = 2.8
17:04	T	♃ (G I) → (I G), G ist 0.977 ⊖-Radien n. I; K (I G) ⊖ E
17¼–	T	♃ Mondstellung: K (I G) ⊖ E
19:39	–	◐ Erstes Viertel, Fische
	T	◐ Sternbedeckung SAO 147015 (7.3^{mag})
23:08	T	♃ Jupiter: GRF günstig (bei 46°)
23:21.5		Pw. = 105° a = 0.5 b = –2.3

20. Mi	◐ ↓	**0:06** **0:28**	↑	**12:31** **12:53**	↔	**18:51** **19:12**	H. =	**40°2** **45°4**	Berlin Zürich

0:00:00.0		Sternzeit Berlin: 5:47:07.7 / Zürich: 5:27:07.7
0:00	AFT	◐ Phase: 0.522 / Lichtgrenze bei 0°26
0–	T	♃ Mondstellung: K I (G ⊖) E
0½– 0¾–	T	Deep-sky günstig bis ca. 7^h
0:45	T	♃ Ganymed BA, Pw. = 331°; K I ⊖ E
2:26	T[3]	♃ Ganymed BE, Pw. = 29°; K I (⊖ G) E
6:17	u	◐ Äquatordurchgang nordwärts, Fische
17¼–	T	♃ Mondstellung: K E ⊖ I G
19:00	T	♃ Jupiter: GRF günstig (bei 47°)
20:26	AFT[1]	β Persei (Algol) im Minimum: 3.39^{mag} (Max. 2.12^{mag})

21. Do	◐ ↓	**1:30** **1:46**	↑	**12:42** **13:10**	↔	**19:38** **19:59**	H. =	**46°9** **52°0**	Berlin Zürich

0:00:00.0		Sternzeit Berlin: 5:51:04.3 / Zürich: 5:31:04.3
0:00	AFT	◐ Phase: 0.633 / Lichtgrenze bei –11°89
0–	T	♃ Mondstellung: K E ⊖ I G
1¾– 2¼–	T	Deep-sky günstig bis ca. 7^h
14:54	–	◐ im ☊, Fische
17¼–	T	♃ Mondstellung: K (I E) ⊖ G
20	–	Planetoid (4) Vesta in Opposition zur ⊙ (5.8^{mag})
22	A	◐ 9½° w. Jupiter
23:27	T	♃ Europa BA, Pw. = 306°; K I ⊖ G

22. Fr	◐ ↓	**2:55** **3:05**	↑	**12:55** **13:28**	↔	**20:27** **20:47**	H. =	**52°9** **58°1**	Berlin Zürich

0:00:00.0		Sternzeit Berlin: 5:55:00.8 / Zürich: 5:35:00.8
0:00	AFT	◐ Phase: 0.736 / Lichtgrenze bei –24°04
0–	T	♃ Mondstellung: K I ⊖ G
0:47	T	♃ Jupiter: GRF günstig (bei 47°)
3¼– 3½–	T	Deep-sky günstig bis ca. 7^h
4:27		⊙ **Winteranfang**, Wintersonnenwende. Die Sonne erreicht ihre südlichste Deklination von –23°26′18″.

9:19	9:39	FTA[7]	♀ kulminiert 21°6 / 26°6 über Horizont (39° w. ⊙)
17¼–		T	♃ Mondstellung: K ⊖ I E G
19:54		–	☿ in unterer Konjunktion mit der ⊙
20		A	☾ 9° sö. Hamal (α Arietis)
20:38		T	♃ Jupiter: GRF günstig (bei 47°)
21:03		T	♃ (E G) → (G E), E ist 0.620 ⊖-Radien n. G; K ⊖ I (G E)
22		A	☾ 5° nö. Jupiter
22:28		AFT[1]	☾ „Goldener Henkel" am Mond
22:51		T	♃ Io DA, Pw. = 109°; K ⊖ (G E)
23:57		T	♃ Io SA, Pw. = 109°; K ⊖ (G E)

23. Sa ☾ ↓ **4:20** / **4:24** ↑ **13:11** / **13:51** ↔ **21:17** / **21:38** H. = **58°1** Berlin / **63°3** Zürich

0:00:00.0		Sternzeit Berlin: 5:58:57.4 / Zürich: 5:38:57.4
0:00	AFT	☾ Phase: 0.826 / Lichtgrenze bei –36°18
0–	T	♃ Mondstellung: K ⊖ (G E)
1:01	T	♃ Io DE, Pw. = 251°; K (I ⊖) (G E)
2:08	T	♃ Io SE, Pw. = 251°; K (I ⊖) (G E)
4¾–	T	Deep-sky günstig bis ca. 7^h
17¼–	T	♃ Mondstellung: K I (G ⊖ E)
18:14	T	♃ Europa DA, Pw. = 125°; K (I G ⊖)
19:00	T	♃ (I G) → (G I), I ist 1.125 ⊖-Radien n. G; K (G I ⊖)
19:15	T	♃ Ganymed SA, Pw. = 152°; K (G I ⊖)
20	A	☾ 7½° sw. Plejaden
20:06	T	♃ Io BA, Pw. = 288°; K G ⊖
20:25	T	♃ Europa SA, Pw. = 124°; K G ⊖
20:32	T	♃ Europa DE, Pw. = 236°; K (G E ⊖)
20:53	T	♃ Ganymed SE, Pw. = 208°; K (G E ⊖)
	T	☾ Sternbedeckung SAO 75883 (6.9^{mag})
21:10.4		Pw. = 105° a = 2.1 b = –0.5
21:18.6		Pw. = 95° a = 1.7 b = –0.2
	T	☾ Sternbedeckung 63 Arietis (5.3^{mag}, SAO 75899)
22:23.1		Pw. = 103° a = 2.0 b = –1.1 Skizze S. 254
22:28.1		Pw. = 89° a = 1.5 b = –0.6 Skizze S. 253
22:44	T	♃ Europa SE, Pw. = 236°; K (G E) ⊖
	T	☾ Sternbedeckung SAO 75906 (7.4^{mag})
22:47.1		Pw. = 67° a = 1.6 b = 0.4
22:56.5		Pw. = 54° a = 1.2 b = 0.6
23:21	T	♃ Io VE, 0.2 n., 1.8 ö.; K (G E) (⊖ I)
	T	☾ Sternbedeckung 65 Arietis (5.9^{mag}, SAO 75915)
23:30.9		Pw. = 112° a = 1.4 b = –2.2 Skizze S. 253
23:40.9		Pw. = 142° a = 2.3 b = –7.3 Skizze S. 254
23 ½–		Diese Bedeckung verläuft streifend längs der ungefähren südlichen Grenzlinie: Thun – Chur – Graz. Genauer Grenzverlauf: Tabelle S. 259

24. So		◐ ↓	**5:46** / **5:42**	↑	**13:33** / **14:19**	↔	**22:11** / **22:32**	H. =	**62°1** / **67°2**	Berlin / Zürich

0:00:00.0			Sternzeit Berlin: 6:02:53.9 / Zürich: 5:42:53.9
0:00	AFT	◐	Phase: 0.899 / Lichtgrenze bei –48°31
0–	T	♃	Mondstellung: K (G E) ⊖ I
2:26	T	♃	Jupiter: GRF günstig (bei 47°)
17¼–	T	♃	Mondstellung: K G E (⊖ I)
	T	◐	Sternbedeckung SAO 76474 (7.0^{mag})
17:17.0			Pw. = 39° a = –0.1 b = 2.2
17:18	T	♃	Io DA, Pw. = 109°; K G E ⊖
	T	◐	Sternbedeckung SAO 76483 (7.2^{mag})
17:44.7			Pw. = 45° a = –0.1 b = 2.0
17:55.4			Pw. = 44° a = 0.1 b = 2.2
	T	◐	Sternbedeckung SAO 76480 (7.2^{mag})
17:49.3			Pw. = 5° a = –1.0 b = 3.2
18:01.3			Pw. = 2° a = –1.0 b = 3.6
18:26	T	♃	Io SA, Pw. = 109°; (K G) E ⊖
19:28	T	♃	Io DE, Pw. = 252°; (K G) E (I ⊖)
20	A	◐	6½° ö. Plejaden
20	A	◐	9° nw. Aldebaran
20:36	T	♃	Io SE, Pw. = 251°; (K G) E (I ⊖)
20:47	T	♃	(K G) → (G K), K ist 1.600 ⊖-Radien n. G; (G K) E I ⊖
22:17	T	♃	Jupiter: GRF günstig (bei 47°)

25. Mo	**Weihnachten**	◐ ↓	**7:08** / **6:58**	↑	**14:04** / **14:55**	↔	**23:07** / **23:27**	H. =	**64°5** / **69°6**	Berlin / Zürich

0:00:00.0			Sternzeit Berlin: 6:06:50.5 / Zürich: 5:46:50.5
0:00	AFT	◐	Phase: 0.953 / Lichtgrenze bei –60°45
0–	T	♃	Mondstellung: (G K) E I ⊖
17¼–	T	♃	Mondstellung: G K ⊖
17:19	T	♃	Europa VE, 0.5 n., 2.3 ö.; G K ⊖ E
17½	FT	◐	Max. Libration in Länge: Mare Crisium randfern
17:50	T	♃	Io VE, 0.2 n., 1.9 ö.; G K (⊖ I E)
18:08	T	♃	Jupiter: GRF günstig (bei 47°)
20	A	◐	3½° sw. Nath (β Tauri)

26. Di		◐ ↓	**8:21** / **8:07**	↑	**14:47** / **15:43**	↔	**[0:03]** / **[0:24]**	H. =	**65°3** / **70°3**	Berlin / Zürich

0:00:00.0			Sternzeit Berlin: 6:10:47.1 / Zürich: 5:50:47.1
0:00	AFT	◐	Phase: 0.987 / Lichtgrenze bei –72°57
0–	T	♃	Mondstellung: G K ⊖ (I E)
17¼–	T	♃	Mondstellung: G I ⊖ K E
19:49	T	♃	(G I) → (I G), G ist 0.919 ⊖-Radien n. I; (I G) ⊖ (K E)
22:04	T	♃	(K E) → (E K), K ist 1.680 ⊖-Radien n. E; (I G) ⊖ (E K)

Dez.

22:50		–	○ Nördlichste Lage, Dekl. 28°09′, Zwillinge
23:56		T	♃ Jupiter: GRF günstig (bei 47°)

27. Mi ○ ↔ **0:03** / **0:24** H. = **65°3** / **70°3** ↓ **9:18** / **9:04** ↑ **15:46** / **16:41** Berlin / Zürich

0:00:00.0			Sternzeit Berlin: 6:14:43.6 / Zürich: 5:54:43.6
0:00		AFT	○ Phase: 0.998 / Lichtgrenze bei –84°70
0–		T	♃ Mondstellung: I G ⊖ (E K)
1:33		–	○ Vollmond, Dm. 30′57″, Zwillinge
17¼–		T	♃ Mondstellung: E ⊖ (I G) K
19:47		T	♃ Jupiter: GRF günstig (bei 47°)
20		A	○ 7½° sw. Castor, 8° w. Pollux

28. Do ○ ↔ **0:58** / **1:19** H. = **64°4** / **69°4** ↓ **9:59** / **9:49** ↑ **16:56** / **17:47** Berlin / Zürich

0:00:00.0			Sternzeit Berlin: 6:18:40.2 / Zürich: 5:58:40.2
0:00		AFT	○ Phase: –0.989 / Lichtgrenze bei 83°17
0–		T	♃ Mondstellung: E ⊖ I G K
0½		FT	○ Maximale Libration in Breite: Südpol sichtbar
6		A	☾ 4½° w. Pollux, 6° s. Castor
9:22		–	☾ Größte ekliptikale Nordbreite, Zwillinge
17¼–		T	♃ Mondstellung: (E I) ⊖ G K
17:45		T	♃ (E I) → (I E), E ist 0.476 ⊖-Radien n. I; (I E) ⊖ G K
20		A	☾ 5° sö. Pollux, 9½° sö. Castor

29. Fr ☾ ↔ **1:50** / **2:11** H. = **62°0** / **67°0** ↓ **10:27** / **10:22** ↑ **18:11** / **18:57** Berlin / Zürich

0:00:00.0			Sternzeit Berlin: 6:22:36.8 / Zürich: 6:02:36.8
0:00		AFT	☾ Phase: –0.961 / Lichtgrenze bei 71°04
0–		T	♃ Mondstellung: (I E) ⊖ G K
1:34		T	♃ Jupiter: GRF günstig (bei 47°)
1:54		T[3]	♃ Europa BA, Pw. = 305°; I ⊖ G K
		T	☾ Bedeckungsende λ Cancri (5.9^{mag}, SAO 80113)
6:41.9			Pw. = 322° a = –0.2 b = –2.3 Skizze S. 253
	6:52.9		Pw. = 309° a = 0.0 b = –2.0 Skizze S. 254
9:25	9:45	FTA[7]	♀ kulminiert 19°5 / 24°5 über Horizont (38° w. ⊙)
17¼–		T	♃ Mondstellung: ⊖ I E G K
18–		T[1]	(4) Vesta ($+6.5^{mag}$) geht 3′03″ nördlich an SAO 77578 ($+5.9^{mag}$) vorbei.
21:26		T	♃ Jupiter: GRF günstig (bei 47°)

Dez.

30. Sa	☽ ↔ **2:39** **2:59**	H. = **58°4** **63°5**	↓ **10:47** **10:47**	↑ **19:27** **20:06**	Berlin Zürich

0:00:00.0		Sternzeit Berlin: 6:26:33.3 / Zürich: 6:06:33.3
0:00	AFT	☽ Phase: –0.916 / Lichtgrenze bei 58°91
0–	T	♃ Mondstellung: (⊖ I) (E G) K
0:41	T	♃ (E G) → (G E), E ist 0.563 ⊖-Radien n. G; (⊖ I) (G E) K
0:41	T	♃ Io DA, Pw. = 108°; ⊖ (G E) K
1:53	T[3]	♃ Io SA, Pw. = 109°; ⊖ (G E) K
7¾–	AFT[3]	☿ Merkur im SO ($+1.1^{mag}$, 15° w. ⊙)
17¼–	T	♃ Mondstellung: I (⊖ G) E K
17¾– 18¼–	T	Deep-sky günstig bis ca. 19½^h / 20^h
18:22	T	♃ Ganymed DA, Pw. = 149°; I ⊖ E K
20:08	T	♃ Ganymed DE, Pw. = 211°; (I G ⊖ E) K
20:39	T	♃ Europa DA, Pw. = 124°; (I G ⊖) K
21:34	T	♃ (I G) → (G I), I ist 1.122 ⊖-Radien n. G; (G I ⊖) K
21:56	T	♃ Io BA, Pw. = 288°; (G ⊖) K
22	A	☽ 7½° nw. Regulus
22:58	T	♃ Europa DE, Pw. = 236°; (G E ⊖) K
23:01	T	♃ Europa SA, Pw. = 124°; (G E ⊖) K
23:18	T	♃ Ganymed SA, Pw. = 152°; (G E ⊖) K

31. So	☽ ↔ **3:24** **3:44**	H. = **54°0** **59°0**	↓ **11:01** **11:07**	↑ **20:41** **21:15**	Berlin Zürich

0:00:00.0		Sternzeit Berlin: 6:30:29.9 / Zürich: 6:10:29.9
0:00	AFT	☽ Phase: –0.856 / Lichtgrenze bei 46°78
0–	T	♃ Mondstellung: (G E ⊖) K
0:56	T	♃ Ganymed SE, Pw. = 208°; (G E) ⊖ K
1:16	T	♃ Io VE, 0.2 n., 1.9 ö.; (G E) (⊖ I) K
1:20	T	♃ Europa SE, Pw. = 237°; (G E) ⊖ I K
7½– 7¾–	AFT[3]	☿ Merkur im SO ($+0.8^{mag}$, 16° w. ⊙)
10:55 11:15	T[7]	☿ kulminiert 17°4 / 22°4 über Horizont (17° w. ⊙)
17¼–	T	♃ Mondstellung: (G E) ⊖ I K
17¼–	T	♃ Mondstellung: G K ⊖ I
17¾– 18¼–	T	Deep-sky günstig bis ca. 20½^h / 21¼^h
17:51	T	♃ Europa VE, 0.4 n., 2.6 ö.; G K ⊖ E I
19:09	T	♃ Io DA, Pw. = 108°; G E ⊖ K
20:22	T	♃ Io SA, Pw. = 109°; G E ⊖ K
21:19	T	♃ Io DE, Pw. = 252°; G E (I ⊖) K
22	A	☽ 6° ö. Regulus
22:08	T[3]	♃ (E I) → (I E), E ist 0.457 ⊖-Radien n. I; G K ⊖ (I E)
22:32	T	♃ Io SE, Pw. = 251°; G E (I ⊖) K
23:05	T	♃ Jupiter: GRF günstig (bei 47°)

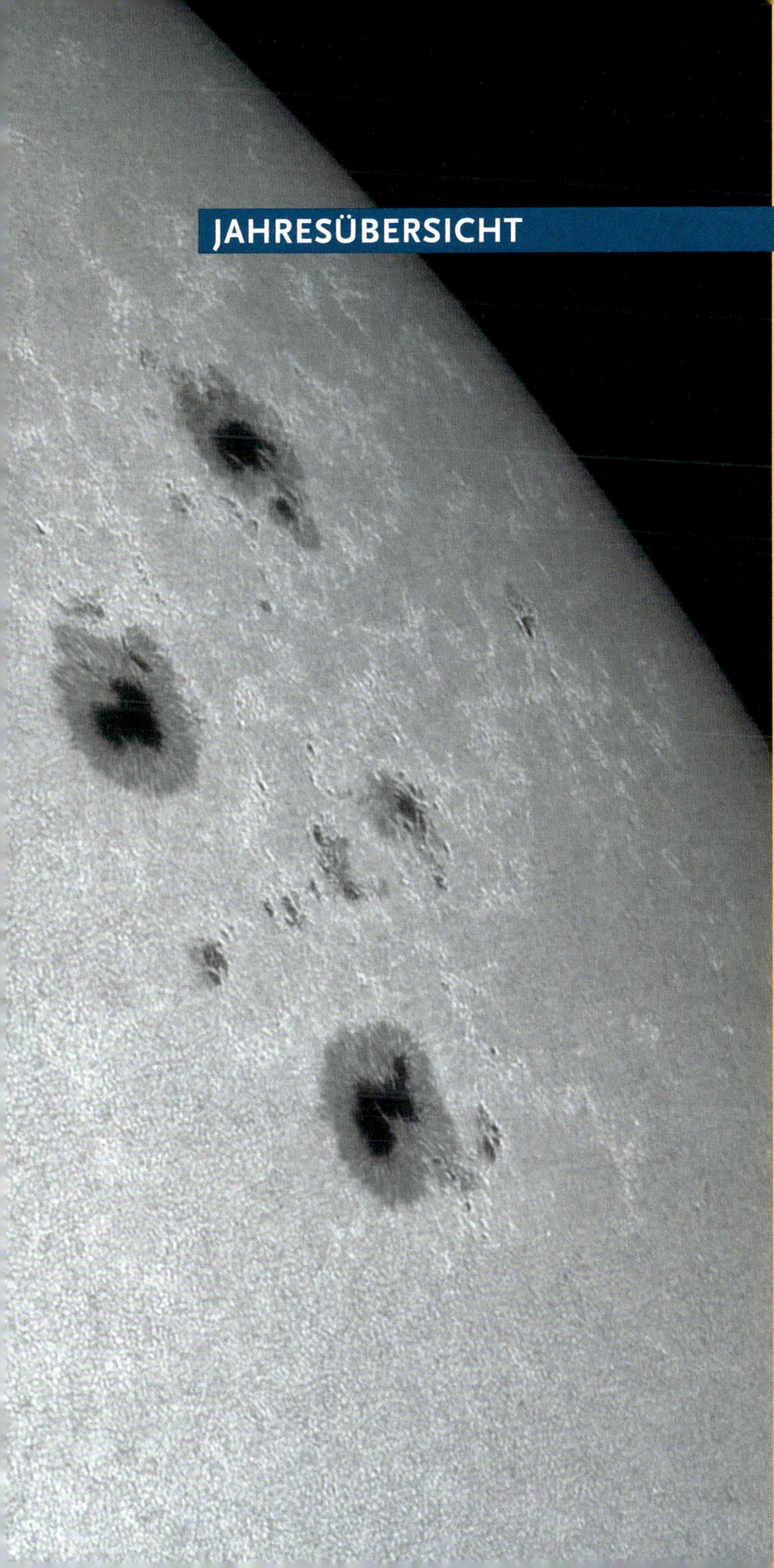

JAHRESÜBERSICHT

Große Sonnenflecken am 18. April 2022. Die Sonnenaktivität nimmt weiter zu.

Sonne

Jahreslängen

		Mittlere Jahreslänge				
	Umlaufszeit bezogen auf	Tage	d	h	m	s
tropisches Jahr	Frühlingspunkt	365.242189	365	05	48	45.2
siderisches Jahr	Fixsterne	365.256363	365	06	09	09.8
anomalistisches Jahr	Perihel der Erde	365.259636	365	06	13	52.6
Finsternisjahr	Mondbahnknoten	346.620082	346	14	52	55.1

Sonnenflecken

Bereits im November 2019 hat der Zyklus 25 begonnen, sein Maximum wird im Juli 2025 erwartet. Wurde zunächst ein eher kleines Maximum vorausgesagt, mehren sich jetzt die Anzeichen, dass das Maximum recht groß werden könnte.
Es liegt dem Herausgeber sehr daran, vor unvorsichtigen Sonnenbeobachtungen zu warnen: **niemals mit ungeschützten Augen gegen die Sonne blicken, sondern nur durch genügend dämpfende Gläser** (z. B. Finsternisbrillen; Sonnenbrillen genügen keinesfalls!). Noch mehr Sorgfalt ist bei der Beobachtung mit optischen Instrumenten aufzuwenden: **Die Filter müssen vor dem Objektiv angebracht werden, also niemals zwischen Optik und Auge!** Als sichere Methode bei der Verwendung eines Fernrohrs empfehlen wir die Projektion auf ein weißes Papier.

Sonnenbeobachtern empfehlen wir die Fachgruppe Sonne der VdS (www.vds-sonne.de) und die Rudolf Wolf Gesellschaft (www.rwg.ch).

Sonnenrotationen 2023

Für gewisse Beobachtungen ist es nützlich, die synodischen Sonnenrotationen zu nummerieren. Nach der Definition von Carrington beginnt eine Rotation, wenn die heliografische Länge 0° durch den Zentralmeridian der Sonnenscheibe geht. 2023 geschieht dies zu folgenden Zeiten (Tagesbruchteile, Weltzeit UT):

Rot.	2266	2023	Jan.	1,38	Rot.	2273	2023	Juli	11,3
	2267		Jan.	28,72		2274		Aug.	7,51
	2268		Febr.	25,06		2275		Sept.	3,75
	2269		März	24,38		2276		Okt.	1,02
	2270		April	20,66		2277		Okt.	28,31
	2271		Mai	17,9		2278		Nov.	24,62
	2272		Juni	14,1		2279		Dez.	21,94

Sonne

Position um 0^h UT (Mitternacht Greenwich) = 1^h MEZ = 2^h MESZ

Datum 2023		Rektaszension h m s	Deklination ° ′ ″	Länge in der Ekliptik ° ′	Entfernung AE[1]	Sonnendurchmesser[2] ′ ″
Jan.	1.	18 44 45	−23 02 23	280 18	0.9833	32 32
	6.	19 06 45	−22 33 06	285 23	0.9833	32 32
	11.	19 28 34	−21 52 42	290 29	0.9834	32 32
	16.	19 50 09	−21 01 39	295 34	0.9837	32 31
	21.	20 11 28	−20 00 32	300 40	0.9841	32 30
	26.	20 32 28	−18 50 03	305 45	0.9845	32 29
	31.	20 53 07	−17 30 59	310 50	0.9851	32 28
Febr.	5.	21 13 26	−16 04 11	315 54	0.9858	32 27
	10.	21 33 25	−14 30 29	320 58	0.9866	32 25
	15.	21 53 04	−12 50 41	326 02	0.9876	32 23
	20.	22 12 26	−11 05 39	331 05	0.9886	32 21
	25.	22 31 31	− 9 16 16	336 07	0.9897	32 19
März	2.	22 50 22	− 7 23 26	341 08	0.9909	32 17
	7.	23 08 59	− 5 27 59	346 09	0.9921	32 15
	12.	23 27 27	− 3 30 44	351 09	0.9934	32 12
	17.	23 45 47	− 1 32 23	356 08	0.9948	32 09
	22.	0 04 02	+ 0 26 16	1 07	0.9962	32 07
	27.	0 22 15	+ 2 24 26	6 04	0.9976	32 04
April	1.	0 40 28	+ 4 21 19	11 01	0.9990	32 01
	6.	0 58 43	+ 6 16 10	15 57	1.0004	31 59
	11.	1 17 03	+ 8 08 19	20 51	1.0018	31 56
	16.	1 35 30	+ 9 57 06	25 46	1.0033	31 53
	21.	1 54 06	+11 41 48	30 39	1.0047	31 50
	26.	2 12 53	+13 21 41	35 32	1.0060	31 48
Mai	1.	2 31 52	+14 56 01	40 23	1.0073	31 45
	6.	2 51 04	+16 24 09	45 14	1.0085	31 43
	11.	3 10 29	+17 45 29	50 05	1.0098	31 41
	16.	3 30 10	+18 59 24	54 54	1.0109	31 39
	21.	3 50 05	+20 05 19	59 43	1.0119	31 37
	26.	4 10 13	+21 02 38	64 32	1.0129	31 35
	31.	4 30 33	+21 50 50	69 20	1.0137	31 33
Juni	5.	4 51 03	+22 29 33	74 07	1.0145	31 32
	10.	5 11 42	+22 58 26	78 54	1.0151	31 31
	15.	5 32 26	+23 17 14	83 41	1.0157	31 30
	20.	5 53 15	+23 25 46	88 27	1.0161	31 29
	25.	6 14 03	+23 23 57	93 14	1.0164	31 28
	30.	6 34 48	+23 11 50	98 00	1.0166	31 28

[1] AE = astronomische Einheit = große Halbachse der Erdbahn = 149.6 Mio km.

Datum 2023		Rektaszension h m s	Deklination ° ′ ″	Länge in der Ekliptik ° ′	Entfernung AE[1]	Sonnendurchmesser[2] ′ ″
Juli	5.	6 55 27	+22 49 36	102 46	1.0167	31 28
	10.	7 15 57	+22 17 27	107 32	1.0167	31 28
	15.	7 36 18	+21 35 41	112 18	1.0165	31 28
	20.	7 56 27	+20 44 43	117 04	1.0163	31 29
	25.	8 16 21	+19 45 01	121 51	1.0158	31 29
	30.	8 36 01	+18 37 08	126 37	1.0153	31 30
Aug.	4.	8 55 25	+17 21 40	131 24	1.0147	31 32
	9.	9 14 34	+15 59 09	136 11	1.0140	31 33
	14.	9 33 29	+14 30 11	140 59	1.0132	31 34
	19.	9 52 10	+12 55 26	145 48	1.0123	31 36
	24.	10 10 39	+11 15 35	150 37	1.0112	31 38
	29.	10 28 57	+ 9 31 19	155 26	1.0101	31 40
Sept.	3.	10 47 06	+ 7 43 19	160 16	1.0089	31 42
	8.	11 05 08	+ 5 52 10	165 07	1.0077	31 45
	13.	11 23 06	+ 3 58 31	169 58	1.0064	31 47
	18.	11 41 02	+ 2 03 06	174 51	1.0051	31 50
	23.	11 58 59	+ 0 06 39	179 44	1.0037	31 52
	28.	12 16 57	– 1 50 08	184 38	1.0022	31 55
Okt.	3.	12 35 01	– 3 46 31	189 32	1.0008	31 58
	8.	12 53 14	– 5 41 53	194 28	0.9994	32 00
	13.	13 11 37	– 7 35 27	199 24	0.9980	32 03
	18.	13 30 12	– 9 26 25	204 22	0.9966	32 06
	23.	13 49 03	–11 13 58	209 20	0.9951	32 09
	28.	14 08 11	–12 57 14	214 19	0.9938	32 11
Nov.	2.	14 27 37	–14 35 28	219 18	0.9925	32 14
	7.	14 47 23	–16 07 51	224 19	0.9912	32 16
	12.	15 07 31	–17 33 33	229 20	0.9900	32 19
	17.	15 27 59	–18 51 41	234 22	0.9889	32 21
	22.	15 48 49	–20 01 24	239 25	0.9878	32 23
	27.	16 09 58	–21 01 57	244 28	0.9869	32 25
Dez.	2.	16 31 25	–21 52 40	249 32	0.9860	32 26
	7.	16 53 08	–22 32 56	254 36	0.9853	32 28
	12.	17 15 05	–23 02 13	259 41	0.9847	32 29
	17.	17 37 11	–23 20 05	264 46	0.9842	32 30
	22.	17 59 22	–23 26 18	269 52	0.9837	32 31
	27.	18 21 33	–23 20 45	274 57	0.9835	32 32

[2] Der mittlere scheinbare Durchmesser der Sonne (entsprechend einer Entfernung von 1 AE) beträgt 31′59.″3.

Sonnenmitte und Lage der Sonnenachse

Die Rotationsachse der Sonne ist um 7.25° gegen die Ekliptik geneigt. Der Mittelpunkt der „Sonnenscheibe" liegt also meistens nicht auf dem Sonnenäquator. Er hat im System der Sonnenoberfläche, den heliografischen Koordinaten, die Länge L_0 und die Breite B_0. Diese Werte sind auf den nachfolgenden Seiten tabelliert. L_0 kann zwischen den Tabellenwerten interpoliert werden: Die mittlere Änderung beträgt pro Tag −13°.20 oder pro Stunde −0°.55.

Die Lage der Sonnenachse kann aus der unten stehenden Grafik erkannt werden: Sie zeigt die Sonne so, wie man sie im umkehrenden Fernrohr sieht. Für den 6. jeden Monats ist im Kreisinnern die heliografische Breite B_0 eingetragen. Unter den Sonnenfiguren steht der Positionswinkel der Sonnenachse, also die Abweichung von der Richtung zum Himmelsnordpol. Genaue Werte dafür findet man ebenfalls auf den nächsten Seiten. Im Frühling ist uns der Südpol der Sonne zugewandt, im Herbst der Nordpol.

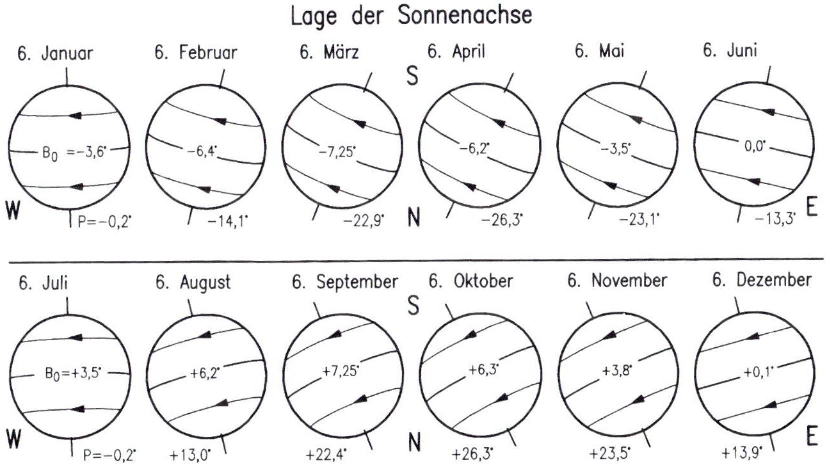

Sternzeit

Die Sternzeit spiegelt die Rotation der Erde um ihre Achse wider, bezogen auf die Fixsterne. Die in der Tabelle auf den nächsten Seiten für jeweils 0 Uhr UT (Weltzeit) gegebene mittlere Sternzeit im Meridian von Greenwich (GMST) verläuft regelmäßig, sie nimmt pro Stunde um $1^h0^m9^s.86$ zu, in einem Tag um $24^h3^m56^s.56$. Für jeden Längengrad östlich von Greenwich muss man 4^m addieren, um die Sternzeit des Beobachtungsortes zu erhalten.

Nutation, Ekliptikschiefe

Kreiseleffekte kippen die Erde ein wenig aus ihrer mittleren Lage, die Abweichung wird als Nutation bezeichnet und in die Sternzeit und die Schiefe der Ekliptik (ε) eingerechnet. Die tabellierte Nutation in Länge, $\Delta\lambda$ in ″, ergibt die Korrektur zur mittleren Sternzeit in s durch die Formel: $\Delta\lambda \cdot \cos(\varepsilon) / 15$.

Die in der Tabelle angegebene wahre Ekliptikschiefe ist nutationskorrigiert. Die *mittlere* Schiefe der Ekliptik ändert sich nur langsam, sie beträgt zur Jahresmitte 23°26′10″.45.

Ansicht der Sonne, Sternzeit, Nutation und Ekliptikschiefe

Datum 2023		Pw. der Rotationsachse °	Heliografische Koordinaten der Sonnenmitte Breite B_0 °	Länge L_0 °	Mittlere Sternzeit Greenwich h m s	Nutation in Länge ″	Schiefe der Ekliptik 23°26′+ ″
Jan.	1.	+ 2.2	−3.0	5.0	6 41 33.92	−10.57	17.22
	6.	− 0.2	−3.5	299.2	7 01 16.70	−10.10	17.12
	11.	− 2.6	−4.1	233.3	7 20 59.47	− 9.74	17.36
	16.	− 5.0	−4.6	167.5	7 40 42.25	−10.00	17.44
	21.	− 7.3	−5.1	101.6	8 00 25.03	− 9.31	17.39
	26.	− 9.5	−5.5	35.8	8 20 07.80	− 9.18	17.74
	31.	−11.6	−5.9	330.0	8 39 50.58	− 9.26	17.68
Febr.	5.	−13.6	−6.3	264.1	8 59 33.36	− 8.84	17.82
	10.	−15.5	−6.6	198.3	9 19 16.13	− 9.15	18.08
	15.	−17.3	−6.8	132.5	9 38 58.91	− 9.26	17.99
	20.	−18.9	−7.0	66.6	9 58 41.69	− 8.76	18.24
	25.	−20.4	−7.1	0.8	10 18 24.46	− 9.28	18.35
März	2.	−21.7	−7.2	294.9	10 38 07.24	− 9.11	18.29
	7.	−22.8	−7.2	229.1	10 57 50.02	− 9.22	18.53
	12.	−23.8	−7.2	163.2	11 17 32.79	− 9.83	18.53
	17.	−24.7	−7.1	97.3	11 37 15.57	− 9.51	18.45
	22.	−25.3	−7.0	31.4	11 56 58.35	− 9.78	18.70
	27.	−25.8	−6.8	325.4	12 16 41.12	−10.06	18.50
April	1.	−26.1	−6.6	259.5	12 36 23.90	− 9.87	18.55
	6.	−26.3	−6.3	193.5	12 56 06.68	−10.42	18.64
	11.	−26.2	−6.0	127.5	13 15 49.46	−10.53	18.38
	16.	−26.0	−5.6	61.5	13 35 32.23	−10.21	18.49
	21.	−25.6	−5.2	355.5	13 55 15.01	−10.72	18.41
	26.	−25.0	−4.7	289.4	14 14 57.79	−10.41	18.20
Mai	1.	−24.2	−4.2	223.4	14 34 40.56	−10.45	18.31
	6.	−23.2	−3.7	157.3	14 54 23.34	−10.83	18.14
	11.	−22.1	−3.2	91.2	15 14 06.12	−10.21	17.99
	16.	−20.8	−2.6	25.1	15 33 48.89	−10.32	18.11
	21.	−19.3	−2.0	318.9	15 53 31.67	−10.25	17.83
	26.	−17.7	−1.4	252.8	16 13 14.45	− 9.75	17.86
	31.	−15.9	−0.9	186.6	16 32 57.22	− 9.98	17.90
Juni	5.	−14.0	−0.2	120.4	16 52 40.00	− 9.65	17.65
	10.	−12.0	+0.4	54.3	17 12 22.78	− 9.05	17.82
	15.	− 9.9	+1.0	348.1	17 32 05.55	− 9.22	17.74
	20.	− 7.8	+1.5	281.9	17 51 48.33	− 8.61	17.64
	25.	− 5.5	+2.1	215.7	18 11 31.11	− 8.45	17.84
	30.	− 3.3	+2.7	149.5	18 31 13.88	− 8.58	17.76

Datum 2023		Pw. der Rotationsachse °	Heliografische Koordinaten der Sonnenmitte Breite B_0 °	Länge L_0 °	Mittlere Sternzeit Greenwich h m s	Nutation in Länge ″	Schiefe der Ekliptik 23°26′+ ″
Juli	5.	– 1.0	+3.2	83.4	18 50 56.66	– 7.72	17.77
	10.	+ 1.2	+3.8	17.2	19 10 39.44	– 7.78	18.00
	15.	+ 3.5	+4.3	311.0	19 30 22.22	– 7.55	17.87
	20.	+ 5.7	+4.7	244.8	19 50 04.99	– 7.09	18.07
	25.	+ 7.8	+5.2	178.7	20 09 47.77	– 7.41	18.23
	30.	+ 9.9	+5.6	112.6	20 29 30.55	– 7.12	18.12
Aug.	4.	+11.9	+6.0	46.4	20 49 13.32	– 6.69	18.45
	9.	+13.7	+6.3	340.3	21 08 56.10	– 7.01	18.44
	14.	+15.5	+6.6	274.2	21 28 38.88	– 6.60	18.49
	19.	+17.2	+6.8	208.1	21 48 21.65	– 6.80	18.77
	24.	+18.7	+7.0	142.0	22 08 04.43	– 7.20	18.72
	29.	+20.2	+7.1	76.0	22 27 47.21	– 6.69	18.80
Sept.	3.	+21.5	+7.2	9.9	22 47 29.98	– 7.10	19.04
	8.	+22.6	+7.2	303.9	23 07 12.76	– 7.09	18.89
	13.	+23.6	+7.2	237.9	23 26 55.54	– 7.03	19.09
	18.	+24.5	+7.2	171.9	23 46 38.31	– 7.68	19.16
	23.	+25.2	+7.0	105.9	0 06 21.09	– 7.64	18.99
	28.	+25.7	+6.9	39.9	0 26 03.87	– 7.56	19.22
Okt.	3.	+26.0	+6.6	333.9	0 45 46.64	– 8.04	19.07
	8.	+26.2	+6.4	267.9	1 05 29.42	– 7.74	19.01
	13.	+26.2	+6.1	201.9	1 25 12.20	– 8.14	19.14
	18.	+26.1	+5.7	136.0	1 44 54.98	– 8.50	18.91
	23.	+25.7	+5.3	70.0	2 04 37.75	– 8.04	18.88
	28.	+25.1	+4.8	4.1	2 24 20.53	– 8.44	18.92
Nov.	2.	+24.4	+4.3	298.2	2 44 03.31	– 8.22	18.63
	7.	+23.4	+3.8	232.2	3 03 46.08	– 8.01	18.71
	12.	+22.3	+3.3	166.3	3 23 28.86	– 8.43	18.61
	17.	+20.9	+2.7	100.4	3 43 11.64	– 7.98	18.36
	22.	+19.4	+2.1	34.5	4 02 54.41	– 7.71	18.51
	27.	+17.7	+1.5	328.6	4 22 37.19	– 7.80	18.27
Dez.	2.	+15.8	+0.8	262.7	4 42 19.97	– 7.12	18.21
	7.	+13.8	+0.2	196.8	5 02 02.74	– 7.17	18.31
	12.	+11.7	–0.5	130.9	5 21 45.52	– 7.07	18.09
	17.	+ 9.4	–1.1	65.0	5 41 28.30	– 6.22	18.16
	22.	+ 7.1	–1.7	359.2	6 01 11.07	– 6.34	18.23
	27.	+ 4.7	–2.3	293.3	6 20 53.85	– 5.78	18.06

Dämmerung

Auf der ersten Seite jeder Monatsübersicht zeigen Diagramme den Verlauf der Dämmerung an den beiden Fixpunkten Berlin und Zürich. Der Vergleich der Dämmerungserscheinungen an diesen beiden Orten ergibt vor allem für die Sommermonate deutliche Unterschiede, obwohl die Differenz der geografischen Breiten nur 5° beträgt.

Die *bürgerliche Dämmerung* (BD) beginnt morgens und endet abends, wenn die Sonne (genauer: der Sonnenmittelpunkt, rein geometrisch gerechnet) 6° unter dem mathematischen Horizont steht. Vorgänge im Freien können dann ohne künstliche Beleuchtung nicht mehr genau verfolgt werden; die hellsten Sterne sind mit bloßem Auge sichtbar.

Solange die Sonne zwischen 6° und 12° unter dem Horizont steht, spricht man von der *nautischen Dämmerung* (ND). Die *astronomische Dämmerung* (AD) schließlich bezeichnet die Zeitspanne, in der die Horizontdepression der Sonne zwischen 12° und 18° beträgt.

Je weiter nördlich ein Beobachtungsort gelegen ist, desto weniger tief sinkt im Sommer die Sonne unter den Horizont. Es wird dann nie richtig dunkel, und vom nördlichen Polarkreis an, d. h. ab einer Breite von etwa 66½°, erlebt man in den Tagen um den 21. Juni die Mitternachtssonne, die Sonne geht gar nicht unter.

Zeitgleichung

Die wahre Sonnenzeit, wie sie durch den Stand der wahren Sonne am Erdhimmel gegeben ist, ist periodischen Schwankungen unterworfen. Sie ist daher als Zeitmaß für den Alltag unbrauchbar. Dort benötigen wir eine gleichmäßig ablaufende Zeit (mittlere Sonnenzeit). Die Differenz zwischen der wahren und der mittleren Sonnenzeit heißt *Zeitgleichung*. Diese weist im Laufe eines Jahres zwei maximale und zwei minimale Werte auf. Grundsätzlich lässt sich über ihren Verlauf Folgendes sagen: Um den 11. Februar ist das Hauptminimum der Zeitgleichung, eine Sonnenuhr geht mit dem größtmöglichen „Fehler" nach ($-14\overset{m}{.}3$). Anschließend holt die (wahre) Sonne wieder auf, überrundet die mittlere Sonne und erreicht um den 14. Mai ein Nebenmaximum: Die Sonnenuhr geht jetzt um $3\overset{m}{.}7$ vor. Nach dem Nebenminimum vom 26. Juli ($-6\overset{m}{.}5$) verfrüht sich die Sonne wieder bis zum Hauptmaximum ($16\overset{m}{.}4$), das in der Regel auf den 3. November fällt.

Der Einfluss der Zeitgleichung kann auf dem Zifferblatt der Sonnenuhr durch Zeichnen von Analemmas anstelle einfacher Stundenstriche berücksichtigt werden. Eine andere Möglichkeit besteht in der Konstruktion einer speziellen Form des Schattenwerfers. Die Änderungen der Zeitgleichung von Jahr zu Jahr sind gering, die Grafik auf der folgenden Seite kann daher für beliebige Jahre verwendet werden.

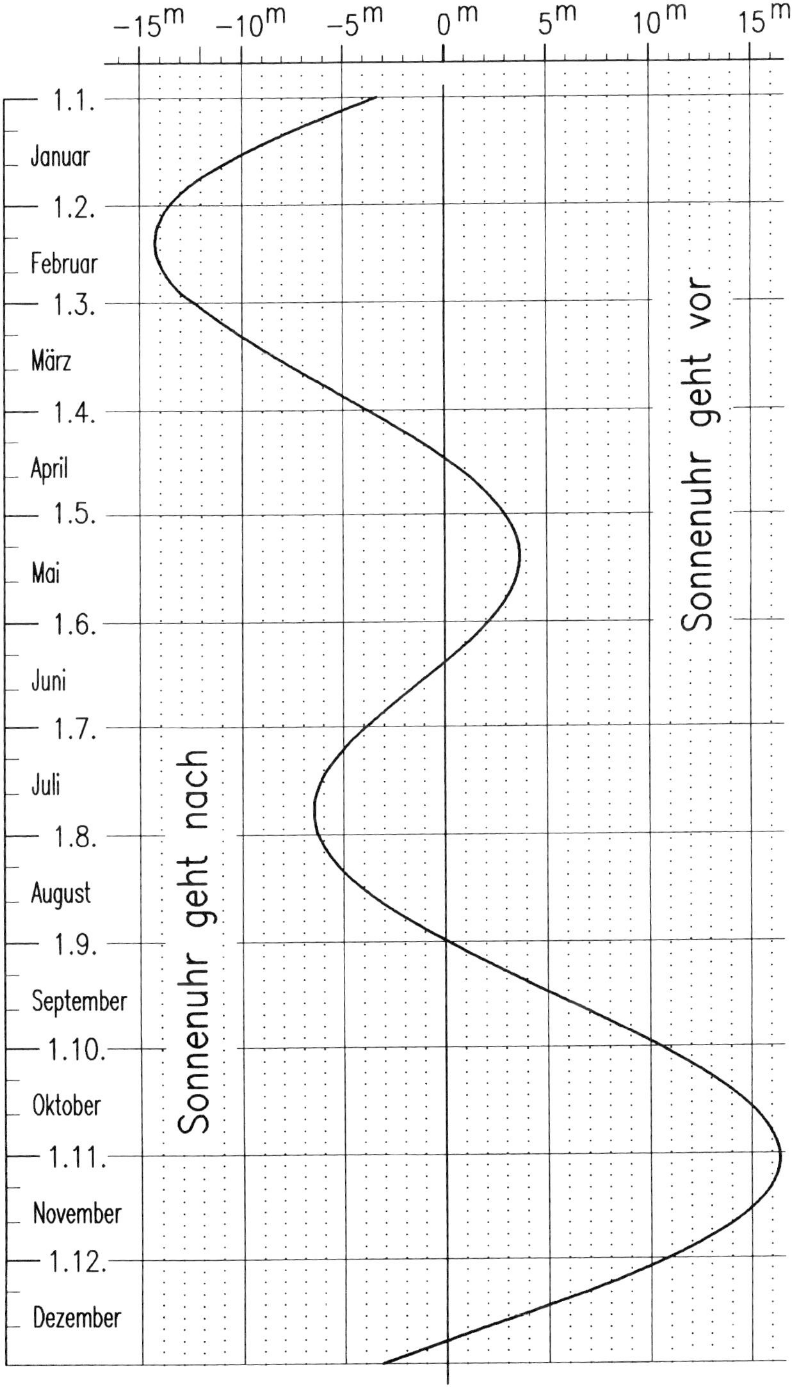

−15m
−10m
−5m
0m
5m
10m
15m
1.1.
Januar
1.2.
Februar
1.3.
März
1.4.
April
1.5.
Mai
1.6.
Juni
1.7.
Juli
1.8.
August
1.9.
September
1.10.
Oktober
1.11.
November
1.12.
Dezember
Sonnenuhr geht vor
Sonnenuhr geht nach

Mond

Der Astrokalender enthält für jeden Tag die Zeiten von Mondauf- und -untergang sowie Zeit und Höhe über dem Horizont beim Meridiandurchgang. Dabei bezieht sich die erste Zeile auf den Punkt 52.°5 Nord und 13.°5 Ost (in der Nähe von Berlin), während in der zweiten Zeile die Zeiten für Zürich (47.°5 Nord, 8.°5 Ost) gelten.
Die Mondphasen werden mit folgenden Symbolen angegeben:

- ● Neumond ± 24^h
- ◐ 2–6 Tage nach ●, zunehmende Sichel, Erdlicht abends
- ◐ Erstes Viertel ± 24^h
- ◐ 9–13 Tage nach ●, Mondgebirge besonders günstig
- ○ Vollmond ± 24^h
- ◑ 16–20 Tage nach ●, Mondgebirge besonders günstig
- ◑ Letztes Viertel ± 24^h
- ◑ 23–27 Tage nach ●, abnehmende Sichel, Erdlicht morgens
- ▌ Dunkelblaue Randbalken links außen markieren alle Tage ohne Mondlicht in den Abendstunden (bis etwa 3 Stunden nach Sonnenuntergang).

In der zweiten Zeile jedes Tages wird die Mondphase als Zahl beschrieben und die Lichtgrenze auf dem Mond angegeben. Die Phase geht von 0 für Neumond bis 1 bei Vollmond. Positive Phasenangaben bedeuten zunehmender, negative abnehmender Mond. Die Lichtgrenze ist auf die Mondoberfläche bezogen, angegeben ist die Länge des Schnittpunktes der Lichtgrenze mit dem Mondäquator. Diese „selenografische“ Länge entspricht den Koordinaten in Mondkarten, es lässt sich also z. B. herauslesen, welche Krater im Licht stehen. Die Länge 0° ist in der Mitte des Mondes, nach Osten wächst sie bis 90° (und noch etwas mehr, weil wir dank der Libration manchmal noch etwas von der Rückseite sehen können), nach Westen ist sie negativ.

Monatslängen und Neigungswinkel des Mondes

		Dauer des mittleren Monats				
	Umlaufszeit bez. auf	Tage	d	h	m	s
synodischer Monat	Neumond	29.530589	29	12	44	02.9
tropischer Monat	Frühlingspunkt	27.321582	27	07	43	04.7
siderischer Monat	Fixsterne	27.321662	27	07	43	11.6
anomalistischer Monat	Perigäum	27.554550	27	13	18	33.1
drakonitischer Monat	Knoten	27.212221	27	05	05	35.9

Die mittlere Neigung der Mondbahn gegenüber der Ekliptik beträgt 5.°15669,
die mittlere Neigung des Mondäquators gegenüber der Ekliptik 1.°54267.

Der Mondknoten

Die Mondbahnebene ist 5°09′ gegen die Ekliptik geneigt. Die Schnittlinie der beiden Ebenen, die sogenannte Knotenlinie der Mondbahn, dreht sich in 18.6 Jahren einmal rückläufig (d. h. gegen W) herum. Der mittlere aufsteigende Knoten (☊) steht Anfang 2023 bei 40.°2 Länge (Widder), am Ende des Jahres bei 20.°9 Länge (Fische). In diesem Abschnitt der Ekliptik sowie diametral gegenüber (im absteigenden Knoten, ☋) finden daher 2023 die Finsternisse statt. Die geozentrische Deklinationsspanne des Mondes steigt auf ±28.°32.

Geozentrischer Ort für jeden Tag um 0^h UT (Mitternacht Greenwich) = **1^h MEZ = 2^h MESZ**

Datum 2023	Rektas. h m	Dekl. ° ′	Dm. ′ ″	Phase
Januar				
1.	2 06.7	+12 03	30 41	+0.699
2.	2 54.6	+17 05	30 21	+0.787
3.	3 44.1	+21 17	30 04	+0.862
4.	4 35.3	+24 31	29 50	+0.922
5.	5 28.2	+26 35	29 40	+0.965
6.	6 21.9	+27 24	29 32	+0.990
7. ○	7 15.4	+26 56	29 27	−0.998
8.	8 07.6	+25 14	29 24	−0.989
9.	8 57.9	+22 25	29 25	−0.962
10.	9 45.9	+18 41	29 28	−0.918
11.	10 31.8	+14 11	29 35	−0.860
12.	11 16.2	+ 9 08	29 47	−0.788
13.	11 59.8	+ 3 40	30 02	−0.704
14.	12 43.8	− 2 01	30 23	−0.611
15. ◑	13 29.1	− 7 46	30 48	−0.511
16.	14 17.0	−13 22	31 16	−0.407
17.	15 08.8	−18 32	31 47	−0.303
18.	16 05.4	−22 54	32 19	−0.206
19.	17 07.3	−26 01	32 48	−0.121
20.	18 13.5	−27 25	33 11	−0.054
21. ●	19 21.6	−26 49	33 26	−0.013
22.	20 28.5	−24 12	33 31	+0.002
23.	21 31.7	−19 51	33 24	+0.022
24.	22 30.4	−14 16	33 06	+0.070
25.	23 24.8	− 8 00	32 41	+0.142
26.	0 15.9	− 1 29	32 11	+0.231
27.	1 05.0	+ 4 53	31 39	+0.331
28. ◐	1 53.3	+10 49	31 09	+0.435
29.	2 41.9	+16 06	30 41	+0.538
30.	3 31.5	+20 34	30 17	+0.637
31.	4 22.6	+24 02	29 58	+0.728

Datum 2023	Rektas. h m	Dekl. ° ′	Dm. ′ ″	Phase
Februar				
1.	5 15.1	+26 21	29 43	+0.809
2.	6 08.5	+27 26	29 33	+0.877
3.	7 02.0	+27 15	29 27	+0.932
4.	7 54.5	+25 48	29 24	+0.971
5. ○	8 45.2	+23 12	29 24	+0.993
6.	9 33.9	+19 38	29 28	−0.998
7.	10 20.4	+15 15	29 34	−0.985
8.	11 05.2	+10 15	29 42	−0.954
9.	11 48.9	+ 4 50	29 54	−0.906
10.	12 32.5	− 0 50	30 08	−0.842
11.	13 16.9	− 6 33	30 26	−0.764
12.	14 03.2	−12 08	30 46	−0.673
13. ◑	14 52.5	−17 20	31 10	−0.572
14.	15 45.9	−21 50	31 37	−0.465
15.	16 44.0	−25 17	32 04	−0.357
16.	17 46.5	−27 17	32 31	−0.252
17.	18 52.1	−27 29	32 54	−0.157
18.	19 58.2	−25 43	33 12	−0.081
19.	21 02.4	−22 06	33 20	−0.028
20. ●	22 03.1	−16 59	33 19	−0.003
21.	22 59.9	−10 51	33 08	+0.009
22.	23 53.4	− 4 12	32 47	+0.043
23.	0 44.7	+ 2 30	32 20	+0.102
24.	1 34.7	+ 8 52	31 49	+0.180
25.	2 24.7	+14 37	31 17	+0.270
26.	3 15.4	+19 31	30 48	+0.368
27. ◐	4 07.2	+23 23	30 22	+0.468
28.	5 00.2	+26 05	30 00	+0.566

Datum 2023	Rektas. h m	Dekl. ° ′	Dm. ′ ″	Phase
März				
1.	5 54.0	+27 30	29 44	+0.660
2.	6 47.8	+27 37	29 33	+0.746
3.	7 40.7	+26 27	29 28	+0.823
4.	8 31.9	+24 07	29 27	+0.889
5.	9 21.0	+20 45	29 29	+0.940
6.	10 08.1	+16 30	29 36	+0.977
7. ○	10 53.5	+11 35	29 45	+0.996
8.	11 37.7	+ 6 10	29 56	−0.997
9.	12 21.6	+ 0 27	30 09	−0.979
10.	13 06.1	− 5 21	30 24	−0.941
11.	13 52.1	−11 03	30 40	−0.885
12.	14 40.6	−16 23	30 57	−0.811
13.	15 32.5	−21 04	31 16	−0.722
14.	16 28.6	−24 45	31 35	−0.621
15. ◑	17 28.5	−27 07	31 56	−0.511
16.	18 31.5	−27 50	32 15	−0.399
17.	19 35.5	−26 43	32 33	−0.289
18.	20 38.4	−23 49	32 47	−0.189
19.	21 38.7	−19 20	32 55	−0.105
20.	22 35.7	−13 39	32 56	−0.044
21. ●	23 29.8	− 7 12	32 49	−0.008
22.	0 21.8	− 0 26	32 34	+0.002
23.	1 12.7	+ 6 14	32 13	+0.022
24.	2 03.5	+12 25	31 47	+0.067
25.	2 55.0	+17 51	31 18	+0.132
26.	3 47.7	+22 15	30 51	+0.211
27.	4 41.6	+25 28	30 25	+0.300
28.	5 36.3	+27 22	30 04	+0.395
29. ◐	6 31.0	+27 54	29 47	+0.491
30.	7 24.8	+27 06	29 37	+0.586
31.	8 16.8	+25 05	29 31	+0.677

Datum 2023		Rektas. h m	Dekl. ° ′	Dm. ′ ″	Phase
April					
1.		9 06.5	+21 59	29 31	+0.762
2.		9 54.2	+17 58	29 36	+0.838
3.		10 39.9	+13 13	29 46	+0.902
4.		11 24.5	+ 7 53	29 58	+0.952
5.		12 08.6	+ 2 11	30 13	+0.985
6.	○	12 53.3	− 3 43	30 30	+0.999
7.		13 39.3	− 9 35	30 47	−0.993
8.		14 27.8	−15 09	31 04	−0.965
9.		15 19.6	−20 06	31 20	−0.915
10.		16 15.3	−24 07	31 35	−0.845
11.		17 14.7	−26 50	31 48	−0.758
12.		18 16.9	−27 56	32 01	−0.656
13.	◑	19 20.0	−27 16	32 11	−0.545
14.		20 22.0	−24 51	32 20	−0.430
15.		21 21.5	−20 52	32 26	−0.319
16.		22 17.7	−15 39	32 28	−0.216
17.		23 11.0	− 9 35	32 27	−0.128
18.		0 02.3	− 3 02	32 20	−0.061
19.		0 52.5	+ 3 36	32 08	−0.018
20.	●	1 42.7	+ 9 59	31 51	−0.000
21.		2 33.8	+15 46	31 30	+0.008
22.		3 26.4	+20 40	31 07	+0.040
23.		4 20.5	+24 26	30 44	+0.091
24.		5 15.9	+26 53	30 22	+0.158
25.		6 11.6	+27 55	30 03	+0.237
26.		7 06.6	+27 35	29 48	+0.325
27.	◐	7 59.7	+25 56	29 38	+0.417
28.		8 50.4	+23 10	29 34	+0.512
29.		9 38.7	+19 26	29 35	+0.606
30.		10 24.8	+14 55	29 42	+0.697

Datum 2023		Rektas. h m	Dekl. ° ′	Dm. ′ ″	Phase
Mai					
1.		11 09.4	+ 9 47	29 53	+0.781
2.		11 53.4	+ 4 12	30 09	+0.857
3.		12 37.7	− 1 40	30 29	+0.919
4.		13 23.4	− 7 36	30 50	+0.966
5.	○	14 11.5	−13 21	31 11	+0.994
6.		15 03.0	−18 38	31 31	−0.999
7.		15 58.6	−23 03	31 48	−0.980
8.		16 58.3	−26 14	32 03	−0.937
9.		18 01.2	−27 49	32 13	−0.870
10.		19 05.3	−27 35	32 19	−0.784
11.		20 08.3	−25 32	32 21	−0.682
12.	◑	21 08.3	−21 52	32 20	−0.571
13.		22 04.7	− 6 57	32 17	−0.456
14.		22 57.8	−11 09	32 10	−0.344
15.		23 48.3	− 4 50	32 02	−0.240
16.		0 37.5	+ 1 39	31 51	−0.151
17.		1 26.5	+ 8 00	31 38	−0.081
18.		2 16.3	+13 53	31 22	−0.031
19.	●	3 07.6	+19 03	31 05	−0.005
20.		4 00.9	+23 12	30 47	+0.002
21.		4 55.9	+26 07	30 28	+0.020
22.		5 51.9	+27 40	30 11	+0.058
23.		6 47.6	+27 48	29 56	+0.113
24.		7 41.8	+26 34	29 43	+0.181
25.		8 33.6	+24 08	29 35	+0.261
26.		9 22.7	+20 42	29 32	+0.348
27.	◐	10 09.3	+16 26	29 35	+0.440
28.		10 54.0	+11 32	29 43	+0.536
29.		11 37.7	+ 6 09	29 56	+0.631
30.		12 21.3	+ 0 26	30 15	+0.723
31.		13 05.9	− 5 25	30 37	+0.808

Datum 2023		Rektas. h m	Dekl. ° ′	Dm. ′ ″	Phase
Juni					
1.		13 52.6	−11 13	31 03	+0.883
2.		14 42.7	−16 42	31 29	+0.942
3.		15 37.1	−21 31	31 54	+0.982
4.	○	16 36.3	−25 14	32 15	+0.999
5.		17 39.6	−27 25	32 32	−0.989
6.		18 45.2	−27 46	32 42	−0.952
7.		19 50.5	−26 11	32 45	−0.889
8.		20 53.0	−22 51	32 42	−0.805
9.		21 51.4	−18 06	32 33	−0.704
10.	◑	22 45.8	−12 24	32 20	−0.594
11.		23 37.0	− 6 09	32 05	−0.480
12.		0 26.1	+ 0 17	31 48	−0.369
13.		1 14.5	+ 6 36	31 31	−0.267
14.		2 03.3	+12 31	31 14	−0.177
15.		2 53.3	+17 47	30 57	−0.104
16.		3 45.3	+22 09	30 40	−0.050
17.		4 39.2	+25 22	30 24	−0.015
18.	●	5 34.5	+27 18	30 09	−0.002
19.		6 30.2	+27 50	29 56	+0.008
20.		7 25.0	+26 59	29 44	+0.033
21.		8 17.6	+24 53	29 35	+0.076
22.		9 07.6	+21 43	29 30	+0.134
23.		9 54.8	+17 40	29 29	+0.204
24.		10 39.8	+12 58	29 32	+0.285
25.		11 23.3	+ 7 45	29 41	+0.375
26.	◐	12 06.2	+ 2 13	29 55	+0.470
27.		12 49.5	− 3 30	30 15	+0.568
28.		13 34.5	− 9 14	30 39	+0.665
29.		14 22.3	−14 45	31 06	+0.759
30.		15 14.2	−19 46	31 36	+0.844

Datum 2023		Rektas. h m	Dekl. ° ′	Dm. ′ ″	Phase
Juli					
1.		16 11.0	−23 55	32 06	+0.916
2.		17 12.8	−26 45	32 32	+0.968
3.	○	18 18.5	−27 51	32 53	+0.995
4.		19 25.5	−26 57	33 07	−0.994
5.		20 30.8	−24 07	33 11	−0.964
6.		21 32.5	−19 38	33 06	−0.907
7.		22 29.8	−13 59	32 53	−0.826
8.		23 23.2	− 7 40	32 34	−0.728
9.		0 13.9	− 1 06	32 11	−0.621
10.	◑	1 03.0	+ 5 22	31 47	−0.510
11.		1 51.9	+11 25	31 23	−0.401
12.		2 41.6	+16 50	31 00	−0.300
13.		3 32.8	+21 22	30 39	−0.209
14.		4 25.8	+24 49	30 21	−0.133
15.		5 20.4	+27 01	30 06	−0.073
16.		6 15.6	+27 51	29 52	−0.031
17.	●	7 10.3	+27 19	29 42	−0.007
18.		8 03.4	+25 31	29 33	+0.002
19.		8 53.9	+22 35	29 28	+0.016
20.		9 41.8	+18 43	29 25	+0.047
21.		10 27.3	+14 09	29 26	+0.094
22.		11 10.9	+ 9 03	29 30	+0.155
23.		11 53.5	+ 3 37	29 39	+0.230
24.		12 36.0	− 2 00	29 53	+0.315
25.		13 19.6	− 7 39	30 12	+0.409
26.	◐	14 05.3	−13 08	30 35	+0.509
27.		14 54.4	−18 14	31 03	+0.612
28.		15 48.0	−22 37	31 34	+0.713
29.		16 46.6	−25 55	32 05	+0.807
30.		17 49.8	−27 43	32 35	+0.889
31.		18 56.1	−27 39	33 00	+0.951

Datum 2023		Rektas. h m	Dekl. ° ′	Dm. ′ ″	Phase
August					
1.	○	20 02.6	−25 34	33 18	+0.989
2.		21 06.8	−21 38	33 26	−0.997
3.		22 07.1	−16 14	33 24	−0.975
4.		23 03.5	− 9 54	33 11	−0.925
5.		23 56.6	− 3 07	32 49	−0.850
6.		0 47.7	+ 3 39	32 23	−0.758
7.		1 38.0	+10 02	31 53	−0.655
8.	◑	2 28.5	+15 46	31 24	−0.548
9.		3 20.1	+20 36	30 57	−0.442
10.		4 13.1	+24 20	30 32	−0.342
11.		5 07.5	+26 48	30 12	−0.250
12.		6 02.6	+27 56	29 55	−0.170
13.		6 57.3	+27 41	29 42	−0.104
14.		7 50.6	+26 08	29 33	−0.054
15.		8 41.6	+23 25	29 27	−0.020
16.	●	9 30.0	+19 44	29 24	−0.003
17.		10 16.0	+15 16	29 24	+0.005
18.		10 59.9	+10 15	29 27	+0.024
19.		11 42.7	+ 4 51	29 33	+0.061
20.		12 25.0	− 0 46	29 42	+0.114
21.		13 07.9	− 6 25	29 55	+0.182
22.		13 52.4	−11 55	30 12	+0.264
23.		14 39.6	−17 03	30 34	+0.356
24.	◐	15 30.5	−21 35	30 58	+0.458
25.		16 25.8	−25 10	31 26	+0.564
26.		17 25.7	−27 27	31 56	+0.670
27.		18 29.2	−28 05	32 25	+0.772
28.		19 34.3	−26 49	32 52	+0.862
29.		20 38.6	−23 40	33 13	+0.934
30.		21 40.3	−18 51	33 25	+0.981
31.	○	22 38.6	−12 47	33 27	+0.999

Datum 2023		Rektas. h m	Dekl. ° ′	Dm. ′ ″	Phase
September					
1.		23 33.7	− 5 59	33 18	−0.986
2.		0 26.7	+ 1 03	32 59	−0.945
3.		1 18.7	+ 7 51	32 33	−0.879
4.		2 10.6	+14 05	32 02	−0.795
5.		3 03.4	+19 24	31 31	−0.699
6.		3 57.4	+23 35	31 00	−0.597
7.	◑	4 52.6	+26 29	30 33	−0.494
8.		5 48.4	+27 58	30 10	−0.395
9.		6 43.8	+28 02	29 52	−0.302
10.		7 37.6	+26 46	29 38	−0.217
11.		8 29.2	+24 18	29 30	−0.145
12.		9 18.1	+20 49	29 25	−0.085
13.		10 04.6	+16 30	29 25	−0.040
14.		10 49.0	+11 33	29 28	−0.011
15.	●	11 32.1	+ 6 11	29 33	−0.001
16.		12 14.6	+ 0 33	29 42	+0.008
17.		12 57.5	− 5 10	29 52	+0.035
18.		13 41.6	−10 46	30 05	+0.079
19.		14 28.0	−16 02	30 21	+0.141
20.		15 17.6	−20 43	30 39	+0.219
21.		16 11.1	−24 32	31 00	+0.311
22.	◐	17 08.6	−27 08	31 22	+0.413
23.		18 09.5	−28 15	31 47	+0.522
24.		19 12.2	−27 37	32 11	+0.633
25.		20 14.9	−25 11	32 34	+0.740
26.		21 15.8	−21 04	32 54	+0.836
27.		22 13.9	−15 34	33 07	+0.915
28.		23 09.4	− 9 06	33 12	+0.970
29.	○	0 02.9	− 2 07	33 08	+0.997
30.		0 55.5	+ 4 55	32 54	−0.995

Datum 2023		Rektas. h m	Dekl. ° ′	Dm. ′ ″	Phase
Oktober					
1.		1 48.1	+11 34	32 32	−0.965
2.		2 41.7	+17 28	32 05	−0.911
3.		3 36.7	+22 16	31 35	−0.837
4.		4 33.1	+25 45	31 05	−0.751
5.		5 30.2	+27 46	30 37	−0.656
6.	◑	6 27.0	+28 17	30 13	−0.558
7.		7 22.2	+27 23	29 54	−0.460
8.		8 14.9	+25 13	29 40	−0.365
9.		9 04.8	+21 58	29 32	−0.277
10.		9 51.9	+17 51	29 29	−0.197
11.		10 36.8	+13 03	29 30	−0.127
12.		11 20.2	+ 7 45	29 36	−0.071
13.		12 02.9	+ 2 08	29 45	−0.029
14.	●	12 45.8	− 3 38	29 56	−0.006
15.		13 29.9	− 9 21	30 09	+0.001
16.		14 16.2	−14 48	30 24	+0.016
17.		15 05.5	−19 43	30 40	+0.052
18.		15 58.4	−23 48	30 56	+0.107
19.		16 55.2	−26 43	31 12	+0.181
20.		17 55.1	−28 11	31 29	+0.272
21.		18 56.8	−27 59	31 46	+0.374
22.	◐	19 58.3	−26 03	32 03	+0.485
23.		20 58.0	−22 29	32 19	+0.598
24.		21 55.0	−17 33	32 32	+0.708
25.		22 49.4	−11 34	32 41	+0.808
26.		23 42.0	− 4 55	32 45	+0.892
27.		0 33.5	+ 1 59	32 42	+0.954
28.	○	1 25.3	+ 8 46	32 33	+0.990
29.		2 18.2	+15 01	32 17	−1.000
30.		3 12.9	+20 22	31 55	−0.983
31.		4 09.6	+24 29	31 30	−0.942

Datum 2023		Rektas. h m	Dekl. ° ′	Dm. ′ ″	Phase
November					
1.		5 07.7	+27 09	31 03	−0.882
2.		6 06.0	+28 16	30 38	−0.807
3.		7 03.0	−27 51	30 15	−0.722
4.		7 57.6	+26 04	29 56	−0.630
5.	◑	8 48.9	+23 06	29 43	−0.536
6.		9 37.2	+19 13	29 35	−0.441
7.		10 22.7	+14 37	29 32	−0.348
8.		11 06.4	+ 9 28	29 35	−0.261
9.		11 49.1	+ 3 57	29 44	−0.182
10.		12 31.8	− 1 46	29 56	−0.114
11.		13 15.6	− 7 32	30 11	−0.059
12.		14 01.4	−13 08	30 29	−0.021
13.	●	14 50.3	−18 18	30 47	−0.002
14.		15 43.0	−22 43	31 06	+0.005
15.		16 39.9	−26 02	31 22	+0.030
16.		17 40.2	−27 55	31 37	+0.079
17.		18 42.4	−28 07	31 50	+0.149
18.		19 44.5	−26 33	32 00	+0.237
19.		20 44.6	−23 20	32 08	+0.339
20.	◐	21 41.7	−18 44	32 14	+0.450
21.		22 35.6	−13 06	32 18	+0.564
22.		23 27.1	− 6 46	32 19	+0.675
23.		0 17.3	− 0 07	32 17	+0.777
24.		1 07.4	+ 6 32	32 11	+0.864
25.		1 58.5	+12 50	32 02	+0.932
26.		2 51.5	+18 25	31 49	+0.977
27.	○	3 46.9	+22 59	31 32	+0.998
28.		4 44.5	+26 13	31 12	−0.994
29.		5 43.2	+27 56	30 51	−0.969
30.		6 41.4	+28 05	30 30	−0.924

Datum 2023		Rektas. h m	Dekl. ° ′	Dm. ′ ″	Phase
Dezember					
1.		7 37.7	+26 45	30 11	−0.863
2.		8 30.8	+24 09	29 54	−0.790
3.		9 20.6	+20 31	29 42	−0.707
4.		10 07.2	+16 07	29 35	−0.617
5.	◑	10 51.4	+11 08	29 33	−0.524
6.		11 34.1	+ 5 46	29 38	−0.430
7.		12 16.4	+ 0 09	29 47	−0.338
8.		12 59.3	− 5 34	30 02	−0.250
9.		13 43.9	−11 11	30 22	−0.169
10.		14 31.5	−16 30	30 44	−0.101
11.		15 23.0	−21 13	31 07	−0.047
12.		16 19.0	−24 59	31 31	−0.013
13.	●	17 19.3	−27 24	31 52	+0.001
14.		18 22.6	−28 09	32 09	+0.015
15.		19 26.6	−27 03	32 21	+0.055
16.		20 28.9	−24 10	32 27	+0.118
17.		21 27.9	−19 47	32 29	+0.203
18.		22 23.3	−14 16	32 26	+0.303
19.	◐	23 15.5	− 8 02	32 19	+0.413
20.		0 05.6	− 1 27	32 10	+0.527
21.		0 55.0	+ 5 07	31 59	+0.637
22.		1 44.7	+11 23	31 47	+0.740
23.		2 36.0	+17 02	31 33	+0.829
24.		3 29.5	+21 47	31 19	+0.902
25.		4 25.4	+25 21	31 03	+0.955
26.		5 23.0	+27 30	30 47	+0.987
27.	○	6 21.1	+28 08	30 31	+0.998
28.		7 18.1	+27 16	30 14	−0.988
29.		8 12.5	+25 02	30 00	−0.959
30.		9 03.6	+21 41	29 47	−0.913
31.		9 51.5	+17 28	29 37	−0.853

Die Libration des Mondes

Diese beiden Mondbilder (von Erich Laager aus Bern) zeigen Extremlagen der Libration: a) in Länge: Das Mare Crisium (dunkles Oval über der Mitte rechts) verschiebt sich gegenüber dem Westrand des Mondes; b) in Breite: das Mare Frigoris (horizontal, oben) ändert periodisch seinen Abstand vom Nordrand.

Aus der vorangehenden Mondtafel sieht man, dass die Geschwindigkeit des Mondes in seinem Lauf um die Erde beträchtlich veränderlich ist: Die Ortsveränderung von Tag zu Tag ist nicht immer gleich groß. Hauptursache ist die Exzentrizität der Mondbahn: Laut dem 2. Keplerschen Gesetz bewegt sich der Mond in Erdnähe schneller als in Erdferne. Im ersten Fall legt der Mond vor dem Fixsternhimmel bis 15° pro Tag zurück, im zweiten Fall nur knapp 12°. Andererseits dreht er sich ganz gleichmäßig um seine eigene Achse, nämlich genau einmal pro Umlauf um die Erde. Die Kombination dieser konstanten Eigenrotation mit der veränderlichen Umlaufgeschwindigkeit bewirkt, dass uns der Mond nicht ständig exakt die gleiche Seite zeigt: Mal sehen wir östlich, mal westlich etwas „hinter den Mond", er scheint sich in O-W-Richtung monatlich etwas hin- und herzubewegen (*Libration*). Dazu kommt, dass die Mondbahnebene nicht mit der Äquatorebene des Mondes zusammenfällt, so dass wir mal etwas über den Nordpol hinaus, mal etwas über den Südpol hinaus schauen können, d.h. der Mond schwankt auch in N-S-Richtung hin und her. So bekommen wir im Laufe der Zeit etwa 59 % der Mondoberfläche zu sehen (obschon wir zu einem bestimmten Zeitpunkt immer 50 % sehen). Die Extremlagen der Libration sind im Astrokalender vermerkt.

Sternbedeckungen durch den Mond

Der Astrokalender (AK) enthält nähere Angaben über alle in der Schweiz und Deutschland sichtbaren Bedeckungen von Sternen. Die Grenzgröße ist für die besten Bedingungen (Beginn der Bedeckung am dunklen Mondrand) 7.5^{mag}, bei schlechteren Bedingungen sind nur hellere Sterne verzeichnet. Auf den Seiten 251 und 252 ist der Verlauf von einigen Bedeckungen skizziert, und zwar einmal für Berlin (13°30′ Ost und 52°30′ Nord) und auf der nächsten Seite für Zürich (8°30′ Ost und 47°30′ Nord). Mit den im Astrokalender angegebenen Größen a und b lassen sich die Bedeckungszeiten für andere Beobachtungsorte errechnen. Dabei benutze man natürlich die geografisch näher liegenden Grundwerte. Es bedeuten:

a = Korrektur in Zeitminuten pro 1 Grad Längenverschiebung nach Osten,
b = Korrektur in Zeitminuten pro 1 Grad Breitenverschiebung nach Norden.

Ausgehend von den Angaben für Berlin, rechnet man:
Bedeckungszeit am Ort mit östlicher Länge λ und nördlicher Breite φ
= Bedeckungszeit aus Astrokalender + a (λ – 13.5) + b (φ – 52.5).
Geht man von den Zürcher Grundwerten aus, rechnet man:
Bedeckungszeit am Ort mit östlicher Länge λ und nördlicher Breite φ
= Bedeckungszeit aus Astrokalender + a (λ – 8.5) + b (φ – 47.5).

Beispiel: Bedeckung von 76 Geminorum am 3. Februar, zu beobachten von Dresden aus. (13°.7 Ost, 50°.1 Nord). Der Astrokalender gibt in der für Berlin geltenden Zeile die Zeit 19:28.4 an mit den Korrekturwerten a = +0.9, b = +1.4. Die Zeitdifferenz in Minuten ergibt sich damit zu 0.9 · (8.7 – 13.5) + 1.4 · (51.0 – 52.5) = –6.42. Der Stern verschwindet also, von Dresden aus beobachtet, 6.4 Minuten früher, bereits um 19:22.0 Uhr.
Diese Berechnung wird für größere Werte von a und b rasch ungenau, weshalb in solchen Fällen keine Angabe gemacht wird.

Es empfiehlt sich, die Beobachtungen stets etwa ¼ – ½ Std. vor der Bedeckung zu beginnen. Des hellen Mondlichtes wegen ist für die Beobachtung meistens ein Fernrohr erforderlich. Nur Bedeckungen heller Sterne können (besonders wenn der Eintritt am dunklen Mondrand erfolgt) bei günstigen Verhältnissen mit einem lichtstarken Feldstecher gesehen werden. Neben Mondphase und Helligkeit des bedeckten Sterns ist im AK jeweils auch der Positionswinkel Pw. des Eintritts und/oder des Austritts angegeben. Der Positionswinkel wird vom Nordpunkt des Mondes aus über Osten, Süden, Westen gezählt, also im Gegenuhrzeigersinn. Der Nordpunkt ist derjenige Punkt der „Mondscheibe“, der am nächsten beim Nordpol steht (es ist also *nicht* der höchste Punkt über dem Horizont).

Während die Fachastronomie lange an den Daten der Amateure aus den streifenden Bedeckungen interessiert war, wird der Mond jetzt von allen Seiten so „unter die Lupe genommen“, dass es diese Beobachtungen nicht mehr braucht. Die meisten Amateure haben sich umorientiert und beobachten jetzt Sternbedeckungen durch Asteroiden.
Leider sind diese Ereignisse nicht anderthalb Jahre im Voraus bekannt und können daher im *Sternenhimmel* nicht erwähnt werden. Interessierten Beobachtern empfehlen wir die Website der VdS, Fachgruppe Sternbedeckungen, www.iota-es.de. In der Schweiz betreibt die entsprechende Fachgruppe der SAG die Seite www.occultations.ch.

Bedeckung heller Sterne durch den Mond

Beobachtungsort **Berlin** (52°,2 Nord, 13°,5 Ost)

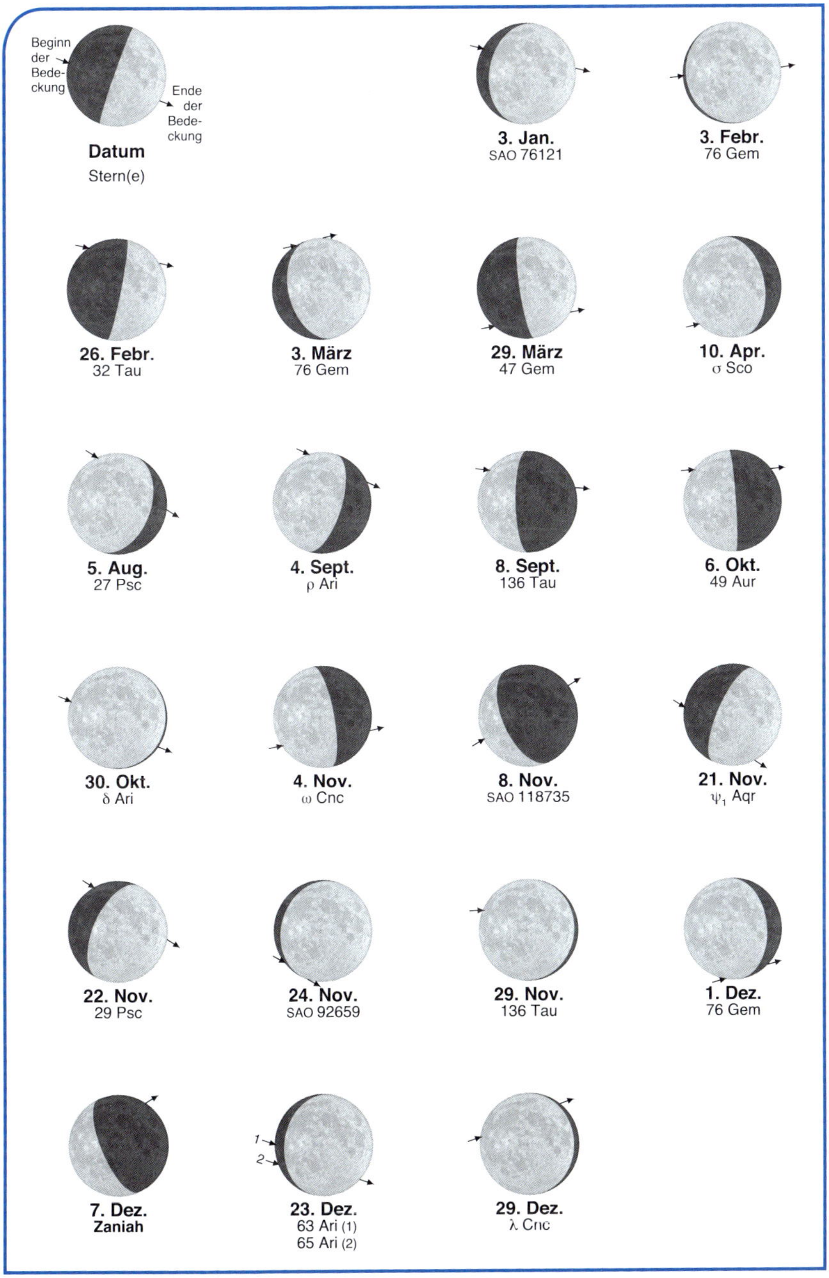

Bedeckung heller Sterne durch den Mond

Beobachtungsort **Zürich** (47°,5 Nord, 8°,5 Ost)

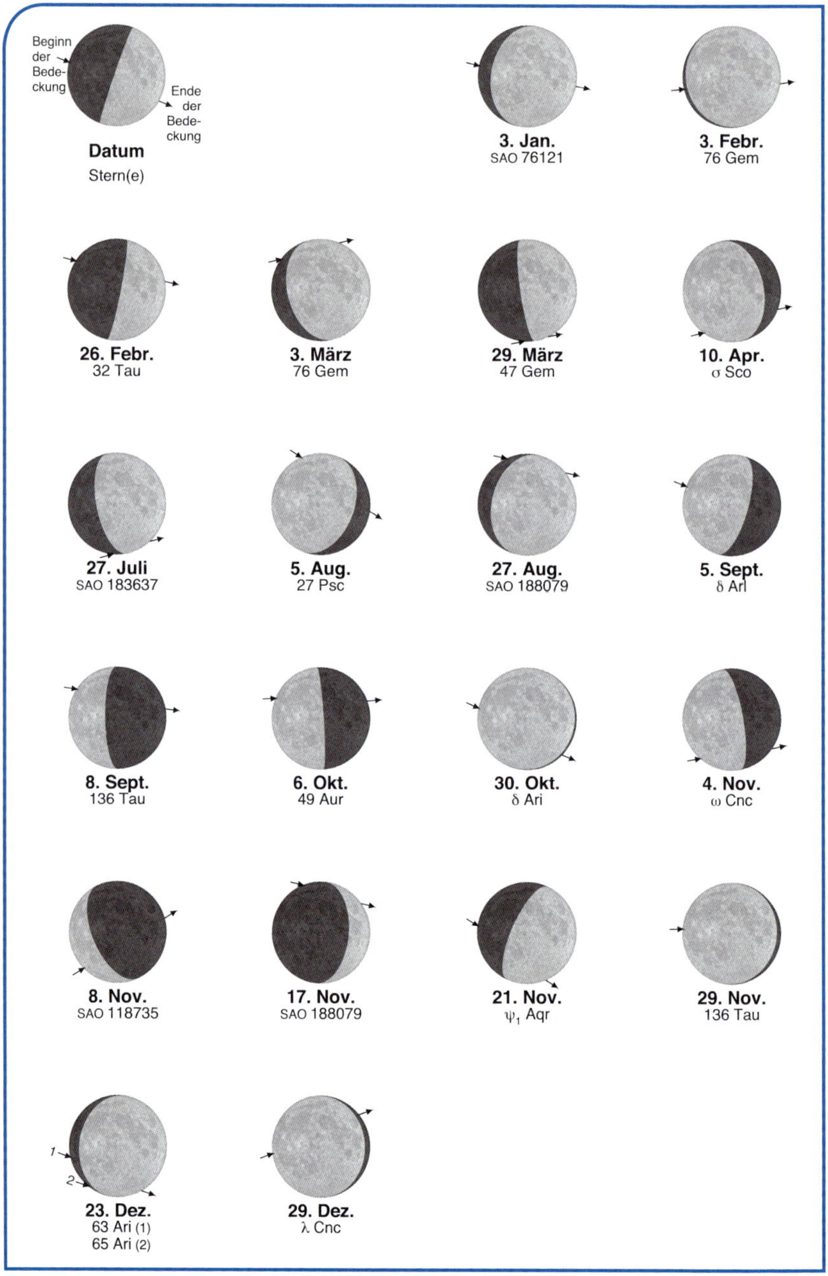

Tabellen zu den streifenden Bedeckungen

In den Tabellen wird für jeden Längengrad angegeben, in welcher Breite die Grenzlinie verläuft und zu welcher Zeit die Bedeckung an diesem Ort stattfindet. In der vierten Spalte steht der Hornwinkel, dieser gibt den Positionsunterschied des Berührungspunktes von der nördlichen resp. südlichen Sichelspitze. Positive Werte bedeuten Berührung am dunklen Mondrand, negative am hellen Rand. Auch der Positionswinkel beschreibt die Lage des Berührungspunktes, er wird im Gegenuhrzeigersinn von dem Punkt des Mondes aus gemessen, der dem Himmelsnordpol am nächsten erscheint (also nicht vom höchsten Punkt des Mondes aus!).
Der Winkel „Maxh." bedeutet die maximale Höhe des Sterns längs der ganzen Grenzlinie. Dieser Wert kann zu zwei Zwecken dienen:

1. Korrektur wegen des unregelmäßigen Mondrandes: Wenn die streifende Stelle des Mondrandes um d″ (Bogensekunden) über dem mittleren Rand liegt, verschiebt sich die Grenzlinie auf der Erde um $\frac{1.86 \cdot d}{\sin(\text{Maxh})}$ km, und zwar senkrecht zur Grenzlinie, bei positivem Wert nach außen, bei negativem Wert in die Bedeckungszone hinein.

2. Korrektur wegen der Höhe über Meer des Beobachters:
Auch hier verschiebt sich die Grenzlinie senkrecht, in Europa immer in südlicher Richtung, um den Betrag $\frac{H}{\tan(\text{Maxh})}$ wobei H die Höhe über dem Meer bedeutet.

Tabellen zu weiteren streifenden Bedeckungen werden auf www.sternenhimmel.info publiziert.

14. Januar Streifende Bedeckung SAO 138942 (6.6^{mag}, ZC 1828)
Sternkoordinaten: $\alpha = 12^h45^m21^s.805$ $\delta = -2°58'06''.47$
Genauer Verlauf der **südlichen** Grenze: Mondphase: +0.96

östl. Länge °	nördl. Breite °	MEZ h m s	Höhe des Sterns °	Azimut °	Positions-winkel °	Horn-winkel °	Höhe der Sonne °
7.0000	52.0502	0 58 14	8.8	107	210.8	8.2 S	–59.2
8.0000	51.9068	0 58 33	9.5	107	211.0	8.4 S	–59.2
9.0000	51.7560	0 58 53	10.2	108	211.1	8.5 S	–59.2
10.0000	51.5978	0 59 15	10.9	109	211.3	8.7 S	–59.2
11.0000	51.4318	0 59 37	11.6	110	211.5	8.9 S	–59.2
12.0000	51.2581	1 00 01	12.3	111	211.7	9.1 S	–59.2
13.0000	51.0763	1 00 27	13.0	112	211.9	9.3 S	–59.1

Die maximale Höhe über der Grenzlinie ist Maxh. = 63.3°

27. Januar Streifende Bedeckung 110 Piscium 4.5^{mag}, ZC 257)
Sternkoordinaten: $\alpha = 1^{h}46^{m}36^{s}.073$ $\delta = +9°16'20''.88$
Genauer Verlauf der **südlichen** Grenze: Mondphase: –0.57

östl. Länge °	nördl. Breite °	MEZ h m s	Höhe des Sterns °	Azimut °	Positions-winkel °	Horn-winkel °	Höhe der Sonne °
7.0000	53.1851	22 30 18	19.5	259	153.9	5.5 S	–46.5
8.0000	53.1922	22 30 49	18.8	260	154.1	5.3 S	–47.0
9.0000	53.1925	22 31 20	18.1	261	154.3	5.2 S	–47.5
10.0000	53.1862	22 31 49	17.5	262	154.4	5.0 S	–48.0
11.0000	53.1734	22 32 18	16.8	263	154.6	4.9 S	–48.5
12.0000	53.1540	22 32 45	16.1	264	154.7	4.7 S	–49.0
13.0000	53.1283	22 33 12	15.5	265	154.9	4.6 S	–49.4
14.0000	53.0961	22 33 37	14.8	266	155.0	4.4 S	–49.9
15.0000	53.0576	22 34 02	14.2	267	155.2	4.3 S	–50.4

Die maximale Höhe über der Grenzlinie ist Maxh. = 63.6°

2. März Streifende Bedeckung SAO 79405 (7.2^{mag}, ZC 1131)
Sternkoordinaten: $\alpha = 7^{h}29^{m}26^{s}.676$ $\delta = +26°10'51''.67$
Genauer Verlauf der **südlichen** Grenze Mondphase: –0.57

östl. Länge °	nördl. Breite °	MEZ h m s	Höhe des Sterns °	Azimut °	Positions-winkel °	Horn-winkel °	Höhe der Sonne °
6.0000	51.2254	19 17 06	55.2	124	184.5	7.6 S	–10.1
7.0000	51.3375	19 18 48	55.9	126	184.7	7.3 S	–11.0
8.0000	51.4388	19 20 31	56.6	128	185.0	7.1 S	–11.8
9.0000	51.5292	19 22 14	57.2	130	185.3	6.8 S	–12.7
10.0000	51.6088	19 23 58	57.8	132	185.5	6.6 S	–13.6
11.0000	51.6775	19 25 43	58.4	134	185.8	6.3 S	–14.5
12.0000	51.7354	19 27 28	59.0	137	186.0	6.0 S	–15.4
13.0000	51.7823	19 29 14	59.6	139	186.3	5.8 S	–16.2
14.0000	51.8184	19 31 01	60.1	141	186.6	5.5 S	–17.1
15.0000	51.8435	19 32 48	60.6	144	186.9	5.2 S	–18.0

Die maximale Höhe über der Grenzlinie ist Maxh. = 65.2°

6. Juli Streifende Bedeckung 37 Capricorni (5.8^{mag}, ZC 3158)
Sternkoordinaten: $\alpha = 21^{h}36^{m}10^{s}.778$ $\delta = -19°58'42''.47$
Genauer Verlauf der **nördlichen** Grenze: Mondphase: +0.31

östl. Länge °	nördl. Breite °	MEZ h m s	Höhe des Sterns °	Azimut °	Positions-winkel °	Horn-winkel °	Höhe der Sonne °
8.0000	46.3227	3 30 37	23.1	170	332.7	15.8 N	–16.0
9.0000	47.2507	3 32 43	22.4	172	332.6	15.9 N	–14.7
10.0000	48.2061	3 34 44	21.6	173	332.6	15.9 N	–13.3
11.0000	49.1863	3 36 39	20.7	175	332.6	15.9 N	–12.0
12.0000	50.1892	3 38 27	19.8	176	332.6	15.9 N	–10.6
13.0000	51.2126	3 40 10	18.8	178	332.6	15.9 N	– 9.3
14.0000	52.2543	3 41 46	17.8	179	332.7	15.8 N	– 7.9
15.0000	53.3126	3 43 15	16.7	181	332.7	15.8 N	– 6.6

Die maximale Höhe über der Grenzlinie ist Maxh. = 26.4°

9. September Streifende Bedeckung SAO 78710 (6.8^{mag}, ZC 1035)
Sternkoordinaten: $\alpha = 6^h47^m03\overset{s}{.}139$ $\delta = +27°38'55\overset{''}{.}77$
Genauer Verlauf der **nördlichen** Grenze: Mondphase: +0.32

östl. Länge °	nördl. Breite °	MEZ h m s	Höhe des Sterns °	Azimut °	Positions-winkel °	Horn-winkel °	Höhe der Sonne °
10.0000	46.2815	2 15 24	13.2	64	355.0	11.8 N	−36.7
11.0000	46.9050	2 15 59	14.2	64	355.0	11.8 N	−35.8
12.0000	47.5275	2 16 36	15.1	65	355.0	11.7 N	−35.0
13.0000	48.1481	2 17 16	16.1	66	355.1	11.7 N	−34.1
14.0000	48.7661	2 17 57	17.1	67	355.1	11.6 N	−33.2

Die maximale Höhe über der Grenzlinie ist Maxh. = 48.7°

8. Oktober Streifende Bedeckung SAO 184337 (7.2^{mag}, ZC –)
Sternkoordinaten: $\alpha = 8^h19^m00\overset{s}{.}626$ $\delta = -24°45'51\overset{''}{.}42$
Genauer Verlauf der **nördlichen** Grenze: Mondphase: +0.52

östl. Länge °	nördl. Breite °	MESZ h m s	Höhe des Sterns °	Azimut °	Positions-winkel °	Horn-winkel °	Höhe der Sonne °
6.0000	48.3119	2 37 00	16.3	71	6.0	8.7 N	−44.6
7.0000	48.7335	2 37 30	17.1	72	6.1	8.6 N	−43.9
8.0000	49.1481	2 38 02	17.9	73	6.2	8.5 N	−43.2
9.0000	49.5554	2 38 35	18.8	74	6.3	8.4 N	−42.5
10.0000	49.9551	2 39 08	19.6	74	6.4	8.3 N	−41.8
11.0000	50.3471	2 39 44	20.4	75	6.5	8.2 N	−41.0
12.0000	50.7312	2 40 20	21.2	76	6.6	8.1 N	−40.3
13.0000	51.1073	2 40 57	22.0	77	6.7	8.0 N	−39.6
14.0000	51.4753	2 41 35	22.8	78	6.8	7.8 N	−38.9
15.0000	51.8349	2 42 14	23.6	79	7.0	7.7 N	−38.2

Die maximale Höhe über der Grenzlinie ist Maxh. = 58.9°

5. November Streifende Bedeckung SAO 80529 (7.0^{mag}, ZC 1334)
Sternkoordinaten: $\alpha = 8^h58^m27\overset{s}{.}162$ $\delta = +21°46'09\overset{''}{.}24$
Genauer Verlauf der **südlichen** Grenze: Mondphase: −0.14

östl. Länge °	nördl. Breite °	MESZ h m s	Höhe des Sterns °	Azimut °	Positions-winkel °	Horn-winkel °	Höhe der Sonne °
6.0000	51.1761	5 27 22	57.6	148	202.1	6.0 S	−20.2
7.0000	50.9883	5 29 12	58.2	151	202.4	6.3 S	−19.3
8.0000	50.7871	5 31 03	58.8	153	202.7	6.6 S	−18.4
9.0000	50.5723	5 32 57	59.4	155	203.0	6.9 S	−17.4
10.0000	50.3435	5 34 53	60.0	158	203.3	7.2 S	−16.5
11.0000	50.1003	5 36 51	60.5	160	203.6	7.5 S	−15.5
12.0000	49.8422	5 38 52	61.1	163	203.9	7.8 S	−14.5
13.0000	49.5689	5 40 55	61.6	166	204.2	8.1 S	−13.5
14.0000	49.2798	5 43 00	62.1	169	204.6	8.4 S	−12.5
15.0000	48.9745	5 45 08	62.6	172	204.9	8.7 S	−11.4
16.0000	48.6525	5 47 18	63.0	175	205.2	9.0 S	−10.4

Die maximale Höhe über der Grenzlinie ist Maxh. = 64.9°

22. November Streifende Bedeckung SAO 128607 (7.3^{mag}, ZC 15)
Sternkoordinaten: $\alpha = 0^{h}09^{m}56^{s}.835$ $\delta = -2°05'22''.14$
Genauer Verlauf der **südlichen** Grenze: Mondphase: +0.72

östl. Länge °	nördl. Breite °	MESZ h m s	Höhe des Sterns °	Azimut °	Positions-winkel °	Horn-winkel °	Höhe der Sonne °
6.0000	47.4256	21 21 28	39.7	194	141.1	13.7 S	–44.6
7.0000	48.1307	21 23 16	38.7	195	141.3	13.5 S	–45.2
8.0000	48.8124	21 25 00	37.8	197	141.6	13.2 S	–45.8
9.0000	49.4712	21 26 38	36.9	199	141.8	13.0 S	–46.4
10.0000	50.1079	21 28 13	36.0	200	142.1	12.7 S	–46.8
11.0000	50.7230	21 29 42	35.1	202	142.3	12.5 S	–47.3
12.0000	51.3173	21 31 08	34.2	203	142.5	12.3 S	–47.7
13.0000	51.8914	21 32 30	33.4	204	142.8	12.1 S	–48.1
14.0000	52.4459	21 33 48	32.5	206	143.0	11.8 S	–48.4
15.0000	52.9816	21 35 02	31.7	207	143.2	11.6 S	–48.7

Die maximale Höhe über der Grenzlinie ist Maxh. = 52.1°

24. November Streifende Bedeckung 54 (Ceti) (5.9^{mag}, ZC 272)
Sternkoordinaten: $\alpha = 1^{h}52^{m}08^{s}.777$ $\delta = +11°09'45''.68$
Genauer Verlauf der **südlichen** Grenze: Mondphase: –0.87

östl. Länge °	nördl. Breite °	MESZ h m s	Höhe des Sterns °	Azimut °	Positions-winkel °	Horn-winkel °	Höhe der Sonne °
6.0000	46.5257	21 29 43	53.4	162	143.6	15.4 S	–46.4
7.0000	47.2541	21 32 05	53.0	164	143.8	15.1 S	–47.2
8.0000	47.9577	21 34 24	52.6	167	144.0	14.9 S	–47.8
9.0000	48.6367	21 36 37	52.2	170	144.2	14.7 S	–48.4
10.0000	49.2915	21 38 47	51.7	172	144.5	14.5 S	–49.0
11.0000	49.9226	21 40 52	51.2	175	144.7	14.2 S	–49.5
12.0000	50.5306	21 42 54	50.6	177	144.9	14.0 S	–49.9
13.0000	51.1160	21 44 51	50.1	180	145.2	13.8 S	–50.3
14.0000	51.6795	21 46 45	49.5	182	145.4	13.5 S	–50.7
15.0000	52.2217	21 48 34	48.9	184	145.6	13.3 S	–51.0

Die maximale Höhe über der Grenzlinie ist Maxh. = 54.4°

1. Dezember Streifende Bedeckung 76 Gem (5.4^{mag}, ZC 1169)
Sternkoordinaten: $\alpha = 7^{h}45^{m}34^{s}.900$ $\delta = +25°43'35''.54$
Genauer Verlauf der **südlichen** Grenze: Mondphase: –0.68

östl. Länge °	nördl. Breite °	MESZ h m s	Höhe des Sterns °	Azimut °	Positions-winkel °	Horn-winkel °	Höhe der Sonne °
7.0000	52.4840	5 01 10	59.1	218	197.1	11.3 S	–29.1
8.0000	52.1332	5 03 04	58.8	221	197.3	11.5 S	–28.2
9.0000	51.7671	5 05 01	58.4	224	197.6	11.8 S	–27.3
10.0000	51.3855	5 06 58	58.0	226	197.8	12.0 S	–26.4
11.0000	50.9879	5 08 57	57.6	229	198.0	12.2 S	–25.4
12.0000	50.5742	5 10 57	57.1	231	198.3	12.5 S	–24.4
13.0000	50.1442	5 12 58	56.6	234	198.5	12.7 S	–23.4
14.0000	49.6975	5 15 00	56.1	237	198.7	12.9 S	–22.4
15.0000	49.2341	5 17 03	55.5	239	198.9	13.1 S	–21.4
16.0000	48.7537	5 19 07	54.9	242	199.1	13.3 S	–20.3
17.0000	48.2564	5 21 12	54.2	244	199.3	13.5 S	–19.2

Die maximale Höhe über der Grenzlinie ist Maxh. = 60.2°

23. Dezember Streifende Bedeckung 65 Arietis (5.9^{mag}, ZC 492)
Sternkoordinaten: $\alpha = 3^h25^m49\overset{s}{.}896$ $\delta = +20°53'21\overset{''}{.}67$
Genauer Verlauf der **südlichen** Grenze: Mondphase: –0.07

östl. Länge °	nördl. Breite °	MESZ h m s	Höhe des Sterns °	Azimut °	Positions-winkel °	Horn-winkel °	Höhe der Sonne °
6.0000	46.4993	23 48 31	55.3	232	158.5	9.9 S	–65.1
7.0000	46.6117	23 50 11	54.4	234	158.8	9.6 S	–65.4
8.0000	46.7120	23 51 50	53.6	236	159.1	9.3 S	–65.7
9.0000	46.8004	23 53 27	52.7	237	159.3	9.0 S	–65.9
10.0000	46.8770	23 55 03	51.9	239	159.6	8.7 S	–66.1
11.0000	46.9422	23 56 36	51.0	241	159.9	8.5 S	–66.2
12.0000	46.9961	23 58 08	50.1	242	160.2	8.2 S	–66.3
13.0000	47.0388	23 59 38	49.3	244	160.4	7.9 S	–66.3
14.0000	47.0706	0 01 06	48.4	245	160.7	7.7 S	–66.4
15.0000	47.0917	0 02 33	47.6	246	161.0	7.4 S	–66.3
16.0000	47.1022	0 03 58	46.7	248	161.2	7.1 S	–66.3
17.0000	47.1023	0 05 21	45.9	249	161.5	6.9 S	–66.2

Die maximale Höhe über der Grenzlinie ist Maxh. = 70.4°

Planeten

Die Planetenörter in den folgenden Ephemeridentabellen gelten für 0^h UT (Weltzeit), dieser Zeitpunkt entspricht 1^h MEZ (Mitteleuropäische Normalzeit) beziehungsweise 2^h MESZ (Mitteleuropäische Sommerzeit). Die Koordinaten beziehen sich auf das Äquinoktium des Datums. Die Positionen werden mit der nach Meeus „abgeschnittenen" Theorie VSOP87 gerechnet und direkt mit den notwendigen Steuerzeichen für den Tabellensatz versehen. Nachträgliche Vergleiche mit dem Astronomical Almanac ergeben jeweils die üblichen vereinzelten Rundungsabweichungen um eine Einheit der letzten angegebenen Stelle. Bei solchen Vergleichen ist zu beachten, dass in der Fachliteratur die Angaben in der Regel für 0^h TT erfolgen, während unsere Werte (mit dem angenommenen Wert $\Delta T = 71^s$) auf 0^h UT gerechnet sind.

Merkur ☿ ist in unseren Breiten kein gut beobachtbares Objekt. Nur wenn seine Elongation (der Winkelabstand von der Sonne) genügend groß ist und die Ekliptik steil aus dem Horizont aufsteigt (im Frühling am Abendhimmel, im Herbst am Morgen) kann er nach Sonnenuntergang bzw. vor Sonnenaufgang von bloßem Auge erkannt werden. Zum Aufsuchen empfiehlt sich dabei ein Feldstecher.

Merkur beginnt das Jahr mit einer unteren Konjunktion am 7. Januar und zeigt sich etwa vom 15. Januar bis 4. Februar am Morgenhimmel. Danach verschwindet er für seinen langen Weg hinter der Sonne durch (obere Konjunktion am 17. März). Es schließt sich die beste Abendsichtbarkeit des Jahres an, vom 30. März bis 22. April kann Merkur nach Sonnenuntergang optimal beobachtet werden. Die nächsten „Schlaufen", vom 2. Mai bis 30. Juni am Morgenhimmel und vom 2. Juli bis 5. September am Abend, erlauben wegen der jeweils nur geringen Höhe über dem Horizont vor Sonnenaufgang bzw. nach Sonnenuntergang nur eine Beobachtung tagsüber – wenn die Elongation von der Sonne genügend groß ist. Im Astrokalender sind als Hilfe dazu jeweils am Mittwoch und Sonntag die Merkur-Kulminationszeiten und -höhen angegeben.

Anschließend durchläuft Merkur vom 16. September bis 3. Oktober die Phase der besten Morgensichtbarkeit des Jahres. Es folgt eine östliche Elongation, die wieder wohl nur tagsüber verfolgt werden kann. Das Jahr beendet Merkur mit einem Aufstieg am Morgenhimmel. Vom 28. Dezember an wird er sich bis zum 23. Januar 2024 vor Sonnenaufgang präsentieren.

Am 28. März steht Merkur in Konjunktion mit Jupiter und am 26. Juli mit Venus.

Merkur ☿ 2023		Rektaszension h m	Deklination ° ′	Entf. von der Erde AE	Durchmesser ″	Helligkeit mag	Helioz. Länge °	Elongation ☉ °
Dez.[1]	27.	19 43.3	−21 54	0.866	7.8	−0.0	35.8	18.7 O
Jan.	1.	19 41.6	−20 30	0.749	9.0	1.3	66.0	13.4 O
	6.	19 20.8	−19 42	0.679	9.9	4.2	97.5	4.3 O
	11.	18 53.1	−19 34	0.680	9.9	2.9	127.3	8.6 W
	16.	18 36.6	−19 57	0.741	9.1	1.0	153.6	17.2 W
	21.	18 36.4	−20 36	0.830	8.1	0.3	176.0	22.3 W
	26.	18 48.6	−21 15	0.924	7.3	−0.0	195.2	24.5 W
	31.	19 08.5	−21 38	1.013	6.6	−0.1	212.0	25.0 W
Febr.	5.	19 33.2	−21 38	1.093	6.2	−0.1	227.3	24.3 W
	10.	20 00.9	−21 10	1.164	5.8	−0.1	241.6	23.0 W
	15.	20 30.5	−20 12	1.224	5.5	−0.2	255.4	21.1 W
	20.	21 01.3	−18 41	1.274	5.3	−0.3	269.1	18.8 W
	25.	21 32.9	−16 38	1.315	5.1	−0.4	283.3	16.1 W
März	2.	22 05.2	−14 03	1.345	5.0	−0.6	298.4	12.9 W
	7.	22 38.2	−10 55	1.364	4.9	−0.9	314.8	9.4 W
	12.	23 12.0	− 7 15	1.369	4.9	−1.3	333.3	5.4 W
	17.	23 46.6	− 3 06	1.356	5.0	−1.8	354.6	1.6 O
	22.	0 22.1	+ 1 26	1.318	5.1	−1.7	19.3	4.6 O
	27.	0 57.8	+ 6 09	1.250	5.4	−1.4	47.7	9.6 O
April	1.	1 32.4	+10 40	1.151	5.8	−1.1	78.8	14.3 O
	6.	2 03.1	+14 31	1.028	6.5	−0.7	110.0	17.8 O
	11.	2 27.4	+17 20	0.898	7.5	−0.0	138.5	19.4 O
	16.	2 43.1	+18 56	0.778	8.7	0.8	163.1	18.6 O
	21.	2 49.1	+19 14	0.678	9.9	2.0	184.1	15.2 O
	26.	2 46.1	+18 18	0.607	11.1	3.6	202.3	9.4 O
Mai	1.	2 36.8	+16 21	0.567	11.9	5.7	218.4	1.9 O
	6.	2 26.3	+14 00	0.560	12.0	4.5	233.2	6.4 W
	11.	2 19.1	+12 00	0.583	11.5	3.0	247.2	13.7 W
	16.	2 18.0	+10 51	0.628	10.7	2.0	260.9	19.2 W
	21.	2 23.7	+10 42	0.690	9.8	1.3	274.8	22.8 W
	26.	2 35.7	+11 28	0.765	8.8	0.8	289.3	24.6 W
	31.	2 53.3	+12 58	0.850	7.9	0.4	304.8	24.8 W
Juni	5.	3 16.1	+15 00	0.941	7.1	0.1	322.0	23.7 W
	10.	3 44.1	+17 21	1.037	6.5	−0.3	341.5	21.3 W
	15.	4 17.6	+19 49	1.133	5.9	−0.6	4.2	17.7 W
	20.	4 56.8	+22 03	1.220	5.5	−1.1	30.4	13.1 W
	25.	5 41.1	+23 42	1.287	5.2	−1.6	60.2	7.6 W
	30.	6 28.6	+24 24	1.323	5.1	−2.1	91.6	1.9 W

[1] 2022

Merkur ☿ 2023		Rektaszension h m	Deklination ° ′	Entf. von der Erde AE	Durchmesser ″	Helligkeit mag	Helioz. Länge °	Elongation ☉ °
Juli	5.	7 16.0	+23 56	1.325	5.1	–1.7	122.0	4.8 O
	10.	8 00.6	+22 26	1.296	5.2	–1.2	149.0	10.3 O
	15.	8 40.7	+20 09	1.248	5.4	–0.7	172.1	15.1 O
	20.	9 16.3	+17 21	1.188	5.7	–0.4	191.8	19.2 O
	25.	9 47.4	+14 17	1.122	6.0	–0.2	209.0	22.4 O
	30.	10 14.5	+11 08	1.052	6.4	0.0	224.5	24.9 O
Aug.	4.	10 37.8	+ 8 01	0.980	6.9	0.2	238.9	26.6 O
	9.	10 57.0	+ 5 07	0.907	7.4	0.3	252.8	27.4 O
	14.	11 11.7	+ 2 34	0.835	8.1	0.5	266.5	27.0 O
	19.	11 21.1	+ 0 36	0.764	8.8	0.8	280.6	25.2 O
	24.	11 23.7	– 0 30	0.701	9.6	1.3	295.4	21.6 O
	29.	11 18.2	– 0 23	0.652	10.3	2.2	311.6	15.8 O
Sept.	3.	11 05.1	+ 1 10	0.628	10.7	3.8	329.6	7.9 O
	8.	10 49.0	+ 3 52	0.645	10.4	4.6	350.3	4.5 W
	13.	10 38.1	+ 6 35	0.712	9.4	2.3	14.4	11.5 W
	18.	10 39.6	+ 8 09	0.823	8.2	0.5	42.2	16.5 W
	23.	10 54.6	+ 7 57	0.961	7.0	–0.4	72.9	17.8 W
	28.	11 19.8	+ 6 07	1.098	6.1	–0.9	104.3	16.3 W
Okt.	3.	11 50.2	+ 3 08	1.216	5.5	–1.1	133.4	13.2 W
	8.	12 22.3	– 0 27	1.306	5.1	–1.2	158.8	9.3 W
	13.	12 54.3	– 4 12	1.369	4.9	–1.3	180.4	5.5 W
	18.	13 25.8	– 7 55	1.409	4.8	–1.4	199.0	1.9 W
	23.	13 56.9	–11 26	1.430	4.7	–1.3	215.5	1.9 O
	28.	14 27.7	–14 40	1.435	4.7	–1.0	230.5	5.0 O
Nov.	2.	14 58.5	–17 36	1.425	4.7	–0.7	244.6	8.0 O
	7.	15 29.5	–20 09	1.402	4.8	–0.6	258.4	10.8 O
	12.	16 00.8	–22 17	1.365	4.9	–0.5	272.2	13.4 O
	17.	16 32.3	–23 58	1.315	5.1	–0.4	286.5	15.8 O
	22.	17 03.7	–25 09	1.249	5.4	–0.4	301.8	18.0 O
	27.	17 34.1	–25 46	1.168	5.8	–0.4	318.6	19.9 O
Dez.	2.	18 02.1	–25 49	1.070	6.3	–0.4	337.7	21.1 O
	7.	18 24.6	–25 17	0.957	7.0	–0.3	359.7	21.1 O
	12.	18 36.6	–24 16	0.838	8.0	0.2	25.2	18.7 O
	17.	18 31.3	–22 57	0.732	9.2	1.6	54.4	12.4 O
	22.	18 07.5	–21 30	0.678	9.9	4.7	85.7	2.7 O
	27.	17 40.1	–20 24	0.699	9.6	2.4	116.5	10.1 W
Jan.[2]	1.	17 27.1	–20 09	0.778	8.7	0.6	144.2	18.0 W

[2] 2024

Elongationen des Planeten Merkur 2023

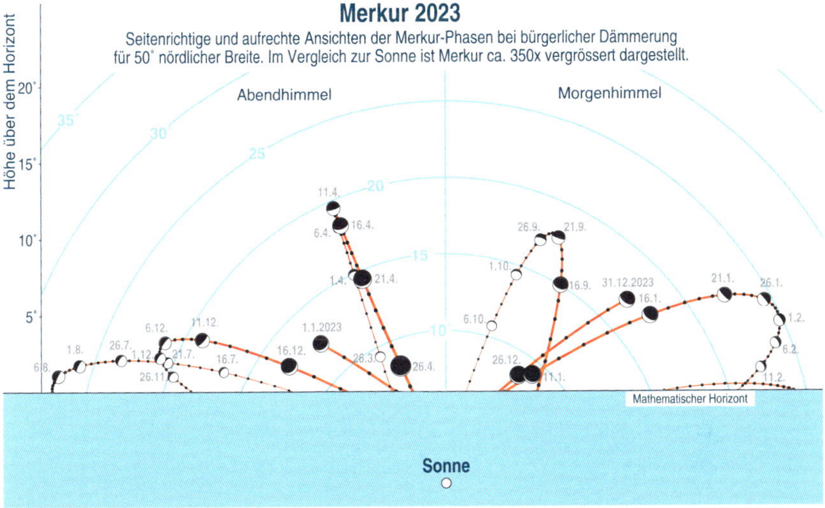

Hauptstellungen Merkurs im Jahre 2023, mit den größten Winkelabständen von der Sonne:

A Untere Konjunktion unsichtbar	B Westliche Elongation morgens sichtbar		C Obere Konjunktion unsichtbar	D Östliche Elongation abends sichtbar	
7. Januar	30. Januar	25° w. ⊙	29. November[1]	11. April	19° ö. ⊙
1. Mai	29. Mai	25° w. ⊙	3. April	10. August	27° ö. ⊙
6. September	22. September	18° w. ⊙	16. Juli	4. Dezember	21° ö. ⊙
22. Dezember	12. Januar[1]	24° w. ⊙	28. Februar[1]	24. März[1]	19° ö. ⊙

Merkur im Perihel (Entfernung von der Sonne: 0.3076 AE):
2. Januar 31. März 27. Juni 23. September 20. Dezember

Merkur im Aphel (Entfernung von der Sonne: 0.4667 AE):
15. Februar 14. Mai 10. August 6. November

[1] 2024

Im Fernrohr zeigt Merkur rasch ändernde Phasen. Ihre Entstehung soll die nachstehende Grafik, die auch für die Venus gilt, veranschaulichen. Bei großen Elongationen kann Merkur auch am Taghimmel aufgesucht werden. Damit nicht aus Versehen Sonnenlicht in das Fernrohr fällt, stelle man es in den Schatten eines Hauses (bei westlichen Elongationen ist Merkur rechts von der Sonne zu finden). Als Hilfe für die Suche wird im Astrokalender in der günstigsten Zeit jeweils am Mittwoch und am Sonntag die Kulminationszeit und -höhe Merkurs angegeben.

Darstellung der Phasen der unteren Planeten Merkur und Venus

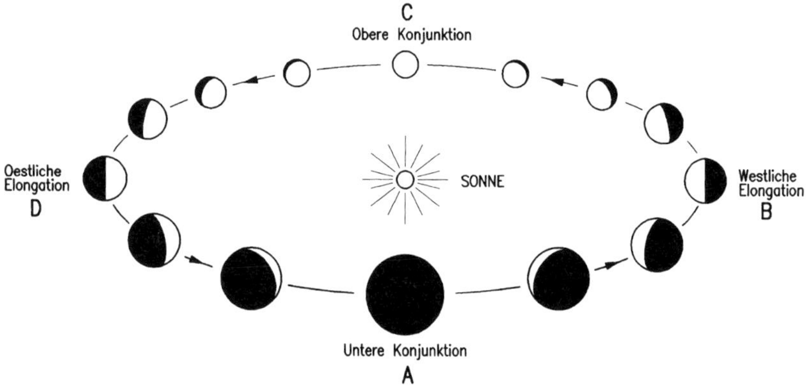

Venus ♀ ist dieses Jahr in Höchstform. Im Gegensatz zum Vorjahr erklimmt sie sowohl in der Abendsternperiode von Jahresbeginn bis Anfang August wie auch in der anschließenden Morgensichtbarkeit ab Ende August große Höhen über dem Horizont. So steht sie um den 29. April bei Sonnenuntergang noch mehr als 33°, um den 16. Oktober bei Sonnenaufgang sogar mehr als 37° über dem Horizont. Dazwischen liegt eine untere Konjunktion am 13. August, bei der Venus 8° südlich der Sonne steht. Das hat zur Folge, dass sie für Beobachter auf der südlichen Erdhalbkugel für einige Tage gleichzeitig Morgen- und Abendstern ist: sie geht vor der Sonne auf und nach der Sonne unter. Bei uns wird diese Erscheinung um den 23. März 2025 zu erleben sein.
Venus erreicht 2023 auch zweimal das Stadium des „Größten Glanzes". Ihre Gesamthelligkeit, verglichen mit der Helligkeit eines punktförmigen Fixsterns, ist am 7. Juli und am 19. September am größten. Allerdings sind diese Helligkeitsmaxima nicht besonders auffällig, ändert sich doch die Gesamthelligkeit der Venus insgesamt nur sehr wenig, trotz der sich dauernd ändernden Sichelgestalt.
Venus steht am 22. Januar mit Saturn in Konjunktion, am 2. März mit Jupiter und am 26. Juli mit Merkur.

Hauptstellungen der Venus im Jahr 2023, mit den größten Winkelabständen von der Sonne:

A Untere Konjunktion unsichtbar	B Westliche Elongation morgens sichtbar		C Obere Konjunktion unsichtbar	D Östliche Elongation abends sichtbar	
9. Januar[1]	20. März[1]	47° w. ☉	22. Oktober[1]	4. Juni	45° ö. ☉
13. August	18. Oktober	46° w. ☉	4. Juni[2]	10. Januar[3]	47° ö. ☉

Venus im „größten Glanz" am Abendhimmel	7. Juli
Venus im „größten Glanz" am Morgenhimmel	19. September
Venus im Perihel (Entfernung von der Sonne: 0.7185 AE):	17. April
	28. November
Vemus im Aphel (Entfernung von der Sonne: 0.7282 AE):	7. August

[1]2022 [2]2024 [3]2025

Venus ♀ 2023		Rektaszension h m	Deklination ° ′	Entf. von der Erde AE	Durchmesser ″	Helligkeit mag	Helioz. Länge °	Elongation ☉ °
Dez.[1]	27.	19 32.2	–23 02	1.622	10.3	–3.9	312.9	16.0 O
Jan.	1.	19 59.0	–22 02	1.608	10.4	–3.9	320.8	17.2 O
	6.	20 25.3	–20 46	1.593	10.5	–3.9	328.8	18.3 O
	11.	20 51.1	–19 15	1.577	10.6	–3.9	336.7	19.5 O
	16.	21 16.4	–17 30	1.560	10.7	–3.9	344.6	20.6 O
	21.	21 41.1	–15 33	1.542	10.8	–3.9	352.5	21.8 O
	26.	22 05.3	–13 26	1.524	11.0	–3.9	0.5	22.9 O
	31.	22 29.0	–11 09	1.504	11.1	–3.9	8.4	24.1 O
Febr.	5.	22 52.3	– 8 45	1.484	11.2	–3.9	16.4	25.2 O
	10.	23 15.2	– 6 16	1.462	11.4	–3.9	24.4	26.3 O
	15.	23 37.8	– 3 43	1.440	11.6	–4.0	32.4	27.4 O
	20.	0 00.2	– 1 07	1.416	11.8	–4.0	40.4	28.5 O
	25.	0 22.4	+ 1 30	1.392	12.0	–4.0	48.4	29.6 O
März	2.	0 44.6	+ 4 07	1.366	12.2	–4.0	56.4	30.7 O
	7.	1 06.8	+ 6 41	1.340	12.5	–4.0	64.4	31.8 O
	12.	1 29.2	+ 9 11	1.312	12.7	–4.0	72.5	32.9 O
	17.	1 51.7	+11 37	1.284	13.0	–4.0	80.6	33.9 O
	22.	2 14.5	+13 55	1.254	13.3	–4.0	88.6	35.0 O
	27.	2 37.6	+16 06	1.223	13.6	–4.0	96.7	36.0 O
April	1.	3 01.1	+18 07	1.192	14.0	–4.0	104.8	37.0 O
	6.	3 24.8	+19 57	1.159	14.4	–4.0	112.9	38.0 O
	11.	3 48.9	+21 34	1.125	14.8	–4.1	121.0	38.9 O
	16.	4 13.3	+22 58	1.091	15.3	–4.1	129.1	39.9 O
	21.	4 37.9	+24 08	1.055	15.8	–4.1	137.3	40.7 O
	26.	5 02.7	+25 01	1.019	16.4	–4.1	145.4	41.6 O
Mai	1.	5 27.5	+25 39	0.982	17.0	–4.1	153.5	42.3 O
	6.	5 52.2	+26 00	0.944	17.7	–4.1	161.6	43.1 O
	11.	6 16.5	+26 05	0.905	18.4	–4.2	169.8	43.7 O
	16.	6 40.5	+25 53	0.866	19.3	–4.2	177.9	44.3 O
	21.	7 03.8	+25 27	0.826	20.2	–4.2	186.0	44.7 O
	26.	7 26.4	+24 45	0.786	21.2	–4.2	194.0	45.1 O
	31.	7 48.1	+23 51	0.746	22.4	–4.3	202.1	45.3 O
Juni	5.	8 08.7	+22 45	0.705	23.7	–4.3	210.1	45.4 O
	10.	8 28.2	+21 28	0.665	25.1	–4.3	218.2	45.3 O
	15.	8 46.3	+20 03	0.624	26.7	–4.4	226.2	44.9 O
	20.	9 02.9	+18 32	0.584	28.6	–4.4	234.2	44.3 O
	25.	9 17.8	+16 57	0.545	30.6	–4.4	242.1	43.4 O
	30.	9 30.9	+15 19	0.506	33.0	–4.5	250.1	42.1 O

[1] 2022

Venus ♀ 2023		Rektaszension h m	Deklination ° ′	Entf. von der Erde AE	Durchmesser ″	Helligkeit mag	Helioz. Länge °	Elongation ☉ °
Juli	5.	9 41.8	+13 42	0.469	35.6	–4.5	258.0	40.4 O
	10.	9 50.3	+12 08	0.433	38.5	–4.5	266.0	38.1 O
	15.	9 55.9	+10 40	0.400	41.8	–4.5	273.9	35.2 O
	20.	9 58.4	+ 9 22	0.369	45.2	–4.4	281.8	31.5 O
	25.	9 57.2	+ 8 18	0.342	48.8	–4.4	289.7	27.0 O
	30.	9 52.3	+ 7 32	0.319	52.3	–4.3	297.6	21.6 O
Aug.	4.	9 43.9	+ 7 07	0.302	55.2	–4.1	305.5	15.6 O
	9.	9 32.8	+ 7 05	0.292	57.2	–4.0	313.4	9.9 O
	14.	9 20.4	+ 7 25	0.289	57.8	–3.9	321.3	7.8 W
	19.	9 08.5	+ 8 00	0.293	57.0	–4.1	329.2	11.8 W
	24.	8 58.9	+ 8 45	0.304	54.9	–4.2	337.2	17.8 W
	29.	8 52.8	+ 9 32	0.321	51.9	–4.4	345.1	23.7 W
Sept.	3.	8 50.6	+10 15	0.344	48.5	–4.4	353.0	28.9 W
	8.	8 52.5	+10 50	0.370	45.1	–4.5	1.0	33.2 W
	13.	8 57.9	+11 14	0.400	41.7	–4.5	8.9	36.7 W
	18.	9 06.5	+11 25	0.432	38.6	–4.5	16.9	39.4 W
	23.	9 17.6	+11 23	0.466	35.8	–4.5	24.9	41.6 W
	28.	9 30.8	+11 07	0.501	33.3	–4.5	32.9	43.3 W
Okt.	3.	9 45.8	+10 37	0.537	31.1	–4.5	40.9	44.5 W
	8.	10 02.1	+ 9 54	0.574	29.1	–4.5	48.9	45.4 W
	13.	10 19.5	+ 8 58	0.612	27.3	–4.4	56.9	46.0 W
	18.	10 37.7	+ 7 49	0.649	25.7	–4.4	64.9	46.3 W
	23.	10 56.6	+ 6 29	0.687	24.3	–4.4	73.0	46.4 W
	28.	11 16.0	+ 4 59	0.725	23.0	–4.4	81.0	46.4 W
Nov.	2.	11 35.9	+ 3 21	0.762	21.9	–4.3	89.1	46.2 W
	7.	11 56.1	+ 1 35	0.800	20.9	–4.3	97.2	45.8 W
	12.	12 16.7	– 0 18	0.837	19.9	–4.3	105.3	45.4 W
	17.	12 37.6	– 2 15	0.874	19.1	–4.2	113.4	44.9 W
	22.	12 58.8	– 4 15	0.910	18.3	–4.2	121.5	44.3 W
	27.	13 20.4	– 6 16	0.946	17.6	–4.2	129.6	43.6 W
Dez.	2.	13 42.4	– 8 17	0.982	17.0	–4.2	137.8	42.8 W
	7.	14 04.8	–10 16	1.016	16.4	–4.2	145.9	42.0 W
	12.	14 27.6	–12 12	1.051	15.9	–4.1	154.0	41.2 W
	17.	14 50.9	–14 03	1.085	15.4	–4.1	162.1	40.3 W
	22.	15 14.7	–15 46	1.118	14.9	–4.1	170.2	39.4 W
	27.	15 39.0	–17 21	1.150	14.5	–4.1	178.4	38.4 W
Jan.[2]	1.	16 03.8	–18 46	1.182	14.1	–4.1	186.4	37.5 W

[2] 2024

Venus 2023

Seitenrichtige und aufrechte Ansichten der Venus-Phasen bei Sonnenauf- resp. -untergang für 50° nördlicher Breite. Im Vergleich zur Sonne ist Venus ca. 350x vergrössert dargestellt.

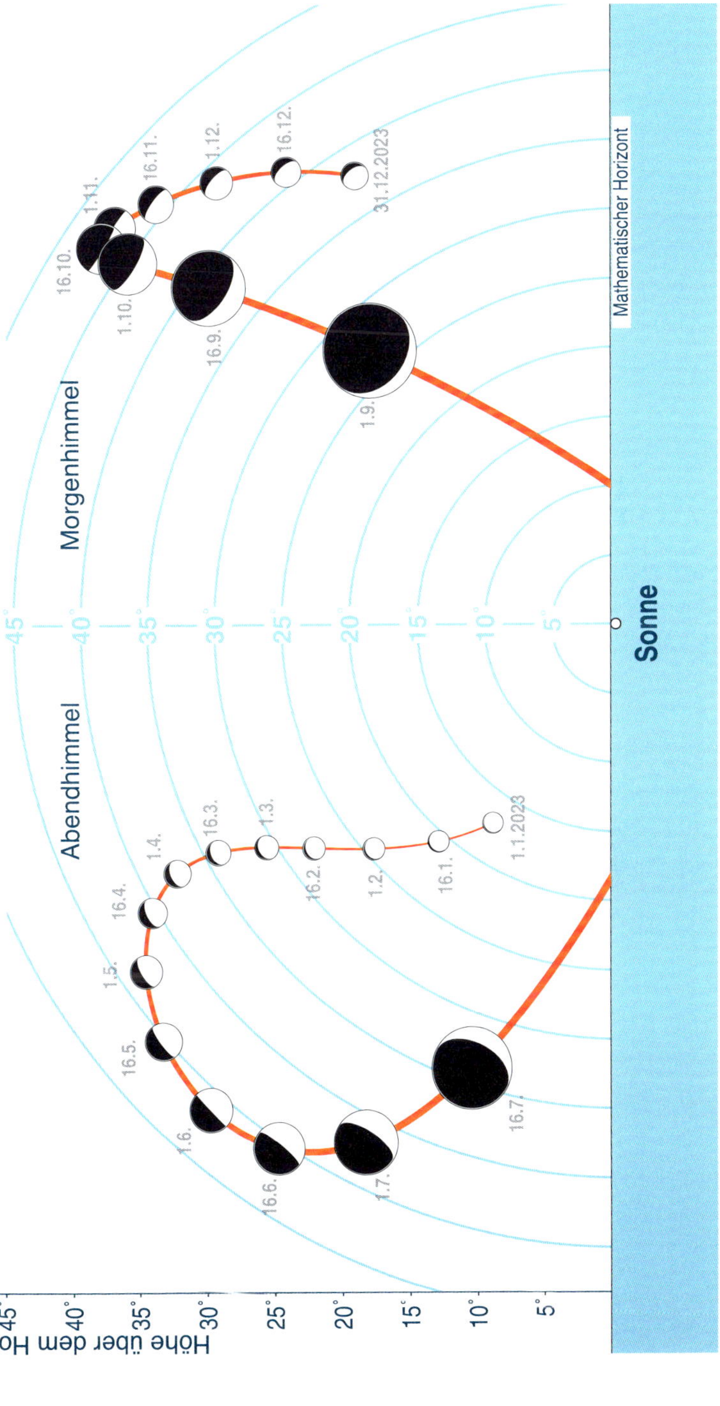

Mars ♂ ist bis Ende September zu sehen. Zu Jahresbeginn kann er bis in die Morgenstunden beobachtet werden. Bis im Juni zieht er sich aber langsam vom Morgenhimmel zurück und ist dann nur noch in der ersten Nachthälfte zu sehen. Dann geht er immer früher unter, bis er Anfang Oktober im Strahlenkranz der Sonne verschwindet. Bei der Konjunktion am 18. November wird er von der Sonne bedeckt.

Ansicht des Mars

Monat (Beginn) 2023	Phase	Pw. der Rotations-Achse °	Erhebung über Marsäquator Erde °	Sonne °	Länge des Zentralmeridians um 0° UT am 1. °	6. °	11. °	16. °	21. °	26. °
Jan.	0.973	–35	– 9	– 1	314	269	224	178	132	86
Febr.	0.920	–35	– 8	– 7	30	344	297	250	202	155
März	0.899	–31	– 4	–13	127	79	32	344	297	249
April	0.900	–25	– 3	–17	191	143	96	48	360	311
Mai	0.913	–16	–10	–21	263	215	167	119	70	22
Juni	0.931	– 5	–17	–24	324	275	227	178	130	81
Juli	0.950	6	22	25	32	344	295	246	197	148
Aug.	0.968	18	25	25	89	40	351	302	253	204
Sept.	0.983	28	26	23	145	96	47	358	308	259
Okt.	0.993	36	23	20	210	161	112	63	14	325
Nov.	0.999	39	17	15	266	218	169	120	71	22
Dez.	1.000	36	8	10	333	284	236	187	138	89

Die Phase gibt den beleuchteten Bruchteil des Planetendurchmessers an. Sie ist exakt = 1, wenn der Planet in Opposition oder Konjunktion zur Sonne steht.

Der *Positionswinkel der Rotationsachse* gibt an, um welchen Winkel die Rotationsachse, von der Erde aus gesehen, von der Nord-Süd-Richtung abweicht. Bei positivem Pw. ist diese Abweichung im Gegenuhrzeigersinn.

Bei positiver *Erhebung der Erde* über den Marsäquator ist der Nordpol des Planeten uns zugeneigt.

Wenn die *Erhebung der Sonne* über den Marsäquator positiv ist, hat die Nordhalbkugel des Planeten „Frühling“ oder „Sommer“.

Der *Zentralmeridian* ist der Meridian des Punktes, der von der Erde aus in der Mitte des Planetenbildes erscheint. Er kann zwischen den Tabellenwerten interpoliert werden. Im Mittel dreht sich der Mars in 1^h um 14.°62, in einem Tag um 350.°89.

Das auffälligste Dunkelgebiet, die „Große Syrte“, liegt bei 280°–290° Länge.

Marsoppositionen von 2022 – 2050

Bahnen von Erde und Mars

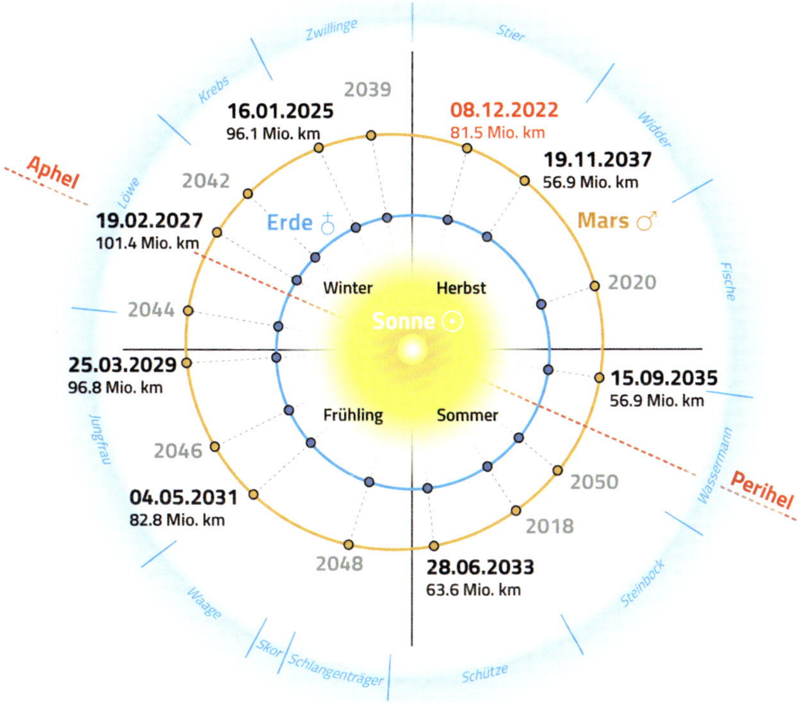

Scheinbare Grösse von Mars am Fernrohr am Tag der Opposition

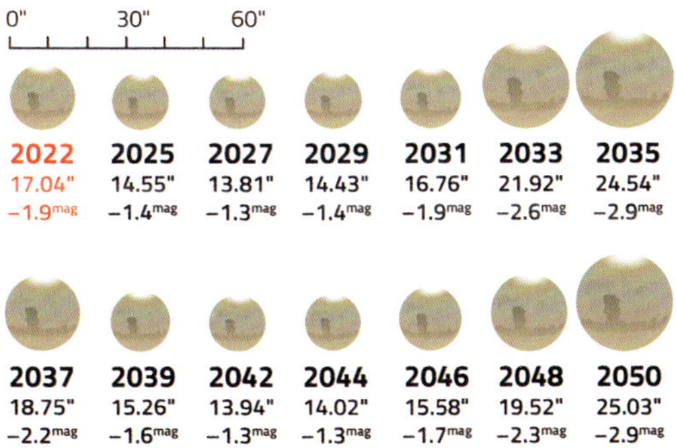

Mars ♂ 2023		Rektaszension h m	Deklination ° ′	Entf. von der Erde AE	Durchmesser ″	Helligkeit mag	Helioz. Länge °	Eklipt. Breite °
Dez.[1]	27.	4 31.8	+24 41	0.611	15.3	−1.4	85.6	+2.76
Jan.	6.	4 24.8	+24 31	0.669	14.0	−1.1	90.6	+2.84
	16.	4 23.8	+24 28	0.741	12.6	−0.7	95.4	+2.83
	26.	4 28.1	+24 33	0.823	11.4	−0.4	100.2	+2.76
Febr.	5.	4 36.9	+24 46	0.912	10.3	−0.2	105.0	+2.67
	15.	4 49.4	+25 02	1.007	9.3	0.1	109.7	+2.57
	25.	5 04.9	+25 18	1.105	8.5	0.3	114.3	+2.45
März	7.	5 22.7	+25 30	1.204	7.8	0.5	118.9	+2.34
	17.	5 42.2	+25 36	1.305	7.2	0.7	123.4	+2.23
	27.	6 03.2	+25 33	1.404	6.7	0.9	127.9	+2.12
April	6.	6 25.3	+25 20	1.503	6.2	1.0	132.4	+2.02
	16.	6 48.2	+24 54	1.599	5.9	1.2	136.8	+1.91
	26.	7 11.5	+24 15	1.693	5.5	1.3	141.2	+1.81
Mai	6.	7 35.2	+23 22	1.783	5.3	1.4	145.6	+1.72
	16.	7 59.1	+22 17	1.870	5.0	1.5	150.0	+1.62
	26.	8 22.9	+20 57	1.953	4.8	1.5	154.3	+1.53
Juni	5.	8 46.7	+19 26	2.031	4.6	1.6	158.7	+1.44
	15.	9 10.4	+17 42	2.104	4.5	1.7	163.1	+1.34
	25.	9 33.9	+15 47	2.172	4.3	1.7	167.4	+1.25
Juli	5.	9 57.2	+13 43	2.235	4.2	1.7	171.8	+1.16
	15.	10 20.4	+11 30	2.292	4.1	1.8	176.2	+1.07
	25.	10 43.5	+ 9 09	2.344	4.0	1.8	180.7	+0.98
Aug.	4.	11 06.5	+ 6 42	2.390	3.9	1.8	185.1	+0.89
	14.	11 29.6	+ 4 09	2.430	3.9	1.8	189.6	+0.80
	24.	11 52.8	+ 1 33	2.464	3.8	1.8	194.2	+0.71
Sept.	3.	12 16.2	− 1 05	2.493	3.8	1.7	198.7	+0.62
	13.	12 39.9	− 3 43	2.515	3.7	1.7	203.4	+0.53
	23.	13 04.1	− 6 21	2.532	3.7	1.7	208.0	+0.43
Okt.	3.	13 28.8	− 8 56	2.543	3.7	1.7	212.8	+0.34
	13.	13 54.1	−11 27	2.549	3.7	1.6	217.6	+0.24
	23.	14 20.3	−13 50	2.549	3.7	1.6	222.5	+0.14
Nov.	2.	14 47.2	−16 04	2.544	3.7	1.5	227.4	+0.05
	12.	15 15.1	−18 07	2.535	3.7	1.5	232.4	−0.05
	22.	15 44.0	−19 55	2.520	3.7	1.4	237.6	−0.15
Dez.	2.	16 13.8	−21 27	2.501	3.7	1.4	242.8	−0.25
	12.	16 44.5	−22 40	2.479	3.8	1.4	248.0	−0.35
	22.	17 16.0	−23 30	2.453	3.8	1.4	253.4	−0.45
Jan.[2]	1.	17 48.2	−23 58	2.424	3.9	1.4	258.9	−0.55

[1] 2022 [2] 2024

Planet Mars im Jahr 2023

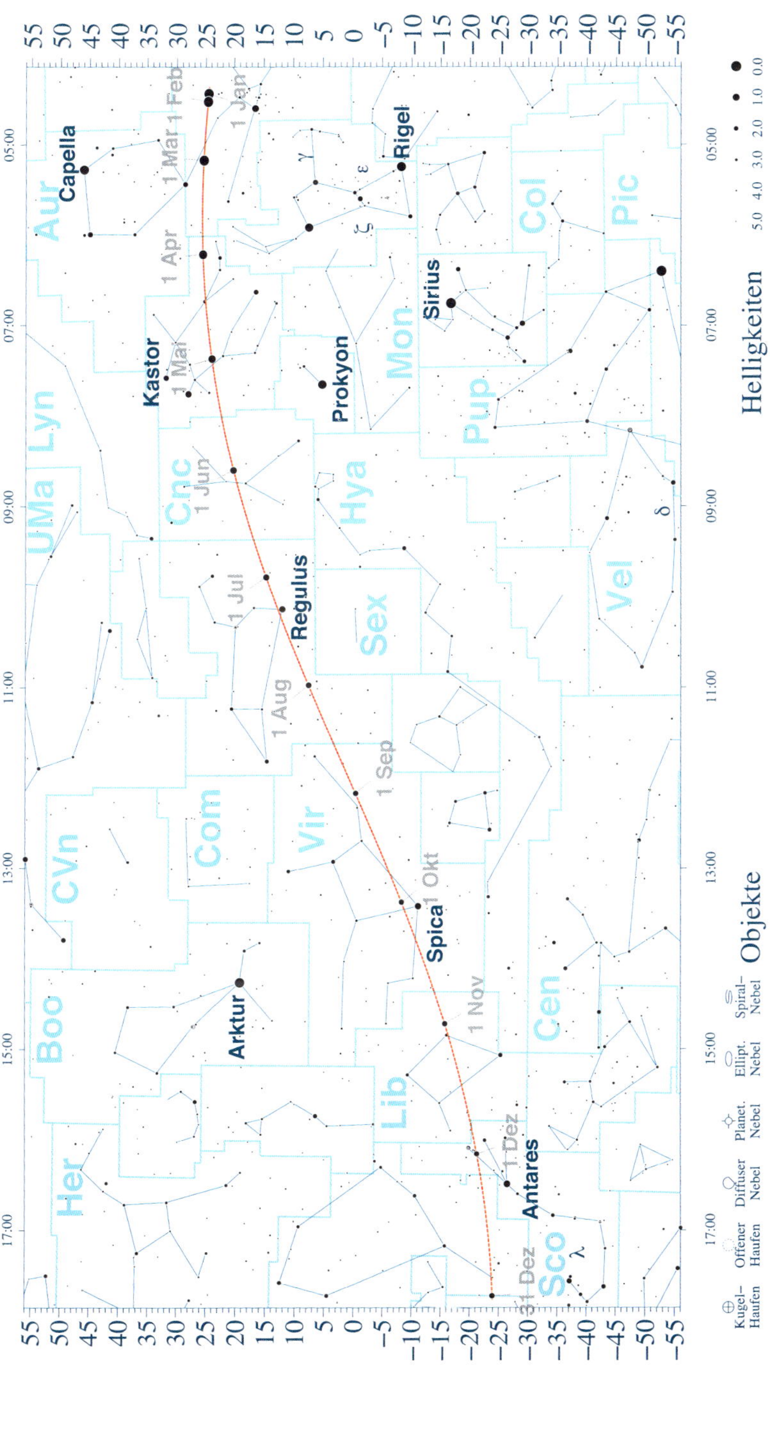

Jupiter ♃ beginnt das Jahr noch südlich des Äquators. Bereits am 13. Januar wechselt er aber für 5 Jahre auf die nördliche Himmelskugel. Zu sehen ist Jupiter vom Jahresbeginn bis gegen Ende März am Abendhimmel. Nach der Konjunktion mit der Sonne am 11. April wechselt er an den Morgenhimmel, wo er gegen Ende April in der Dämmerung ausgemacht werden kann. Er bewegt sich dann westwärts von der Sonne weg und kann um die Opposition vom 3. November die ganze Nacht hindurch beobachtet werden. Am 2. März steht Jupiter in Konjunktion mit Venus und am 28. März mit Merkur.

GRF

Der große rote Fleck auf der Jupiteroberfläche kann mit einem Amateurfernrohr beobachtet werden – wenn man denn weiß, wann er von uns aus zu sehen ist. Wir geben diese Angaben jetzt im Astrokalender an, zusammen mit der vorausgesagten Meridianlänge. Weil sich der GRF unregelmäßig bewegt, können wir nur angeben, wann dieser Meridian durch den Mittelpunkt der „Jupiterscheibe" verläuft. Abweichungen der tatsächlich beobachteten Zeit können einfach auf zukünftige Beobachtungstermine übertragen werden.

Ansicht des Jupiter

Monat 2023	Pw. der Rotationsachse am 1.	Länge des Zentralmeridians um 0^h UT am 1. °	6. °	11. °	16. °	21. °	26. °	System
Jan.	–25	59	127	196	264	332	41	I
		19	50	80	110	140	171	II
Febr.	–25	267	335	43	111	179	247	I
		351	21	51	81	111	141	II
März	–25	0	69	137	205	273	341	I
		231	261	291	321	351	21	II
April	–24	207	275	344	52	120	189	I
		201	231	261	291	322	352	II
Mai	–23	257	325	34	102	171	239	I
		22	52	83	113	143	174	II
Juni	–21	106	174	243	312	21	90	I
		354	25	55	86	117	147	II
Juli	–20	159	228	297	6	75	144	I
		178	209	240	271	302	333	II
Aug.	–18	11	81	150	220	289	359	I
		154	186	217	248	280	311	II
Sept.	–18	227	297	6	76	146	217	I
		133	165	197	229	260	292	II
Okt.	–18	287	357	67	137	208	278	I
		324	356	28	60	93	125	II
Nov.	–19	146	216	286	356	66	136	I
		307	339	11	43	75	107	II
Dez.	–20	206	276	345	55	124	194	I
		138	170	201	233	264	295	II

Der *Positionswinkel der Rotationsachse* gibt an, um welchen Winkel die Rotationsachse, von der Erde aus gesehen, von der Nord-Süd-Richtung abweicht. Bei positivem Pw. ist diese Abweichung im Gegenuhrzeigersinn.
Der *Zentralmeridian* ist der Meridian des Punktes, der von der Erde aus in der Mitte des Planetenbildes erscheint. Bei Jupiter rotieren aber die äquatornahen Gebiete (System I, bis etwa 10° nördlicher und südlicher Breite) etwas rascher als die Gebiete in den größeren Breiten (System II). Zur Interpolation zwischen den angegebenen Werten kann die folgende Tabelle verwendet werden:

Interpolation der jovigrafischen Längen

System	Rotationszeit	Längenunterschied in ° nach							
		10^m	1^h	4^h	8^h	1^d	2^d	4^d	7^d
I	$9^h50^m30^s$	6.1	36.6	146.3	292.6	157.9	315.8	271.6	25.3
II	$9^h55^m40^s$	6.0	36.3	145.0	290.1	150.3	300.5	241.1	331.9

Die bekannteste Struktur, der „Große Rote Fleck", liegt auf etwa 22° südlicher jovigrafischer Breite, rotiert also im System II, wobei eine irreguläre zusätzliche Längenverschiebung überlagert ist. Seine Länge beträgt bei Jahresbeginn etwa 8°.

Die vier hellen Jupiter-Trabanten

Nr.	Name	Größe* mag	Durchmesser km	Synodische Umlaufszeit d	h	m	s	Halbe große Bahnachse**	Mittlere Elong. von ♃ ″
I	Io	+5.5	3640	1	18	28	36	5.91	138
II	Europa	+5.6	3100	3	13	17	54	9.40	220
III	Ganymed	+5.1	5200	7	3	59	36	14.99	351
IV	Kallisto	+6.2	4900	16	18	05	07	26.36	618

* Mittlere Helligkeit ** In Einheiten des Jupiter-Halbmessers

Diese vier hellen Satelliten wurden 1610 von Galilei entdeckt und werden darum auch oft die Galileischen Monde genannt. Jupiter wird noch von zahlreichen weiteren, wesentlich kleineren Trabaten umkreist, deren Beobachtung großen Teleskopen oder gar nahe vorbeifliegenden Raumsonden vorbehalten ist.
Unsere Angaben beschränken sich auf jene Ereignisse, die der irdische Beobachter mit dem Fernrohr sieht. Das Bewegungsspiel der vier hellen Jupitermonde zu verfolgen ist reizvoll. Der Astrokalender gibt die Zeiten der besonderen Erscheinungen an.

Jupiter ♃ 2023		Rektaszension h m	Deklination ° ′	Entf. von der Erde AE	Durchmesser ″	Helligkeit mag	Helioz. Länge °	Eklipt. Breite °
Dez.[1]	27.	0 04.4	– 0 57	4.931	39.9	–2.4	12.1	–1.31
Jan.	6.	0 08.7	– 0 26	5.088	38.7	–2.3	13.0	–1.27
	16.	0 14.0	+ 0 11	5.240	37.6	–2.3	13.9	–1.23
	26.	0 20.1	+ 0 52	5.382	36.6	–2.2	14.8	–1.20
Febr.	5.	0 26.9	+ 1 38	5.513	35.7	–2.2	15.7	–1.17
	15.	0 34.3	+ 2 27	5.630	35.0	–2.1	16.6	–1.14
	25.	0 42.1	+ 3 19	5.731	34.4	–2.1	17.6	–1.12
März	7.	0 50.4	+ 4 13	5.814	33.9	–2.1	18.5	–1.10
	17.	0 59.0	+ 5 07	5.879	33.5	–2.1	19.4	–1.08
	27.	1 07.8	+ 6 02	5.924	33.2	–2.1	20.3	–1.07
April	6.	1 16.7	+ 6 57	5.949	33.1	–2.0	21.2	–1.07
	16.	1 25.7	+ 7 51	5.955	33.1	–2.0	22.1	–1.06
	26.	1 34.8	+ 8 44	5.940	33.1	–2.0	23.1	–1.06
Mai	6.	1 43.7	+ 9 36	5.905	33.3	–2.1	24.0	–1.06
	16.	1 52.5	+10 25	5.852	33.6	–2.1	24.9	–1.07
	26.	2 01.2	+11 11	5.780	34.1	–2.1	25.8	–1.08
Juni	5.	2 09.5	+11 55	5.692	34.6	–2.1	26.7	–1.09
	15.	2 17.4	+12 34	5.588	35.2	–2.1	27.6	–1.11
	25.	2 24.8	+13 11	5.470	36.0	–2.2	28.5	–1.12
Juli	5.	2 31.7	+13 43	5.340	36.9	–2.2	29.5	–1.15
	15.	2 37.9	+14 11	5.201	37.9	–2.3	30.4	–1.17
	25.	2 43.2	+14 34	5.054	39.0	–2.3	31.3	–1.20
Aug.	4.	2 47.6	+14 52	4.903	40.2	–2.4	32.2	–1.23
	14.	2 51.0	+15 05	4.751	41.4	–2.5	33.1	–1.26
	24.	2 53.1	+15 12	4.602	42.8	–2.5	34.0	–1.29
Sept.	3.	2 54.0	+15 14	4.459	44.2	–2.6	34.9	–1.32
	13.	2 53.6	+15 11	4.327	45.5	–2.7	35.9	–1.35
	23.	2 51.9	+15 01	4.211	46.8	–2.8	36.8	–1.38
Okt.	3.	2 48.9	+14 47	4.115	47.9	–2.8	37.7	–1.40
	13.	2 44.9	+14 28	4.042	48.7	–2.9	38.6	–1.42
	23.	2 40.1	+14 05	3.997	49.3	–2.9	39.5	–1.42
Nov.	2.	2 34.8	+13 41	3.982	49.4	–2.9	40.4	–1.41
	12.	2 29.5	+13 17	3.998	49.2	–2.9	41.3	–1.40
	22.	2 24.6	+12 54	4.045	48.7	–2.9	42.2	–1.37
Dez.	2.	2 20.5	+12 36	4.120	47.8	–2.8	43.1	–1.33
	12.	2 17.3	+12 23	4.221	46.7	–2.7	44.0	–1.29
	22.	2 15.4	+12 16	4.343	45.3	–2.7	44.9	–1.24
Jan.[2]	1.	2 14.7	+12 16	4.482	43.9	–2.6	45.8	–1.19

[1] 2022 [2] 2024

Planet Jupiter im Jahr 2023

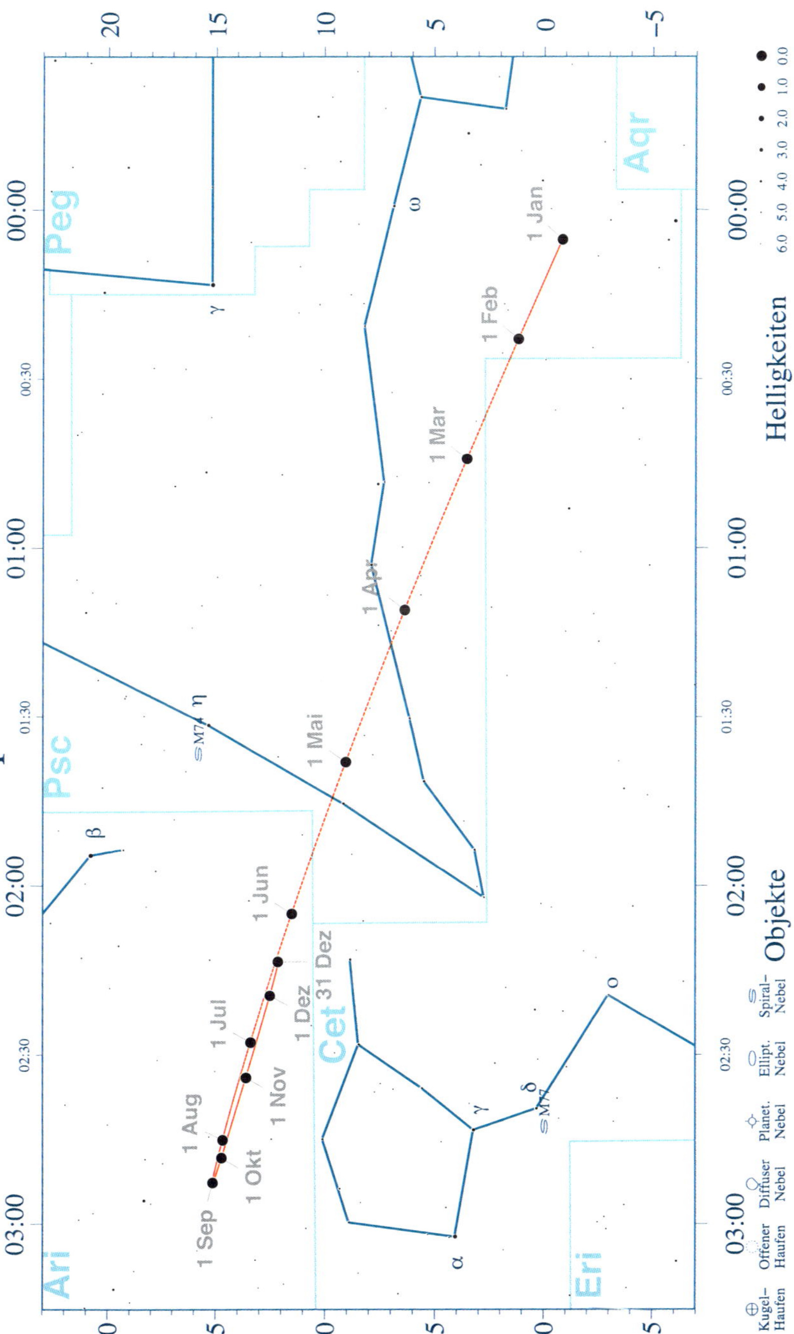

Jupitermondereignisse 2023

Schematische Darstellung

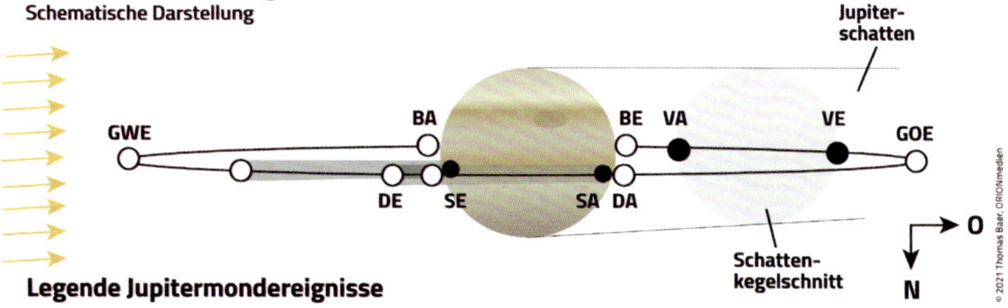

Legende Jupitermondereignisse

DA Durchgangsanfang (Mond tritt vor die Jupiterscheibe)
DE Durchgangsende (Mond verlässt die Jupiterscheibe)
SA Schattenanfang (Der Schatten des Mondes trifft auf die Jupiterscheibe)
SE Schattenende (Der Schatten verlässt die Jupiterscheibe)
BA Bedeckungsanfang (Der Mond wird durch Jupiter bedeckt)
BE Bedeckungsende (Der Mond taucht hinter der Jupiterscheibe auf)
VA Verfinsterungsanfang (Der Mond taucht in den Jupiterschatten ein)
VE Verfinsterungsende (Der Mond taucht aus dem Jupiterschatten auf)
GWE Grösste westliche Elongation
GOE Grösste westliche Elongation

Jupitermondbahnen Januar 2023

Verfinsterungs-, Bedeckungs- und Durchgangspunkte am Beispiel von Ganymed

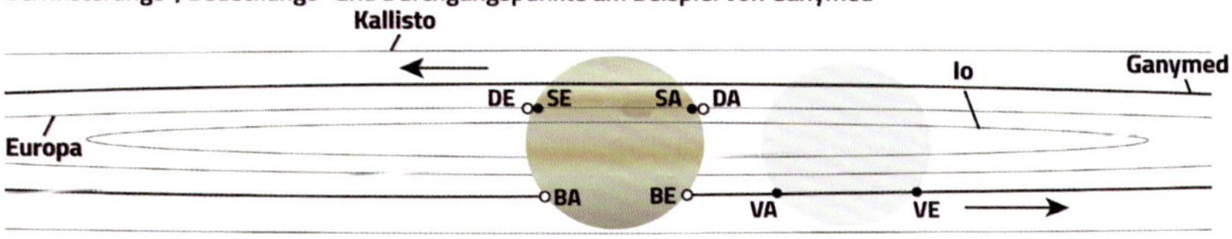

Jupitermondbahnen Juni 2023

Verfinsterungs-, Bedeckungs- und Durchgangspunkte am Beispiel von Ganymed

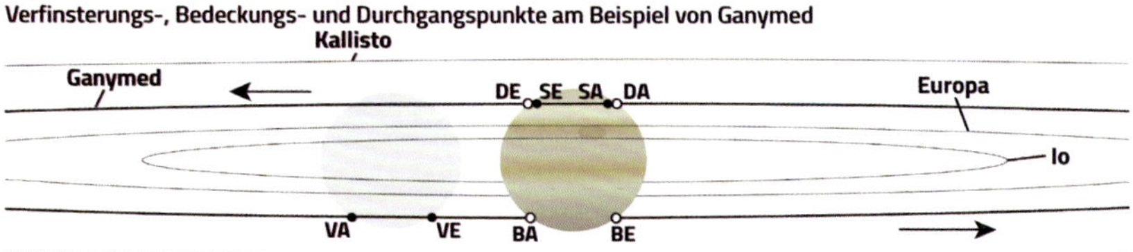

Jupitermondbahnen Dezember 2023

Verfinsterungs-, Bedeckungs- und Durchgangspunkte am Beispiel von Ganymed

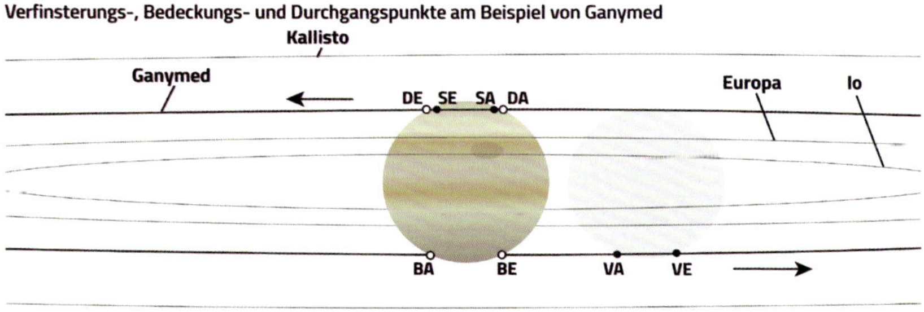

Ansicht im umkehrenden Fernrohr

Verfinsterungspunkte der Jupitermond 2023
(im umkehrenden Fernrohr: West ist links, Nord unten)

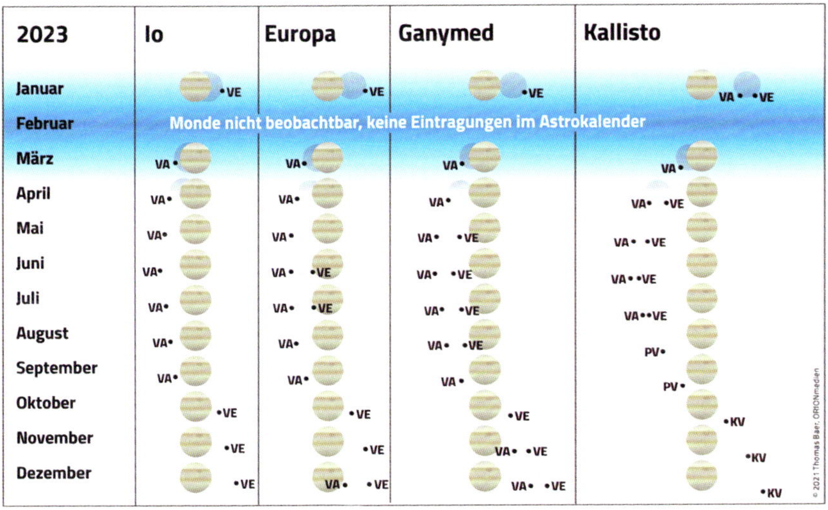

Legende Jupitermondereignisse

VA Verfinsterungsanfang (Der Mond taucht in den Jupiterschatten ein)
VE Verfinsterungsende (Der Mond taucht aus dem Jupiterschatten auf)
PV Partielle Verfinsterung
KV Keine Verfinsterung

Saturn ♄ bleibt auch dieses Jahr mehr als 10° südlich des Äquators. Er kann bis gegen Ende Januar noch in der Abenddämmerung erkannt werden. Am 16. Februar steht Saturn dann in Konjunktion mit der Sonne und erscheint erst Anfang März in der Morgendämmerung. Er geht dann immer früher auf, Ende Juni bereits vor Mitternacht. Am 27. August steht er in Opposition zur Sonne und kann bei tiefem Horizont die ganze Nacht hindurch beobachtet werden. Anschließend bleibt er nicht mehr bis zur Morgendämmerung über dem Horizont, ab November ist er nur noch in der ersten Nachthälfte zu sehen. Bis Ende Jahr kann er noch in den Abendstunden aufgesucht werden, erreicht er doch erst am 28. Februar 2024 die Konjunktion mit der Sonne.
Die Ringöffnung nimmt weiterhin ab, bis zur nächsten Kantenlage am 23. März 2025. Saturn steht am 22. Januar in Konjunktion mit Venus.

Januar Juli Dezember

Saturn ♄ 2023		Rektaszension h m	Deklination ° ′	Entf. von der Erde AE	Durchmesser ″	Helligkeit mag	Helioz. Länge °	Eklipt. Breite °
Dez.[1]	27.	21 38.9	−15 22	10.485	15.8	0.8	326.1	−1.24
Jan.	6.	21 42.8	−15 03	10.596	15.6	0.8	326.4	−1.24
	16.	21 47.0	−14 41	10.685	15.5	0.8	326.7	−1.24
	26.	21 51.4	−14 19	10.752	15.4	0.8	327.1	−1.24
Febr.	5.	21 56.0	−13 55	10.794	15.3	0.8	327.4	−1.25
	15.	22 00.7	−13 31	10.811	15.3	0.8	327.7	−1.26
	25.	22 05.3	−13 06	10.802	15.3	0.8	328.0	−1.27
März	7.	22 10.0	−12 42	10.768	15.4	0.9	328.3	−1.28
	17.	22 14.4	−12 18	10.709	15.5	0.9	328.6	−1.30
	27.	22 18.7	−11 55	10.626	15.6	0.9	329.0	−1.32
April	6.	22 22.6	−11 34	10.523	15.7	1.0	329.3	−1.34
	16.	22 26.3	−11 15	10.401	15.9	1.0	329.6	−1.37
	26.	22 29.5	−10 58	10.262	16.1	1.0	329.9	−1.40
Mai	6.	22 32.3	−10 44	10.111	16.4	1.0	330.2	−1.43
	16.	22 34.6	−10 33	9.951	16.6	1.0	330.5	−1.46
	26.	22 36.3	−10 25	9.786	16.9	0.9	330.9	−1.50
Juni	5.	22 37.5	−10 20	9.619	17.2	0.9	331.2	−1.53
	15.	22 38.0	−10 19	9.456	17.5	0.9	331.5	−1.57
	25.	22 37.9	−10 22	9.301	17.8	0.8	331.8	−1.61
Juli	5.	22 37.2	−10 29	9.158	18.1	0.8	332.1	−1.65
	15.	22 36.0	−10 39	9.032	18.3	0.7	332.5	−1.68
	25.	22 34.2	−10 51	8.926	18.5	0.6	332.8	−1.71
Aug.	4.	22 31.9	−11 06	8.845	18.7	0.6	333.1	−1.74
	14.	22 29.3	−11 23	8.790	18.8	0.5	333.4	−1.76
	24.	22 26.5	−11 40	8.765	18.9	0.4	333.7	−1.78
Sept.	3.	22 23.7	−11 57	8.769	18.9	0.4	334.0	−1.79
	13.	22 20.9	−12 13	8.804	18.8	0.5	334.4	−1.79
	23.	22 18.4	−12 27	8.867	18.7	0.5	334.7	−1.79
Okt.	3.	22 16.2	−12 39	8.957	18.5	0.5	335.0	−1.78
	13.	22 14.5	−12 48	9.070	18.2	0.6	335.3	−1.77
	23.	22 13.4	−12 53	9.203	18.0	0.7	335.6	−1.76
Nov.	2.	22 12.9	−12 55	9.352	17.7	0.7	336.0	−1.74
	12.	22 13.0	−12 53	9.511	17.4	0.8	336.3	−1.72
	22.	22 13.8	−12 47	9.675	17.1	0.8	336.6	−1.70
Dez.	2.	22 15.3	−12 38	9.841	16.8	0.8	336.9	−1.68
	12.	22 17.4	−12 25	10.002	16.5	0.9	337.2	−1.66
	22.	22 20.0	−12 09	10.155	16.3	0.9	337.6	−1.65
Jan.[2]	1.	22 23.1	−11 50	10.295	16.1	0.9	337.9	−1.63

[1] 2022 [2] 2024

Planet Saturn im Jahr 2023

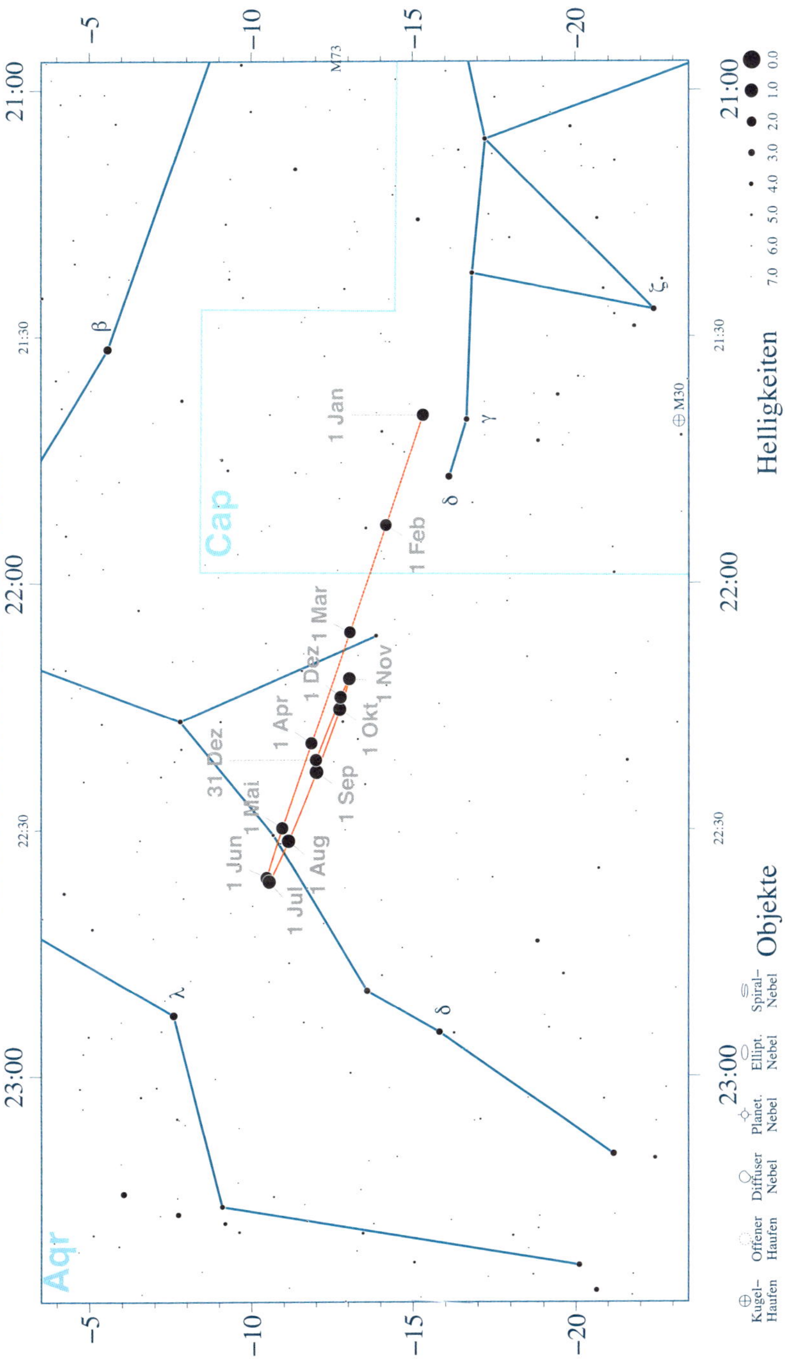

Saturns Trabanten

Als gesichert gelten heute 82 Saturnmonde, die wir bis zur Größe 13 in tabellarischer Form vorstellen. Mit einem Amateurfernrohr können Titan, Rhea, Tethys, Dione und Iapetus beobachtet werden, vor allem, wenn sie sich in ihren größten Elongationen befinden, also von der Erde aus am weitesten von Saturn entfernt erscheinen. Im Astrokalender wird auf solche günstige Beobachtungsgelegenheiten hingewiesen.

Trabant		Größe[1] mag	Durchmesser[2] km	Synod. Umlaufszeit d	Halbe große Bahnachse[3]	Mittlere Elong. von ♄[1] ′ ″	Jahr der Entdeckung
I	Mimas	12.9	392	0.9425	3.09	30	1789
II	Enceladus	11.8	500	1.3704	3.97	38	1789
III	Tethys	10.3	1050	1.8881	4.91	48	1684
IV	Dione	10.4	1120	2.7376	6.29	1 01	1684
V	Rhea	9.8	1530	4.5194	8.78	1 25	1672
VI	Titan	8.4	5150	15.9690	20.36	3 17	1655
VIII	Iapetus	11[4]	1450	79.9201	59.31	9 35	1671

[1] In mittlerer Oppositionsentfernung von 8.55 AE

[2] Oder mittlere Dimension

[3] In Saturn-Äquatorradien zu 60000 km. Der äußere A-Ringradius misst 2.28 Äquatorradien.

[4] Größe 10.1–11.9; Iapetus ist westlich Saturn 1.8^{mag} heller als östlich

Saturns Ringsystem

Datum 2023		Äußere Ringachsen große ″	kleine ″	Polardurchmesser ″	Erhebungswinkel Erde °	Sonne °	
Jan.	1.	35.6	8.4	14.2	13.6	12.0	**Größte Erhebung**
April	1.	35.5	5.6	14.1	9.1	10.9	
Juni	13.	39.6	5.0	15.7	7.3	9.9	**Kleinste Erhebung**
Juli	1.	40.7	5.3	16.2	7.4	9.7	
Aug.	27.	42.8	6.7	17.0	9.0	8.9	**Opposition**
Okt.	1.	42.0	7.4	16.7	10.1	8.4	
Dez.	31.	36.5	5.9	14.5	9.2	7.1	

Uranus ⛢ ist bis Mitte April noch am Abendhimmel zu finden. Dann aber ist er zu nahe bei der Sonne (Konjunktion am 9. Mai). Ab Juni kann er am Morgenhimmel wieder aufgesucht werden. Im Fernrohr erkennt man ihn an seiner grünlichen Farbe, aber auch durch das ruhigere Licht, das alle Planeten gegenüber den Fixsternen auszeichnet.
Uranus erscheint jetzt immer früher, bis er am 13. November in Opposition zur Sonne steht und die ganze Nacht hindurch beobachtet werden kann. Nachher zieht er sich vom Morgenhimmel zurück und ist bis Jahresende noch bis über Mitternacht hinaus zu beobachten.

Uranus ⛢ 2023		Rektaszension h m	Deklination ° ′	Entf. von der Erde AE	Durchmesser ″	Helligkeit mag	Helioz. Länge °	Eklipt. Breite °
Dez.[1]	27.	2 51.6	+16 04	19.023	3.7	5.7	47.4	–0.36
Jan.	16.	2 50.4	+15 59	19.319	3.6	5.7	47.7	–0.35
Febr.	5.	2 50.6	+16 01	19.655	3.6	5.7	47.9	–0.34
	25.	2 52.2	+16 08	19.990	3.5	5.8	48.1	–0.33
März	17.	2 55.0	+16 21	20.283	3.5	5.8	48.3	–0.33
April	6.	2 58.7	+16 37	20.505	3.4	5.8	48.6	–0.32
	26.	3 03.1	+16 56	20.633	3.4	5.8	48.8	–0.32
Mai	16.	3 07.7	+17 15	20.655	3.4	5.9	49.0	–0.31
Juni	5.	3 12.3	+17 33	20.571	3.4	5.8	49.2	–0.31
	25.	3 16.4	+17 49	20.389	3.4	5.8	49.5	–0.31
Juli	15.	3 19.7	+18 02	20.128	3.5	5.8	49.7	–0.31
Aug.	4.	3 22.0	+18 10	19.813	3.5	5.8	49.9	–0.31
	24.	3 23.0	+18 14	19.476	3.6	5.7	50.1	–0.32
Sept.	13.	3 22.7	+18 13	19.154	3.7	5.7	50.4	–0.32
Okt.	3.	3 21.1	+18 06	18.884	3.7	5.7	50.6	–0.32
	23.	3 18.4	+17 56	18.702	3.7	5.6	50.8	–0.32
Nov.	12.	3 15.2	+17 44	18.632	3.8	5.6	51.0	–0.32
Dez.	2.	3 11.9	+17 31	18.684	3.7	5.6	51.3	–0.32
	22.	3 09.1	+17 21	18.854	3.7	5.6	51.5	–0.31
Jan.[2]	11.	3 07.3	+17 14	19.117	3.7	5.7	51.7	–0.30

[1] 2022 [2] 2024

Planet Uranus im Jahr 2023

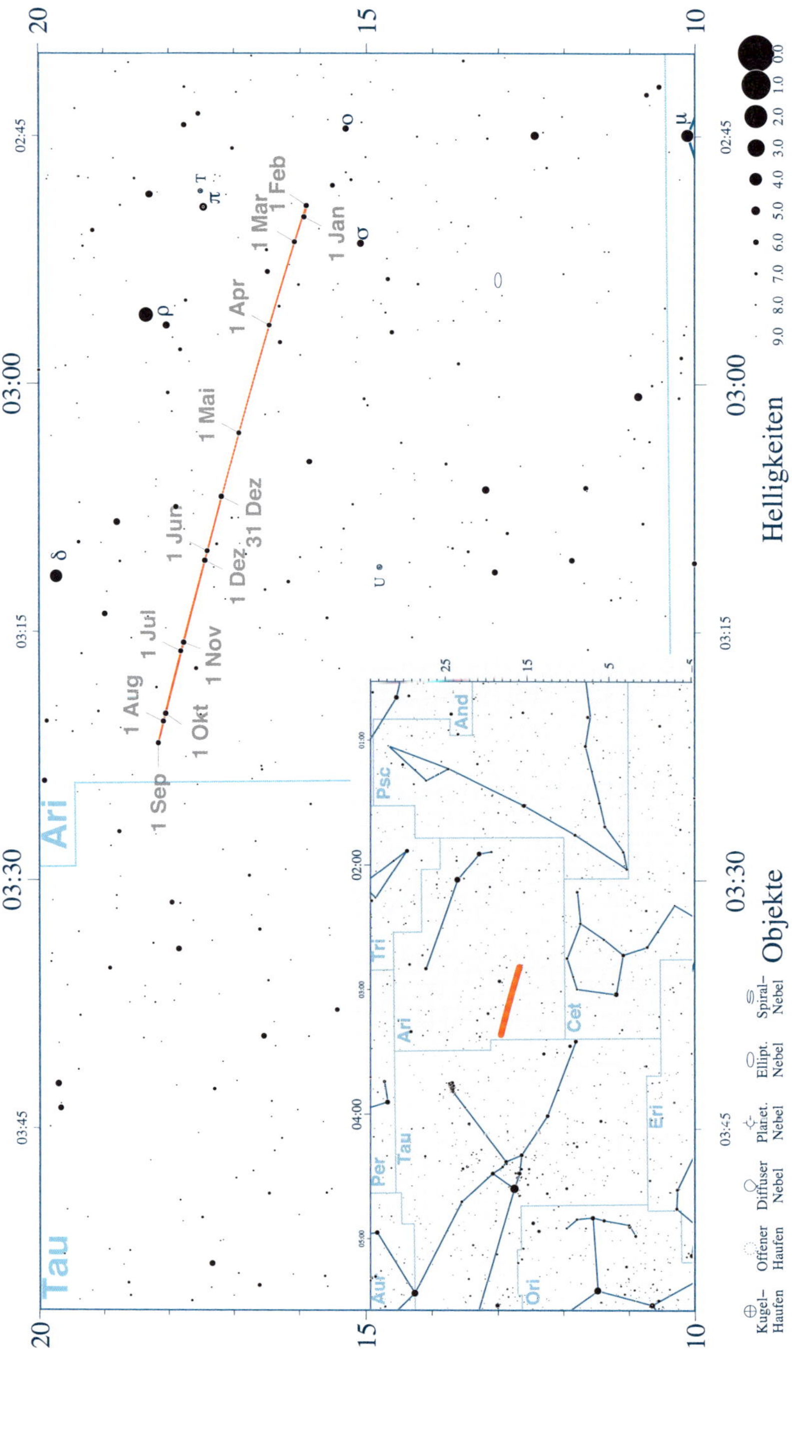

Neptun ♆ kann vom Jahresbeginn an, gute Bedingungen vorausgesetzt, noch bis etwa Mitte Februar in der Abenddämmerung erkannt werden. Am 16. März läuft Neptun hinter der Sonne durch (Konjunktion) und bleibt für uns bis Anfang April unsichtbar. Er erscheint dann wieder am Morgenhimmel und anschließend immer etwas früher.

Nur mit größeren Instrumenten erkennt man Neptun als „Scheibchen", allenfalls kann man ihn durch die Verschiebung gegenüber den Fixsternen eindeutig identifizieren, die sich im Laufe weniger Tage zeigt. Die beste Beobachtungszeit ist August und September. Nach der Opposition vom 19. September verschiebt sich Neptun langsam an den Abendhimmel. Gegen Ende Dezember geht er vor Mitternacht unter. Er ist bis Jahresende in den Abendstunden gut zu beobachten.

Neptun ♆ 2023		Rektaszension h m	Deklination ° ′	Entf. von der Erde AE	Durchmesser ″	Helligkeit mag	Helioz. Länge °	Eklipt. Breite °
Dez.[1]	27.	23 35.4	– 3 57	30.108	2.2	7.9	354.6	–1.19
Jan.	16.	23 36.8	– 3 48	30.428	2.2	7.9	354.8	–1.18
Febr.	5.	23 38.8	– 3 34	30.684	2.2	7.9	354.9	–1.17
	25.	23 41.3	– 3 18	30.849	2.2	8.0	355.0	–1.17
März	17.	23 44.1	– 3 00	30.905	2.2	8.0	355.1	–1.17
April	6.	23 46.8	– 2 42	30.848	2.2	8.0	355.3	–1.17
	26.	23 49.3	– 2 27	30.685	2.2	7.9	355.4	–1.18
Mai	16.	23 51.4	– 2 14	30.436	2.2	7.9	355.5	–1.20
Juni	5.	23 52.8	– 2 06	30.127	2.2	7.9	355.6	–1.21
	25.	23 53.4	– 2 03	29.793	2.2	7.9	355.7	–1.23
Juli	15.	23 53.3	– 2 05	29.469	2.3	7.9	355.9	–1.24
Aug.	4.	23 52.4	– 2 12	29.194	2.3	7.8	356.0	–1.26
	24.	23 50.9	– 2 22	28.998	2.3	7.8	356.1	–1.27
Sept.	13.	23 49.0	– 2 35	28.906	2.3	7.8	356.2	–1.27
Okt.	3.	23 47.0	– 2 48	28.933	2.3	7.8	356.4	–1.28
	23.	23 45.2	– 3 00	29.075	2.3	7.8	356.5	–1.27
Nov.	12.	23 43.9	– 3 08	29.316	2.3	7.8	356.6	–1.27
Dez.	2.	23 43.2	– 3 11	29.628	2.3	7.9	356.7	–1.25
	22.	23 43.5	– 3 09	29.972	2.2	7.9	356.8	–1.24
Jan.[2]	11.	23 44.5	– 3 01	30.305	2.2	7.9	357.0	–1.23

[1] 2022 [2] 2024

Planet Neptun im Jahr 2023

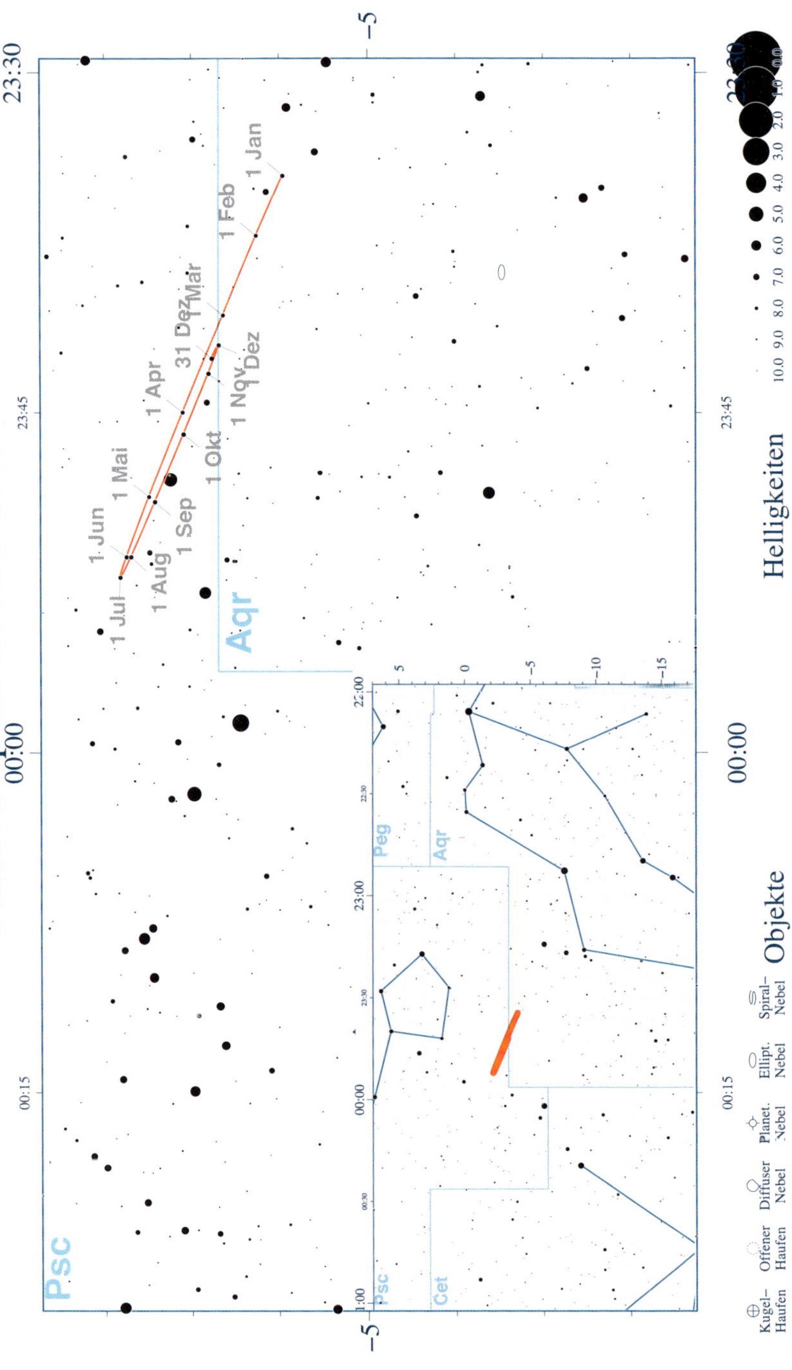

Zwergplaneten und Planetoiden

Auswahl

Aufgenommen wurden wiederum alle Zwergplaneten und Planetoiden, die im Jahr 2023 eine Größe von mindestens 9.0^{mag} erreichen. Von diesen Körpern werden die Koordinaten während des Zeitraums gegeben, in dem die Helligkeit nicht unter 12^{mag} absinkt und die Elongation von der Sonne eine Beobachtung zulässt.
Eine Grafik wird traditionsgemäß für die 4 ersten Körper gegeben sowie für einige weitere, deren maximale Helligkeit 9.5^{mag} übersteigt. In der Übersicht auf der nächsten Seite sind diese Körper fett gedruckt. Die Aufsuchkarten erlauben durch die eingezeichneten Fixsterne bis 11^{mag} auch Einsteigern die Suche ohne zusätzliche Sternkarte.

Datenquelle

Die Zwergplaneten und Planetoiden wurden, ausgehend von den von Edward Bowell vom „Minor Planet Center" publizierten Elementen in „The Asteroid Orbital Elements Database", von der Berechnungsepoche 13. Oktober 2021 an mit numerischer Integration weitergerechnet. Diese Methode erlaubt die Angabe der Koordinaten auf Bogensekunden genau.
Rektaszension und Deklination sind auf das Äquinoktium J2000.0 gerechnet, so dass die Positionen direkt mit Fixsternörtern von Sternkarten oder Katalogen verglichen werden können.

Berechnungszeitpunkt: 0^h TT

Im Gegensatz zu allen anderen Angaben im Sternenhimmel sind die Zwergplaneten- und Planetoidenkoordinaten jeweils für den Zeitpunkt 0^h TT (terrestrische dynamische Zeit) und nicht 0^h UT gerechnet. Damit soll einerseits die Genauigkeit nicht künstlich eingeschränkt und andererseits der Anschluss an Fachpublikationen gewährleistet werden. Für Vorausberechnungen wird der Schätzwert TT – UT = 71^s empfohlen, der Berechnungszeitpunkt 0^h TT entspricht also etwa 71^s vor Mitternacht UT.

Sichtbarkeitsangaben

Die Spalten „Sichtbarkeit in Berlin" bzw. „... Zürich" erlauben den raschen Überblick, ob sich eine Zwergplaneten- oder Planetoidensuche lohnt. Angegeben sind die Zeiten, zwischen denen der Körper höher als 10° über dem Horizont steht, während die Sonnentiefe mindestens 12° beträgt. Nicht berücksichtigt ist dabei der Mond, dessen Licht je nach Phase (und Position) eine Beobachtung erschweren oder ganz verhindern kann. Die Sternbildangabe ist mit den offiziellen dreibuchstabigen Abkürzungen angegeben.

Robert Nufer
Im Römergarten 1
CH-4106 Therwil

Übersicht

Planetoid	Opposition in Rektaszension		Größte Erdnähe		Größte vis. Helligkeit	
	Datum 2023	Größe mag	Datum 2023	Abstand AE	Datum 2023	Größe mag
1 Ceres	27. März	7.1	21. März	1.599	21. März	7.1
2 Pallas	3. Jan.	7.7	21. Jan.	1.413	20. Jan.	7.7
3 Juno	–		31. Dez.	2.014	14. Juni	9.6
4 Vesta	21. Dez.	6.5	22. Dez.	1.583	22. Dez.	6.5
5 Astraea	27. Dez.	9.4	31. Dez.	1.213	28. Dez.	9.4
6 Hebe	25. Jan.	8.7	19. Jan.	1.486	26. Jan.	8.7
8 Flora	30. Aug.	8.4	2. Sept.	0.995	27. Aug.	8.4
9 Metis	23. Dez.	8.5	21. Dez.	1.119	22. Dez.	8.5
11 Parthenope	7. Juni	9.3	11. Juni	1.321	7. Juni	9.3
15 Eunomia	8. Juli	8.8	15. Juli	1.672	8. Juli	8.8
18 Melpomene	11. Nov.	8.3	30. Okt.	0.859	3. Nov.	8.2
29 Amphitrite	1. Okt.	8.9	3. Okt.	1.426	2. Okt.	8.9

1 Ceres

Datum 2023		Ra (2000) h m s	DE (2000) ° ′ ″	Dist. AE	mag	Sichtbarkeit in Berlin	Sichtbarkeit in Zürich	Sternbild
Jan.	6.	12 33 45.6	9 45 19	2.174	8.3	23:55– 6:50	0:15– 7:00	Vir
	16.	12 40 50.6	9 53 32	2.052	8.2	23:20– 6:50	23:40– 6:55	Vir
	26.	12 45 42.7	10 18 05	1.937	8.0	22:45– 6:40	23:05– 6:50	Vir
Febr.	5.	12 48 04.8	10 58 27	1.834	7.8	22:00– 6:25	22:25– 6:40	Vir
	15.	12 47 45.0	11 52 33	1.745	7.6	21:15– 6:10	21:40– 6:25	Vir
	25.	12 44 39.7	12 56 16	1.674	7.4	20:30– 5:50	20:55– 6:10	Vir
März	7.	12 39 04.2	14 02 46	1.625	7.2	19:40– 5:30	20:05– 5:50	Com
	17.	12 31 33.5	15 03 50	1.601	7.1	19:30– 5:05	19:40– 5:30	Com
	27.	12 23 01.1	15 51 07	1.604	7.1	20:45– 5:40	20:55– 6:10	Com
April	6.	12 14 34.0	16 17 52	1.632	7.3	21:05– 5:15	21:10– 5:50	Com
	16.	12 07 13.4	16 20 60	1.684	7.5	21:30– 4:45	21:30– 5:25	Com
	26.	12 01 46.8	16 00 27	1.758	7.7	21:50– 4:20	21:45– 5:05	Com
Mai	6.	11 58 42.1	15 18 34	1.850	7.9	22:15– 3:55	22:05– 4:40	Com
	16.	11 58 05.9	14 18 60	1.955	8.1	22:40– 3:30	22:20– 3:55	Leo
	26.	11 59 53.3	13 05 09	2.071	8.2	23:05– 2:55	22:40– 3:15	Vir
Juni	5.	12 03 51.5	11 40 13	2.194	8.4	23:30– 2:15	22:55– 2:30	Vir
	15.	12 09 43.5	10 06 53	2.322	8.5	23:45– 1:30	23:00– 1:45	Vir
	25.	12 17 14.0	8 27 06	2.452	8.7	23:45– 0:50	23:05– 1:10	Vir
Juli	5.	12 26 08.1	6 42 33	2.582	8.8	23:40– 0:10	23:00– 0:30	Vir
	15.	12 36 12.8	4 54 40	2.710	8.9	23:20–23:30	22:50–23:55	Vir
	25.	12 47 18.4	3 04 26	2.836	8.9		22:35–23:15	Vir
Aug.	4.	12 59 15.9	1 12 56	2.957	9.0		22:20–22:40	Vir
	14.	13 11 58.5	– 0 38 58	3.072	9.0		22:00–22:05	Vir

Zwergplanet 1 Ceres 2023 (Jan. – Juni)

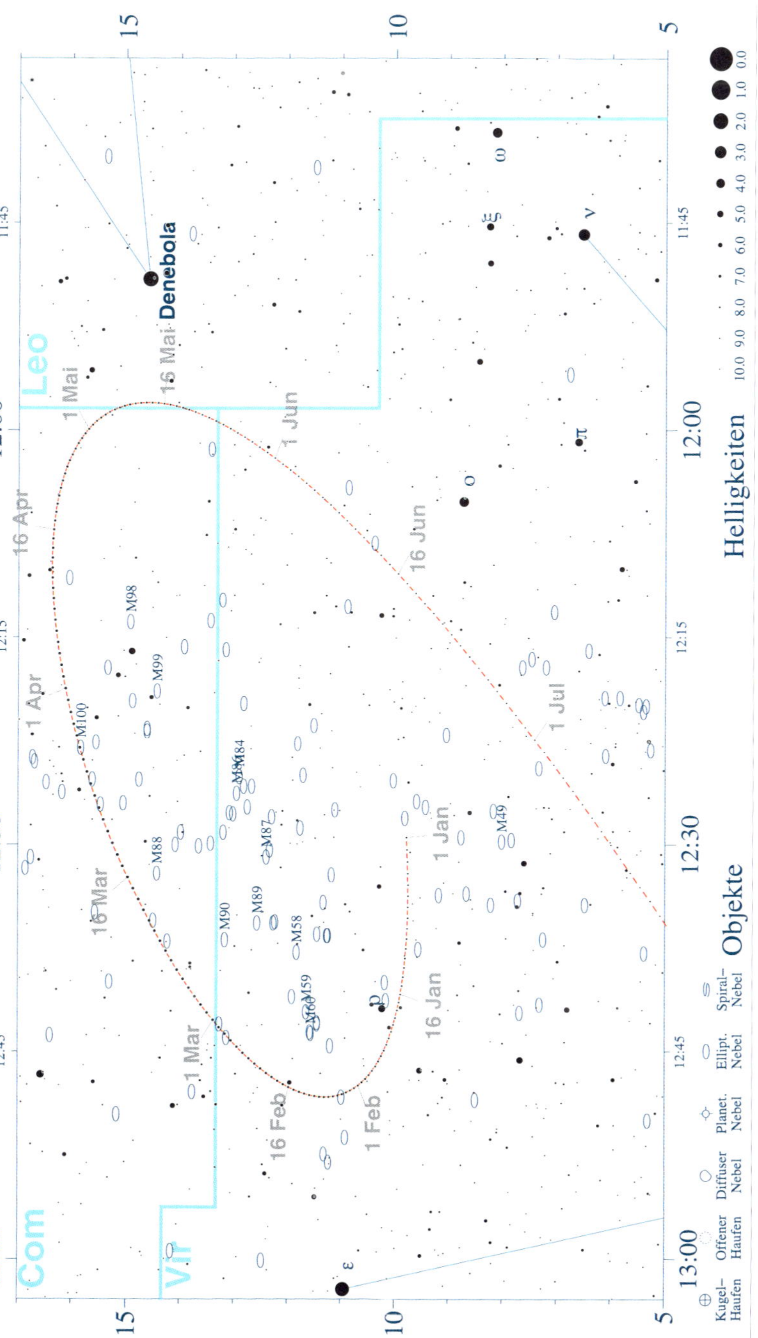

2 Pallas

Datum 2023	Ra (2000) h m s	DE (2000) ° ′ ″	Dist. AE	mag	Sichtbarkeit in Berlin	Sichtbarkeit in Zürich	Sternbild
Jan. 6.	6 51 14.6	–31 36 52	1.432	7.7		23:20– 1:10	CMa
16.	6 42 56.8	–30 05 51	1.416	7.7		21:55– 0:55	CMa
26.	6 36 11.4	–27 41 01	1.415	7.7	22:05–22:35	20:35– 0:45	CMa
Febr. 5.	6 32 02.8	–24 32 13	1.430	7.7	19:55–23:20	19:20– 0:35	CMa
15.	6 31 04.6	–20 53 11	1.461	7.8	18:35–23:25	18:55– 0:25	CMa
25.	6 33 26.4	–16 58 19	1.507	7.9	18:50–23:25	19:10– 0:15	CMa
März 7.	6 39 00.5	–13 01 20	1.569	8.0	19:10–23:25	19:25– 0:05	CMa
17.	6 47 26.3	– 9 13 08	1.644	8.1	19:30–23:20	19:40–23:55	Mon
27.	6 58 21.5	– 5 41 22	1.731	8.3	20:45– 0:10	20:55– 0:45	Mon
April 6.	7 11 22.3	– 2 31 14	1.827	8.4	21:05– 0:05	21:10– 0:30	Mon
16.	7 26 05.0	0 14 45	1.931	8.5	21:30–23:55	21:30– 0:20	CMi
26.	7 42 10.4	2 35 41	2.042	8.7	21:50–23:40	21:45– 0:05	CMi
Mai 6.	7 59 20.0	4 31 45	2.156	8.8	22:15–23:30	22:05–23:55	CMi
16.	8 17 17.5	6 04 11	2.273	8.9	22:40–23:15	22:20–23:40	Hya
26.	8 35 50.8	7 14 30	2.390	9.0		22:40–23:20	Cnc
Juni 5.	8 54 47.9	8 04 32	2.506	9.0		22:55–23:05	Cnc
…							
Nov. 12.	13 55 18.7	0 56 24	3.363	9.5	5:40– 6:05	5:55– 6:15	Vir
22.	14 12 58.6	0 36 30	3.324	9.6	5:20– 6:20	5:35– 6:30	Vir
Dez. 2.	14 30 21.6	0 26 20	3.275	9.6	5:00– 6:30	5:15– 6:40	Vir
12.	14 47 23.8	0 27 10	3.215	9.6	4:40– 6:45	4:50– 6:50	Vir
22.	15 03 59.0	0 40 24	3.145	9.7	4:15– 6:50	4:25– 6:55	Vir

3 Juno

Datum 2023	Ra (2000) h m s	DE (2000) ° ′ ″	Dist. AE	mag	Sichtbarkeit in Berlin	Sichtbarkeit in Zürich	Sternbild
Jan. 6.	23 58 01.0	– 7 51 07	2.142	9.7	17:35–21:15	18:05–21:45	Cet
16.	0 15 08.2	– 6 18 31	2.233	9.8	17:45–21:00	18:15–21:35	Cet
26.	0 33 09.8	– 4 38 04	2.319	9.8	18:00–20:50	18:30–21:20	Cet
Febr. 5.	0 51 58.5	– 2 51 53	2.400	9.8	18:15–20:40	18:45–21:05	Cet
15.	1 11 28.5	– 1 02 04	2.477	9.8	18:35–20:30	18:55–20:55	Cet
25.	1 31 36.5	0 49 29	2.550	9.8	18:50–20:20	19:10–20:45	Cet
März 7.	1 52 19.1	2 40 42	2.617	9.8	19:10–20:10	19:25–20:35	Psc
17.	2 13 33.4	4 29 39	2.679	9.8	19:30–20:00	19:40–20:25	Cet
27.	2 35 18.2	6 14 34	2.737	9.8	20:45–20:55	20:55–21:15	Cet
…							
Sept. 3.	8 37 27.5	10 27 11	2.979	10.2		5:30– 5:35	Cnc
13.	8 56 45.1	9 16 10	2.939	10.2	4:55– 5:20	5:15– 5:55	Cnc
23.	9 15 15.0	8 01 01	2.890	10.2	4:40– 5:40	5:00– 6:05	Cnc
Okt. 3.	9 32 53.9	6 43 23	2.833	10.3	4:25– 5:55	4:45– 6:20	Leo
13.	9 49 39.3	5 24 48	2.767	10.3	4:10– 6:15	4:30– 6:35	Sex
23.	10 05 26.2	4 07 01	2.692	10.3	3:55– 6:30	4:10– 6:50	Sex
Nov. 2.	10 20 09.4	2 51 52	2.610	10.3	2:35– 5:45	2:50– 6:05	Sex
12.	10 33 42.6	1 41 08	2.520	10.3	2:15– 6:05	2:30– 6:15	Sex
22.	10 45 56.4	0 36 59	2.424	10.2	1:55– 6:20	2:10– 6:30	Sex
Dez. 2.	10 56 40.7	– 0 18 24	2.323	10.2	1:30– 6:30	1:45– 6:40	Leo
12.	11 05 43.2	– 1 02 39	2.219	10.1	1:05– 6:45	1:15– 6:50	Leo
22.	11 12 48.5	1 33 01	2.114	10.0	0:30– 6:50	0:45– 6:55	Leo

Planetoid 2 Pallas 2023 (Jan. – März)

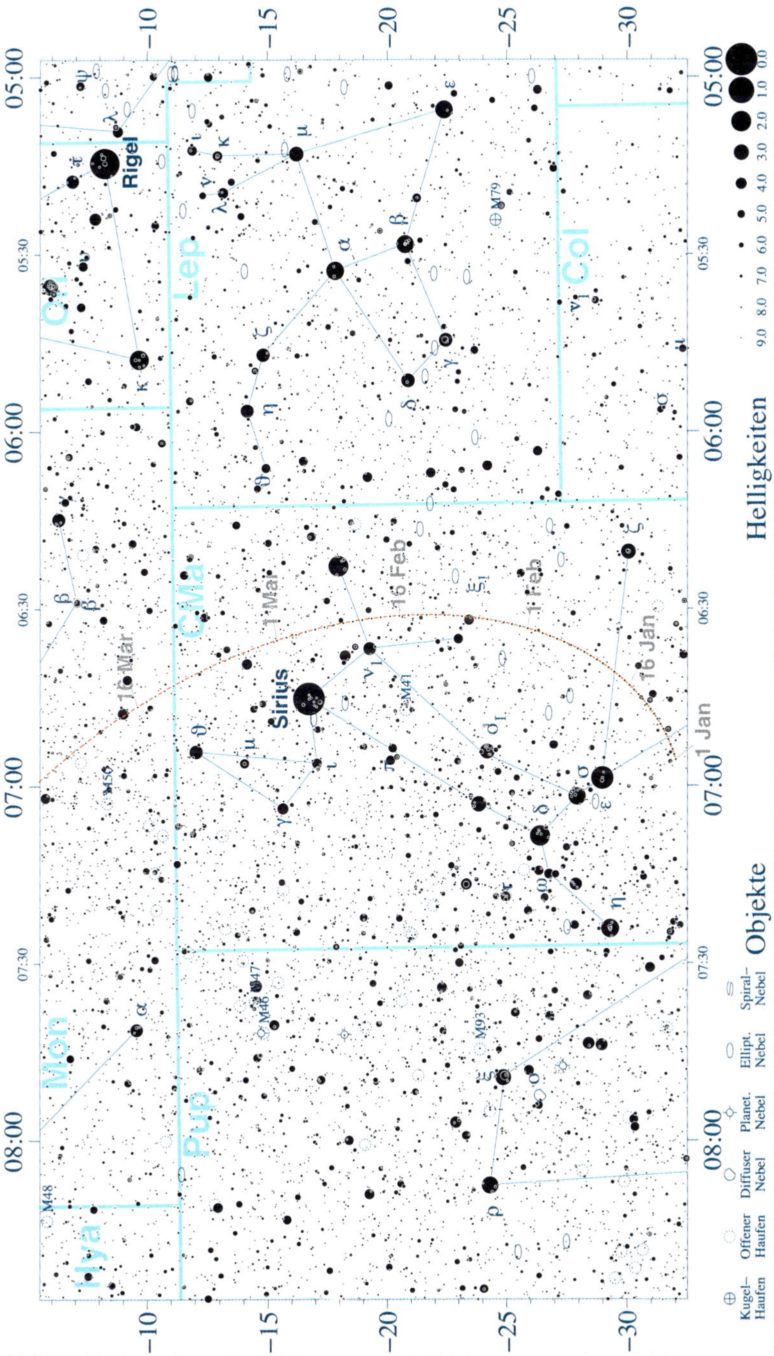

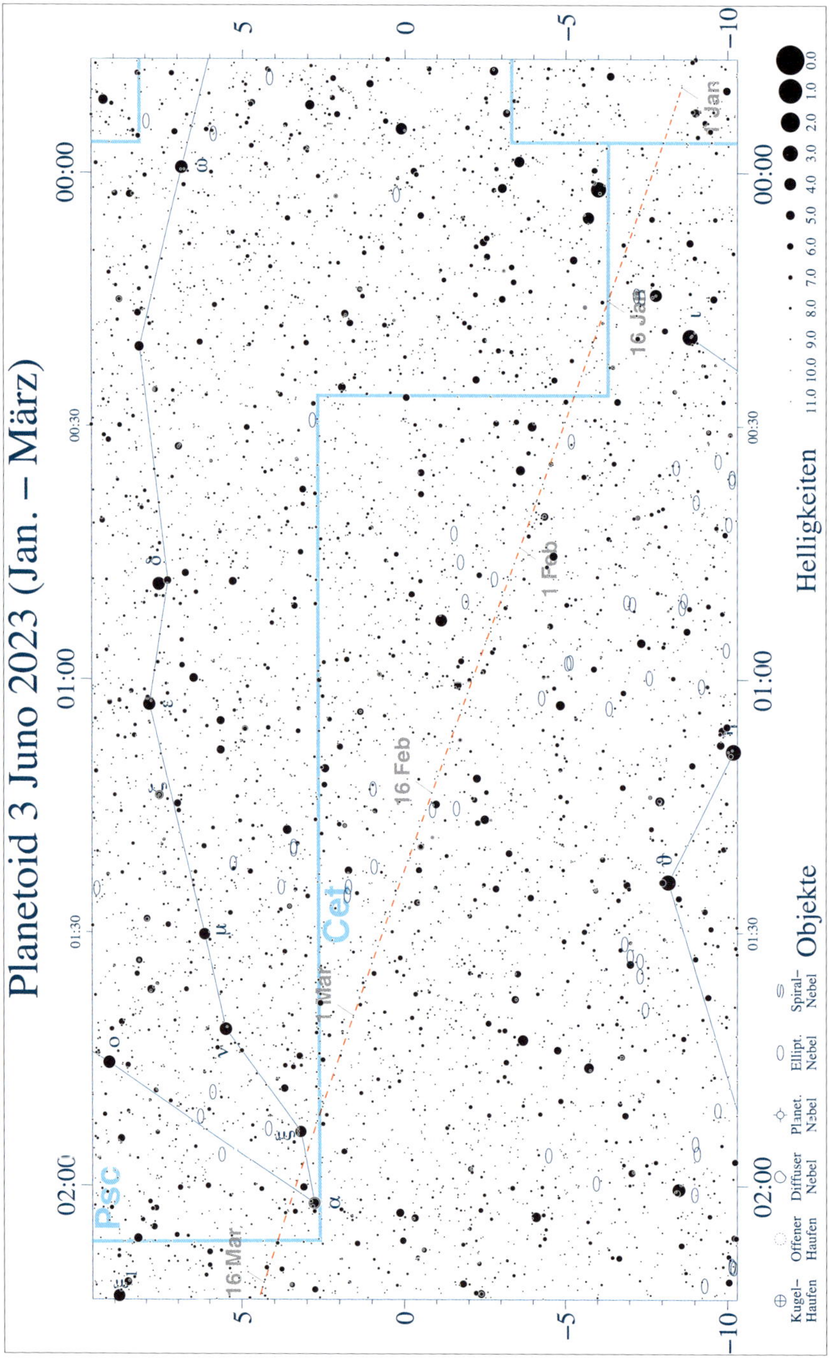
Planetoid 3 Juno 2023 (Jan. – März)
Psc
Cet
1 Jan
16 Jan
1 Feb
16 Feb
1 Mar
16 Mar
00:00
00:30
01:00
01:30
02:00
5
0
−5
−10
Helligkeiten
0.0 1.0 2.0 3.0 4.0 5.0 6.0 7.0 8.0 9.0 10.0 11.0
Objekte
Kugel-Haufen
Offener Haufen
Diffuser Nebel
Planet. Nebel
Ellipt. Nebel
Spiral-Nebel

Planetoid 3 Juno 2023 (Sept. – Dez.)

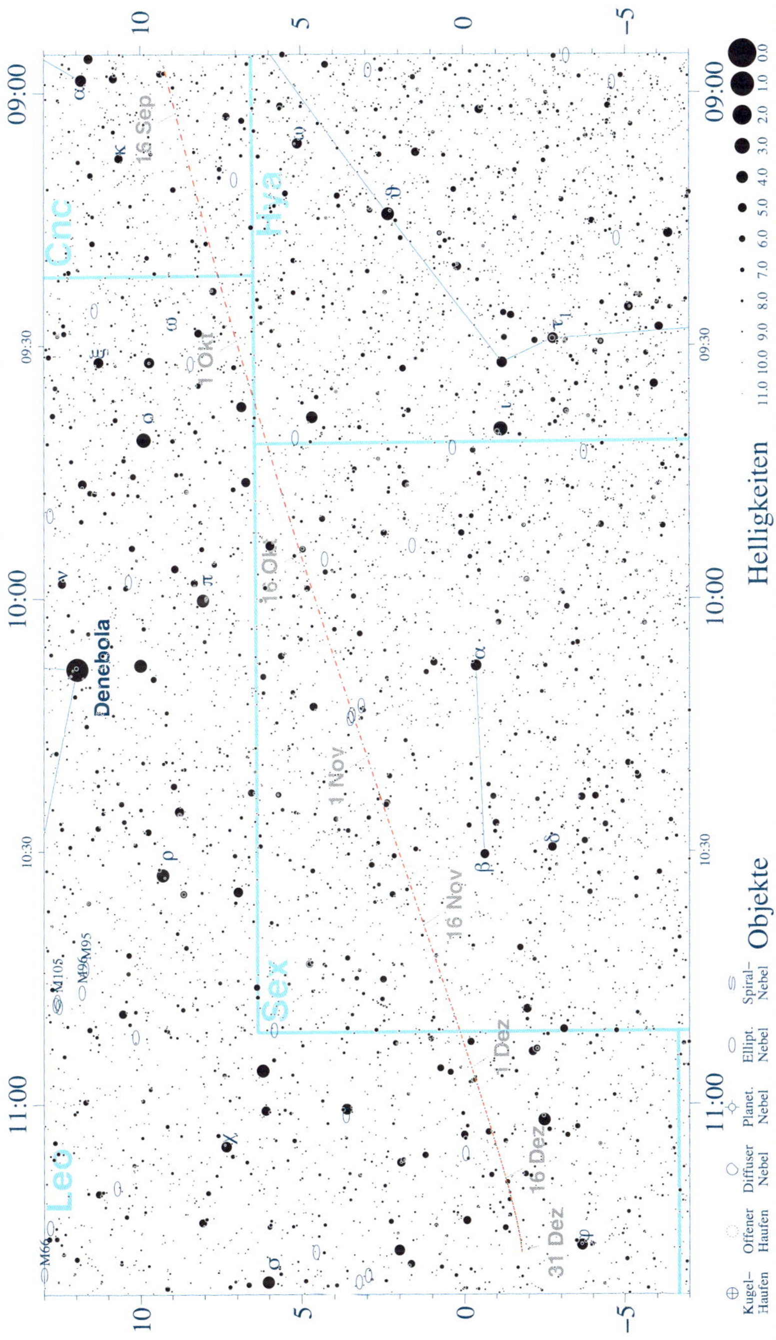

4 Vesta

Datum 2023		Ra (2000) h m s	DE (2000) ° ′ ″	Dist. AE	mag	Sichtbarkeit in Berlin	Sichtbarkeit in Zürich	Sternbild
Jan.	6.	23 17 08.7	−11 23 50	2.745	8.4	17:35–20:10	18:05–20:50	Aqr
	16.	23 31 57.3	− 9 36 15	2.863	8.5	17:45–19:55	18:15–20:35	Aqr
	26.	23 47 11.7	− 7 45 46	2.974	8.5	18:00–19:45	18:30–20:20	Aqr
Febr.	5.	0 02 46.5	− 5 53 24	3.076	8.6	18:15–19:30	18:45–20:05	Psc
	15.	0 18 38.0	− 4 00 05	3.169	8.6	18:35–19:20	18:55–19:50	Psc
	25.	0 34 44.0	− 2 06 41	3.252	8.6	18:50–19:05	19:10–19:35	Cet
…								
Juli	15.	4 31 01.7	17 22 48	3.195	8.7		4:10– 4:15	Tau
	25.	4 47 12.1	17 56 08	3.106	8.7	3:20– 3:30	3:45– 4:30	Tau
Aug.	4.	5 02 52.3	18 22 06	3.008	8.7	2:50– 3:55	3:20– 4:45	Tau
	14.	5 17 55.0	18 41 11	2.902	8.7	2:25– 4:15	2:55– 5:05	Tau
	24.	5 32 09.7	18 53 56	2.788	8.6	1:55– 4:40	2:30– 5:20	Tau
Sept.	3.	5 45 25.6	19 01 16	2.667	8.6	1:30– 5:00	2:00– 5:35	Tau
	13.	5 57 30.6	19 04 11	2.541	8.5	1:00– 5:20	1:30– 5:55	Ori
	23.	6 08 08.9	19 03 56	2.412	8.4	0:35– 5:40	1:05– 6:05	Ori
Okt.	3.	6 17 04.0	19 02 04	2.282	8.2	0:05– 5:55	0:35– 6:20	Ori
	13.	6 23 57.5	19 00 11	2.152	8.1	23:30– 6:15	0:00– 6:35	Gem
	23.	6 28 27.6	19 00 04	2.027	7.9	22:55– 6:30	23:25– 6:50	Gem
Nov.	2.	6 30 15.3	19 03 26	1.909	7.7	21:15– 5:45	21:45– 6:05	Gem
	12.	6 29 03.5	19 11 36	1.802	7.5	20:35– 6:05	21:05– 6:15	Gem
	22.	6 24 44.0	19 25 22	1.712	7.3	19:50– 6:20	20:20– 6:30	Gem
Dez.	2.	6 17 28.2	19 44 30	1.643	7.1	19:00– 6:30	19:35– 6:40	Ori
	12.	6 07 48.8	20 07 43	1.599	6.8	18:10– 6:45	18:40– 6:50	Ori
	22.	5 56 46.5	20 33 14	1.583	6.5	17:20– 6:45	17:55– 6:55	Ori

5 Astraea

Datum 2023		Ra (2000) h m s	DE (2000) ° ′ ″	Dist. AE	mag	Sichtbarkeit in Berlin	Sichtbarkeit in Zürich	Sternbild
Sept.	3.	5 39 48.1	18 11 52	2.462	12.0	1:30– 5:00	2:00– 5:35	Tau
	13.	5 54 24.6	18 03 50	2.324	11.9	1:05– 5:20	1:35– 5:55	Ori
	23.	6 07 53.8	17 49 39	2.184	11.7	0:40– 5:40	1:10– 6:05	Ori
Okt.	3.	6 19 59.7	17 30 38	2.045	11.6	0:15– 5:55	0:45– 6:20	Ori
	13.	6 30 23.9	17 08 20	1.908	11.4	23:45– 6:15	0:15– 6:35	Gem
	23.	6 38 43.8	16 44 43	1.774	11.2	23:20– 6:30	23:45– 6:50	Gem
Nov.	2.	6 44 37.2	16 22 08	1.648	11.0	21:45– 5:45	22:15– 6:05	Gem
	12.	6 47 40.8	16 03 04	1.531	10.7	21:10– 6:05	21:40– 6:15	Gem
	22.	6 47 34.2	15 50 12	1.427	10.4	20:35– 6:20	21:00– 6:30	Gem
Dez.	2.	6 44 11.3	15 45 51	1.340	10.2	19:50– 6:30	20:15– 6:40	Gem
	12.	6 37 43.6	15 51 32	1.273	9.9	19:05– 6:45	19:30– 6:50	Gem
	22.	6 28 53.2	16 07 40	1.230	9.6	18:15– 6:50	18:40– 6:55	Gem

Planetoid 4 Vesta 2023 (Jan. – Febr.)

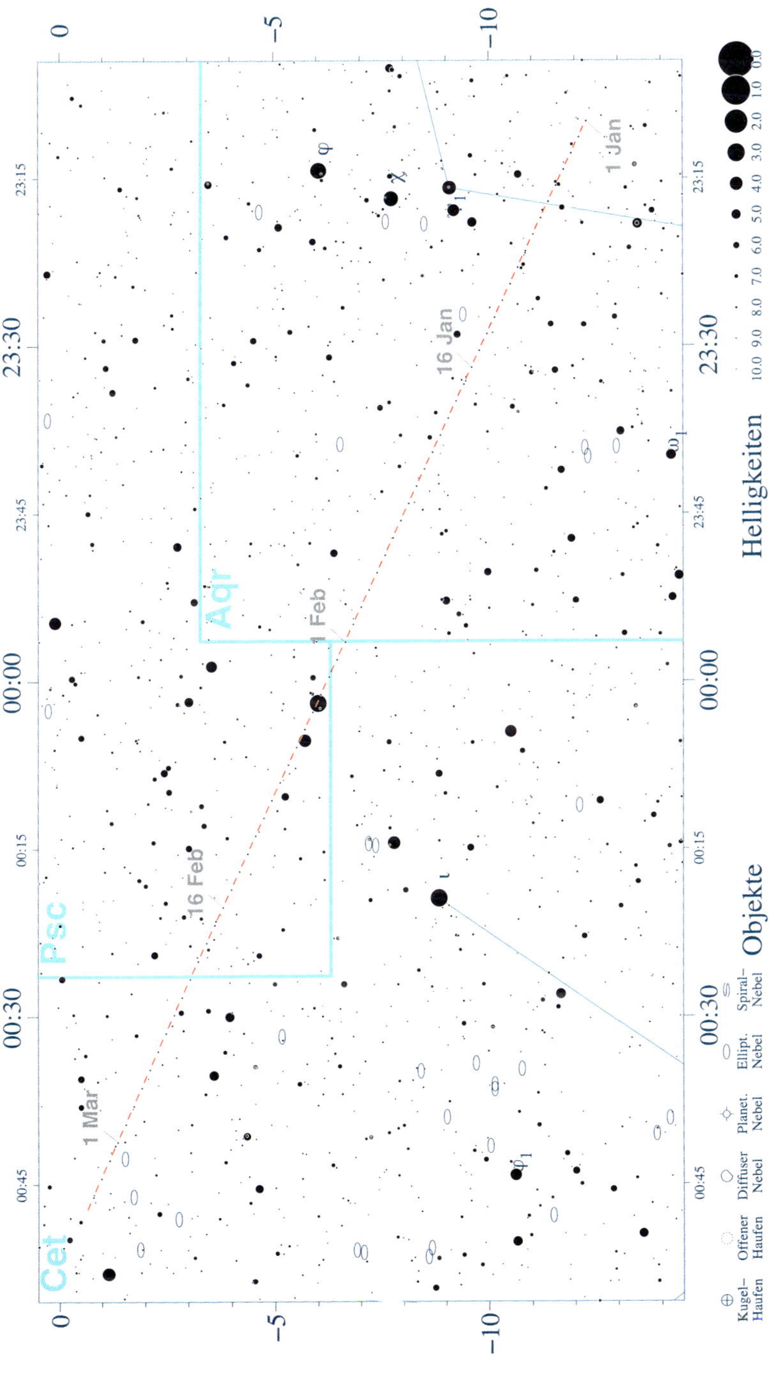

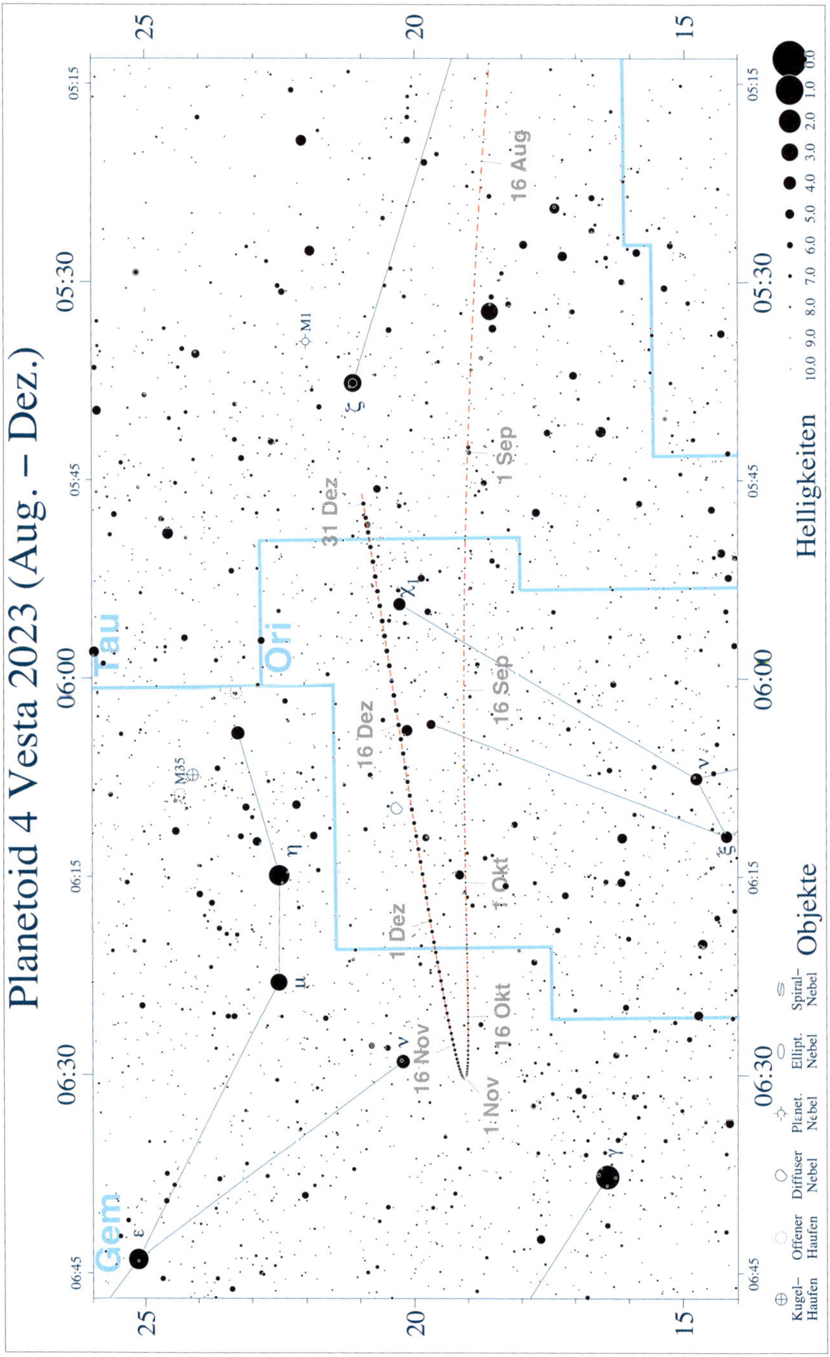
Planetoid 4 Vesta 2023 (Aug. – Dez.)
Tau
Ori
Gem
M1
M35
16 Aug
1 Sep
16 Sep
1 Okt
16 Okt
1 Nov
16 Nov
1 Dez
16 Dez
31 Dez
05:15
05:30
05:45
06:00
06:15
06:30
06:45
25
20
15
Helligkeiten
0.0 1.0 2.0 3.0 4.0 5.0 6.0 7.0 8.0 9.0 10.0
Objekte
Kugel-Haufen
Offener Haufen
Diffuser Nebel
Planet. Nebel
Ellipt. Nebel
Spiral-Nebel

Planetoid 5 Astraea 2023 (Okt. – Dez.)

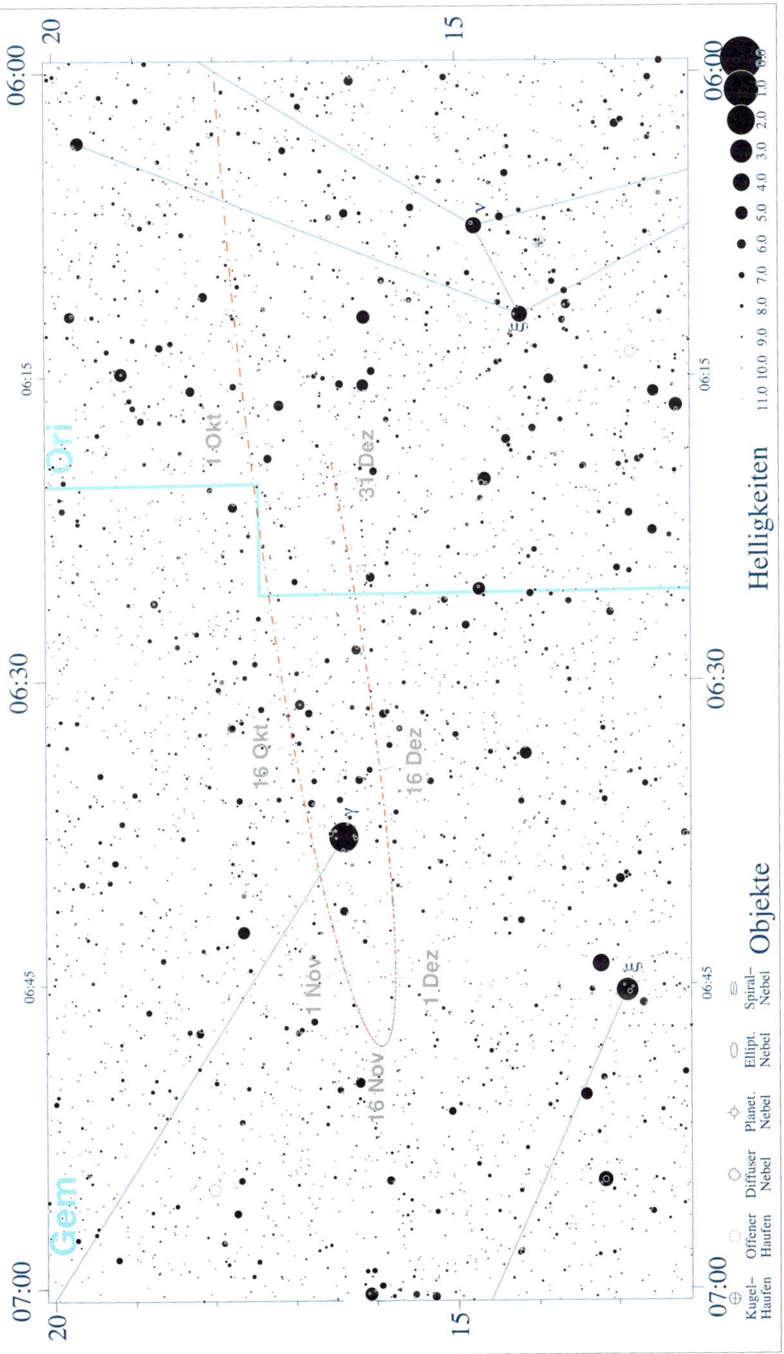

6 Hebe

Datum 2023		Ra (2000) h m s	DE (2000) ° ′ ″	Dist. AE	mag	Sichtbarkeit in Berlin	Sichtbarkeit in Zürich	Sternbild
Jan.	6.	8 46 12.5	10 18 53	1.512	9.1	20:00– 6:50	20:25– 7:00	Cnc
	16.	8 37 25.8	11 45 14	1.488	8.9	19:05– 6:50	19:30– 6:55	Cnc
	26.	8 27 31.9	13 22 36	1.491	8.7	18:10– 6:20	18:35– 6:35	Cnc
Febr.	5.	8 17 49.2	15 02 22	1.525	9.0	18:15– 5:40	18:45– 5:50	Cnc
	15.	8 09 31.1	16 36 30	1.586	9.3	18:35– 5:00	18:55– 5:10	Cnc
	25.	8 03 33.1	17 59 19	1.673	9.6	18:50– 4:20	19:10– 4:30	Cnc
Mõrz	7.	8 00 27.0	19 07 45	1.781	9.8	19:10– 3:45	19:25– 3:55	Cnc
	17.	8 00 18.4	20 01 04	1.906	10.1	19:30– 3:10	19:40– 3:20	Cnc
	27.	8 02 58.5	20 39 46	2.043	10.3	20:45– 3:40	20:55– 3:45	Cnc
April	6.	8 08 09.5	21 04 48	2.188	10.5	21:05– 3:05	21:10– 3:15	Cnc
	16.	8 15 28.4	21 17 19	2.338	10.7	21:30– 2:35	21:30– 2:45	Cnc
	26.	8 24 34.4	21 18 20	2.489	10.8	21:50– 2:05	21:45– 2:15	Cnc
Mai	6.	8 35 07.4	21 08 47	2.640	11.0	22:15– 1:30	22:05– 1:40	Cnc
	16.	8 46 49.2	20 49 35	2.788	11.1	22:40– 1:05	22:20– 1:10	Cnc
	26.	8 59 26.0	20 21 25	2.931	11.2	23:05– 0:35	22:40– 0:40	Cnc
Juni	5.	9 12 44.8	19 45 06	3.067	11.2	23:30– 0:05	22:55– 0:15	Cnc
	15.	9 26 35.2	19 01 22	3.196	11.3		23:00–23:45	Leo
	25.	9 40 49.9	18 10 53	3.316	11.3		23:05–23:15	Leo
...								
Okt.	23.	12 38 33.7	3 59 50	3.774	11.4	6:25– 6:30	6:45– 6:50	Vir
Nov.	2.	12 52 54.3	2 53 37	3.718	11.4	5:10– 5:45	5:25– 6:05	Vir
	12.	13 07 01.3	1 52 24	3.649	11.5	4:50– 6:05	5:05– 6:15	Vir
	22.	13 20 50.7	0 57 15	3.565	11.5	4:25– 6:20	4:40– 6:30	Vir
Dez.	2.	13 34 17.6	0 09 15	3.469	11.5	4:05– 6:30	4:20– 6:40	Vir
	12.	13 47 16.7	– 0 30 36	3.362	11.5	3:45– 6:45	3:55– 6:50	Vir
	22.	13 59 40.2	– 1 01 06	3.244	11.4	3:20– 6:50	3:30– 6:55	Vir

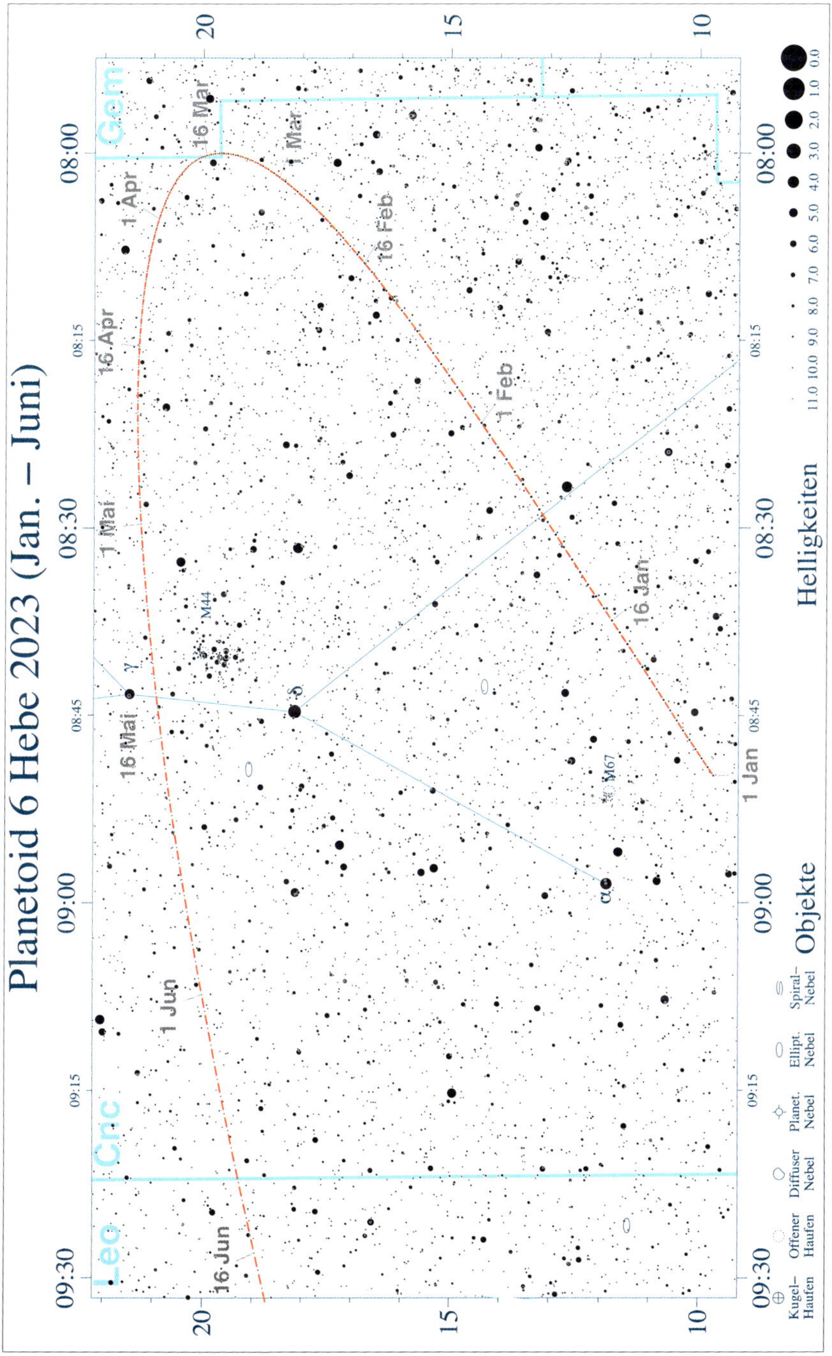
Planetoid 6 Hebe 2023 (Jan. – Juni)
Gem
Cnc
Leo
M44
M67
1 Jan
16 Jan
1 Feb
16 Feb
1 Mar
16 Mar
1 Apr
16 Apr
1 Mai
16 Mai
1 Jun
16 Jun
08:00
08:15
08:30
08:45
09:00
09:15
09:30
20
15
10
Helligkeiten
0.0 1.0 2.0 3.0 4.0 5.0 6.0 7.0 8.0 9.0 10.0 11.0
Objekte
Kugel-Haufen
Offener Haufen
Diffuser Nebel
Planet. Nebel
Ellipt. Nebel
Spiral-Nebel

8 Flora

Datum 2023		Ra (2000) h m s	DE (2000) ° ′ ″	Dist. AE	mag	Sichtbarkeit in Berlin	Sichtbarkeit in Zürich	Sternbild
April	26.	21 28 21.1	–15 12 42	2.250	11.2		5:00– 5:05	Cap
Mai	6.	21 43 45.7	–14 17 35	2.117	11.1		4:30– 4:45	Cap
	16.	21 58 11.8	–13 26 10	1.984	11.0		4:00– 4:25	Cap
	26.	22 11 28.8	–12 40 57	1.851	10.8		3:30– 4:10	Aqr
Juni	5.	22 23 25.3	–12 04 35	1.721	10.6		3:00– 4:00	Aqr
	15.	22 33 47.2	–11 39 53	1.594	10.4	2:25– 2:30	2:25– 3:55	Aqr
	25.	22 42 14.9	–11 30 10	1.473	10.2	1:50– 2:30	1:50– 3:55	Aqr
Juli	5.	22 48 28.1	–11 38 26	1.359	9.9	1:20– 2:45	1:20– 4:00	Aqr
	15.	22 52 04.4	–12 07 20	1.256	9.7	0:45– 3:05	0:45– 4:15	Aqr
	25.	22 52 41.6	–12 58 25	1.166	9.4	0:15– 3:30	0:10– 4:30	Aqr
Aug.	4.	22 50 10.2	–14 10 17	1.092	9.1	23:40– 3:55	23:35– 4:45	Aqr
	14.	22 44 37.7	–15 38 00	1.037	8.7	23:05– 4:15	23:00– 5:05	Aqr
	24.	22 36 41.4	–17 12 12	1.004	8.5	22:35– 4:40	22:25– 5:20	Aqr
Sept.	3.	22 27 35.3	–18 40 12	0.995	8.5	21:55– 3:35	21:45– 4:30	Aqr
	13.	22 18 50.8	–19 50 19	1.008	8.7	21:20– 2:40	21:05– 3:35	Aqr
	23.	22 12 01.0	–20 34 23	1.043	9.0	20:40– 1:40	20:30– 2:40	Aqr
Okt.	3.	22 08 14.2	–20 49 30	1.095	9.2	20:00– 0:55	20:10– 1:50	Aqr
	13.	22 08 00.1	–20 37 02	1.161	9.4	19:30– 0:20	19:50– 1:15	Aqr
	23.	22 11 22.3	–19 59 51	1.239	9.6	19:10–23:50	19:35– 0:45	Aqr
Nov.	2.	22 18 02.3	–19 01 29	1.324	9.8	17:55–22:25	18:20–23:20	Aqr
	12.	22 27 32.1	–17 45 05	1.414	10.0	17:40–22:10	18:05–23:00	Aqr
	22.	22 39 24.8	–16 13 04	1.509	10.2	17:25–21:55	17:55–22:40	Aqr
Dez.	2.	22 53 12.8	–14 27 44	1.605	10.3	17:20–21:40	17:50–22:25	Aqr
	12.	23 08 33.5	–12 31 02	1.701	10.4	17:20–21:30	17:50–22:15	Aqr
	22.	23 25 09.8	–10 24 38	1.797	10.5	17:20–21:25	17:55–22:00	Aqr

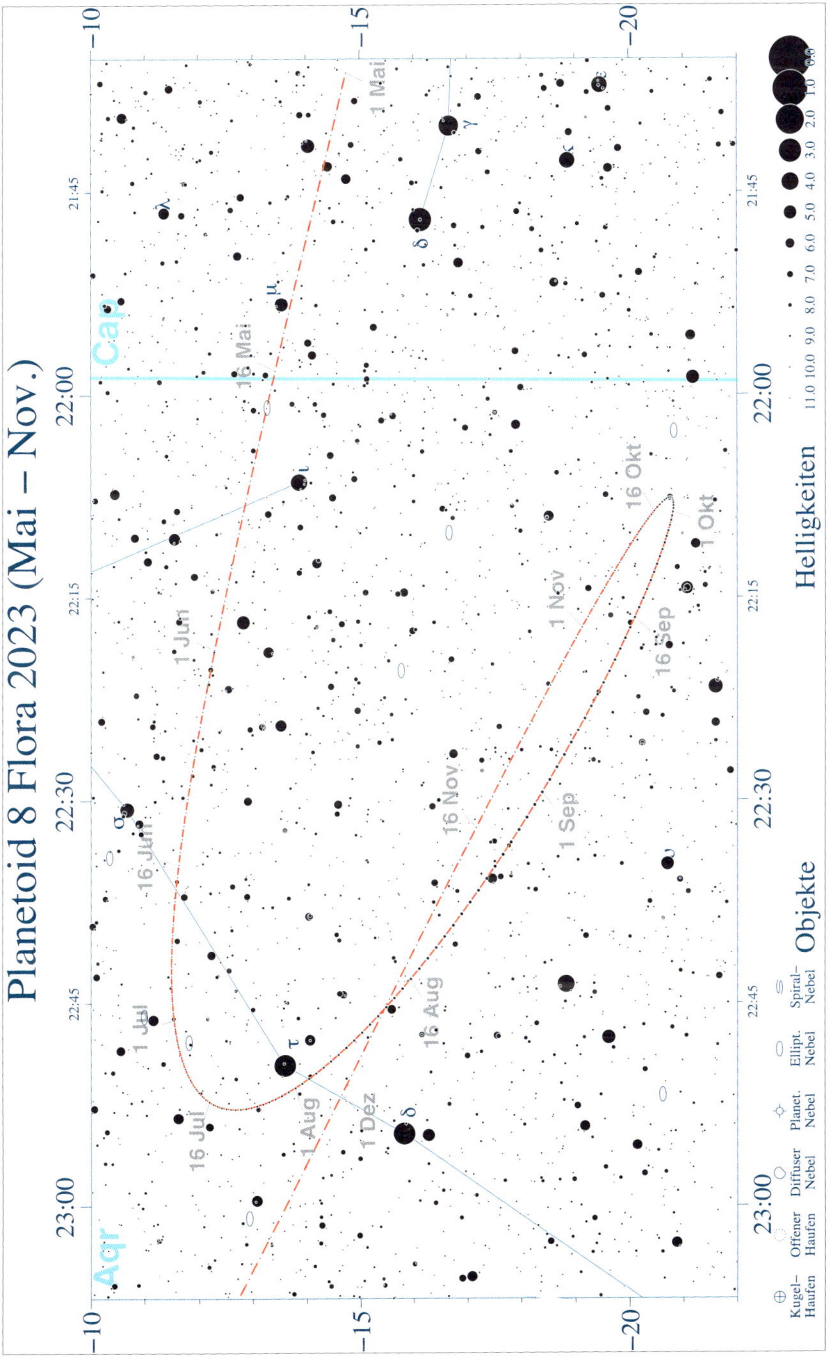
Planetoid 8 Flora 2023 (Mai – Nov.)
Cap
Aqr
1 Mai
16 Mai
1 Jun
16 Jun
1 Jul
16 Jul
1 Aug
16 Aug
1 Sep
16 Sep
1 Okt
16 Okt
1 Nov
16 Nov
1 Dez
21:45
22:00
22:15
22:30
22:45
23:00
−10
−15
−20
Helligkeiten
0.0 1.0 2.0 3.0 4.0 5.0 6.0 7.0 8.0 9.0 10.0 11.0
Objekte
Kugel-Haufen
Offener Haufen
Diffuser Nebel
Planet. Nebel
Ellipt. Nebel
Spiral-Nebel

9 Metis

Datum 2023		Ra (2000) h m s	DE (2000) ° ′ ″	Dist. AE	mag	Sichtbarkeit in Berlin	Sichtbarkeit in Zürich	Sternbild
Jan.	6.	21 51 09.6	−17 36 49	3.060	11.5	17:35–17:55	18:05–18:45	Cap
	16.	22 08 49.3	−15 56 01	3.122	11.5	17:45–17:50	18:15–18:35	Aqr
...								
Juli	5.	3 27 12.5	16 04 24	2.680	11.2		3:55– 4:00	Tau
	15.	3 46 44.8	17 19 37	2.585	11.2	3:00– 3:05	3:30– 4:15	Tau
	25.	4 06 08.9	18 26 15	2.485	11.1	2:35– 3:30	3:05– 4:30	Tau
Aug.	4.	4 25 17.3	19 24 14	2.381	11.1	2:10– 3:55	2:40– 4:45	Tau
	14.	4 44 02.1	20 13 46	2.273	11.0	1:40– 4:15	2:15– 5:05	Tau
	24.	5 02 11.4	20 55 13	2.162	10.9	1:15– 4:40	1:50– 5:20	Tau
Sept.	3.	5 19 32.5	21 29 25	2.049	10.8	0:50– 5:00	1:25– 5:35	Tau
	13.	5 35 51.0	21 57 34	1.934	10.7	0:25– 5:20	0:55– 5:55	Tau
	23.	5 50 47.4	22 21 09	1.819	10.5	0:00– 5:40	0:30– 6:05	Ori
Okt.	3.	6 04 01.5	22 42 12	1.705	10.4	23:30– 5:55	0:05– 6:20	Gem
	13.	6 15 09.3	23 02 55	1.594	10.2	23:00– 6:15	23:35– 6:35	Gem
	23.	6 23 41.6	23 25 48	1.487	10.0	22:25– 6:30	23:00– 6:50	Gem
Nov.	2.	6 29 10.5	23 53 10	1.387	9.8	20:50– 5:45	21:25– 6:05	Gem
	12.	6 31 07.4	24 26 39	1.298	9.6	20:10– 6:05	20:45– 6:15	Gem
	22.	6 29 11.5	25 06 33	1.222	9.3	19:20– 6:20	20:00– 6:30	Gem
Dez.	2.	6 23 25.9	25 50 57	1.165	9.0	18:35– 6:30	19:10– 6:40	Gem
	12.	6 14 23.3	26 35 41	1.129	8.7	17:40– 6:45	18:15– 6:50	Gem
	22.	6 03 19.9	27 15 31	1.119	8.5	17:20– 6:50	17:55– 6:55	Gem

Planetoid 9 Metis 2023 (Okt. – Dez.)

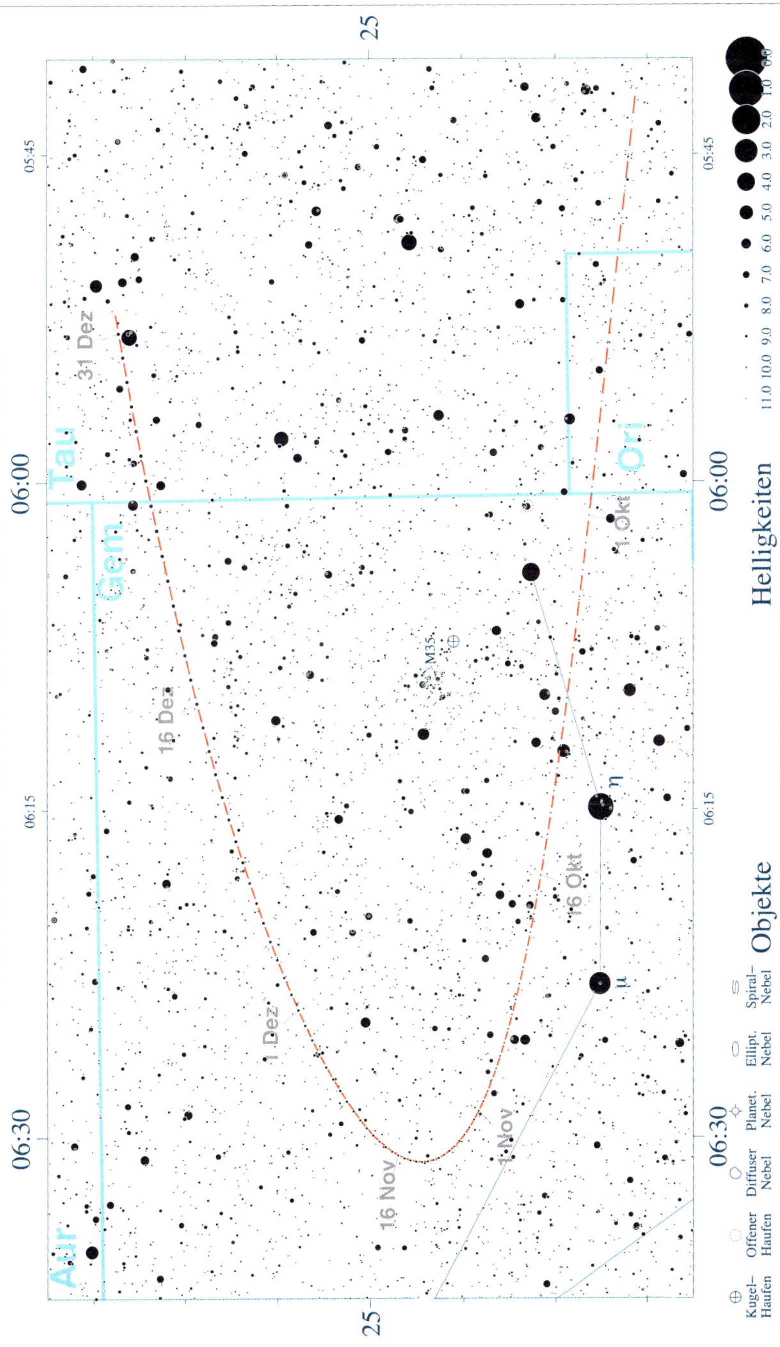

11 Parthenope

Datum 2023		Ra (2000) h m s	DE (2000) ° ′ ″	Dist. AE	mag	Sichtbarkeit in Berlin	Sichtbarkeit in Zürich	Sternbild
Jan.	6.	15 27 21.3	–14 49 14	2.981	11.9	5:15– 6:50	5:10– 7:00	Lib
	16.	15 43 45.7	–15 37 59	2.863	11.8	4:55– 6:50	4:50– 6:55	Lib
	26.	15 59 42.6	–16 18 19	2.738	11.8	4:40– 6:40	4:30– 6:50	Lib
Febr.	5.	16 15 01.2	–16 50 06	2.608	11.7	4:20– 6:25	4:10– 6:40	Sco
	15.	16 29 30.4	–17 13 31	2.474	11.6	3:55– 6:10	3:50– 6:25	Oph
	25.	16 42 56.1	–17 28 51	2.336	11.5	3:35– 5:50	3:25– 6:10	Oph
Mõrz	7.	16 55 02.1	–17 36 41	2.198	11.3	3:05– 5:30	3:00– 5:50	Oph
	17.	17 05 31.7	–17 37 54	2.061	11.2	2:40– 5:05	2:30– 5:30	Oph
	27.	17 14 04.5	–17 33 26	1.928	11.0	3:05– 5:40	3:00– 6:10	Oph
April	6.	17 20 19.7	–17 24 37	1.800	10.8	2:35– 5:15	2:25– 5:50	Oph
	16.	17 23 57.7	–17 12 50	1.680	10.6	1:50– 4:45	1:45– 5:25	Oph
	26.	17 24 39.6	–16 59 31	1.572	10.4	1:10– 4:20	1:00– 5:05	Oph
Mai	6.	17 22 17.3	–16 46 16	1.480	10.1	0:25– 3:55	0:20– 4:45	Oph
	16.	17 16 57.0	–16 34 27	1.406	9.9	23:40– 3:30	23:35– 4:25	Oph
	26.	17 09 05.2	–16 25 24	1.354	9.6	23:05– 3:05	22:45– 4:10	Oph
Juni	5.	16 59 37.0	–16 20 35	1.326	9.3	23:30– 2:45	22:55– 4:00	Oph
	15.	16 49 44.4	–16 21 12	1.323	9.5	23:45– 2:30	23:00– 3:55	Oph
	25.	16 40 45.4	–16 28 38	1.346	9.7	23:45– 2:30	23:05– 3:35	Oph
Juli	5.	16 33 49.2	–16 43 45	1.390	9.9	23:40– 1:50	23:00– 2:45	Oph
	15.	16 29 38.8	–17 06 42	1.454	10.1	23:20– 1:05	22:50– 1:55	Oph
	25.	16 28 35.8	–17 36 56	1.534	10.3	22:55– 0:20	22:35– 1:10	Oph
Aug.	4.	16 30 42.4	–18 13 09	1.625	10.5	22:30–23:40	22:20– 0:30	Oph
	14.	16 35 46.6	–18 53 29	1.725	10.7	22:05–23:00	22:00–23:50	Oph
	24.	16 43 33.8	–19 36 00	1.832	10.9	21:40–22:20	21:35–23:15	Oph
Sept.	3.	16 53 45.5	–20 18 31	1.941	11.0	21:10–21:45	21:15–22:40	Oph
	13.	17 06 03.3	–20 58 59	2.053	11.1	20:45–21:10	20:55–22:10	Oph
	23.	17 20 12.3	–21 35 30	2.164	11.2	20:20–20:40	20:30–21:40	Oph
Okt.	3.	17 35 56.6	–22 06 14	2.274	11.3	19:55–20:10	20:10–21:10	Oph
	13.	17 53 02.2	–22 29 38	2.381	11.4	19:30–19:40	19:50–20:45	Sgr
	23.	18 11 17.7	–22 44 18	2.484	11.4	19:10–19:20	19:35–20:25	Sgr
Nov.	2.	18 30 29.9	–22 49 06	2.583	11.4		18:20–19:05	Sgr
	12.	18 50 28.0	–22 43 12	2.677	11.5		18:05–18:45	Sgr
	22.	19 11 02.1	–22 25 58	2.764	11.5		17:55–18:30	Sgr
Dez.	2.	19 32 01.2	–21 57 06	2.845	11.5		17:50–18:15	Sgr
	12.	19 53 17.0	–21 16 37	2.919	11.5		17:50–18:00	Sgr

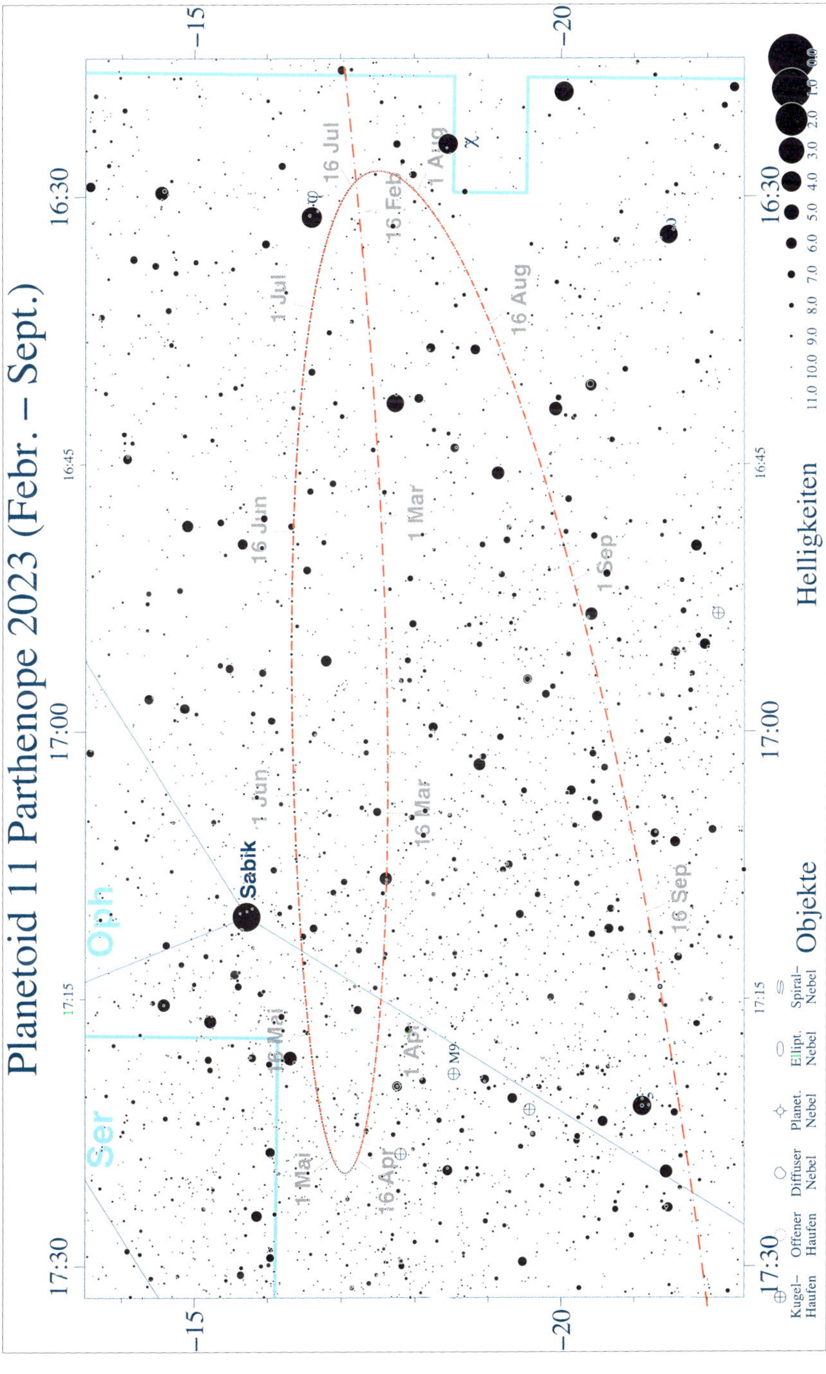
Planetoid 11 Parthenope 2023 (Febr. – Sept.)
Sabik
Oph
Ser
M9
1 Mai
16 Mai
1 Jun
16 Jun
1 Jul
16 Jul
1 Aug
16 Aug
1 Sep
16 Sep
16 Feb
1 Mar
16 Mar
1 Apr
16 Apr
16:30
16:45
17:00
17:15
17:30
−15
−20
Helligkeiten
0.0 1.0 2.0 3.0 4.0 5.0 6.0 7.0 8.0 9.0 10.0 11.0
Objekte
Kugel-Haufen
Offener Haufen
Diffuser Nebel
Planet. Nebel
Ellipt. Nebel
Spiral-Nebel

15 Eunomia

Datum 2023		Ra (2000) h m s	DE (2000) ° ′ ″	Dist. AE	mag	Sichtbarkeit in Berlin	Sichtbarkeit in Zürich	Sternbild
April	16.	19 25 53.4	–27 31 18	2.554	10.7		5:15– 5:25	Sgr
	26.	19 32 36.0	–27 10 21	2.403	10.6		4:40– 5:05	Sgr
Mai	6.	19 37 06.3	–26 51 09	2.257	10.4		4:00– 4:45	Sgr
	16.	19 39 08.6	–26 34 12	2.119	10.2		3:20– 4:25	Sgr
	26.	19 38 27.7	–26 19 28	1.993	10.0		2:35– 4:10	Sgr
Juni	5.	19 34 57.7	–26 06 08	1.884	9.7		1:45– 4:00	Sgr
	15.	19 28 43.6	–25 52 36	1.794	9.5	1:45– 2:30	1:00– 3:55	Sgr
	25.	19 20 08.0	–25 36 41	1.727	9.2	0:55– 2:30	0:10– 3:55	Sgr
Juli	5.	19 09 57.9	–25 16 14	1.686	8.9	23:55– 2:45	23:15– 4:00	Sgr
	15.	18 59 15.8	–24 50 02	1.672	9.0	23:20– 2:10	22:50– 3:30	Sgr
	25.	18 49 13.2	–24 18 22	1.686	9.2	22:55– 1:25	22:35– 2:45	Sgr
Aug.	4.	18 40 55.9	–23 42 49	1.724	9.4	22:30– 0:50	22:20– 2:00	Sgr
	14.	18 35 08.5	–23 05 40	1.785	9.6	22:05– 0:10	22:00– 1:20	Sgr
	24.	18 32 16.4	–22 28 51	1.863	9.8	21:40–23:40	21:35– 0:40	Sgr
Sept.	3.	18 32 25.0	–21 53 22	1.955	9.9	21:10–23:05	21:15– 0:10	Sgr
	13.	18 35 25.3	–21 19 22	2.057	10.1	20:45–22:35	20:55–23:35	Sgr
	23.	18 41 03.6	–20 46 08	2.164	10.2	20:20–22:10	20:30–23:05	Sgr
Okt.	3.	18 49 01.3	–20 12 28	2.275	10.3	19:55–21:45	20:10–22:40	Sgr
	13.	18 58 59.4	–19 36 59	2.385	10.4	19:30–21:20	19:50–22:15	Sgr
	23.	19 10 41.6	–18 58 13	2.494	10.5	19:10–21:00	19:35–21:50	Sgr
Nov.	2.	19 23 51.1	–18 14 48	2.599	10.5	17:55–19:40	18:20–20:30	Sgr
	12.	19 38 13.5	–17 25 34	2.699	10.6	17:40–19:20	18:05–20:10	Sgr
	22.	19 53 37.0	–16 29 29	2.792	10.6	17:25–19:05	17:55–19:55	Sgr
Dez.	2.	20 09 49.5	–15 25 50	2.878	10.6	17:20–18:50	17:50–19:35	Cap
	12.	20 26 41.8	–14 14 07	2.955	10.6	17:20–18:40	17:50–19:20	Cap
	22.	20 44 05.9	–12 54 00	3.023	10.5	17:20–18:25	17:55–19:05	Aqr

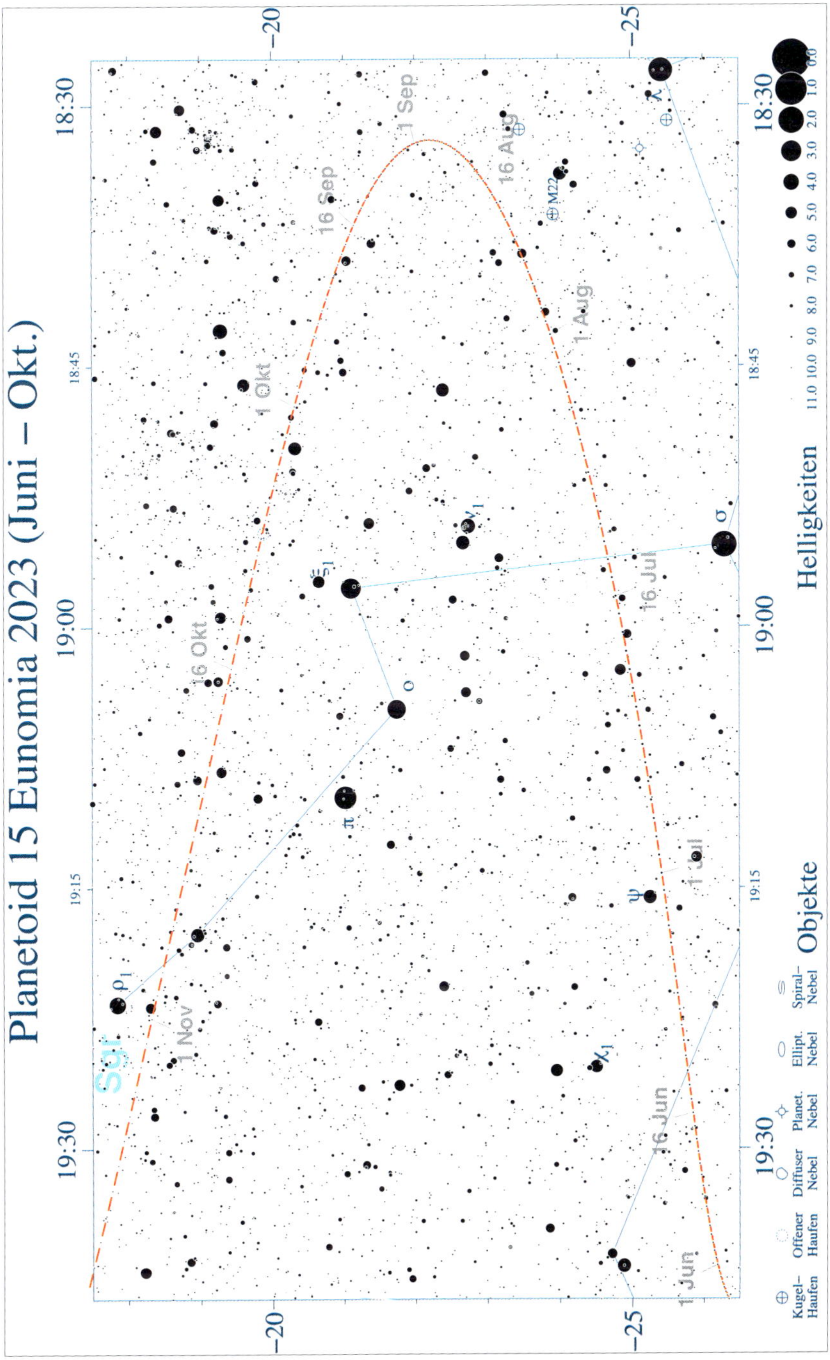

Planetoid 15 Eunomia 2023 (Juni – Okt.)
18:30
18:45
19:00
19:15
19:30
−20
−25
1 Jun
16 Jun
1 Jul
16 Jul
1 Aug
16 Aug
1 Sep
16 Sep
1 Okt
16 Okt
1 Nov
Sgr
M22
Objekte
Kugel-Haufen
Offener Haufen
Diffuser Nebel
Planet. Nebel
Ellipt. Nebel
Spiral-Nebel
Helligkeiten
0.0
1.0
2.0
3.0
4.0
5.0
6.0
7.0
8.0
9.0
10.0
11.0

18 Melpomene

Datum 2023		Ra (2000) h m s	DE (2000) ° ′ ″	Dist. AE	mag	Sichtbarkeit in Berlin	Sichtbarkeit in Zürich	Sternbild
Juni	5.	0 20 51.0	1 21 08	2.005	10.7		3:50– 4:00	Psc
	15.	0 41 34.3	2 45 26	1.899	10.6		3:25– 3:55	Psc
	25.	1 02 04.3	4 00 37	1.794	10.5		3:00– 3:55	Psc
Juli	5.	1 22 14.9	5 04 28	1.691	10.4	2:20– 2:45	2:35– 4:00	Psc
	15.	1 41 57.9	5 54 54	1.588	10.3	1:55– 3:05	2:15– 4:15	Psc
	25.	2 00 59.6	6 29 31	1.489	10.1	1:30– 3:30	1:50– 4:30	Psc
Aug.	4.	2 19 03.8	6 46 17	1.392	9.9	1:05– 3:55	1:25– 4:45	Cet
	14.	2 35 50.7	6 43 23	1.298	9.8	0:45– 4:15	1:05– 5:05	Cet
	24.	2 50 52.9	6 19 09	1.209	9.6	0:20– 4:40	0:40– 5:20	Cet
Sept.	3.	3 03 41.7	5 32 58	1.126	9.4	0:00– 5:00	0:20– 5:35	Cet
	13.	3 13 44.6	4 25 05	1.050	9.2	23:35– 5:20	23:55– 5:55	Cet
	23.	3 20 27.1	2 57 26	0.984	8.9	23:10– 5:40	23:25– 6:05	Cet
Okt.	3.	3 23 25.2	1 15 06	0.929	8.7	22:45– 5:55	22:55– 6:20	Cet
	13.	3 22 28.2	–0 33 56	0.888	8.5	22:10– 6:15	22:25– 6:35	Cet
	23.	3 17 54.0	–2 17 35	0.864	8.3	21:40– 6:30	21:50– 6:50	Eri
Nov.	2.	3 10 42.1	–3 41 37	0.860	8.2	20:00– 5:05	20:10– 5:40	Eri
	12.	3 02 20.4	–4 33 51	0.876	8.3	19:15– 4:15	19:25– 4:45	Eri
	22.	2 54 32.8	–4 46 47	0.912	8.5	18:30– 3:25	18:40– 4:00	Eri
Dez.	2.	2 48 49.6	–4 20 22	0.968	8.7	17:40– 2:45	17:50– 3:15	Eri
	12.	2 46 03.7	–3 20 14	1.040	9.0	17:20– 2:10	17:50– 2:40	Eri
	22.	2 46 37.6	–1 54 06	1.127	9.3	17:20– 1:35	17:55– 2:05	Eri

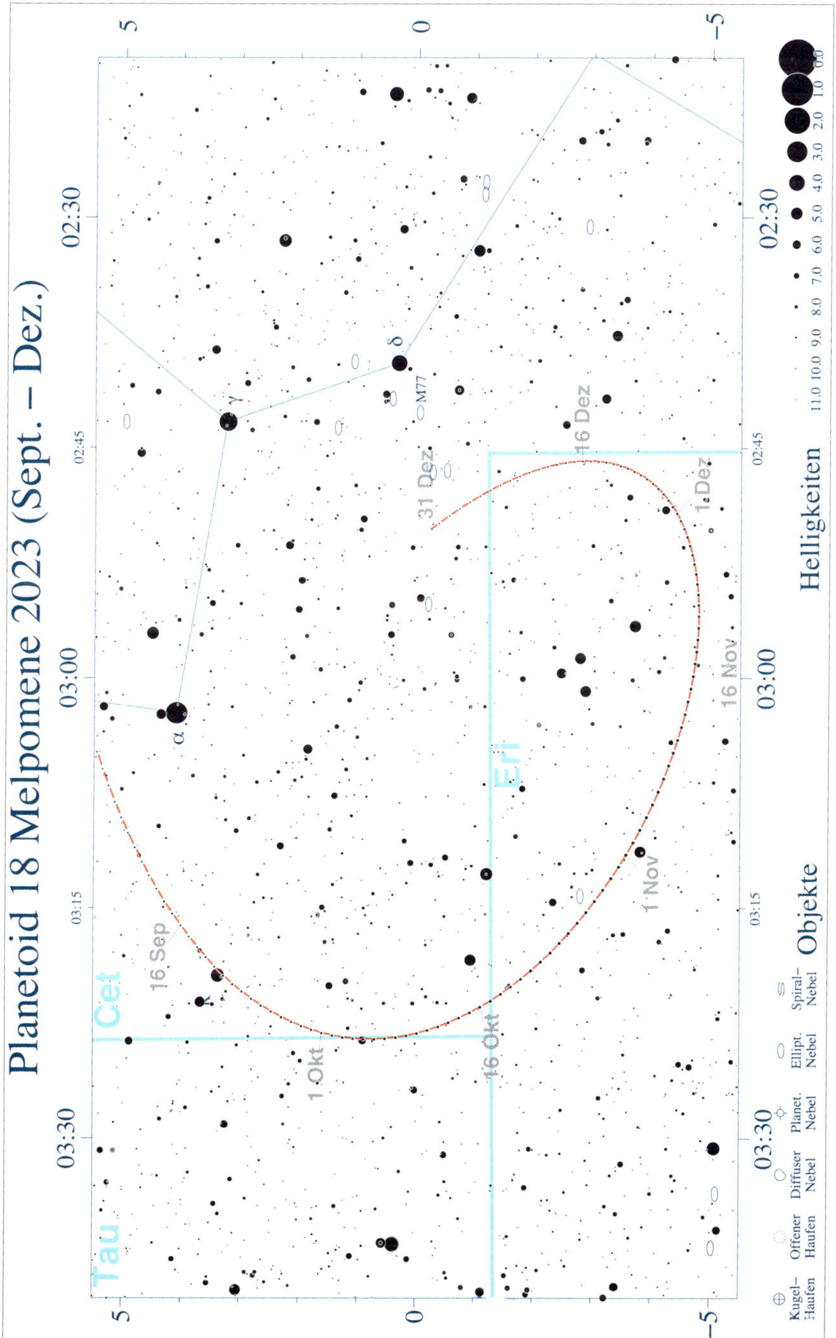
Planetoid 18 Melpomene 2023 (Sept. – Dez.)
02:30
02:45
03:00
03:15
03:30
5
0
−5
Tau
Cet
Eri
α
γ
δ
M77
16 Sep
1 Okt
16 Okt
1 Nov
16 Nov
1 Dez
16 Dez
31 Dez
Helligkeiten
0.0
1.0
2.0
3.0
4.0
5.0
6.0
7.0
8.0
9.0
10.0
11.0
Objekte
Kugel-Haufen
Offener Haufen
Diffuser Nebel
Planet. Nebel
Ellipt. Nebel
Spiral-Nebel

29 Amphitrite

Datum 2023		Ra (2000) h m s	DE (2000) ° ′ ″	Dist. AE	mag	Sichtbarkeit in Berlin	Sichtbarkeit in Zürich	Sternbild
Juni	5.	0 05 17.2	–1 27 11	2.611	11.2		3:45– 4:00	Psc
	15.	0 16 55.9	–0 00 46	2.483	11.1		3:15– 3:55	Psc
	25.	0 27 30.6	1 19 44	2.352	11.0	2:25– 2:30	2:40– 3:55	Cet
Juli	5.	0 36 49.6	2 33 14	2.220	10.9	1:45– 2:45	2:05– 4:00	Cet
	15.	0 44 38.9	3 38 39	2.090	10.7	1:05– 3:05	1:25– 4:15	Psc
	25.	0 50 40.6	4 34 36	1.963	10.6	0:30– 3:30	0:45– 4:30	Psc
Aug.	4.	0 54 36.9	5 19 49	1.842	10.4	23:50– 3:55	0:05– 4:45	Psc
	14.	0 56 09.7	5 52 58	1.729	10.2	23:05– 4:15	23:25– 5:05	Psc
	24.	0 55 03.2	6 12 39	1.629	10.0	22:25– 4:40	22:45– 5:20	Psc
Sept.	3.	0 51 13.6	6 18 14	1.545	9.7	21:40– 5:00	22:00– 5:35	Psc
	13.	0 44 51.3	6 09 53	1.481	9.5	20:55– 5:20	21:15– 5:55	Psc
	23.	0 36 29.1	5 49 22	1.441	9.2	20:20– 5:40	20:30– 6:05	Psc
Okt.	3.	0 27 04.9	5 20 49	1.426	8.9	19:55– 5:55	20:10– 6:20	Psc
	13.	0 17 47.8	4 49 40	1.438	9.2	19:30– 5:20	19:50– 5:40	Psc
	23.	0 09 48.7	4 22 16	1.477	9.5	19:10– 4:30	19:35– 4:55	Psc
Nov.	2.	0 04 03.0	4 04 13	1.538	9.7	17:55– 2:45	18:20– 3:05	Psc
	12.	0 01 00.8	3 59 01	1.620	9.9	17:40– 2:00	18:05– 2:25	Psc
	22.	0 00 53.2	4 08 36	1.717	10.1	17:25– 1:20	17:55– 1:45	Psc
Dez.	2.	0 03 33.3	4 33 11	1.826	10.3	17:20– 0:45	17:50– 1:10	Psc
	12.	0 08 45.6	5 11 48	1.942	10.5	17:20– 0:15	17:50– 0:35	Psc
	22.	0 16 12.7	6 03 12	2.064	10.6	17:20–23:45	17:55– 0:10	Psc

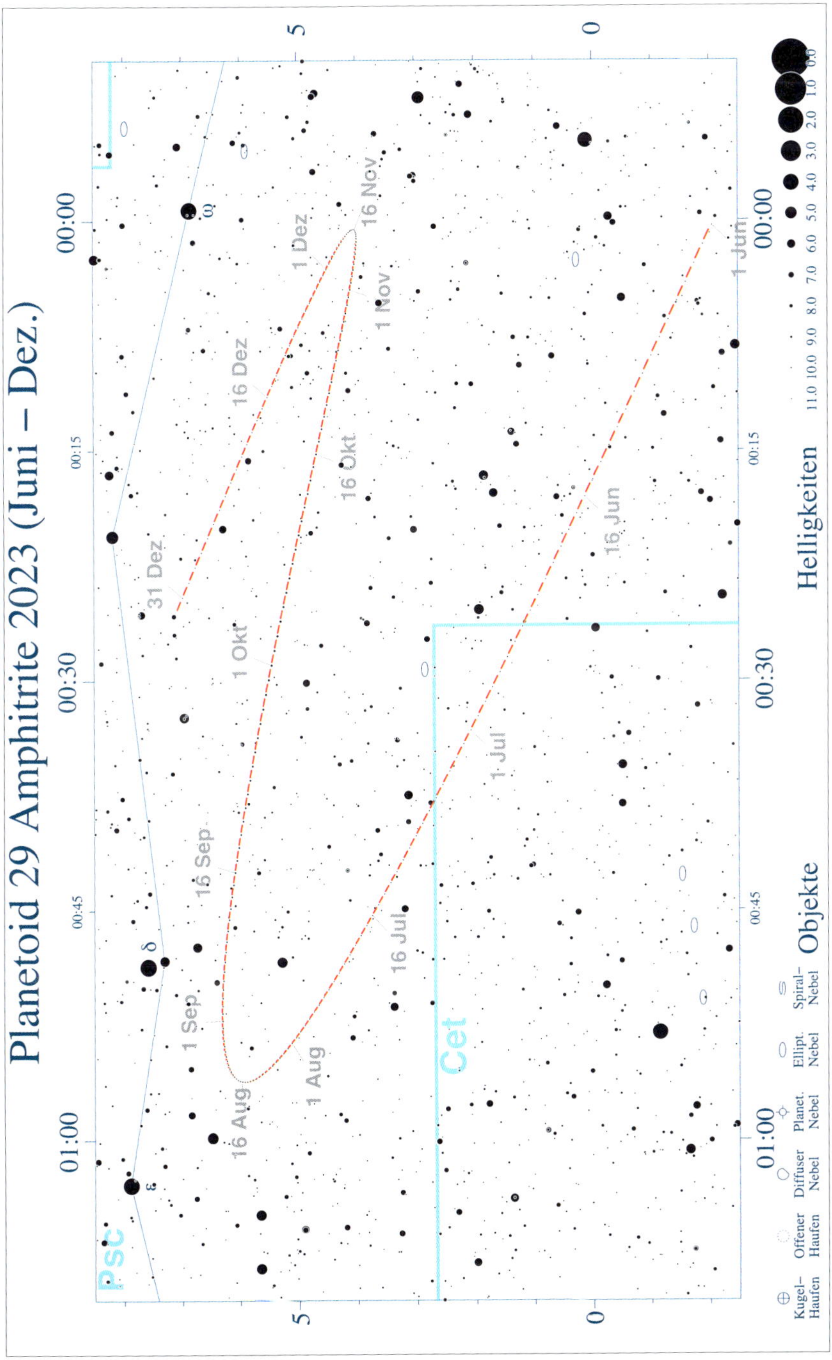
Planetoid 29 Amphitrite 2023 (Juni – Dez.)
00:00
00:15
00:30
00:45
01:00
5
0
Psc
Cet
ω
δ
ε
1 Juni
16 Jun
1 Jul
16 Jul
1 Aug
16 Aug
1 Sep
16 Sep
1 Okt
16 Okt
1 Nov
16 Nov
1 Dez
16 Dez
31 Dez
Helligkeiten
0.0 1.0 2.0 3.0 4.0 5.0 6.0 7.0 8.0 9.0 10.0 11.0
Objekte
Kugel-Haufen
Offener Haufen
Diffuser Nebel
Planet. Nebel
Ellipt. Nebel
Spiral-Nebel

Periodische Kometen

Kometen, die Unglücksbringer der Antike und des Mittelalters, bringen dem gewieften Sternfreund Abwechslung und auch neue Herausforderungen. Wegen des flächenhaften Lichts ist ihre Beobachtung an gute Luftbedingungen gebunden, fast wie die „Deep-Sky-Objekte", obwohl sie ja gerade das Gegenteil der weit entfernten Galaxien darstellen. Mit schwächeren Vergrößerungen (also z. B. mit einem lichtstarken Feldstecher) können sie meistens genauer beobachtet werden, Details fallen besser auf. Fotografieren ist wegen der Kontraste schwierig, aber mit digitaler Bilderfassung und Bearbeitung ergeben sich dazu ganz neue Möglichkeiten.
Die periodischen Kometen, deren Periheldurchgang in das Jahr 2023 fällt, sind in der Tabelle Seite 311/312 mit der Angabe ihrer Bahnelemente erfasst. Kleinere Überraschungen sind immer möglich, werden doch Kometen beim Vorbeigang an Planeten oft aus ihrer Bahn geworfen. Aber auch nichtgravitative Effekte können zu Bahnstörungen führen, die sich jeder Voraussage entziehen.

Für besonders Interessierte verweisen wir auf die Internetseiten
minorplanetcenter.net/iau/MPEph/MPEph.html und
ssd.jpl.nasa.gov/?horizons,
die beide aktualisierte Ephemeriden anbieten.

Periodische Kometen

Name	Perihel Zeitpunkt 2023 [UT]		Perihel Distanz [AE]	Exzentrizität	Perihellänge [°]	Knotenlänge [°]	Bahnneigung [°]	Berechnungsepoche 2022
P/2013 YG46 (Spacewatch)	Jan.	6.2478	1.785521	0.454759	242.5822	48.8369	7.8571	Mai 15.
285P/LINEAR	Jan.	12.3869	1.719300	0.618588	178.4384	185.5076	25.0383	Mai 15.
P/2021 V2 (Fuls)	Jan.	21.4870	3.496560	0.613355	259.8323	232.2907	12.6949	Mai 15.
71P/Clark	Jan.	22.7937	1.588733	0.493914	209.0641	59.3976	9.4376	Mai 15.
263P/Gibbs	Jan.	30.5580	1.236783	0.593559	34.9910	105.5257	11.5210	Mai 15.
96P/Machholz	Jan.	31.0974	0.116417	0.961574	14.7495	93.9584	57.5083	Mai 15.
281P/MOSS	Feb.	1.6894	4.034493	0.172377	26.6660	87.1806	4.7189	Mai 15.
P/2017 S9 (PANSTARRS)	Feb.	27.4442	2.190936	0.305505	237.6459	146.2238	14.1437	Mai 15.
P/2019 A4 (PANSTARRS)	März	2.0145	2.386240	0.087194	342.6706	119.2524	13.3062	Mai 15.
256P/LINEAR	März	12.3488	2.699997	0.417980	124.2162	81.3417	27.6199	Mai 15.
77P/Longmore	April	3.2502	2.348331	0.351882	196.7763	14.7700	24.3184	Mai 15.
300P/Catalina	April	11.0847	0.832104	0.691756	222.9292	95.6362	5.6740	Mai 15.
279P/La Sagra	April	19.5785	2.148420	0.398700	5.8466	346.2331	5.0525	Mai 15.
170P/Christensen	April	20.8487	2.923375	0.304186	225.5785	142.9230	10.1248	Mai 15.
P/2014 A3 (PANSTARRS)	April	21.4147	3.472810	0.247046	213.9737	229.9802	13.7113	Mai 15.
291P/NEAT	Mai	4.8473	2.561949	0.435639	173.5969	237.8242	6.2984	Mai 15.
P/2008 L2 (Hill)	Mai	11.0536	2.330275	0.613394	141.2531	218.0164	25.8678	Mai 15.
364P/PANSTARRS	Mai	13.9923	0.800867	0.721902	212.0179	46.1653	12.1355	Mai 15.
237P/LINEAR	Mai	14.6337	1.986886	0.434271	25.2462	245.3695	14.0146	Mai 15.
94P/Russell	Mai	21.1889	2.226993	0.365165	92.4436	70.8580	6.1881	Mai 15.
39P/Oterma	Juni	9.6666	5.717617	0.221422	97.8588	298.6886	1.5503	Mai 15.
72P/Denning-Fujikawa	Juni	15.8935	0.781560	0.818626	346.7118	26.6985	10.9475	Mai 15.
121P/Shoemaker-Holt	Juni	27.9917	3.731062	0.185994	11.5381	94.1159	20.1648	Mai 15.
287P/Christensen	Juli	4.6403	3.034836	0.271049	189.0563	139.0420	16.3200	Mai 15.
126P/IRAS	Juli	5.2964	1.711188	0.696397	356.5681	357.8723	45.8761	Mai 15.
P/2012 WA34 (Lemmon-PANSTARRS)	Juli	7.3618	3.073790	0.345048	356.2702	93.6289	6.0784	Mai 15.
180P/NEAT	Juli	12.4370	2.500337	0.353083	94.7258	84.5720	16.8629	Mai 15.
185P/Petriew	Juli	12.9455	0.930838	0.699568	181.8787	214.1089	14.0130	Mai 15.

Periodische Kometen

Name	Perihel Zeitpunkt 2023 [UT]		Perihel Distanz [AE]	Exzentrizität	Perihellänge [°]	Knotenlänge [°]	Bahnneigung [°]	Berechnungsepoche 2022	
347P/PANSTARRS	Juli	20.0357	2.213103	0.386053	98.4028	261.0208	11.7530	Mai	15.
280P/Larsen	Aug.	4.7341	2.639456	0.417342	104.7562	131.3932	11.7739	Mai	15.
199P/Shoemaker	Aug.	7.4439	2.910513	0.505709	191.7378	92.3605	24.9324	Mai	15.
225P/LINEAR	Aug.	8.0823	1.319520	0.638382	3.8905	14.2030	21.3663	Mai	15.
322P/SOHO	Aug.	21.0828	0.050366	0.979917	56.8719	351.5309	11.4682	Mai	15.
339P/Gibbs	Aug.	31.0244	1.348131	0.635480	27.4867	172.7237	5.7333	Mai	15.
426P/PANSTARRS	Sept.	13.9415	2.672336	0.161335	119.1071	280.5214	17.7726	Mai	15.
P/2005 E1 (Tubbiolo)	Sept.	28.7574	4.401705	0.375349	193.9418	335.5717	4.2635	Mai	15.
79P/du Toit-Hartley	Sept.	30.4814	1.121559	0.618941	281.7806	280.5278	3.1481	Mai	15.
365P/PANSTARRS	Okt.	9.3091	1.327000	0.580819	67.2338	86.5845	9.8250	Mai	15.
103P/Hartley	Okt.	12.5863	1.064927	0.693591	181.2860	219.7433	13.6081	Mai	15.
354P/LINEAR	Okt.	14.1693	2.002178	0.125562	132.8437	320.1303	5.2553	Mai	15.
404P/Bressi	Okt.	18.8518	4.139152	0.134323	166.8808	260.5967	9.7231	Mai	15.
2P/Encke	Okt.	21.0676	0.335348	0.848902	186.9475	334.3663	11.5544	Mai	15.
310P/Hill	Okt.	24.3100	2.415584	0.422143	31.7801	8.9218	13.1278	Mai	15.
321P/SOHO	Okt.	26.5208	0.045775	0.981111	172.7489	165.0170	20.0932	Mai	15.
358P/PANSTARRS	Nov.	11.2072	2.395238	0.238823	299.7633	85.7023	11.0598	Mai	15.
213P/VanNess	Nov.	11.5775	1.980713	0.408248	5.7067	311.2941	10.3815	Mai	15.
P/2007 T2 (Kowalski)	Nov.	17.5775	0.653003	0.785631	359.6534	3.3774	9.7521	Mai	15.
P/2004 V3 (Siding Spring)	Nov.	22.7668	3.951247	0.446120	322.4430	356.1300	50.4438	Mai	15.
147P/Kushida-Muramatsu	Dez.	5.5246	3.145685	0.220295	348.1860	92.1779	2.3099	Mai	15.
P/2014 W1 (PANSTARRS)	Dez.	19.4631	2.727451	0.389089	152.1626	246.2405	8.8368	Mai	15.
62P/Tsuchinshan	Dez.	24.6970	1.258066	0.626031	47.3311	68.8475	4.7371	Mai	15.
26P/Grigg-Skjellerup	Dez.	25.5150	1.084346	0.640322	2.1606	211.5389	22.4321	Mai	15.
P/2018 P3 (PANSTARRS)	Dez.	26.4405	1.751928	0.416979	305.9363	59.1620	8.9126	Mai	15.
226P/Pigott-LINEAR-Kowalski	Dez.	27.3050	1.774842	0.528819	341.0508	54.0068	44.0385	Mai	15.
326P/Hill	Dez.	30.5425	2.770388	0.318092	278.6301	99.8088	2.4710	Mai	15.

Übersicht Meteorströme

Name des Stroms	Radiant AR h:m	Dekl. °	Periode 2023	2023	Maximum Datum 2023	zhr	v km/s	Mond
Coma Bereniciden	11:40	25°	12. Dez.	– 23. Jan.	19. Dez.	5	65	++
Quadrantiden	15:20	49°	1. Jan.	– 5. Jan.	3. Jan.	120	41	0
δ-Cancriden	8:40	20°	1. Jan.	– 24. Jan.	17. Jan.	5	28	++
Lyriden	18:04	34°	16. Apr.	– 25. Apr.	22. Apr.	20	49	– –
α-Bootiden	14:32	19°	14. Apr.	– 12. Mai	26. Apr.	3	20	– –
η-Aquariden	22:24	– 2°	19. Apr.	– 12. Mai	5. Mai	50	66	++
Juni-Lyriden	18:32	35°	11. Jun.	– 21. Jun.	16. Jun.	5	31	0
Pegasiden	22:40	15°	7. Jul.	– 11. Jul.	10. Jul.	8	14	++
α-Lyriden	18:44	38°	9. Jul.	– 20. Jul.	15. Jul.	?	50	+
δ-Aquariden (S)	22:36	–16°	8. Jul.	– 19. Aug.	29. Jul.	20	41	+
α-Capricorniden	20:28	–10°	3. Jul.	– 25. Aug.	30. Jul.	8	23	++
δ-Aquariden (N)	21:44	– 5°	15. Jul.	– 25. Aug.	12. Aug.	5	42	++
Perseiden	3:04	58°	17. Jul.	– 24. Aug.	12. Aug.	300	59	++
κ-Cygniden	19:04	59°	3. Aug.	– 31. Aug.	18. Aug.	5	25	– –
α-Aurigiden	5:36	42°	24. Aug.	– 5. Sep.	1. Sep.	15	66	++
δ-Aur./Sept-Per.	4:00	47°	5. Sep.	– 10. Okt.	9. Sep.	7	64	++
Draconiden	17:28	54°	6. Okt.	– 10. Okt.	10. Okt.	var	20	++
ε-Geminiden	6:56	27°	14. Okt.	– 27. Okt.	20. Okt.	5	71	– –
Orioniden	6:20	16°	2. Okt.	– 7. Nov.	21. Okt.	25	66	– –
Tauriden (S)	3:20	14°	15. Sep.	– 25. Nov.	3. Nov.	10	27	++
Tauriden (N)	4:00	23°	13. Sep.	– 25. Nov.	13. Nov.	8	29	0
Leoniden	10:08	22°	14. Nov.	– 21. Nov.	17. Nov.	var	71	– –
α-Monocerotiden	7:48	– 6°	15. Nov.	– 25. Nov.	21. Nov.	5	60	–
Dez.-Monocerotiden	6:40	14°	27. Nov.	– 17. Dez.	10. Dez.	5	42	0
Geminiden	7:28	33°	7. Dez.	– 17. Dez.	14. Dez.	110	35	– –
Ursiden	14:28	75°	17. Dez.	– 26. Dez.	22. Dez.	10	33	0
Coma Bereniciden	11:40	25°	12. Dez.	– 23. Jan.	19. Dez.	5	65	–

[1] 2022
[2] 2024

zhr ist die „zenital hourly rate", die auf den Zenit (beste Sichtbarkeit) umgerechnete durchschnittliche stündliche Zählrate.

v bedeutet die Relativgeschwindigkeit der Meteore zum Erdmittelpunkt.

In der Spalte „**Mond**" wird die Störung durch das Mondlicht bewertet: von sehr störend (– –), über einigermaßen (0) bis gar nicht störend (++).

Veränderliche

Bedeckungsveränderliche

Im Astrokalender werden die (Haupt-)Minima der Bedeckungsveränderlichen Algol (β Persei) und β Lyrae dann angegeben, wenn eine Beobachtung möglich ist.

Die Helligkeitskurve von Algol kann durch rein geometrische gegenseitige Bedeckung der beiden Komponenten erklärt werden. Interessanter ist β Lyrae: Die Untersuchung des Spektrums, in dem drei verschiedene Komponenten unterschieden werden können, führt zum Modell eines heißen Riesensternes und eines kleinen kühlen Begleiters, die sich sehr nahe sind. Heiße Gase strömen vom Riesen auf den Begleiter über, ein kühler Gasstrom zieht in der umgekehrten Richtung. Wegen der Erhaltung des Drehimpulses werden beide Ströme abgelenkt und bilden einen expandierenden Ring um das System.

Unter den beiden Lichtkurven ist jeweils links die Situation des Hauptminimums (der dunklere Partner steht vor dem helleren) dargestellt und rechts die Bahn des Begleiters um den Hauptstern.

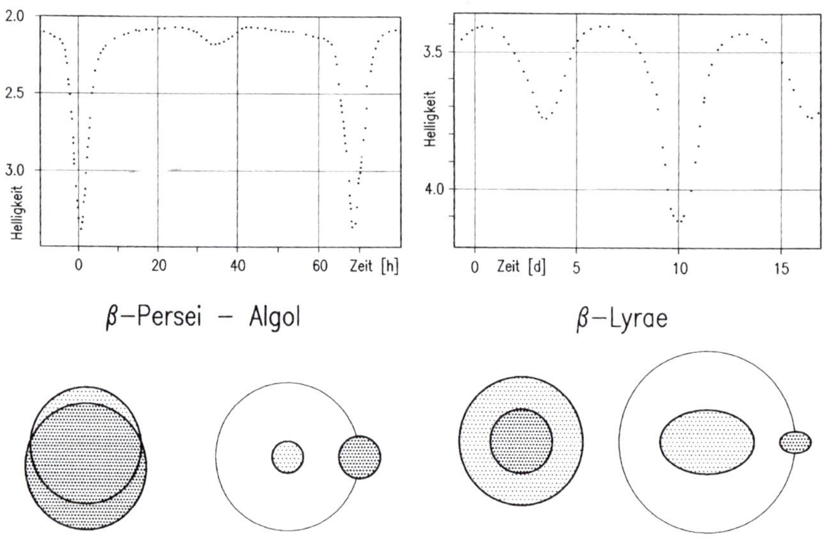

Cepheïden

In den Monatsübersichten sind die Maxima von δ Cephei angegeben, dieser Stern ist der „Prototyp" einer ganzen Gruppe von Veränderlichen, die ja bei Entfernungsbestimmungen über die Milchstraße hinaus so wichtig sind. Die Sterne pulsieren mit einer Periode, die der Quadratwurzel aus der mittleren Dichte umgekehrt proportional ist.

Die nebenstehenden Diagramme zeigen, wie sich Helligkeit, Temperatur, Spektralklasse, Rotationsgeschwindigkeit (an der Oberfläche) und der Radius des Sterns im Laufe einer Periode von 5.37 Tagen ändern. Zuoberst ist die Radiusänderung durch Darstellung der „Sternscheibe" illustriert.

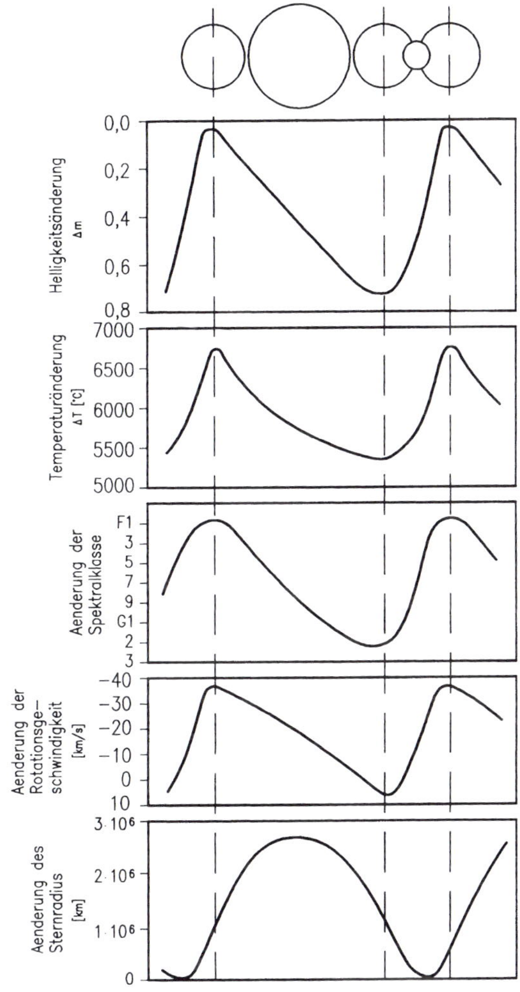

Mira-Veränderliche

Die Mira-Veränderlichen sind langperiodisch, sie haben ihren Namen vom Stern Mira („der Wunderbare") im Walfisch, dessen Helligkeit sich über einen Bereich von 6 Größenklassen verändert. Mira selbst ist ein Überriese, der mit einer Periode von etwa 330 Tagen pulsiert. Zu ihm gehört aber noch ein Weißer Zwerg, der ebenfalls veränderlich ist (Periode etwa 14 Jahre). Die Umlaufszeit ist sehr groß (Jahrzehnte bis Jahrhunderte), das System wird durch sich bewegende Gas- und Staubwolken unregelmäßig abgeschwächt.

Nachstehend bringen wir eine Vorschau über die Helligkeitsentwicklung solcher Mira-Sterne. Die Tabelle gibt die voraussichtlichen Daten der Maxima und Minima, dabei wurde aber nicht überprüft, ob die Sterne zu diesem Zeitpunkt wirklich am Nachthimmel zu sehen sind.

Übersicht hellere Mira-Sterne 2023

Name	Helligkeit mag	Rektasz. h	m	Dekl. °	′	23 Jan.	23 Febr.	23 März	23 April	23 Mai	23 Juni	23 Juli	23 Aug.	23 Sept.	23 Okt.	23 Nov.	23 Dez.	24 Jan.	24 Febr.
R And	6.9–14.3	0	24.0	+38	35	M23									m12				
W And	7.4–13.7	2	17.6	+44	18			m28					M27						
R Aqr	6.5–10.3	23	43.8	–15	17			m23						M1					
R Aql	6.1–11.5	19	06.3	+ 8	14					m20				M22					m10
U Ari	7.2–15.2	3	11.0	+14	48	M24							m25					M30	
V Boo	7.0–11.3	14	29.8	+38	52	m22						M21			m9				
R Boo	7.2–12.3	14	37.2	+26	44	M17				m17			M29				m26		
R Cnc	6.8–11.2	8	16.6	+11	44		m11						M9						m8
T Cep	6.0–10.3	21	09.5	+68	29							M21						m17	
o Cet	3.4– 9.3	2	19.3	– 2	59		m15			M27								m13	
S Crb	7.3–12.9	15	21.4	+31	22			m13				M10							
R Cyg	7.5–13.9	19	36.8	+50	12		M6									m5			
RT Cyg	7.3–11.8	19	43.6	+48	47		M13				m5		M22				m12		M28
χ Cyg	5.2–13.4	19	50.6	+32	55						M10							m8	
U Cyg	7.2–10.7	20	19.7	+47	54							m25							M20
R Dra	7.6–12.4	16	32.7	+66	45	m30				M10					m2			M10	
R Gem	7.1–13.5	7	07.4	+22	42			M14								m13			
U Her	7.5–12.5	16	25.8	+18	54	M13								m20					
R Hya	4.5– 9.5	13	29.7	–23	17			m6				M22							m29

Name	Helligkeit mag	Rektasz. h m	Dekl. ° '	23 Jan.	23 Febr.	23 März	23 April	23 Mai	23 Juni	23 Juli	23 Aug.	23 Sept.	23 Okt.	23 Nov.	23 Dez.	24 Jan.	24 Febr.
R Leo	5.8–10.0	9 47.6	+11 26						M12				m27				
R Lmi	7.1–12.6	9 45.6	+34 31	m19					M16							m26	
R Lep	6.8– 9.6	4 59.6	–14 48				M7						m14				
RS Lib	7.5–12.0	15 24.3	–22 55	m5			M7				m10			M10			
R Lyn	7.9–13.8	7 01.6	+55 20					m8					M31				
V Mon	7.0–13.1	6 22.7	– 2 12	M12						m17					M19		
R Oph	7.6–13.3	17 07.8	–16 06	m6				M9						m8			
X Oph	6.8– 8.8	18 38.3	+ 8 50		m22						M7					m17	
U Ori	6.3–12.0	5 55.8	+20 11	m8				M6								m11	
RR Sgr	6.8–13.2	19 55.9	–29 11					m24				M18					
R Ser	6.9–13.4	15 50.7	+15 08				M29								m13		
R Tri	6.2–11.7	2 37.0	+34 16		m7				M21					m1			
R Uma	7.5–13.0	10 44.6	+67 47				M1						m19				
T Uma	7.7–12.9	12 36.4	+59 29	M28						m1			M11				
R Vir	6.9–11.5	12 38.5	+ 6 59		M15			m8		M11			m1		M4		m24
S Vir	7.0–12.7	13 33.0	– 7 12	m17					M23							m27	

Die Helligkeitsangaben sind Durchschnittswerte, welche um bis zu 2 Größenklassen abweichen können.
m ≈ Minimum am entsprechenden Tag im Monat zu erwarten
M ≈ Maximum am entsprechenden Tag im Monat zu erwarten
Die Voraussagen stammen aus Daten der AAVSO und der BAV
(American Association of Variable Star Observers/Bundesdeutsche Arbeitsgemeinschaft für Veränderliche Sterne e. V).

Frühlingsanfang

Der astronomische Frühlingsanfang ist genau dann, wenn die Sonne den Himmelsäquator in Richtung Norden überquert. Die wissenschaftliche Bezeichnung „Äquinoktium“ für diesen Zeitpunkt ist allerdings nicht ganz korrekt. Er bedeutet „Tagundnachtgleiche“, aber die Tageslänge (von Sonnenaufgang bis Untergang) ist bei einem Äquinoktium etwas mehr als 12 Stunden.
Der Sonnenaufgang ist der Zeitpunkt, wenn der oberste Punkt der Sonne den mathematischen Horizont überquert, beim Sonnenuntergang ist es das Abtauchen des letzten Sonnenpunktes. Zu diesem den Tag verlängernden Effekt kommt noch die Lichtbrechung in der Atmosphäre. Sie hat zur Folge, dass die Sonne bereits ganz sichtbar ist, wenn sie ohne Erdatmosphäre noch unter dem Horizont wäre. Die beiden Effekte führen dazu, dass die Tagundnachtgleiche zwei bis drei Tage vor dem Frühlingsanfang stattfindet. In traditionellen Bauernkalendern ist das manchmal vermerkt. So z. B. im Appenzeller Kalender auf das Jahr 1992: da steht am 17. März „Tag und Nacht gleich“ (der Frühlingsanfang ist korrekt am 20. März erwähnt).

III.	März		☾-Lauf Aufg.	☾-Lauf Untrg.	Himmels-Erscheinung und mutmassl. Witterung	Tages-Länge
Mont	16 Heribert	♍	15.58	5.03	☾ in Erdnähe zeigt	11.56
Dienst	17 Gertrud	♍	17.19	5.28	**Tag und Nacht gleich,**	11.59
Mittw	18 Gabriel	♎	18.39	5.52	● 19.18 [♃ ☌ ☾]	12.03
Donst	19 Joseph	♎	19.58	6.16	sich	12.06
Freitag	20 Emanuel	♏	21.15	6.42	☉ in ♈, Frühlingsanfang	12.11
Samst	21 Benedikt	♏	22.30	7.10	trübes	12.14
Sonnt	22 Okuli	♏	23.40	7.43		12.17

Wann findet jetzt das Äquinoktium statt? Traditionell spricht man vom 21. März, auch der „Computus Paschalis“, die Kirchenrechnung zur Bestimmung des Osterdatums, geht grundsätzlich vom 21. März aus. Der Zeitpunkt des Äquinoktiums gilt auf der ganzen Welt, aber nicht überall ist dabei das gleiche Datum, also musste man noch festlegen, dass man vom Standort Rom ausgeht.
Im Folgenden beziehen sich die angegebenen Daten auf Rom und Mitteleuropäische Zeit (MEZ).
Die Bestimmung des Osterdatums erfolgte im Jahr 325 am (ersten) Konzil von Nicäa. In diesem Jahr war das Äquinoktium am 20. März, ebenso 326. Im Jahr 327 war es der 21. März. Dann aber bis 363 wieder am 20. März, und 364 am … 19. März!
Der alle vier Jahre dazukommende Schalttag zeigt sich natürlich auch an den Daten des Äquinoktiums, aber so ganz exakt periodisch sind sie nicht. Die Abweichung vom 21. März, der im kirchlichen Kalendersystem das Osterdatum bestimmte, wurden immer größer. Bis ins 16. Jahrhundert verschob sich das Äquinoktium auf den 10. oder 11. März. Das war denn auch der Auslöser für die Kalenderreform, die nach jahrhundertelangem Hin und Her 1582 von Papst Gregor XIII. dekretiert wurde.
Mit dieser Reform wurde der 4-Jahre-Schaltzyklus modifiziert. In 400 Jahren gibt es seither nur 97 Schaltjahre. Wenn die Jahreszahl durch 100, aber nicht durch 400 teilbar

ist, ist es kein Schaltjahr. So waren 1700, 1800 und 1900 keine Schaltjahre, wohl aber 1600 und 2000. Was sind jetzt die Folgen für den Frühlingsanfang?
Grundsätzlich hat er jetzt eine Periode von 400 Jahren. Im 21. Jahrhundert war er zunächst am 20. März, 2003, 2007 und 2011 noch am 21. März. Ab 2048 ist er dann jedes 4. Jahr am 19. März und ab 2080 abwechslungsweise zweimal am 19. und zweimal am 20. Nach dem „Ausnahmejahr" 2100 (kein Schaltjahr) erscheint dann der 21. wieder in der Tabelle (2102 und 2103). Mit den weiteren Ausnahmejahren 2200 und 2300 wird das Datum 21. März wieder dominant. Ab Mitte des 24. Jahrhunderts scheint dann der 20. März wieder häufiger.
Ab dem Jahr 2400 kann man die Daten wieder mit denen von 2000 und folgenden vergleichen. Die Äquinoktien sind aber nach 400 Jahren jeweils etwas früher. Denn das „tropische Jahr" mit (aktuell) 365.242189 Tagen ist etwas kürzer als die 365.2425 Tage des mittleren „gregorianischen" Kalenderjahrs. Das ergibt nach 400 Jahren im Mittel etwa 3 Stunden früher.

Anzahl der Äquinoktien-Daten pro Jahrhundert

	19. März	20. März	20. März
1701–1800	3	81	16
1801–1900	0	62	38
1901–2000	0	39	61
2001–2100	18	79	3
2101–2200	5	82	13
2201–2300	0	66	32
2301–2400	0	43	57
2401–2500	20	78	2

Quelle: Jean Meeus, „Astronomical tables of the Sun, Moon and Planets"
(ISBN 9781942675037).

Zyklen des Mondes

Der Meton-Zyklus

Alle 19 Jahre wiederholen sich die Mondphasen jeweils am gleichen Datum. Diese Periodizität war schon in Babylon bekannt. Der Athener METON (um 440 v. Chr.) benutzte ihn für die Festlegung des griechischen Kalenders.
Die Mondphasen wiederholen sich nach 29.530589 Tagen (= synodischer Monat). 235 solche Monate ergeben 6939.6884 Tage und 19 (gregorianische) Jahre sind 6939.6075 Tage.
Die Differenz wächst in etwa 234 Jahren auf einen Tag an. Der Meton-Zyklus wird in reinen Mondkalendern zur Vorausberechnung verwendet und spielte früher auch in der kirchlichen Bestimmung des Osterdatums eine Rolle.
Bei diesen Daten zeigt sich auch, dass der Mond nicht wie ein mechanisches Uhrwerk läuft. Die Werte sind immer gemittelte Daten, die keine allzu präzisen Voraussagen zulassen.

Beispiele zur Meton-Periode

	Neumond	1. Viertel	Vollmond	Letztes Viertel
1974	23.1. 12:02	31.1. 08:40	7.2. 00:24	14.2. 01:04
1993	22.1. 18:28	31.1. 00:21	7.2. 00:56	13.2. 15:58
2012	23.1. 08:40	31.1. 05:11	7.2. 22:55	14.2. 18:05
2031	23.1. 05:32	30.1. 08:44	7.2. 13:47	14.2. 23:51
2050	23.1. 05:58	29.1. 21:49	6.2. 21:49	14.2. 23:12

Der Saros-Zyklus

Dass die Sonnenfinsternisse ebenfalls einer gewissen Periodizität folgen, war auch schon im Altertum bekannt. So gibt es einen Keilschrifttext dazu aus Babylon, der auf 748 v. Chr. datiert werden konnte. Da jedoch Sonnenfinsternisse nur in einem begrenzten geografischen Streifen gesehen werden können, waren die Erkenntnisse dazu lückenhaft.
Sonnenfinsternisse ereignen sich bei Neumond. Aber der Mond muss dazu in einem der Knoten seiner Bahn stehen. Das bedeutet: die Periodizität muss ein Vielfaches des drakonitischen Monats (von Knoten zu Knoten) sein: Diese Monatslänge ist 27.212221 Tage. Nun kann man das gemeinsame Vielfache von synodischem Monat und drakonitischen Monat suchen. Man erhält:
223 synodische Monate: 6585.3213 Tage
242 drakonitische Monate: 6585.3575 Tage
Eine Finsternis hat also nach 18 Jahren und 10 oder 11 Tagen eine „Nachfolgerin“. Dieser Zeitraum wird eine Saros-Periode genannt. Der Name Saros stammt von Halley. Es war auch der Name des heutigen Flusses Seyhan in Kilikien (Türkei).
George van den Bergh (1890–1966) kam auf die Idee, die Finsternisse, die jeweils im Abstand einer Saros-Periode stattfinden, aufzureihen (Publikation 1951). Er stützte sich dabei u. a. auf den „Canon der Finsternisse“, einer 1887 erschienenen Liste aller

Totale Sonnenfinsternis am 21. August 2017, USA (Oregon). Aufnahme: Hans Roth.

Finsternisse von 1207 v. Chr. bis 2161 n. Chr. Herausgeber war Theodor Oppolzer (1841–1886). Van den Berghs erste Liste beginnt mit der Sonnenfinsternis vom 4. Juni 2872 und endet mit der 72. Finsternis vom 11. Juli 1592 v. Chr. Diese Listen werden jetzt Saros-Zyklen genannt. Die Finsternis vom 20. April 2023 beispielsweise gehört zum Saros-Zyklus 129, der am 3. Oktober 1103 begann und mit seiner 80. Finsternis am 21. Februar 2528 enden wird.

Der Mond-Saros

Natürlich wiederholen sich auch Mondfinsternisse nach jeweils einer Saros-Periode. Die Saros-Perioden der Mondfinsternisse werden aber unterschiedlich nummeriert. Im Sternenhimmel stützen wir uns auf den „Canon of Lunar Eclipses“ (Willmann-Bell 1992, ISBN 0-943396-37-9). Da die Nummerierung der Zyklen an sich willkürlich ist, verzichtet z. B. der Astronomical Almanac jeweils auf die Angabe einer Zyklusnummer. Die partielle Mondfinsternis vom 28. Oktober 2023 wird bei uns dem Saros-Zyklus 132 zugeordnet, bei Espenak trägt dieser Zyklus die Nummer 146.

www.redshiftsky.de
IHR WEG ZU DEN STERNEN
Erleben Sie die Faszination des Nachthimmels mit unseren Apps
Für Astronomie-Einsteiger:
THE SKY
by redshift astronomie
Für Fortgeschrittene:
REDSHIFT SKY
professional
JETZT DOWNLOADEN:
Laden im
App Store
JETZT BEI
Google Play

ANHANG

Die Milchstraße über dem dänischen 1.54-Meter-Teleskop auf La Silla, Chile.

Adressen

An dieser Stelle werden die Ortschaften von Vereinen und Sternwarten genannt. Wenn vorhanden, geben wir die Website an, andernfalls die E-Mail-Adresse einer Kontaktperson.
Alle anderen Angaben wie genaue Adresse, Öffnungszeiten usw. findet man auf www.sternenhimmel.info unter Service/ Adressen. Dieses Verzeichnis wird laufend aktualisiert, Änderungen können jederzeit über das Kontaktformular der Website gemeldet werden.

Sektionen der Schweizerischen Astronomischen Gesellschaft

Diese Adressen sind ausführlich auch auf http://sag-sas.ch/sektionen

Aarau
Astronomische Vereinigung Aarau
www.sternwarte-schafmatt.ch

Basel
Astronomischer Verein Basel
astronomie-basel.ch

Belp
Rudolf Wolf Gesellschaft
www.rwg.ch

Bern
Astronomische Jugendgruppe Bern
www.ajb.ch

Bern
Astronomische Gesellschaft Bern
agbe.ch

Berner Oberland
Astronomische Vereinigung Berner Oberland
www.avbeo.ch

Biel
Astronomische Gesellschaft Biel

Burgdorf
Astronomische Gesellschaft Burgdorf
www.burgdorf.astronomie.ch

Engadin
Engadiner Astronomiefreunde
www.engadinerastrofreunde.ch/

Ependes
Freunde und Freundinnen der Sternwarte Ependes
www.observatoire-ependes.ch

Genève
Société Astronomique de Genève
www.astro-ge.net

Glarus
Astronomische Gruppe Glarus
escribana@bluewin.ch

Graubünden
Astronomische Gesellschaft Graubünden
www.astronomie-gr.ch

Grenchen
Astronomische Gruppe Jurasternwarte Grenchen
www.ajug.ch

Haut-Léman
Société d'Astronomie du Haut-Léman
www.astro-vevey.ch

Jura
Société Jurassienne d'Astronomie
www.jura observatory.ch

Kreuzlingen
Astronomische Vereinigung Kreuzlingen
www.avk.space

Luzern
Astronomische Gesellschaft Luzern
http://sternwarteluzern.ch

Neuchâtel
Société Neuchâteloise d'Astronomie
www.snastro.org

Oberwallis
Astronomische Gesellschaft Oberwallis
www.ago-sternwarte.ch/

Rümlang
Verein Sternwarte Rotgrueb Rümlang
http://www.sternwarte-ruemlang.ch

St. Gallen
Astronomische Vereinigung St. Gallen
www.avsg.clubdesk.ch

Schaffhausen
Sternwarte Schaffhausen
www.sternwarte-schaffhausen.ch

Solothurn
Astronomische Gesellschaft Solothurn
www.agsol.ch

Ticino
Società Astronomica Ticinese
www.astroticino.ch

Toggenburg
Astronomische Vereinigung Toggenburg
avt.astronomie.ch

Valais
Société d'Astronomie du Valais Romand
www.savar.ch

Zürcher Oberland
Astronomische Gesellschaft Zürcher Oberland
http://agzo-astronomie.ch

Zürcher Unterland
Astronomische Gesellschaft Zürcher Unterland
www.sternwartebuelach.ch

Zürich Urania
Astronomische Gesellschaft Urania Zürich
www.aguz.ch

Sternwarten der Schweiz

Dieses Verzeichnis enthält Sternwarten von Hochschulen, Schulen und Gesellschaften, die uns bekannt sind, sowie Privatsternwarten, welche der Öffentlichkeit zugänglich sind.

Die Kennziffern bedeuten:
1 Universitätssternwarten und Sternwarten der ETH
2 Sternwarten von Gesellschaften und Vereinen
3 Schulsternwarten
4 Privatsternwarten, welche auch der Öffentlichkeit zugänglich sind
Die den Kennziffern beigefügten Buchstaben haben folgende Bedeutung:
A Öffentliche Vorführungen bei klarem Himmel / Sternwarte für die Öffentlichkeit regelmäßig geöffnet.
B Vorführungen nach Bedarf / Sternwarte nur beschränkt auf Anfrage geöffnet.

Detaillierte Angaben über die Öffnungszeiten usw. können direkt über die Website der SAG: www.sag-sas.ch/sternwarten-und-planetarien abgerufen werden.

Aarau
3B Alte Kantonsschule
5001 Aarau
larossa@datacomm.ch

Aarau → Oltingen
2A Astronomische Vereinigung Aarau
Schafmatt
4494 Oltingen
www.sternwarte-schafmatt.ch

Alterswil
4B Arthur Sutsch
1715 Alterswil
Tel. 026 494 18 89

Arbaz
2A Observatoire des Creusets
1974 Arbaz
alain.kohler@frs2net.ch

Belp
4B Sonnenbeobachtungsstation
3123 Belp
www.solarpatrol.ch

Bern
2A Sternwarte Muesmatt
3012 Bern
www.ajb.ch

Binningen
2A Astronomischer Verein Basel
4102 Binningen
www.astronomie-basel.ch

Bitsch
2B Sternwarte der Astronomischen Gesellschaft Oberwallis
3982 Bitsch
elektro@hkalbermatten.ch

Bülach
2A Schul- und Volkssternwarte
8180 Bülach
www.sternwartebuelach.ch

Burgdorf
3A Urania-Sternwarte des Gymnasiums
3400 Burgdorf
Tel. 034 422 76 12

Carona
2B Feriensternwarte Calina
6914 Carona
Tel. 091 649 52 22 oder 091 649 83 47

Ependes
2A Observatoire de la Fondation Robert A. Naef
1434 Ependes
Tel. 026 496 17 03

Falera
2A Sternwarte Mirasteilas
7153 Falera
Tel. 081 258 55 92

Frauenfeld
3B Thurgauische Kantonsschule
8500 Frauenfeld
Tel. 052 376 19 82 oder 052 728 33 11

Frauenfeld
4B Sternwarte Oberherten
8500 Frauenfeld
thurgau.astronomie.ch/oberherten/

Genève → Confignon
2B Société Astronomique Emile Schaer
Ch. de Narly 2
1232 Confignon
astrosurf.com/ursa/saes.htm

Genève → Sauverny
1A Observatoire de Genève
1290 Sauverny
Tel. 022 755 26 11

Genève → St. Cergue
2B Société Astronomique de Genève
1264 St. Cergue
Tel. 022 328 49 07

Gerlikon
4B Dieter Schürer
8500 Frauenfeld,
Tel. 052 721 06 96

Glarus
3B Kantonsschule Glarus
8750 Glarus
Tel. 055 645 45 45

Grenchen → Untergrenchenberg
2A Stiftung Jura-Sternwarte Grenchen
2540 Grenchen
info@jurasternwarte.ch

Kreuzlingen
2A Volkssternwarte Kreuzlingen-Bernrain
8280 Kreuzlingen
https://bodensee-planetarium.ch/

La Chaux-de-Fonds
3B Observatoire de l'Ecole technique Neuchâteloise
2300 La Chaux-de-Fonds
Tel. 032 914 51 65

Langenthal
3A Schulsternwarte
4900 Langenthal
Tel. 062 922 28 26

Lausanne
2A Société Vaudoise d'Astronomie
1018 Lausanne
Tel. 021 646 63 33

Liestal
3B Sternwarte des Gymnasium Liestal
4410 Liestal
Tel. 061 927 54 54

Locarno
1B Istituto Ricerche Solari Locarno (IRSOL)
CH-6605 Locarno-Monti
http://www.irsol.ch

Locarno
2B Specola Solare Ticinese
6605 Locarno-Monti
Tel. 091 751 64 35

Luzern
2A Sternwarte im Schulhaus
Hubelmatt-West
6005 Luzern
https://sternwarteluzern.ch/

Luzern
Planetarium im Verkehrshaus
der Schweiz
CH-6006 Luzern
Tel. 041 370 44 44

Malvilliers
2B Observatoire de la SNA
2043 Malvilliers
Tel. 032 858 17 17

Metzerlen SO
4B Regio-Sternwarte Metzerlen
Rotbergstrasse 31
4116 Metzerlen
Tel. 061 731 15 22

Moléson
4B Observatoire astronomique de
Moléson
Willi Moser
1662 Moléson
Tel. 026 921 29 96 oder
026 921 24 34

Monte Generoso
4A Osservatorio Vetta Monte
Generoso
6825 Monte Generoso
Tel. 091 630 51 11

Monte Lema
4A Osservatorio astronomico
Monte Lema
6986 Monte Lema
Tel. 091 609 29 86

Morges
2A Observatoire de Marcelin
1110 Morges
www.astrac.ch

Münchenbuchsee
3B Lehrerseminar Hofwil
3053 Münchenbuchsee
Tel. 031 869 33 33

Neuchâtel → Malvilliers
2B Observatoire de la SNA
2043 Malvilliers
Tel. 032 858 17 17

Neerach
4B Pierre Keller
8155 Niederhasli
Tel. 01 850 55 14

Niedermuhlern
4A Sternwarte Uecht
info@uecht.ch

Oltingen
2A Astronomische Vereinigung
Aarau
Schafmatt
4494 Oltingen
sternwarte-schafmatt.ch

Peist
4B Frank Möhle
7029 Peist
Tel. 081 374 14 75

Riehen BS
4B Manuel Zeller
4125 Riehen BS
Tel. 061 641 15 06

Rümlang
2A Sternwarte Rotgrueb
8153 Rümlang
Tel. 01 880 72 82

Sauverny
1A Observatoire de Genève
1290 Sauverny
Tel. 022 755 26 11

St. Cergue
2B Société Astronomique de
Genève
1264 St. Cergue
Tel. 022 328 49 07

St. Gallen
3B Sternwarte der Kantonsschule
9000 St. Gallen

St. Luc
4B Observatoire François-Xavier-
Bagnoud
3961 St. Luc
Tel. 027 475 14 12

Samedan
2A Engadiner Astronomiefreunde
2A Sternwarte ACADEMIA
7503 Samedan
www.sternwarte-academia.ch

Schaffhausen
2A Sternwarte Steig
8200 Schaffhausen
Tel. 052 624 44 66

Schaffhausen
2A Sternwarte Schaffhausen
8200 Schaffhausen
www.sternwarte-schaffhausen.ch/

Schmiedrued
2B Nova-Solaris
www.astroclub-solaris.ch/
default.html

Schönengrund
4B Roland Gemperle
9105 Schönengrund
Tel. 079 250 90 80

Schüpfheim
4B Gebr. Stalder
6170 Schüpfheim
Tel. 041 484 14 79

Schwanden (Sigriswil)
2B Sternwarte und Planetarium
Sirius
3657 Schwanden
www.sternwarte-planetarium.ch

Schwarzenburg
3A Schulsternwarte Schwarzenburg
3150 Schwarzenburg
Tel. 031 731 09 88

Simplon
2A Sternwarte Simplonadler
3907 Simplon
www.ago-sternwarte.ch/

Solothurn
3B Kantonsschule Solothurn
4500 Solothurn
Tel. 032 627 90 00

Sternenberg
4B Karl Küenzi
8499 Sternenberg
Tel. 043 300 26 43

Sursee
3A Berufsschulhaus
6210 Sursee
http://ens.ch/sternwarte

Steffisburg
2A Schul- und Volkssternwarte
3613 Steffisburg
Tel. 033 437 50 35

Sulz
2B Vereinigung
Sternwarte Cheisacher
www.cheisacher.ch

Uitikon
2A Volks- und Schulsternwarte
8142 Uitikon
Tel. 01 322 87 36

Vérossaz
2A Observatoire
1891 Vérossaz
Tel. 079 370 70 54

Vevey
2A Société d'Astronomie du
Haut-Léman
1800 Vevey
Tel. 021 922 83 08

Vicques
4A Société jurassienne
d'Astronomie
2824 Vicques
Tel. 032 422 38 56
info@jura-observatory.ch

Wald ZH
4B Ernst Blättler
8636 Wald ZH
Tel. 032 435 65 49

Wald
2B Astronomische Gesellschaft
Zürcher Oberland
8636 Wald ZH
www.agzo-astronomie.ch

Wattwil
2A Astronomische Vereinigung
Toggenburg
9630 Wattwil H
Tel. 071 988 32 42 oder
044 936 18 30

Wildhaus
4B Stiftung Sunnehus
9658 Wildhaus
Tel. 071 998 55 55

Winterthur → Eschenberg
2B Astronomische Gesellschaft
Winterthur
8400 Winterthur
www.eschenberg.ch

Zimmerwald
1B Astronomisches Institut
Universität Bern
3086 Zimmerwald
Tel. 031 631 85 91

Zürich
2A Urania-Sternwarte
8001 Zürich
www.urania-sternwarte.ch

Vereine, Sternwarten, Planetarien, Institute in Deutschland

Überregionale astronomische Amateur-Vereinigungen

Vereinigung der Sternfreunde e. V. (VdS)
Geschäftsstelle
Postfach 1169
64629 Heppenheim
www.sternfreunde.de

Arbeitskreis Meteore e. V.
Mehlbeerenweg 5
14469 Potsdam
www.meteoros.de

Bundesdeutsche Arbeitsgemeinschaft für Veränderliche Sterne e. V. (BAV)
Munsterdamm 90
12169 Berlin
http://www.bav-astro.de

Die folgenden Adressen sind nach Postleitzahlen geordnet

Dresden
Technische Universität Dresden
Lohrmann-Observatorium
01069 Dresden
http://astro.geo.tu-dresden.de

Senftenberg
Planetarium
01968 Senftenberg
senftenberg-planetarium.de

Bautzen
Schulsternwarte und Planetarium
02625 Bautzen
www.sternwarte-bautzen.de

Sohland
Volks- und Schulsternwarte
„Bruno H. Bürgel“
02689 Sohland
www.sternwarte-sohland.de

Görlitz
Scultetus-Sternwarte und
Planetarium
02827 Görlitz
www.goerlitzer-sternfreunde.de

Krauschwitz
Lausitzer Sterngucker e. V.
02957 Krauschwitz
www.lausitzer-sterngucker.de

Hoyerswerda
Astronomischer Verein
02977 Hoyerswerda
www.planetarium-hoyerswerda.de

Cottbus
Raumflugplanetarium Juri Gagarin
03044 Cottbus
www.planetarium-cottbus.de

Schkeuditz
Astronomisches Zentrum
04435 Schkeuditz
www.sternwarte-nordsachsen.de

Herzberg
Planetarium und Volkssternwarte
04916 Herzberg/E.
www.herzberger-sternfreunde-eV.de

Halle
Planetarium
06108 Halle
www.planetarium-halle.de

Aschersleben
Planetarium
06449 Aschersleben
www.sternfreunde-aschersleben.de

Jena
Planetarium
07743 Jena
www.planetarium-jena.de

Universitäts-Sternwarte
07745 Jena
www.astro.uni-jena.de

Urania-Sternwarte
07745 Jena
www.urania-sternwarte.de

Tautenburg
Landessternwarte
07778 Tautenburg
http://www.tls-tautenburg.de

Rodewisch
Schulsternwarte und Planetarium
„Sigmund Jähn“
08228 Rodewisch (Vogtland)
www.sternwarte-rodewisch.de

Schneeberg
Sternwarte und Planetarium
08289 Schneeberg
www.sternwarte-schneeberg.de/

Drebach
Volkssternwarte und Planetarium
09430 Drebach
www.sternwarte-drebach.de

Berlin
Zeiss-Großplanetarium
10405 Berlin
www.astw.de

Berlin (Forts.)

Zentrum für Astronomie und Astrophysik
Technische Universität Berlin
10623 Berlin
www-astro.physik.TU-Berlin.DE

Planetarium am Insulaner / Wilhelm-Foerster-Sternwarte
12169 Berlin
www.planetarium.berlin

Archenhold-Sternwarte
12435 Berlin-Treptow
www.astw.de

Potsdam
Planetarium
14467 Potsdam
www.urania-potsdam.de

Sonnenobservatorium mit Einsteinturm
14473 Potsdam
www.aip.de

Sternwarte Babelsberg
14482 Potsdam
www.aip.de

Beelitz
Sternfreunde Beelitz e. V.
14547 Beelitz
www.sternwarte-beelitz.de

Potsdam
Observatorium für solare Radioastronomie
14552 Tremsdorf
www.aip.de

Heringsdorf
Volkssternwarte „Manfred von Ardenne"
17424 Heringsdorf
www.sternwarte-usedom.de

Rostock
Astronomische Station „Tycho Brahe"
18057 Rostock
www.sternwarte-rostock.de

Buxtehude
Astronomie-AG der VHS Buxtehude
21614 Buxtehude
www.buxastro.de

Hamburg
Hamburger Sternwarte
21029 Hamburg
physik.uni-hamburg.de/hs.html

Planetarium Hamburg
22299 Hamburg
www.planetarium-hamburg.de

Gesellschaft für volkstümliche Astronomie e. V.
22605 Hamburg
gvahamburg.de

Lübeck
Sternwarte Lübeck
23564 Lübeck
www.sternwarte-luebeck.de/

Kiel
Institut für Theoretische Physik und Astrophysik
24118 Kiel
www.astrophysik.uni-kiel.de

Gesellschaft für volkstümliche Astronomie
Volkssternwarte Kronshagen
24119 Kronshagen
www.gva-kiel.de

Planetarium Fachhochschule Kiel
24149 Kiel
www.kieler-planetarium.de

Neumünster
vhs-Sternwarte Neumünster
24534 Neumünster
sternwarte-nms.de

Norderstedt
Volkssternwarte Norderstedt e. V.
24558 Henstedt-Ulzburg

Glücksburg
Menke Planetarium und Sternwarte
24960 Glücksburg
www.planetarium-gluecksburg.de/

Oldenburg
Oldenburger Sternfreunde e. V.
26122 Oldenburg
www.avos.org/

Norderney
Astronomischer Arbeitskreis „Wilhelm Dorenbusch Sternwarte"
26548 Norderney
www.sternwarte-norderney.de

Papenburg
Sternwarte Papenburg e. V.
26871 Papenburg
www.sternwarte-papenburg.de

Nordenham
Planetarium
26954 Nordenham
www.sternfreunde.nordenham.de

Bremen
Sternwarte der Olbers-Gesellschaft
28199 Bremen
Tel.: (04 21) 70 68 82
olbers-gesellschaft.de

Lilienthal
Astronomische Vereinigung Lilienthal e. V.
28832 Achim
www.avl-lilienthal.de

Hannover
Institut für Erdmessung der Universität
Astronomische Station
30167 Hannover
www.ife.uni-hannover.de

Planetarium der Bismarckschule
30173 Hannover
planetarium.bismarckschule.de

Volkssternwarte
30449 Hannover
www.sternwarte-hannover.de

Hildesheim
Hildesheimer Gesellschaft für Astronomie e. V.
31141 Hildesheim
www.astronomie-hildesheim.de

Ilsede
Privatsternwarte
31241 Ilsede
www.astro-stammtisch.org

Herford
Sternwarte des Friedrichs-Gymnasiums Herford
32049 Herford
fgh-online.de

Bad Salzuflen
Walter-Baade-Sternwarte
32108 Bad Salzuflen
www.sternfreunde-bs.de

Lemgo
Sternwarte Lemgo
32657 Lemgo
th-owl.de/sternwarte/

Bad Driburg
Sternwarte der F.-W.-Weber-Realschule
33014 Bad Driburg

Paderborn
Volkssternwarte Paderborn e. V.
33104 Paderborn
vspb.de

Bielefeld
Naturwissenschaftlicher Verein
33602 Bielefeld
www.nwv-bielefeld.de

Schulsternwarte Brackweder Gymnasium
33647 Bielefeld
sternwarte-bwg.de

Volkssternwarte Ubbedissen
33699 Bielefeld
www.volkssternwarte-ubbedissen.de

Kassel
Planetarium in der Orangerie
34121 Kassel
www.museum-kassel.de
Astronomischer Arbeitskreis
34131 Kassel
astronomie-kassel.de

Gudensberg
Förderverein Schulsternwarte
Gudensberg e. V.
34225 Baunatal
www.schulsternwarte-gudensberg.eu

Fuldatal
Volkssternwarte Rothwesten
34233 Fuldatal
www.volkssternwarte-rothwesten.de

Bad Zwesten
Sternwarte der Hardtwaldklinik I
Hardtstr. 31
34596 Bad Zwesten
www.sternwarte-hwk.de

Marburg
Volkssternwarte Marburg e. V.
35274 Kirchhain
vsmr.de

Wetzlar
Astronomischer Arbeitskreis
Wetzlar e. V.
Sternwarte Burgsolms
35606 Solms
www.sternwarte-burgsolms.de

Fulda
Hans-Nüchter-Sternwarte
36037 Fulda
sternwarte-fulda.de

Planetarium im Vonderau Museum
36037 Fulda
www.museum-fulda.de

Eschwege
Vereinigte Amateur-Astronomen
Eschwege
36205 Sontra-Ulfen

Bad Salzschlirf
Sternwarte
Dr.-Martiny-Straße 1
36364 Bad Salzschlirf

Göttingen
Universitäts-Sternwarte
37083 Göttingen
www.astro.physik.uni-goettingen.de

Amateurastronomische Vereinigung
Göttingen e. V.
37085 Göttingen
www.avgoe.de

Förderkreis Planetarium
37085 Göttingen
www.planetarium-goettingen.de

Braunschweig
Sternfreunde Braunschweig-
Hondelage e. V.
38108 Braunschweig
hans-zimmermann-sternwarte.de

Helmstedt
Astro AG der VHS Helmstedt
38388 Twieflingen

Wolfsburg
Planetarium
38440 Wolfsburg
www.planetarium-wolfsburg.de

Halberstadt
Verein für astronom. Bildung
38820 Halberstadt

Wernigerode
Harzplanetarium
38855 Wernigerode
www.wernigerode.de/Stadtleben/
Freizeit/Harzplanetarium/

Erkrath
Sternwarte und Planetarium
40699 Erkrath
www.snh.nrw

Mönchengladbach
Astronomischer Arbeitskreis
41069 Mönchengladbach
http://astro-mg.de

Hückelhoven
Astronomische Arbeitsgemeinschaft
41836 Hückelhoven
www.gymnasium-hueckelhoven.de

Solingen
Walter-Horn-Gesellschaft e. V.
Galileum Solingen
42697 Solingen
galileum-solingen.de

Remscheid
Dr.-Hans-Schäfer-Sternwarte
42801 Remscheid
www.sternwarte-remscheid.de

Dortmund
Astronomischer Verein
44129 Dortmund
www.volkssternwarte-dortmund.de

Herne
Sternwarte Herne
44652 Herne
www.sternwarte-herne.de

Bochum
Astronomisches Institut der
Ruhr-Universität
Planetarium und Sternwarte
44777 Bochum
www.astro.ruhr-uni-bochum.de

Sternwarte Bochum
44797 Bochum
www.sternwarte-bochum.de

Essen
Walter-Hohmann-Sternwarte
Essen e. V.
Wallneyer Str. 159
45133 Essen
www.sternwarte-essen.de

Hattingen
Volkssternwarte Hattingen e. V.
45527 Hattingen
www.sternwarte-hattingen.de

Recklinghausen
Volkssternwarte und Planetarium
45657 Recklinghausen
www.sternwarte-recklinghausen.de

Duisburg
Rudolf-Römer-Sternwarte Rhein-
hausen e. V.
47226 Duisburg
http://astronomie-
in-duisburg.kulturserver-nrw.de

Moers
Moerser Astronomische
Organisation e. V.
47447 Moers

Kleve
Volkssternwarte Goch/Kleve e. V.
47574 Goch-Nierswalde

Krefeld
Vereinigung Krefelder Sternfreunde
e. V.
47800 Krefeld
www.vks-krefeld.de

Münster
LWL-Museum für Naturkunde mit
Planetarium
48161 Münster
www.planetarium-muenster.de

Sternfreunde Münster e. V.
48161 Münster
www.sternfreunde-muenster.de

Osnabrück
Planetarium im Museum am
Schölerberg
49082 Osnabrück
www.planetarium-osnabrueck.de

Astronomische Arbeitsgemeinschaft /
Naturwissenschaftlicher Verein
49082 Osnabrück
www.naturwissenschaftlicher-
verein-os.de

Bentheim
Astronomischer Verein der Grafschaft
Bentheim e. V.
Jahnstr. 3,
49828 Neuenhaus

Köln
Planetarium und Sternwarte Köln
50733 Köln
www.koelner-planetarium.de

Volkssternwarte Köln
50937 Köln
www.volkssternwarte-koeln.de

Phys. Inst. d. Univ. zu Köln
50937 Köln
www.ph1.uni-koeln.de

Aachen
Sternwarte
52062 Aachen
www.sternwarte-aachen.de

Monschau
Eifelastronomen e. V.
52156 Monschau
www.eifelastronomen.de

Bonn
Volkssternwarte Bonn e. V.
53115 Bonn
www.volkssternwarte-bonn.de

Astronomische Institute der Universität Bonn
Sternwarte Hoher List
53121 Bonn
www.astro.uni-bonn.de

Effelsberg
Radioobservatorium
53902 Bad Münstereifel
www.mpifr-bonn.mpg.de

Trier
Verein Sternwarte Trier e. V.
54296 Trier
sternwarte-trier.de

Mainz
Astronomische Arbeitsgemeinschaft Mainz e. V.
55116 Mainz
www.astronomie-mainz.de

Alzey
Interessengemeinschaft der Hobbyastronomen Alzey u. Umland e. V.
55234 Bechenheim
www.astronomie-in-alzey.de

Siegen
Sternwarte der Universität
57068 Siegen
physik.uni-siegen.de/didaktik/sternwarte/

Hagen
Volkssternwarte Eugen-Richter-Turm
58135 Hagen
www.sternwarte-hagen.de

Soest
Volkssternwarte
Steinkuhlenweg 6
59494 Soest

Frankfurt
Institut für Theoretische Physik (Astrophysik)
60054 Frankfurt/Main
www.astro.uni-frankfurt.de

Volkssternwarte
60054 Frankfurt am Main
www.physikalischer-verein.de

Bad Homburg
Astronomische Gesellschaft Orion e. V.
61350 Bad Homburg
www.agorion.de

Heppenheim
Starkenburg-Sternwarte
64646 Heppenheim
www.starkenburg-sternwarte.de/

Wiesbaden
Astronomische Gesellschaft Urania e. V./Volkssternwarte
65189 Wiesbaden
www.urania-wiesbaden.de

Rüsselsheim
Rüsselsheimer Sternfreunde e. V.
65428 Rüsselsheim
ruesselsheimer-sternfreunde.de

Trebur
Michael Adrian Observatorium
65468 Trebur
www.t1t-trebur.de

Zweibrücken
Sternwarte des Naturwissenschaftlichen Vereins
66482 Zweibrücken
http://www.nawi-zw.de

Saar
Verein der Amateurastronomen des Saarlandes e. V. (VAS)
Sternwarte Peterberg
66625 Nohfelden-Eiweiler
www.sternwarte-peterberg.de

Saarlouis
Verein der Astronomiefreunde Cassiopeia Saarlouis e. V.
66740 Saarlouis
www.cassiopeia-saarlouis.de

Bad Dürkheim
Astronomischer Arbeitskreis
Hermann-Schäfer-Str. 17
67098 Bad Dürkheim

Mannheim
Planetarium
68165 Mannheim
www.planetarium-mannheim.de

Waghäusel
Astronomiefreunde 2000 Waghäusel e. V.
68753 Waghäusel
www.afw2000.de

Heidelberg
Landessternwarte
69117 Heidelberg
www.lsw.uni-heidelberg.de

Max-Planck-Institut für Astronomie
69117 Heidelberg
www.mpia.de

Astronomisches Recheninstitut
69120 Heidelberg
www.ari.uni-heidelberg.de

Institut für Theoretische Astrophysik
69120 Heidelberg
www.ita.uni-heidelberg.de/

Stuttgart
Planetarium
70173 Stuttgart
www.planetarium-stuttgart.de

Schwäbische Sternwarte
70188 Stuttgart
www.sternwarte.de

Leonberg
Sternwarte Höfingen
71229 Leonberg
sternwarte-hoefingen.de

Weil der Stadt
Johannes-Kepler-Sternwarte
71263 Weil der Stadt
www.kepler-sternwarte.de

Tübingen
Institut für Astronomie & Astrophysik
72076 Tübingen
uni-tuebingen.de/index.php?id=3130

Astronomische Vereinigung e. V.
Sternwarte der Universität
72076 Tübingen
www.sternwarte-tuebingen.de

Albstadt
Sternwarte und Planetarium
Hartmannstraße 140
72458 Albstadt-Ebingen

Nürtingen
Astronomische Vereinigung Nürtingen e. V.
Neckar-Alb-Sternwarte
72622 Nürtingen
www.sternwarte-nuertingen.de

Reutlingen
Planetarium und Sternwarte
72764 Reutlingen
www.sternwarte-reutlingen.de

Donzdorf
Messelberg-Sternwarte beim Schulzentrum
73072 Donzdorf
www.sternwarte-donzdorf.de

Aalen
Sternwarte
73431 Aalen
www.sternwarte-aalen.de

Stuttgart
Sternwarte
73642 Welzheim
www.sternwarte-welzheim.de

Aichwald
Schurwaldsternwarte
73773 Aichwald
www.schurwaldsternwarte.de

Heilbronn
Robert-Mayer-Volks- und Schulsternwarte
74072 Heilbronn
www.sternwarte.org

Hardheim
Astronomie-Arbeitskreis
Walter-Hohmann-Sternwarte
74743 Seckach

Gondelsheim
Kraichgau-Sternwarte
75053 Gondelsheim
kraichgau-sternwarte-gondelsheim.de

Pforzheim
Astronomischer Arbeitskreis
Pforzheim 1982 e. V.
75328 Schömberg-Bieselsberg
www.sternwarte-bieselsberg.de

Karlsruhe
Sternwarte des Max-Planck-Gymnasiums
76199 Karlsruhe
www.avka.de

Durmersheim
Sternfreunde Durmersheim und Umgebung e. V.
76448 Durmersheim
www.sternfreunde-durmersheim.de

Singen
Volkssternwarte Singen e. V.
Zeppelin-Realschule
78224 Singen
www.sternwarte-singen.de

Steißlingen
Sternwarte Steißlingen
Im Städtle 19
78256 Steißlingen

Hausen ob Verena
Sternwarte Hohenkarpfen
Heerweg 15
78595 Hausen ob Verena

Freiburg i. Br.
Planetarium
79098 Freiburg
www.planetarium-freiburg.de

Kiepenheuer-Institut für Sonnenphysik
79104 Freiburg
http://www.kis.uni-freiburg.de

Sternfreunde Breisgau e. V.
79108 Freiburg
http://www.sternfreunde-breisgau.de

München
Planetarium und Bayerische Volkssternwarte
81671 München
www.sternwarte-muenchen.de/

Universitäts-Sternwarte
81679 München
www.usm.uni-muenchen.de

Germering
Sternwarte des Max-Born-Gymnasiums
82110 Germering

Gröbenzell
Astronomische Vereinigung West-München (AVWM)
82194 Gröbenzell
www.avwm.org/

Gilching
Volkssternwarte Gilching
82205 Gilching

Fürstenfeldbruck
Astrogilde Fürstenfeldbruck und Gilching
82205 Gilching
www.astrogilde.de

Eberfing
Sternwarte Dr. Gutekunst
82390 Eberfing
www.sternwarte-eberfing.de

Laufen
Astronomische Arbeitsgruppe Laufen e. V.
83410 Laufen
astronomy.utfs.org

Zeilarn
Sternfreunde Pfarrkirchen-Zeilarn
84367 Zeilarn
www.cosmopan.de

Ingolstadt
Sternwarte Ingolstadt
85077 Manching
http://www.Astronomiepark.de

München
Max-Planck-Institut für Astrophysik
85741 Garching
www.mpa-garching.mpg.de

Europäische Südsternwarte (ESO)
85748 Garching
www.eso.org

Max-Planck-Institut für extraterrestrische Physik
85748 Garching
www.mpe.mpg.de

Augsburg
S-Planetarium
86152 Augsburg
www.s-planetarium.de

Diedorf
Sternwarte und Planetarium
86420 Diedorf/Augsburg

Violau
Sternwarte im Bruder-Klaus-Heim
86450 Violau
e-Mail:sternwarte@bruder-klaus-heim.de

Buchloe
Astronomische Gesellschaft Buchloe e. V.
86807 Buchloe
www.astronomie-buchloe.de

Kempten
Astronomieverein Kempten e. V.
87437 Kempten
www.sternwarte-kempten.de

Ottobeuren
Allgäuer Volkssternwarte Ottobeuren e. V.
87724 Ottobeuren
http://www.avso.de

Waldburg
Astronomischer Arbeitskreis Waldburg-Weingarten e. V.
88255 Baindt
www.sternwarte-waldburg.de

Laupheim
Volkssternwarte und Planetarium
88471 Laupheim
www.volkssternwarte-laupheim.de
www.sternwarte-diedorf.de

Überlingen
Sternwarte Überlingen
Ob. St. Leonhardstraße 45
88662 Überlingen

Nürnberg
Nicolaus-Copernicus-Planetarium
90429 Nürnberg
www.planetarium-nuernberg.de

Regiomontanus-Sternwarte
Nürnberger Astronomische Arbeitsgemeinschaft e. V.
90491 Nürnberg
www.naa.net

Egloffstein
Sternwarte Feuerstein e. V.
91320 Ebermannstadt

Ursensollen
Planetarium und Sternwarte Ursensollen
Allmannsberger Weg 20
92289 Ursensollen
www.sternwarte-ursensollen.de

Neumarkt
Fritz-Weithas-Sternwarte
92318 Neumarkt
www.sternwarte-neumarkt.de

Regensburg
Verein der Freunde der Volkssternwarte Regensburg
93047 Regensburg
www.sternwarte-regensburg.de/

Passau
Volkssternwarte
94034 Passau
www.Sternwarte-Passau.de

Winzer
Sternwarte Winzer
94577 Winzer
www.sternwarte-winzer.de

Hof
Volkssternwarte Hof
Egerländer Weg 25
95032 Hof
sternwarte-hof.de

Tirschenreuth
Volkssternwarte Tirschenreuth
95643 Tirschenreuth
www.sternwarte-tirschenreuth.de

Bamberg
Astronomisches Institut der Universität
96049 Bamberg
sternwarte.uni-erlangen.de

Sonneberg
Sternwarte
96515 Sonneberg
astronomiemuseum.de

Würzburg
Uni Würzburg – Lehrstuhl für Astronomie
97074 Würzburg
physik.uni-wuerzburg.de/astro/

Lohr
Sternwarte Luana
Zum Rötelbrunnen 2
97816 Lohr/Main

Bad Mergentheim
Astronomische Vereinigung Weikersheim e. V.
Bregenzer Str. 9
97980 Bad Mergentheim

Suhl
Volks- und Schulsternwarte
98527 Suhl
www.suhler-sternfreunde.de

Arnstadt-Espenfeld
Privatsternwarte
Espenfeld Nr. 39 a
99338 Arnstadt-Espenfeld

Vereine, Sternwarten, Planetarien, Institute in Österreich

Überregionale astronomische Amateur-Vereinigungen

Österreichischer Astronomischer Verein
Laverangasse 40/5
1130 Wien
www1.astroverein.at

Die folgenden Adressen sind nach Postleitzahlen geordnet

Wien
Urania Sternwarte
Uraniastraße 1
1010 Wien
vhs.at/de/e/planetarium

Planetarium Wien
Oswald-Thomas-Platz 1
1020 Wien
vhs.at/de/e/planetarium

Astronomischer Jugendclub
Richard-Wagner-Platz 2/8
1160 Wien

Kuffner Sternwarte
Johann-Staud-Straße 10
1160 Wien
http://kuffner-sternwarte.at/

Sternwarte der Universität Wien
1180 Wien
http://astro.univie.ac.at

Freiluftplanetarium Sterngarten Georgenberg
1230 Wien
www1.astroverein.at

Traiskirchen
Franz-Kroller-Sternwarte
Bräuhausgasse
2514 Traiskirchen
sternwarte-traiskirchen.org

St. Pölten
Niederösterreichische Amateur-astronomen
3100 St. Pölten
www.noe-sternwarte.at

Linz
Johannes Kepler Sternwarte Linz
4020 Linz
www.sternwarte.at

Gmunden
Eisner-Sternwarte
4810 Gmunden

Seewalchen
Astronomischer Arbeitskreis Salzkammergut
Sternwarte Gahberg
4863 Seewalchen
www.astronomie.at

Salzburg
VEGA Sternwarte
Haus der Natur Salzburg
5162 Obertrum
vega-sternwarte.at

Innsbruck
Institut für Astronomie der Universität Innsbruck
6020 Innsbruck
http://astro.uibk.ac.at

Schwaz
Zeiss-Planetarium
6130 Schwaz/Tirol
www.planetarium-schwaz.at

Dornbirn
Vorarlberger Amateur-Astronomen
6850 Dornbirn
www2.vobs.at/astronomen

Eisenstadt
Burgenländische Landessternwarte
7000 Eisenstadt
burgenland.astronomie.at/lsw/lsw.htm

Bad Sauerbrunn
Burgenländische Amateur-astronomen
7202 Bad Sauerbrunn
www.alrukaba.at

Graz
Universität Graz
Observatorium Lustbühel
8042 Graz
physik.uni-graz.at/de/igam/forschen/mess-stationen/observatorium-lustbuehel/

Klagenfurt
Astronomische Vereinigung Kärntens
Planetarium und Sternwarte
9020 Klagenfurt
www.planetarium-klagenfurt.at
www.sternwarte-klagenfurt.at

Treffen am Ossiacher See
Sonnenobservatorium Kanzelhöhe
9521 Treffen/Kärnten
www.kso.ac.at

Verzeichnis der Sternbilder

Lateinischer Name	Abk.	Deutscher Name	Sichtbarkeit
Andromeda / Andromedae	And	Andromeda	Juni – April
Aquarius / Aquarii	Aqr	Wassermann	Juli – Januar
Aquila / Aquilae	Aql	Adler	Juni – Dezember
Aries / Arietis	Ari	Widder	September – März
Auriga / Aurigae	Aur	Fuhrmann	September – Juni
Bootes / Bootis	Boo	Bärenhüter	März – Oktober
Camelopardalis / Camelopardalis	Cam	Giraffe	zirkumpolar
Cancer / Cancri	Cnc	Krebs	Dezember – Juli
Canes Venatici / Canum Venaticorum	CVn	Jagdhunde	Januar – Oktober
Canis Maior / Canis Maioris	CMa	Großer Hund	Dezember – April
Canis Minor / Canis Minoris	CMi	Kleiner Hund	Dezember – Mai
Capricornus / Capricorni	Cap	Steinbock	August – November
Cassiopeia / Cassiopeiae	Cas	Kassiopeia	zirkumpolar
Centaurus / Centauri	Cen	Kentaur	Mai – Juli
Cepheus / Cephei	Cep	Kepheus	zirkumpolar
Cetus / Ceti	Cet	Walfisch	September – März
Columba / Columbae	Col	Taube	Januar – März
Coma Berenices / Comae Berenices	Com	Haar der Berenike	Februar – September
Corona Borealis / Coronae Borealis	CrB	Nördliche Krone	März – Oktober
Corvus / Corvi	Crv	Rabe	März – Juli
Crater / Crateris	Crt	Becher	November – Mai
Cygnus / Cygni	Cyg	Schwan	Mai – Januar
Delphinus / Delphini	Del	Delphin	Juni – Dezember
Draco / Draconis	Dra	Drache	zirkumpolar
Equuleus / Equulei	Equ	Füllen	Juni – Dezember
Eridanus / Eridani	Eri	Eridanus	Oktober – März
Fornax / Fornacis	For	Ofen	November – Januar
Gemini / Geminorum	Gem	Zwillinge	November – Juni
Hercules / Herculis	Her	Herkules	März – Dezember
Hydra / Hydrae	Hya	Wasserschlange	Januar – Juni
Lacerta / Lacertae	Lac	Eidechse	zirkumpolar
Leo / Leonis	Leo	Löwe	Januar – August
Leo Minor / Leonis Minoris	LMi	Kleiner Löwe	Dezember – August
Lepus / Leporis	Lep	Hase	Dezember – März
Libra / Librae	Lib	Waage	April – September
Lupus / Lupi	Lup	Wolf	Juni – Juli
Lynx / Lyncis	Lyn	Luchs	zirkumpolar
Lyra / Lyrae	Lyr	Leier	April – Januar
Monoceros / Monocerotis	Mon	Einhorn	Dezember – Mai
Ophiuchus / Ophiuchi	Oph	Schlangenträger	Mai – Oktober
Orion / Orionis	Ori	Orion	November – April
Pegasus / Pegasi	Peg	Pegasus	Juli – Februar
Perseus / Persei	Per	Perseus	zirkumpolar

Lateinischer Name	Abk.	Deutscher Name	Sichtbarkeit
Pisces / Piscium	Psc	Fische	August – Februar Piscis
Piscis Austrinus / Piscis Austrini	PsA	Südlicher Fisch	September – Dezember
Puppis / Puppis	Pup	Achterdeck	Januar – April
Pyxis / Pyxidis	Pyx	Kompass	Februar – April
Sagitta / Sagittae	Sge	Pfeil	Juni – Dezember
Sagittarius / Sagittarii	Sgr	Schütze	Juli – Oktober
Scorpius / Scorpii	Sco	Skorpion	Mai – September
Sculptor / Sculptoris	Scl	Bildhauer	Oktober – Dezember
Scutum / Scuti	Sct	Schild	Juni – Oktober
Serpens / Serpentis	Ser	Schlange	April – Oktober
Sextans / Sextantis	Sex	Sextant	Februar – Juni
Taurus / Tauri	Tau	Stier	Oktober – April
Triangulum / Trianguli	Tri	Dreieck	August – April
Ursa Maior / Ursae Maioris	UMa	Großer Bär	zirkumpolar
Ursa Minor / Ursae Minoris	UMi	Kleiner Bär	zirkumpolar
Virgo / Virginis	Vir	Jungfrau	März – August
Vulpecula / Vulpeculae	Vul	Füchschen	Juni – Januar

Zur Orientierung am Himmel mit Hilfe der Sternkarten benutze man die untenstehende Übersichtstabelle.

Tabelle der Sternkarten

MEZ	19	21	23	1	3	5	7	Karte	Seite
MESZ		22	24	2	4	6	8		
1. Jan.	Nov	Dez	Jan	Feb	Mär	Apr	Mai	Jan	26
1. Feb.	Dez	Jan	Feb	Mär	Apr	Mai	Jun	Feb	44
1. März		Feb	Mär	Apr	Mai	Jun		Mär	60
1. April		Mär	Apr	Mai	Jun	Jul		Apr	78
1. Mai		Apr	Mai	Jun	Jul	Aug		Mai	93
1. Juni			Jun	Jul	Aug			Jun	108
1. Juli			Jul	Aug	Sep			Jul	124
1. Aug.		Jul	Aug	Sep	Okt	Nov		Aug	141
1. Sept.		Aug	Sep	Okt	Nov	Dez		Sep	159
1. Okt.		Sep	Okt	Nov	Dez	Jan		Okt	182
1. Nov.	Sep	Okt	Nov	Dez	Jan	Feb	Mär	Nov	203
1. Dez.	Okt	Nov	Dez	Jan	Feb	Mär	Apr	Dez	224

Übersicht Sonnensystem

		Entfernung von der Sonne mittlere AE[1]	kleinste AE	Siderische Umlaufzeit	maximale Helligkeit mag	Exzentr. der Bahn	Neigung Bahn °	Äquatorradius km	Relative Masse Erde = 1	Relative Dichte Wasser = 1	Rotationszeit[2]	Albedo[3]	Anzahl Monde
Sonne und Mond													
	Sonne			[4]	−26.86			696000	332946	1.41	25d 09h 07m		
	Mond			[5]	−12.5	0.0549	5.15	1737.4	0.0123	3.34	27d 07h 43m	0.12	
Planeten													
	Merkur	0.387	0.3210	87.969d	− 2.1	0.2056	7.00	2439.7	0.0553	5.43	58d 16h	0.11	0
	Venus	0.7233	0.7184	224.701d	− 4.6	0.0068	3.40	6051.8	0.8150	5.24	−243 d	0.65	0
	Erde	1	0.9836	365.256d		0.0167	0.00	6378.14	1.0000	5.52	23h 56m 04s	0.37	1
	Mars	1.524	1.3938	1a 321.74d	− 2.7	0.0934	1.85	3396.19	0.1074	3.94	24h 37m 23s	0.15	2
	Jupiter	5.204	4.9633	11a 315 d	− 2.5	0.0485	1.30	71492	317.89	1.33	9h 50m 30s	0.52	79
	Saturn	9.582	9.0696	29a 167d	− 0.3	0.0555	2.48	60268	92.185	0.69	10h 14m	0.47	82
	Uranus	19.2	18.359	84a 5d	+ 5.7	0.0463	0.77	25559	14.537	1.27	17h 18m	0.51	27
	Neptun	30.1	29.846	164a 290d	+ 7.8	0.0090	1.77	24764	17.151	1.64	15h 48m	0.41	14
Zwergplaneten													
(1)	Ceres	2.7668	2.5625	4a 220d	+ 6.7	0.0796	10.59	478.5	$1.46 \cdot 10^{-4}$	2.10	9h 05m	0.09	0
(134340)	Pluto	39.48	31.873	247a 248d	+14.5	0.2487	17.17	1195	$2.46 \cdot 10^{-3}$	1.1	6d 09h 17m	0.30	5
(136199)	Eris	67.666	37.8450	556a 219d	+18.8	0.441	44.18	1200	?	?	?	0.85	1
Helle Planetoiden													
(2)	Pallas	2.7726	2.2521	4a 224.6d	+ 7.0	0.2308	34.84	262	$5.29 \cdot 10^{-5}$	3.28	7h 49m	0.16	0
(3)	Juno	2.6687	2.1221	4a 131.4d	+ 7.4	0.2576	12.97	137	$4.74 \cdot 10^{-6}$	4.2	7h 13m	0.24	0
(4)	Vesta	2.3617	2.1681	3a 229.9d	+ 5.3	0.0893	7.14	256	$5.63 \cdot 10^{-5}$	3.7	5h 21m	0.42	0

[1]) Astronomische Einheit = 149'597'871 km entsprechend einer Sonnenparallaxe = 8.″794143
[2]) Venus rotiert entgegengesetzt zum Bahnumlauf.
[3]) Die Albedo gibt an, welcher Bruchteil der auftreffenden Sonnenstrahlung von der Oberfläche reflektiert wird.
[4]) Zu den verschiedenen Jahreslängen s. Jahresübersicht Sonne
[5]) Zu den verschiedenen Monatslängen s. Jahresübersicht Mond

Bildnachweis

Mit 10 Farbfotos von:
Appenzeller Kalender: 318; Thomas Baer: 6, 17, 19, 59; Raimund Erni: 140; ESO/P. Horálek: 323; Erich Laager: 251; Sven Melchert: 237; Hans Roth: 321

Mit 98 Illustrationen von:
Thomas Baer: 21, 23, 26, 39, 41, 44, 55, 56, 60, 70, 71, 73, 74, 78, 88, 89, 93, 103, 105, 106, 108, 119, 121, 124, 136, 141, 154, 155, 159, 173, 174, 176, 177, 178, 182, 198, 200, 203, 219, 220, 224, 269, 276, 277 oben, Umschlag-Innenseite hinten; Hans Bodmer: 241, 245, 264, 314, 315; Robert Nufer: 20, 38, 54, 72, 87, 102, 118, 135, 153, 175, 197, 218, 253, 254, 263, 267, 271, 275, 279, 282, 284, 287, 289, 290, 291, 293, 294, 295, 297, 299, 301, 303, 305, 307, 309; Gerhard Weiland: 18, 37, 53, 69, 86, 101, 117, 134, 152, 172, 196, 217; United Soft Media/Redshift: 277 unten

Impressum

Umschlaggestaltung von eStudio Calamar unter Verwendung einer Aufnahme des Planeten Saturn (Raumsonde Cassini/NASA/JPL) auf der Vorderseite und drei Aufnahmen auf der Rückseite von Thomas Baer, ESO/P. Horálek und Sven Melchert. Das Bild auf dem Buchrücken zeigt die Erdkugel bei Nacht (NASA/GSFC).

Mit zehn Farbfotos und 98 Illustrationen

Unser gesamtes Programm finden Sie unter **kosmos.de.**
Über Neuigkeiten informieren Sie regelmäßig unsere Newsletter, einfach anmelden unter **kosmos.de/newsletter**

FSC www.fsc.org
MIX
Papier aus verantwortungsvollen Quellen
FSC® C110508

Gedruckt auf chlorfrei gebleichtem Papier

Pfizerstraße 5–7, 70184 Stuttgart

ISSN: 0373-8507
ISBN: 978-3-440-17369-5
Redaktion: Sven Melchert, Michael Geymeier
Produktion: Ralf Paucke
Satz: typopoint GbR, Ostfildern
Druck und Bindung: Westermann Druck Zwickau GmbH, Zwickau
Printed in Germany / Imprimé en Allemagne

Jahresdiagramm 2023

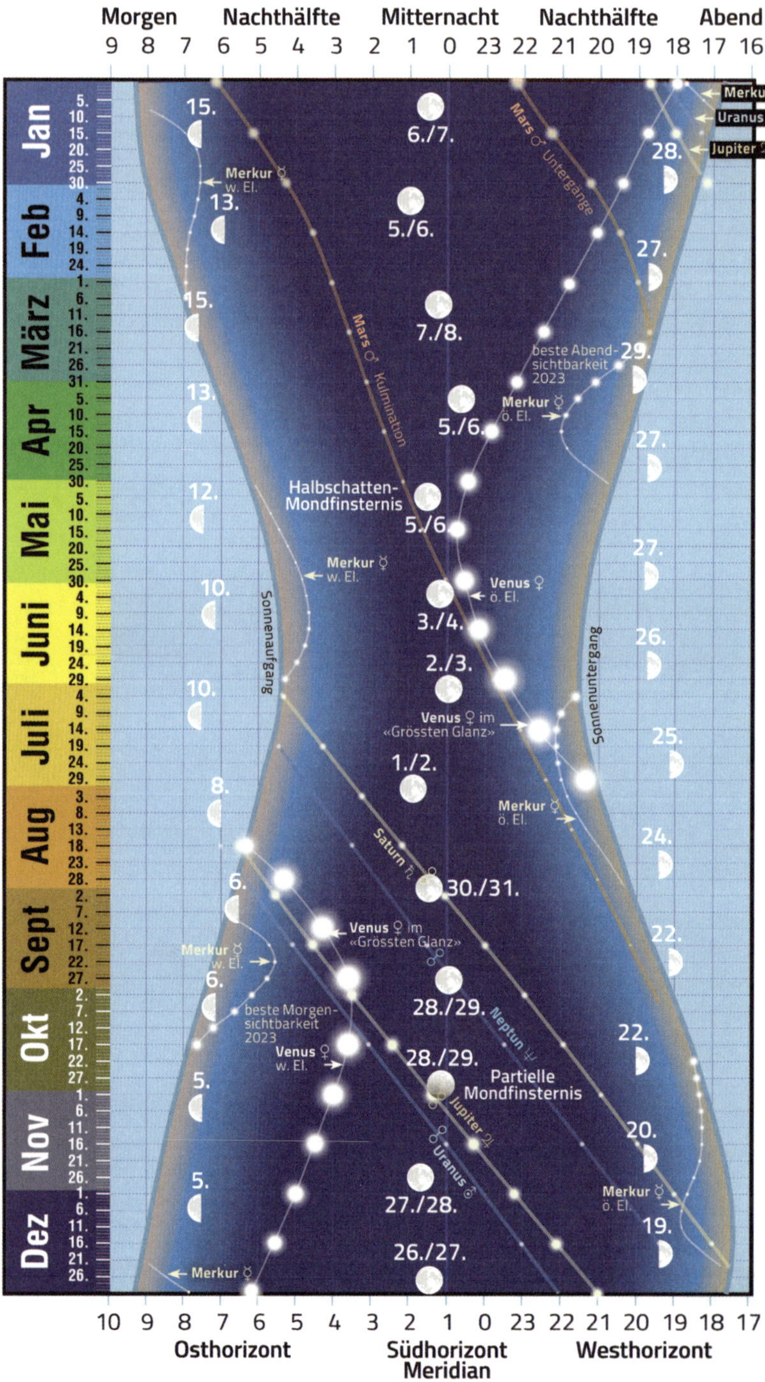

☍ Opposition
w. El. Westliche Elongation
ö. El. Östliche Elongation

Kulminationszeiten in MEZ gelten für Zürich
Vom 26. März bis 29. Oktober 2023 gilt Sommerzeit MESZ (MEZ + 1h)

Für Merkur und Venus sind die Auf- resp. die Untergänge dargestellt, für die äusseren Planeten und den Mond die Kulminationszeiten.

Kulm.	obere Kulmination, Durchgang durch den Ortsmeridian
L, L_0	Länge; Länge des Zentralmeridians eines Objekts (Sonne, Planeten)
^{mag}	Magnitudo, Sterngröße (Helligkeit)
Max.	Maximum; für Veränderliche: erscheint am hellsten
MESZ	Mitteleuropäische Sommerzeit = MEZ + 1 Std.
MEZ	Mitteleuropäische Zeit = Universal Time UT + 1 Std.
Min.	Minimum; für Veränderliche: erscheint am lichtschwächsten
N, n.	Nord(en), nördlich, nördlich von
ND	Nautische Dämmerung (s. Jahresübersicht Sonne)
nö., nw.	nordöstlich, nordwestlich, nordöstlich von, nordwestlich von
O, ö.	Ost(en), östlich, östlich von
Pw.	Positionswinkel in Grad, gemessen von Norden über Osten–Süden–Westen
Ph.	Phase = beleuchteter Bruchteil des scheinbaren Objektdurchmessers
r, ρ	Radius, Radien; speziell Abstand (z. B. von Doppelsternen)
S, s.	Süd(en), südlich, südlich von
SA	Schattenanfang bei ♃-Monden (s. Jahresübersicht Jupiter)
SE	Schattenende bei ♃-Monden (s. Jahresübersicht Jupiter)
sö. sw.	südöstlich, südwestlich, südöstlich von, südwestlich von
T	Umlaufzeit, Rotationszeit
Untg.	Untergang eines Objektes
UT	Universal Time (Welt- oder Greenwichzeit)
ü. H.	über Horizont, Winkel in Grad
VA	Verfinsterungsanfang bei ♃-Monden (s. Jahresübersicht Jupiter)
VE	Verfinsterungsende bei ♃-Monden (s. Jahresübersicht Jupiter)
Vg.	Vorübergang eines ♃- oder ♄-Mondes am Planeten
W, w.	West(en), westlich, westlich von
ZC	Zodiacal Catalogue (Katalog der ekliptiknahen Sterne)
ZM	Zentralmeridian einer Objektscheibe

3 Der Astrokalender und sein Gebrauch

Die Zeiten sind für den mathematischen Horizont und den Beobachtungsort „Berlin" (52°30′ Nord, 13°30′ Ost) bzw. „Zürich" (47°30′ Nord, 8°30′ Ost) berechnet. Während ihrer Gültigkeit wird im Sternenhimmel die Sommerzeit verwendet.

A	beobachtbar mit bloßem Auge
F	beobachtbar mittels Feldstecher (Fernglas)
T	beobachtbar mittels Teleskop
u	unsichtbar, weil das Ereignis unter dem Horizont oder im Sonnenlicht stattfindet
–	nicht so beobachtbares, weil z. B. rein rechnerisches Ereignis
|	MESZ, d. h. MEZ + 1 h
▮	Abende ohne störendes Mondlicht bis 3 Stunden nach Sonnenuntergang
[1]	Beobachtung ist auch vor und nach diesem Zeitpunkt möglich
[2]	Beobachtung ist auch nach diesem Zeitpunkt möglich
[3]	Kann nur bei niedrigem Horizont gesehen werden
[4]	Ende der Erscheinung wegen Untergangs nicht sichtbar
[5]	Erscheinung kann nur mit größeren Fernrohren beobachtet werden
[6]	Das Aufsuchen erfolgt besser in der mondscheinlosen Zeit
[7]	Merkur kann tagsüber teleskopisch beobachtet werden, Venus auch mit Feldstecher oder mit bloßem Auge. **Vorsicht wegen der Sonne!**
a, b	Korrekturgrößen bei Sternbedeckungen (s. Jahresübersicht Mond)